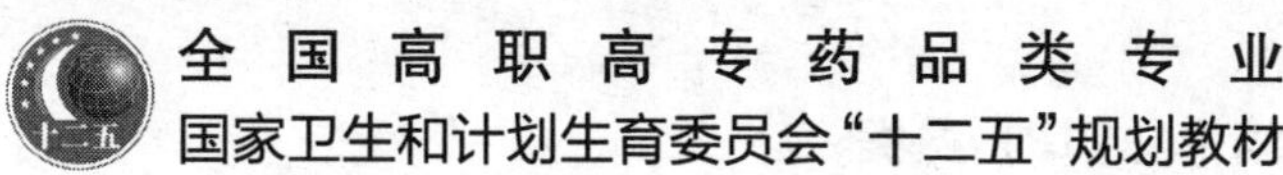
全国高职高专药品类专业
国家卫生和计划生育委员会“十二五”规划教材

供药学、药品经营与管理、药物制剂技术、生物制药技术、化学制药技术、中药制药技术专业用

基础化学

第 2 版

主　编　傅春华　黄月君

副主编　张晓继　董会钰　王　宁

编　者（以姓氏笔画为序）

王　宁（盐城卫生职业技术学院）
王　蓓（首都医科大学燕京医学院）
尹敏慧（楚雄医药高等专科学校）
田树高（重庆医药高等专科学校）
许　标（湖南食品药品职业学院）
张晓继（辽宁卫生职业技术学院）
姜　斌（山东医学高等专科学校）
秦　华（济南食品药品检验所）
黄月君（山西药科职业学院）
接明军（山东省莱阳卫生学校）
董会钰（山东药品食品职业学院）
傅春华（山东医学高等专科学校）

人民卫生出版社

图书在版编目（CIP）数据

基础化学/傅春华等主编 .—2 版 .—北京：人民卫生出版社，2013. 8
ISBN 978 - 7 - 117 - 17402 - 2

Ⅰ. ①基… Ⅱ. ①傅… Ⅲ. ①化学-高等职业教育-教材 Ⅳ. ①O6

中国版本图书馆 CIP 数据核字（2013）第 112505 号

人卫社官网	www.pmph.com	出版物查询，在线购书
人卫医学网	www.ipmph.com	医学考试辅导，医学数据库服务，医学教育资源，大众健康资讯

基 础 化 学

第 2 版

主　　编：傅春华　黄月君
出版发行：人民卫生出版社（中继线 010-59780011）
地　　址：北京市朝阳区潘家园南里 19 号
邮　　编：100021
E - mail：pmph @ pmph. com
购书热线：010-59787592　010-59787584　010-65264830
印　　刷：河北新华第一印刷有限责任公司
经　　销：新华书店
开　　本：787 × 1092　1/16　　印张：22　　插页：1
字　　数：521 千字
版　　次：2009 年 1 月第 1 版　　2013 年 8 月第 2 版
2017 年 5 月第 2 版第 6 次印刷（总第 11 次印刷）
标准书号：ISBN 978 - 7 - 117 - 17402 - 2/R · 17403
定价（含光盘）：39. 00 元
打击盗版举报电话：010-59787491　E-mail：WQ@pmph. com
（凡属印装质量问题请与本社市场营销中心联系退换）

全国高职高专药品类专业
国家卫生和计划生育委员会"十二五"规划教材

出版说明

随着我国高等职业教育教学改革不断深入，办学规模不断扩大，高职教育的办学理念、教学模式正在发生深刻的变化。同时，随着《中国药典》、《国家基本药物目录》、《药品经营质量管理规范》等一系列重要法典法规的修订和相关政策、标准的颁布，对药学职业教育也提出了新的要求与任务。为使教材建设紧跟教学改革和行业发展的步伐，更好地实现"五个对接"，在全国高等医药教材建设研究会、人民卫生出版社的组织规划下，全面启动了全国高职高专药品类专业第二轮规划教材的修订编写工作，经过充分的调研和准备，从2012年6月份开始，在全国范围内进行了主编、副主编和编者的遴选工作，共收到来自百余所包括高职高专院校、行业企业在内的900余位一线教师及工程技术与管理人员的申报资料，通过公开、公平、公正的遴选，并经征求多方面的意见，近600位优秀申报者被聘为主编、副主编、编者。在前期工作的基础上，分别于2012年7月份和10月份在北京召开了论证会议和主编人会议，成立了第二届全国高职高专药品类专业教材建设指导委员会，明确了第二轮规划教材的修订编写原则，讨论确定了该轮规划教材的具体品种，例如增加了可供药品类多个专业使用的《药学服务实务》、《药品生物检定》，以及专供生物制药技术专业用的《生物化学及技术》、《微生物学》，并对个别书名进行了调整，以更好地适应教学改革和满足教学需求。同时，根据高职高专药品类各专业的培养目标，进一步修订完善了各门课程的教学大纲，在此基础上编写了具有鲜明高职高专教育特色的教材，将于2013年8月由人民卫生出版社全面出版发行，以更好地满足新时期高职教学需求。

为适应现代高职高专人才培养的需要，本套教材在保持第一版教材特色的基础上，突出以下特点：

1. 准确定位，彰显特色 本套教材定位于高等职业教育药品类专业，既强调体现其职业性，增强各专业的针对性，又充分体现其高等教育性，区别于本科及中职教材，同时满足学生考取职业证书的需要。教材编写采取栏目设计，增加新颖性和可读性。

2. 科学整合，有机衔接 近年来，职业教育快速发展，在结合职业岗位的任职要求、整合课程、构建课程体系的基础上，本套教材的编写特别注重体现高职教育改革成果，教材内容的设置对接岗位，各教材之间有机衔接，避免重要知识点的遗漏和不必要的交叉重复。

3. 淡化理论，理实一体 目前，高等职业教育愈加注重对学生技能的培养，本套教材一方面既要给学生学习和掌握技能奠定必要、足够的理论基础，使学生具备一定的可持续发展的能力；同时，注意理论知识的把握程度，不一味强调理论知识的重要性、系统性和完整性。在淡化理论的同时根据实际工作岗位需求培养学生的实践技能，将实验实训类内容与主干教材贯穿在一起进行编写。

4. 针对岗位，课证融合 本套教材中的专业课程，充分考虑学生考取相关职业资格证书的需要，与职业岗位证书相关的教材，其内容和实训项目的选取涵盖了相关的考试内容，力争做到课证融合，体现职业教育的特点，实现“双证书”培养。

5. 联系实际，突出案例 本套教材加强了实际案例的内容，通过从药品生产到药品流通、使用等各环节引入的实际案例，使教材内容更加贴近实际岗位，让学生了解实际工作岗位的知识和技能需求，做到学有所用。

6. 优化模块，易教易学 设计生动、活泼的教材栏目，在保持教材主体框架的基础上，通过栏目增加教材的信息量，也使教材更具可读性。其中既有利于教师教学使用的“课堂活动”，也有便于学生了解相关知识背景和应用的“知识链接”，还有便于学生自学的“难点释疑”，而大量来自于实际的“案例分析”更充分体现了教材的职业教育属性。同时，在每节后加设“点滴积累”，帮助学生逐渐积累重要的知识内容。部分教材还结合本门课程的特点，增设了一些特色栏目。

7. 校企合作，优化团队 现代职业教育倡导职业性、实际性和开放性，办好职业教育必须走校企合作、工学结合之路。此次第二轮教材的编写，我们不但从全国多所高职高专院校遴选了具有丰富教学经验的骨干教师充实了编者队伍，同时我们还从医院、制药企业遴选了一批具有丰富实践经验的能工巧匠作为编者甚至是副主编参加此套教材的编写，保障了一线工作岗位上先进技术、技能和实际案例融入教材的内容，体现职业教育特点。

8. 书盘互动，丰富资源 随着现代技术手段的发展，教学手段也在不断更新。多种形式的教学资源有利于不同地区学校教学水平的提高，有利于学生的自学，国家也在投入资金建设各种形式的教学资源和资源共享课程。本套多种教材配有光盘，内容涉及操作录像、演示文稿、拓展练习、图片等多种形式的教学资源，丰富形象，供教师和学生使用。

本套教材的编写，得到了第二届全国高职高专药品类专业教材建设指导委员会的专家和来自全国近百所院校、二十余家企业行业的骨干教师和一线专家的支持和参与，在此对有关单位和个人表示衷心的感谢！并希望在教材出版后，通过各校的教学使用能获得更多的宝贵意见，以便不断修订完善，更好地满足教学的需要。

在本套教材修订编写之际，正值教育部开展“十二五”职业教育国家规划教材选题立项工作，本套教材符合教育部“十二五”国家规划教材立项条件，全部进行了申报。

全国高等医药教材建设研究会
人民卫生出版社
2013年7月

附：全国高职高专药品类专业
国家卫生和计划生育委员会“十二五”规划教材

教 材 目 录

序号	教材名称	主编	适用专业
1	医药数理统计（第2版）	刘宝山	药学、药品经营与管理、药物制剂技术、生物制药技术、化学制药技术、中药制药技术
2	基础化学（第2版）★	傅春华 黄月君	药学、药品经营与管理、药物制剂技术、生物制药技术、化学制药技术、中药制药技术
3	无机化学（第2版）★	牛秀明 林　珍	药学、药品经营与管理、药物制剂技术、生物制药技术、化学制药技术、中药制药技术
4	分析化学（第2版）★	谢庆娟 李维斌	药学、药品经营与管理、药物制剂技术、生物制药技术、化学制药技术、中药制药技术、药品质量检测技术
5	有机化学（第2版）	刘　斌 陈任宏	药学、药品经营与管理、药物制剂技术、生物制药技术、化学制药技术、中药制药技术
6	生物化学（第2版）★	王易振 何旭辉	药学、药品经营与管理、药物制剂技术、化学制药技术、中药制药技术
7	生物化学及技术＊	李清秀	生物制药技术
8	药事管理与法规（第2版）★	杨世民	药学、中药、药品经营与管理、药物制剂技术、化学制药技术、生物制药技术、中药制药技术、医药营销、药品质量检测技术

序号	教材名称	主编	适用专业
9	公共关系基础(第 2 版)	秦东华	药学、药品经营与管理、药物制剂技术、生物制药技术、化学制药技术、中药制药技术、食品药品监督管理
10	医药应用文写作(第 2 版)	王劲松 刘　静	药学、药品经营与管理、药物制剂技术、生物制药技术、化学制药技术、中药制药技术
11	医药信息检索(第 2 版)★	陈　燕 李现红	药学、药品经营与管理、药物制剂技术、生物制药技术、化学制药技术、中药制药技术
12	人体解剖生理学(第 2 版)	贺　伟 吴金英	药学、药品经营与管理、药物制剂技术、生物制药技术、化学制药技术
13	病原生物与免疫学(第 2 版)	黄建林 段巧玲	药学、药品经营与管理、药物制剂技术、化学制药技术、中药制药技术
14	微生物学 *	凌庆枝	生物制药技术
15	天然药物学(第 2 版)★	艾继周	药学
16	药理学(第 2 版)★	罗跃娥	药学、药品经营与管理
17	药剂学(第 2 版)	张琦岩	药学、药品经营与管理
18	药物分析(第 2 版)★	孙　莹 吕　洁	药学、药品经营与管理
19	药物化学(第 2 版)★	葛淑兰 惠　春	药学、药品经营与管理、药物制剂技术、化学制药技术
20	天然药物化学(第 2 版)★	吴剑峰 王　宁	药学、药物制剂技术
21	医院药学概要(第 2 版)★	张明淑 蔡晓虹	药学
22	中医药学概论(第 2 版)★	许兆亮 王明军	药品经营与管理、药物制剂技术、生物制药技术、药学
23	药品营销心理学(第 2 版)	丛　媛	药学、药品经营与管理
24	基础会计(第 2 版)	周凤莲	药品经营与管理、医疗保险实务、卫生财会统计、医药营销

序号	教材名称	主编	适用专业
25	临床医学概要(第2版)*	唐省三 郭 毅	药学、药品经营与管理
26	药品市场营销学(第2版)*	董国俊	药品经营与管理、药学、中药、药物制剂技术、中药制药技术、生物制药技术、药物分析技术、化学制药技术
27	临床药物治疗学 **	曹 红	药品经营与管理、药学
28	临床药物治疗学实训 **	曹 红	药品经营与管理、药学
29	药品经营企业管理学基础 **	王树春	药品经营与管理、药学
30	药品经营质量管理 **	杨万波	药品经营与管理
31	药品储存与养护(第2版)*	徐世义	药品经营与管理、药学、中药、中药制药技术
32	药品经营管理法律实务(第2版)	李朝霞	药学、药品经营与管理、医药营销
33	实用物理化学 **;*	沈雪松	药物制剂技术、生物制药技术、化学制药技术
34	医学基础(第2版)	孙志军 刘 伟	药物制剂技术、生物制药技术、化学制药技术、中药制药技术
35	药品生产质量管理(第2版)	李 洪	药物制剂技术、化学制药技术、生物制药技术、中药制药技术
36	安全生产知识(第2版)	张之东	药物制剂技术、生物制药技术、化学制药技术、中药制药技术、药学
37	实用药物学基础(第2版)	丁 丰 李宏伟	药学、药品经营与管理、化学制药技术、药物制剂技术、生物制药技术
38	药物制剂技术(第2版)*	张健泓	药物制剂技术、生物制药技术、化学制药技术
39	药物检测技术(第2版)	王金香	药物制剂技术、化学制药技术、药品质量检测技术、药物分析技术
40	药物制剂设备(第2版)*	邓才彬 王 泽	药学、药物制剂技术、药剂设备制造与维护、制药设备管理与维护

序号	教材名称	主编	适用专业
41	药物制剂辅料与包装材料(第2版)	刘葵	药学、药物制剂技术、中药制药技术
42	化工制图(第2版)★	孙安荣 朱国民	药物制剂技术、化学制药技术、生物制药技术、中药制药技术、制药设备管理与维护
43	化工制图绘图与识图训练(第2版)	孙安荣 朱国民	药物制剂技术、化学制药技术、生物制药技术、中药制药技术、制药设备管理与维护
44	药物合成反应(第2版)★	照那斯图	化学制药技术
45	制药过程原理及设备 **	印建和	化学制药技术
46	药物分离与纯化技术(第2版)	陈优生	化学制药技术、药学、生物制药技术
47	生物制药工艺学(第2版)	陈电容 朱照静	生物制药技术
48	生物药物检测技术 **	俞松林	生物制药技术
49	生物制药设备(第2版)★	罗合春	生物制药技术
50	生物药品 **;★	须建	生物制药技术
51	生物工程概论 **	程龙	生物制药技术
52	中医基本理论(第2版)	叶玉枝	中药制药技术、中药、现代中药技术
53	实用中药(第2版)	姚丽梅 黄丽萍	中药制药技术、中药、现代中药技术
54	方剂与中成药(第2版)	吴俊荣 马波	中药制药技术、中药
55	中药鉴定技术(第2版)★	李炳生 张昌文	中药制药技术
56	中药药理学(第2版)★	宋光熠	药学、药品经营与管理、药物制剂技术、化学制药技术、生物制药技术、中药制药技术
57	中药化学实用技术(第2版)★	杨红	中药制药技术
58	中药炮制技术(第2版)★	张中社	中药制药技术、中药

序号	教材名称	主编	适用专业
59	中药制药设备(第2版)	刘精婵	中药制药技术
60	中药制剂技术(第2版)★	汪小根 刘德军	中药制药技术、中药、中药鉴定与质量检测技术、现代中药技术
61	中药制剂检测技术(第2版)★	张钦德	中药制药技术、中药、药学
62	药学服务实务*	秦红兵	药学、中药、药品经营与管理
63	药品生物检定技术*;★	杨元娟	生物制药技术、药品质量检测技术、药学、药物制剂技术、中药制药技术
64	中药鉴定技能综合训练**	刘　颖	中药制药技术
65	中药前处理技能综合训练**	庄义修	中药制药技术
66	中药制剂生产技能综合训练**	李　洪 易生富	中药制药技术
67	中药制剂检测技能训练**	张钦德	中药制药技术

说明:本轮教材共61门主干教材,2门配套教材,4门综合实训教材。第一轮教材中涉及的部分实验实训教材的内容已编入主干教材。* 为第二轮新编教材;** 为第二轮未修订,仍然沿用第一轮规划教材;★为教材有配套光盘。

第二届全国高职高专药品类专业教育教材建设指导委员会

成 员 名 单

顾　问

张耀华　国家食品药品监督管理总局

名誉主任委员

姚文兵　中国药科大学

主任委员

严　振　广东食品药品职业学院

副主任委员

刘　斌　天津医学高等专科学校

邬瑞斌　中国药科大学高等职业技术学院

李爱玲　山东食品药品职业学院

李华荣　山西药科职业学院

艾继周　重庆医药高等专科学校

许莉勇　浙江医药高等专科学校

王　宁　山东医学高等专科学校

岳苓水　河北化工医药职业技术学院

昝雪峰　楚雄医药高等专科学校

冯维希　连云港中医药高等职业技术学校

刘　伟　长春医学高等专科学校

佘建华　安徽中医药高等专科学校

委　员

张　庆　济南护理职业学院
罗跃娥　天津医学高等专科学校
张健泓　广东食品药品职业学院
孙　莹　长春医学高等专科学校
于文国　河北化工医药职业技术学院
葛淑兰　山东医学高等专科学校
李群力　金华职业技术学院
杨元娟　重庆医药高等专科学校
于沙蔚　福建生物工程职业技术学院
陈海洋　湖南环境生物职业技术学院
毛小明　安庆医药高等专科学校
黄丽萍　安徽中医药高等专科学校
王玮瑛　黑龙江护理高等专科学校
邹浩军　无锡卫生高等职业技术学校
秦红兵　江苏盐城卫生职业技术学院
凌庆枝　浙江医药高等专科学校
王明军　厦门医学高等专科学校
倪　峰　福建卫生职业技术学院
郝晶晶　北京卫生职业学院
陈元元　西安天远医药有限公司
吴廼峰　天津天士力医药营销集团有限公司
罗兴洪　先声药业集团

前　言

在国家大力发展职业教育的新形势下，高等职业教育教学改革不断深入，在全国高等医药教材建设研究会、人民卫生出版社的组织规划下，全面启动了全国高职高专药品类专业第二轮规划教材的修订编写工作，经过充分的调研和论证，并根据高职高专药品类各专业的培养目标，确定了各门课程的教学大纲和教材内容，以更好地满足新时期高职教学需求。

本教材的主要内容包括无机化学、分析化学的基础知识和基本操作技能。本着基础理论"实用为主，必需、够用和管用为度"的原则，结合药品类各专业的特点及后续专业课程的需要，打破学科体系，将无机化学和分析化学两门课程的基本内容进行有机整合，形成了以职业能力为主线，构建知识→能力→素质新的课程结构。将无机化学中的四大平衡原理与分析化学中相应的四大滴定分析有机融合到一起，将分析化学中仪器分析部分纳入基础化学课程体系，使无机化学与分析化学有机地融为一体，避免重复，提高了教学效率，使课程设置更加科学。

本教材在第 1 版的基础上进行了适当修订，共分 15 章。修订后的教材具有以下特点：

1. 定位于高等职业教育药品类各专业，体现其职业性，增强了各专业的针对性，同时能够更好地满足学生考取职业证书的需要。

2. 进一步简化烦琐的理论知识阐述，删减了一些理论性强、与后续课程联系少且不具有专业特点的内容，简化各类定律、公式等的推导过程，注重理论知识的应用，并扩充一些与药学有关的新知识。

3. 按照实际需要调整部分章节内容，进一步加强教材内容与医药学的联系，让学生了解实际工作岗位知识和技能需求，做到学有所用，与时俱进，体现时代特点。

4. 修订后的教材采取栏目设计，增加新颖性和可读性，如增设"案例分析"、"课堂活动"、"知识链接"、"难点释疑"、"化学与药学"、"点滴积累"、"目标检测"等栏目，希望对教学有所裨益。

5. 为了使理论教学与实践教学紧密结合，在相关内容的章末安排了实践教学的内容，供各校在教学中选用。

鉴于药品类各专业的要求不同，对基础化学知识的内容要求和侧重点不同，编者在本书的编写上也有所考虑。高职高专药品类各专业不同方向的教学，可根据各自需要进行取舍。此外，本教材也适用于高职高专相关专业的化学教学。

本教材由傅春华、黄月君担任主编，具体分工如下（按章节先后顺序排列）：傅春华负责编写绪论、第四、十一章，张晓继负责编写第一章，田树高负责编写第二章，王宁负责编写第三章，董会钰负责编写第五章，尹敏慧负责编写第六章，许标负责编写第七章，接明军负责编写第八章，秦华负责编写第九章，黄月君负责编写第十章，姜斌负责编写第十二、十五章，王蓓负责编写第十三、十四章。

在本教材编写过程中，得到了人民卫生出版社、各位编者所在院校及有关专家的大力支持，在此谨致以衷心的感谢。

鉴于编者水平所限以及时间仓促，教材难免存在不足之处，敬请批评指正。

编　者
2013 年 6 月

目　录

绪 论

自然界是由物质组成的，物质世界是人类生存和生活的基础，化学则是人们认识和改造物质世界的主要方法和手段之一，在人类生存和社会发展中起着极为重要的作用。人类很早已开始从事与化学相关的生产实践，如烧制陶瓷、金属冶炼以及火药的应用等。现在，如生命奥秘的探索、各种新型药物的筛选与合成、环境保护、新能源的开发利用和功能材料的研究等重大问题的研究都与化学紧密相关。

一、化学研究的对象和任务

化学是在原子和分子水平上研究物质的组成、结构、性质、变化规律和变化过程中能量关系的科学。化学是一门以实践为基础的学科，涉及所有存在于自然界的物质，主要是指地球上的矿物质、海洋里的水和盐、空气中的混合气体、在植物、动物或人体内存在的各种化学物质，以及由人类合成的新物质。化学研究的内容涉及自然界物质的变化，包括与生命有关的化学变化，还有那些由化学家发明和创造的新变化。因此，化学研究包含着两种主要不同类型的工作，一是研究自然界中已存在的物质并试图了解其组成、结构、性质、变化规律及其应用；二是研究如何创造自然界不存在的新物质并完成其所需的对环境友好的化学变化。

众所周知，所有物质都处于不停的运动、变化和发展状态之中。世界上没有不运动的物质，也没有脱离物质的运动。化学主要研究物质的化学变化规律。

化学变化的主要特征是生成了新的物质。但从物质结构层次讲，化学变化通常是指在原子核不变的情况下，发生了分子的化分（即原有化学键或分子的破坏）和原子的化合（新的化学键或分子的形成）而生成了新的物质。因此，化学的研究对象是在分子、原子或离子水平上，研究物质的组成、结构、性质、变化以及变化过程中能量关系的科学。

物质的各种运动形式是彼此联系的，并在一定条件下互相转化。物质的化学运动形式与其他运动形式是相互联系互相转化的。化学变化总是伴随着物理变化，生物过程总伴随着不间断的化学变化。因此，化学研究必须与其他相关学科的理论和实践相结合。传统上，化学按研究对象和研究内容的不同，分为无机化学、有机化学、分析化学和物理化学四大分支。现在这些分支已经发生了很大的演变。随着科学技术的进步和生产的发展，各门学科之间的相互渗透日益增强，化学已经渗透到生物学、医药学、材料科学、环境科学、食品科学等众多领域之中，形成了许多应用化学的新分支和交叉边缘学科，如生物化学、药物化学、天然药物化学、药物分析、环境化学、放射化学等；化学是一门“中心科学”，不仅生产用于制造住所、衣物和交通用的材料，发明可提高和保证粮食供应的新方法,创造生产新的药物,而且在很多方面改善着人们的生活,因而,化学也是一门实用科学。在现代生活中,特别是在人类的生产活动中,化学起着重要的作用。几乎所有的生产都与化学有密切联系。例如,运用对物质结构和性质的知识,科学地选择使用原材料,以生产功能不同的新材料;运用化学变化的规律,可以研制开发各种新产品、新药物。又如当前人类关心的能源和资源的开发、粮食的增产、环境的保护、海洋的综合利用、生物工程、化害为利、变废为宝,酸雨、臭氧空洞和光气烟雾等问题的解决都离不开化学知识。现代化的生产和科学技术的发展往往需要综合运用多种学科的知识,但均与化学有着密切的联系,包括医药领域在内的生命科学与化学的联系更为密切,例如,研制生产各种药物和疫苗以防治人类疾病,还有卫生监督、环境监控以及各种污水的净化处理,都离不开化学的基本原理、基本知识和基本技术。

二、化学与药学

药学科学是生命科学重要的一部分,其主要任务是研制预防和治疗疾病、促进人类身体健康、提高生存质量的药物,并揭示药物与人体及病原体相互作用的规律。化学与药学的关系十分密切,利用药物治疗疾病是化学对医学和人类文明的重要贡献之一。1800 年,英国化学家 Davy H. 发现了一氧化二氮的麻醉作用,后来又发现了更加有效的麻醉药物,如乙醚、盐酸普鲁卡因等,使无痛外科手术成为可能。1932 年,德国科学家 G. Domagk 发现了一种偶氮磺胺染料 prontosil,使一位患细菌性败血症的孩子得以康复。此后,化学家先后研究出数千种抗生素、抗病毒药物及抗肿瘤药物,使许多长期危害人类健康和生命的疾病得到控制,挽救了无数生命,充分显示出化学在医学和人类文明进步中的巨大作用。

医学研究的目的是预防和治疗疾病,而疾病的预防和治疗则需要广泛地使用药物。药物的主要作用是调整因疾病而引起的机体的种种异常变化,抑制或杀死病原微生物,帮助机体战胜感染。药物的药理作用和疗效是与其化学结构及性质相关的。例如碳酸氢钠、乳酸钠等药物,因为在水溶液中呈碱性,所以是临床上常用的抗酸药,主要用于治疗糖尿病及肾炎等引起的代谢性酸中毒;药物多巴分子中有一个手性中心,存在一对对映体——右旋多巴和左旋多巴,右旋多巴对人无生理效应,而左旋多巴却被广泛用于治疗帕金森病;钙是人体必需元素,钙缺乏能造成骨骼畸形、手足抽搐、骨质疏松等许多疾病,老人与儿童常需要服用葡萄糖酸钙、乳酸钙等药物以防止钙的缺乏。枸橼酸钠能通过将体内的铅转变为稳定的无毒的$[Pb(C_6H_5O_7)]^-$配离子,使之经肾脏排出体外,以治疗铅中毒。顺式二氯二氨合铂(Ⅳ)是第一代抗癌药物,能破坏癌细胞 DNA 的复制能力,抑制癌细胞的生长,从而达到治疗的目的。由于药物在防病和治病方面的重要作用,越来越多的科学家、医学家为开发利用新的药物而进行不懈的探索和试验,而药物的研制、生产、鉴定、保存及新药的合成等,都依赖于丰富的化学知识。

我国传统的中草药具有独特的疗效,而中草药的有效成分究竟是什么?人们迫切希望能用简单的化学分析方法检测分析出中草药的有效成分,然后再利用化学方法模拟合成。这需要具备很多化学知识,且需要付出艰辛的工作才能完成。

现代化学的发展,为药物的发展开辟了崭新的天地。无论是合成药物的研发、天然药物的提取,还是药物剂型、药理和毒理的研究,都要依靠化学知识。用化学的理论和方法可合成具有特定功能的药物,研究各种化学反应以了解药物的结构-性质-生物效应关系。用化学分析和仪器分析的方法从动物、植物以至人体组织、体液中分离出有生物活性的物质或有治疗作用的成分，确定这些成分的结构，检测它们在体内的代谢物。在药物生产中，分析原料药、药物中间体以及制剂中的有效成分及杂质，需要应用化学的理论知识和分析技术。用化学的知识和理论解释病理、药理和毒理过程，探索治疗疾病的方法。利用化学知识，可以研究药物的组成和结构，研究药物的稳定性、生物利用度和药物代谢动力学，从本质上认识药物，在实验室里合成药物，然后大规模生产，造福于人类。所有的药物都是化学物质，当今约95%以上的药品来自于化学合成，因此可以毫不夸张地说，没有化学就没有现代药物，也不会有现代药学和现代医学。

许多专业基础课和专业课也与化学有着不可分割的联系。例如，生物化学、药物分析、药物合成、药物制剂，乃至病理学和药理学等专业基础课和专业课都需要一定的化学基础知识。如学习药理学必须了解药物在生物体内的代谢过程，这涉及生命体内的酸碱平衡以及各种代谢平衡，这些平衡均以化学平衡理论为基础；各种蛋白酶的作用则是催化剂原理的具体体现。总之，化学在药学及相关专业学习和专业工作中都具有重要的意义，相信大家在今后的学习和实践中会有更深刻的体会。

三、基础化学的学习方法

基础化学是高等医学院校药品类专业开设的一门重要专业基础课。基础化学的内容是根据药品类专业的特点及需要选定的，融汇了高职高专医药学教育所需的溶液理论、化学平衡原理、物质结构基础知识、化学分析和仪器分析等化学基本知识、基本原理及基本方法。在学习基础化学的过程中，应做到以下几点：

1. 做好预习　在每一章的教学之前，快速阅读、浏览整章的内容，以求对本章内容的重点和知识难点有一定的了解。争取主动，安排好学习计划，提高学习效率。

2. 认真听课　上课认真听讲，紧跟教师的思路，勤于思考，产生共鸣，积极主动地参与教学活动，主动回答课堂提问；适当做笔记，记下重点、难点内容，以备复习和深入思考。

3. 适时复习　复习是掌握所学新知识的重要过程。理论性强是基础化学课程的特点之一，有些概念比较抽象，需要经过反复思考并应用一些原理来说明或解决一些问题后，才能逐渐加深理解和掌握。所以，做一定量的练习有利于深入理解、掌握和运用课程知识，要充分重视教材中的例题及其解题过程中的分析方法和技巧。

4. 正确处理理解和记忆的关系　学会善于运用分析对比和联系归纳的方法，弄清相关概念、原理和方法的涵义、特点、联系和区别。在理解的基础上，强化记忆重要基本概念、基本原理和计算公式，做到熟练掌握，灵活运用，融会贯通，将知识系统化。

5. 培养自学能力　当今的教育是终身教育，知识财富的创造速度非常快，就化学而言，人类发现或合成各种新的化合物平均每天约增7000种。面对如此巨大的变化发展，即使日攻夜读，也不可能读完并记住现有的知识。毫无疑问，将来从事的工作所必需的很多知识，仅在学校学习期间所获是远不能满足的。需要不断地学习、更新知识来适应社会的发展，创造性地解决实际问题，培养自学能力是非常重要的。掌握知识是提高自学能力的基础，而提高自学能力又是掌握知识的重要条件，两者相互促进。为此提倡有目的地看一些杂志或参考书，有助于加深对所学知识的理解，拓宽知识面，提高学习兴趣。

6. 重视实践能力的培养　化学是一门实践科学，因此要充分认识到化学实践的重要性。许多化学的理论和规律几乎都是从实践总结出来的。既要重视理论的掌握，更要重视实践技能的训练，对于在实训中观察到的各种化学现象，还要进行归纳，对实训数据进行科学处理，对实训结果进行科学分析。把应试学习变为创新、探索性学习，通过实训培养实事求是、严谨治学的科学态度。

总之，基础化学的学习，不仅要学习基本知识、原理和方法，更主要的是培养科学的思维方式，善于总结归纳，抓住关键，找联系，寻规律，做到多听、多记、多思、多问、多看、多练。这样一定能获得满意的学习效果，自由遨游在化学知识的海洋中。

（傅春华）

第一章 溶 液

溶液对于科学研究、生命现象具有重要意义。人体内的血液及其他体液是溶液，体内的许多化学反应在溶液中进行，医疗用药多在体液内溶解后形成溶液而发挥其效应，药物分析和药检工作的许多操作也在溶液中进行。可见溶液与医药工作联系极其密切。

第一节 分 散 系

一、分散系的概念

在进行科学研究时，常把所研究的一部分物质或空间与其余的物质或空间分开。被划分出来作为研究对象的一部分物质或空间称为体系。体系中物理性质和化学性质完全相同的均匀部分称为相。只含有一个相的体系称为均相体系，含有两个或两个以上相的体系称为非均相体系。例如，纯水或生理盐水等体系中只含有一个相，是均相体系；而冰、水、水蒸气共存的体系中含有三个相是非均相体系。在非均相体系中，相与相之间存在着明显的界面。

一种或几种物质分散在另一种物质中所得到的体系称为分散系。被分散的物质称为分散相，容纳分散相的物质称为分散介质。例如，碘分散在酒精中成为碘酒，泥土分散在水中成为泥浆，碳分散在铁中成为钢等，它们各自成为一个分散系。其中碘、泥土、碳是分散相；酒精、水、铁是分散介质。

二、分散系的分类

根据分散相粒子直径的不同，分散系可分为以下三类：

1. 分子或离子分散系　分散相粒子直径小于 1nm 的分散系称为分子或离子分散系。分散相为分子或离子，分散系为均匀稳定的均相体系。分子或离子分散系又称真溶液，简称溶液。

2. 粗分散系　分散相粒子直径大于 100nm 的分散系称为粗分散系。分散相粒子较大，分散系呈浑浊状态，分散相粒子与分散介质之间有明显的界面存在，为非均相不稳定体系。其中分散相为固体微粒的粗分散系称为悬浊液，分散相为液体微粒的粗分散系称为乳浊液。放置一段时间，悬浊液会产生沉淀，乳浊液会分层。

3. 胶体分散系　分散相粒子直径在 1 ~ 100nm 的分散系称为胶体分散系，简称胶体。根据分散相粒子的聚集状态不同分为溶胶和高分子溶液。从外观上看二者均不浑浊且性质相似，但却有本质的区别。溶胶是非均相、相对稳定体系，而高分子溶液是均相、稳定体系。

根据分散系的状态不同，分散系可分为固态、液态和气态分散系三类。在医学上，液体状态的分散系（即固-液分散系和液-液分散系）具有更加重要的意义。液态分散系的分类，见表1-1。

表1-1　分散系的分类

<table>
<tr><td rowspan="2">分散系</td><td colspan="2">粗分散系</td><td colspan="2">胶体分散系</td><td>分子或离子分散系</td></tr>
<tr><td>悬浊液</td><td>乳浊液</td><td>溶胶</td><td>高分子溶液</td><td>真溶液</td></tr>
<tr><td>分散相</td><td>固体微粒</td><td>液体微粒</td><td>分子、离子、原子的聚集体</td><td>单个高分子</td><td>小分子或小离子</td></tr>
<tr><td>粒子直径</td><td colspan="2">>100nm</td><td colspan="2">1～100nm</td><td><1nm</td></tr>
<tr><td rowspan="2">性质</td><td colspan="2" rowspan="2">非均相，不透明，不均匀，不稳定，能自动聚沉，粒子不能透过滤纸和半透膜</td><td>非均相，不均匀，有相对稳定性，不易聚沉</td><td>均相，透明，均匀，稳定，不聚沉</td><td rowspan="2">均相，透明，均匀，稳定，不聚沉，粒子能透过滤纸和半透膜</td></tr>
<tr><td colspan="2">粒子能透过滤纸，不能透过半透膜</td></tr>
<tr><td>实例</td><td>药用硫磺合剂</td><td>药用松节油搽剂</td><td>$Fe(OH)_3$溶胶</td><td>蛋白质溶液</td><td>生理盐水</td></tr>
</table>

在人体的生命过程中，机体组织和细胞所需要的各种物质，如无机盐、蛋白质、核酸、糖类等，大多数以分子或离子分散系、胶体分散系或粗分散系的形式存在，这些分散系被不同的组织膜分隔开，既独立地发挥各自的生理功能，又彼此相互平衡，构成统一的有机整体，从而维持正常的生命活动。

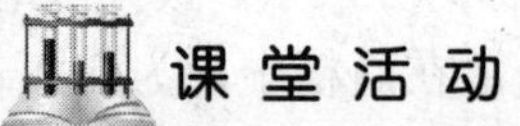

课堂活动

实验室中常用的酸、碱、盐溶液属于何种分散系？牛奶属于何种分散系？

点滴积累

1. 分散系是将一种或几种物质分散在另一种物质中所得到的体系。
2. 分散系包括粗分散系、分子或离子分散系及胶体分散系三类。

第二节　溶液的组成标度

溶液的组成标度是指一定量的溶液或溶剂中所含溶质的量，习惯上称为溶液的浓度。临床上给患者输液或用药时，必须规定药液的标度和用量；溶液渗透压的大小与溶液组成标度有关。因此，溶液的组成标度是溶液的一个重要特征。

一、溶液组成标度的表示方法

1. 质量分数 溶液中溶质 B 的质量(m_B)与溶液的质量(m)之比称为溶质 B 的质量分数,用符号 ω_B或 ω(B)表示。即

$$\omega_B = \frac{m_B}{m} \qquad 式(1\text{-}1)$$

式(1-1)中,m_B和 m 的单位相同,质量分数可用小数或百分数表示,药学上常用符号%(g/g)表示。

例1 将 60.0g 蔗糖溶于水,配制成 500g 蔗糖溶液,计算此溶液的质量分数。

解:
$$\omega_{蔗糖} = \frac{m_{蔗糖}}{m} = \frac{60.0}{500} = 0.12$$

2. 体积分数 溶液中溶质 B 的体积(V_B)与溶液的体积(V)之比称为溶质 B 的体积分数,用符号 φ_B 或 φ(B)表示。即

$$\varphi_B = \frac{V_B}{V} \qquad 式(1\text{-}2)$$

式(1-2)中,V_B和 V 的单位相同,体积分数可用小数或百分数表示,药学上常用符号%(ml/ml)表示。

例2 配制 500ml 医用消毒酒精溶液需 375ml 纯乙醇,计算此酒精溶液的体积分数。

解:
$$\varphi_{乙醇} = \frac{V_{乙醇}}{V} = \frac{375}{500} = 0.75$$

3. 质量浓度 溶液中溶质 B 的质量(m_B)与溶液的体积(V)之比称为溶质 B 的质量浓度,用符号 ρ_B 或 $\rho(B)$表示。即

$$\rho_B = \frac{m_B}{V} \qquad 式(1\text{-}3)$$

质量浓度的 SI 单位是 kg/m^3,实际工作中常用的单位是 g/L、mg/L 和 μg/L。

例3 100ml 静脉滴注用的葡萄糖溶液中含 5.0g $C_6H_{12}O_6$,计算此葡萄糖溶液的质量浓度。

解:
$$\rho_{C_6H_{12}O_6} = \frac{m_{C_6H_{12}O_6}}{V} = \frac{5.0}{0.100} = 50(g/L)$$

知识链接

溶液的质量(m)与溶液的体积(V)之比称为溶液的密度,用符号 ρ 表示。即$\rho = m/V$,单位是 kg/L 或 g/ml。密度ρ 与质量浓度ρ_B 表示符号相同但含义不同,例如市售浓硫酸的质量浓度 $\rho_{H_2SO_4} = 1.77kg/L$,密度 $\rho = 1.84kg/L$,分别表示每升该溶液中含纯 H_2SO_4 1.77kg 和每升该溶液的质量为 1.84kg,使用时应特别注意。

4. 物质的量浓度 溶液中溶质 B 的物质的量(n_B)除以溶液的体积(V)称为溶质 B 的物质的量浓度,简称浓度,用符号 c_B或 c(B)表示。即

$$c_B = \frac{n_B}{V} \qquad 式(1\text{-}4)$$

物质的量浓度的 SI 单位为 mol/m^3，实际工作中常用的单位是 mol/L、mmol/L。

世界卫生组织（WHO）提议，在医学上凡是已知相对分子质量的物质在体液内的含量，原则上均应用物质的量浓度表示。例如人体血液中葡萄糖含量正常值为 $c(C_6H_{12}O_6) = 3.9 \sim 5.6 mmol/L$。对于未知其相对分子质量的物质，可用质量浓度表示。对于注射液，一般应同时标明物质的量浓度和质量浓度。

例 4 将 4.0g NaOH 溶于水配成 500ml NaOH 溶液，求此溶液的物质的量浓度。

解：

$$n_{NaOH} = \frac{m_{NaOH}}{M} = \frac{4.0}{40.00} = 0.10(mol)$$

$$c_{NaOH} = \frac{n_{NaOH}}{V} = \frac{0.10}{0.500} = 0.20(mol/L)$$

5. 质量摩尔浓度　溶液中溶质 B 的物质的量（n_B）与溶剂 A 的质量（m_A）之比称为溶质 B 的质量摩尔浓度，用符号 b_B 或 $b(B)$ 表示。即

$$b_B = \frac{n_B}{m_A} \qquad 式(1\text{-}5)$$

质量摩尔浓度的 SI 单位是 mol/kg。此法的优点是浓度数值不受温度影响，所以在讨论某些理论问题时，常用这种浓度表示方法。对于极稀的溶液 $b_B \approx c_B$。

例 5 将 1.38g 甘油溶于 100ml 水中，计算该溶液的质量摩尔浓度。

解：

$$b_{C_3H_8O_3} = \frac{n_{C_3H_8O_3}}{m_{H_2O}} = \frac{1.38}{92.0 \times 0.100} = 0.150(mol/kg)$$

二、溶液组成标度的换算

根据实际工作的需要，可选择不同的方法来表示同一溶液的组成，因此经常涉及溶液组成标度的换算。在进行换算时，要依据各种溶液组成标度表示方法的基本定义，找出各种表示方法间的联系。其中一些溶液组成标度的换算涉及质量与体积间的变换，必须借助溶液的密度才能实现。

例 6 市售浓硫酸密度为 1.84kg/L，H_2SO_4 的质量分数为 98%，计算 H_2SO_4 的质量浓度和物质的量浓度。

解：

$$\rho_{H_2SO_4} = 1.84 \times 98\% \times 1000 = 1800(g/L)$$

$$c_{H_2SO_4} = \frac{1.84 \times 98\% \times 1000}{98.07} = 18.4(mol/L)$$

三、溶液的配制与稀释

溶液的配制和稀释是化学和医药工作中常用的基本操作，在进行这些基本操作时要根据具体要求先进行有关计算。

1. 溶液的配制　配制溶液时，首先要了解所配制溶液的体积、组成标度的表示方法、溶质的纯度（一般为分析纯或优级纯试剂）等。通过计算得出所需溶质的量，按计算量进行称取或量取后，置于适当的容器中，加溶剂溶解到一定的体积，混匀即可。以下

通过实例说明溶液的配制方法。

例 7 如何配制 500ml 5.0g/L 的葡萄糖溶液?

解:(1) 计算所需葡萄糖的质量:

$$m_{C_6H_{12}O_6}=5.0\times\frac{500}{1000}=2.5(g)$$

(2) 配制:称取 2.5g 葡萄糖置于烧杯中,加少量纯化水溶解后,转移至 500ml 量筒(或量杯)中,再用少量纯化水冲洗烧杯 2~3 次,冲洗液也全部转移至量筒(或量杯)中,此过程称为定量转移。最后加纯化水至刻度混匀即可。

例 8 如何配制 100ml 1.0mol/L 的乳酸钠($NaC_3H_5O_3$)溶液?

解:(1) 计算所需乳酸钠的质量:

$$m_{NaC_3H_5O_3}=1.0\times\frac{100}{1000}\times112=11.2(g)$$

(2) 配制:称取 11.2g 乳酸钠置于小烧杯中,加少量纯化水溶解后,定量转移至 100ml 量筒(或量杯)中,加纯化水至刻度混匀即可。

一般情况下,可用托盘天平称物质的质量,用量筒量取液体的体积来配制溶液。若需精确的溶液组成标度时,则要用分析天平称量物质的质量,用移液管量取液体的体积,用容量瓶配制溶液。

案例分析

案例

50g/L 葡萄糖注射液具有补充体液、营养、强心、利尿、解毒作用,临床用于大量失水、血糖过低、高热、中毒等症。该注射液的配制非常重要。如何配制 1000ml 50g/L 葡萄糖注射液?

分析

配制该注射液需要注射用葡萄糖 50g,盐酸适量,注射用水,活性炭等。取 50g 注射用葡萄糖加入盛有 80ml 注射用水的烧杯中,搅拌使溶解,用 HCl 调节 pH 至 3.8~4.0,同时加 1g 活性炭混匀,煮沸约 20 分钟,趁热过滤脱炭,将滤液加注射用水至 1000ml。并测 pH 及含量,合格后灌装封口,热压灭菌即可。

2. 溶液的稀释 在浓溶液中加入溶剂使溶液浓度降低的操作称为溶液的稀释。计算依据是稀释前后溶液中所含溶质的量不变。设稀释前溶液的浓度和体积分别为 c_1、V_1,稀释后溶液的浓度和体积分别为 c_2、V_2。则

$$c_1V_1=c_2V_2 \qquad \text{式(1-6)}$$

式 1-6 称为稀释公式,使用时要注意等式两边单位一致。

例 9 如何用市售体积分数为 95% 酒精配制体积分数为 75% 消毒酒精 500ml?

解:根据 $\varphi_{B1}V_1=\varphi_{B2}V_2$

$$V_1=\frac{75\%\times500}{95\%}=395(ml)$$

用量筒量取 95% 酒精 395ml,加纯化水稀释至 500ml 混匀即可。

点 滴 积 累

1. 溶液组成标度表示方法有质量分数、体积分数、质量浓度、物质的量浓度和质量摩尔浓度等。

2. 溶液稀释的计算依据:稀释前后溶液中所含溶质的量不变。

第三节 稀溶液的依数性

溶液的性质通常取决于溶质的性质,如溶液的密度、颜色、气味、导电性等都与溶质的性质有关。但是溶液的有些性质却与溶质的本性无关,只取决于溶质的粒子数目。只与溶液中溶质粒子数目有关,而与溶质本性无关的性质称为溶液的依数性。溶液的依数性只有在溶液很稀时才有规律,而且溶液浓度越小,其依数性的规律性越强。溶液的依数性有蒸气压下降、沸点升高、凝固点下降和渗透压。

一、溶液的蒸气压下降

(一) 溶剂的蒸气压

在一定温度下,将某纯溶剂放在密闭容器中,由于分子的热运动,液面上一部分动能较高的溶剂分子将自液面逸出,扩散到空间形成气相的溶剂分子,这一过程称为蒸发。同时,气相的溶剂分子也会接触到液面并被吸引到液相中,这一过程称为凝聚。一定温度下,溶剂的蒸发速率是恒定的。开始阶段,蒸发过程占优势,但随着蒸气密度的增加,凝聚的速率增大,最终蒸发速率与凝聚速率相等,气相和液相达到平衡,此时蒸气的密度不再改变,其具有的压力也不再改变,此时蒸气所具有的压力称为该温度下该溶剂的蒸气压,单位是 Pa 或 kPa。

蒸气压与物质的本质和温度有关。不同的物质有不同的蒸气压,如在 293K 时,水的蒸气压为 2.34kPa,乙醚的蒸气压为 57.6kPa;同一物质的蒸气压随温度升高而增大,如水在 273K 时的蒸气压为 0.610kPa,在 373K 时为 101.3kPa。固体也具有蒸气压,一般情况下,固体的蒸气压都很小,如冰的蒸气压,在 273K 时为 0.610kPa,在 263K 时为 0.286kPa。每种固体和液体,在一定温度时,它们的蒸气压均是一个定值。

(二) 溶液的蒸气压下降

在一定温度下,溶剂的蒸气压是个定值。如果在溶剂中溶解了难挥发的非电解质溶质后,每个溶质分子与若干个溶剂分子结合形成了溶剂化分子。溶质分子一方面束缚了一部分高能的溶剂分子,另一方面又占据了一部分溶剂的表面,使溶剂蒸发的速率变小。这时蒸气凝聚的速率相对地大于溶剂蒸发的速率,蒸气必然要不断地凝聚成液体。在达到新的平衡时,溶液的蒸气压(即溶液中溶剂的蒸气压)必然比同温度下纯溶剂的蒸气压低,这种现象称为溶液的蒸气压下降,如图 1-1 所示。显然溶液的浓度越大,其蒸气压下降越多。

1887 年法国物理学家拉乌尔(Raoult)根据实验结果得出下列结论:在一定温度下,难挥发的非电解质稀溶液的蒸气压下降与溶液的质量摩尔浓度成正比,而与溶质本性无关。

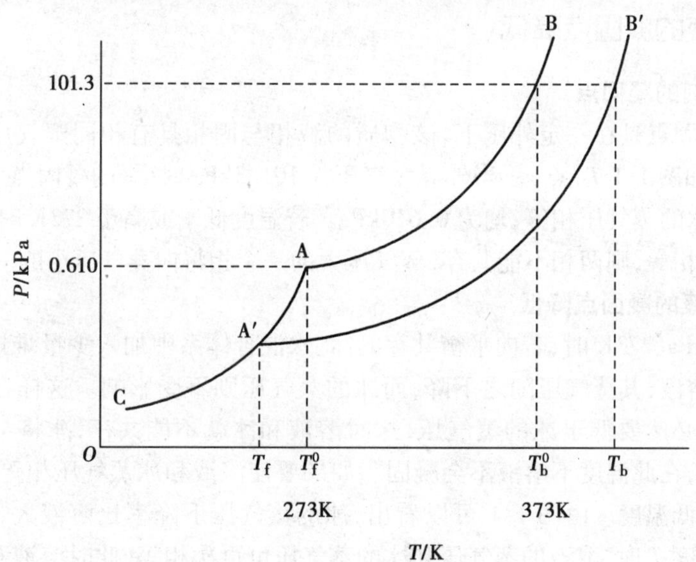

图 1-1 溶液的蒸气压下降、沸点升高、凝固点降低

AB 为纯水的蒸气压曲线；A′B′为溶液的蒸气压曲线；AC 为冰的蒸气压曲线

课 堂 活 动

在一密闭的钟罩下，有一杯浓溶液和一杯水，经过一段时间后，水全部转移到浓溶液中。如何解释这一现象？

二、溶液的沸点升高

（一）溶剂的沸点

加热一种液体，它的蒸气压会随着温度升高而逐渐增大，当液体的蒸气压等于外界大气压时，即产生沸腾现象。这时液体的温度称为该液体在该压强下的沸点（如图 1-1 T_b^0 点）。达到沸点时，继续加热沸腾，液体的温度不再上升，直至液体蒸发完为止。因此，纯液体的沸点是恒定的。液体的沸点与外界压强关系很大，外界压强越大，液体的沸点越高。通常所说的液体的沸点是指在标准大气压（101. 3kPa）时的沸点。例如水的沸点为 373K。

（二）溶液的沸点升高

在 101. 3kPa 下，纯水的沸点为 373K。如果在水中加入一种难挥发的非电解质溶质时，由于溶液的蒸气压下降，在 373K 时溶液的蒸气压低于 101. 3kPa，因而水溶液不会沸腾。只有继续加热升高温度到 T_b时，如图 1-1 所示，溶液的蒸气压等于 101. 3kPa，溶液才能沸腾，温度 T_b即为该溶液的沸点。因此，溶液的沸点是指溶液的蒸气压等于外界大气压时的温度。显然，溶液的沸点总是高于纯溶剂的沸点，这种现象称为溶液的沸点升高。溶液浓度越大，蒸气压越低，其沸点越高。

三、溶液的凝固点降低

(一) 溶剂的凝固点

液体的凝固点是在一定外压下，该物质的液相与固相具有相同蒸气压而能平衡共存时的温度(如图 1-1 T_f^0点)。当外界大气压为 101.3kPa 时，水的凝固点为 273K，在此温度下，水与冰的蒸气压相等，均为 0.610kPa。若温度低于或高于 273K 时，由于水和冰的蒸气压不再相等，则两相不能共存，蒸气压大的一个相将向蒸气压小的一个相转化。

(二) 溶液的凝固点降低

在 101.3kPa、273K 时，若向平衡共存的冰、水混合体系中加入少量难挥发的非电解质，则水成为溶液，其蒸气压随之下降，而冰的蒸气压则不受影响。这样在 273K 时，水溶液的蒸气压必然要低于冰的蒸气压，这时溶液和冰就不能共存，冰将会不断融化为水。换句话说，在此温度下溶液不会凝固。如果要使溶液和冰蒸气压相等而平衡共存，则必须继续降低温度。由图 1-1 可以看出，冰的蒸气压下降率比溶液大，当降到 273K 以下的某一温度 T_f时，溶液的蒸气压和冰的蒸气压可再次相等，此时溶液和冰处于平衡状态。温度 T_f就是该溶液的凝固点。因此，溶液的凝固点是指溶液与其固相溶剂具有相同蒸气压而能平衡共存时的温度。显然，溶液的凝固点比纯溶剂的低，这种现象称为溶液的凝固点降低。溶液浓度越大，凝固点越低。

溶液的凝固点降低的性质被广泛应用。如利用凝固点降低法测定物质的摩尔质量、对药液进行等渗调节等；在冬季往汽车水箱中加入适量的甘油或乙二醇可防止水结冰，在冰雪天往路面上撒盐可使冰雪融化等。

溶液的凝固点降低及沸点升高的根本原因在于溶液蒸气压的下降。因此，溶液的凝固点降低及沸点升高的程度也与溶液的质量摩尔浓度成正比，而与溶质的本性无关。

课 堂 活 动

把一块冰放在 273K 的水中，另一块放在 273K 的盐水中，各有什么现象？

四、溶液的渗透压

(一) 渗透现象和渗透压

在蔗糖溶液的液面上加一层纯水，避免任何机械运动的情况下，静置一段时间，由于分子的热运动，糖分子向水层扩散，水分子向糖溶液中扩散，最后成为一种均匀的蔗糖溶液。在任何纯溶剂与溶液之间，或两种不同浓度的溶液相互接触时，都有扩散现象产生。如果用半透膜将蔗糖溶液和纯水隔开，情况就不同了。

半透膜是一种可以允许某些物质透过，而不允许另一些物质透过的多孔性薄膜。半透膜的种类很多，通透性也不同。常用的半透膜有生物体内的细胞膜、动物的膀胱膜、人造羊皮纸和火绵胶膜等。

用一种只允许水分子透过而蔗糖分子不能透过的半透膜，将蔗糖溶液和纯水隔开，并使膜两侧液面高度相等，如图 1-2(a)所示。此时，水分子可以通过半透膜向膜两侧运动。由于单位时间内，从纯水透过半透膜进入蔗糖溶液的水分子数比从蔗糖溶液进入纯水的水分子数多，结果蔗糖溶液的液面升高，如图1-2(b)所示。这种溶剂分子透过半透膜进入溶液的自发过程称为渗透。由于渗透作用，蔗糖溶液的液面逐渐上升，其静液压也会随之增加，使水分子从蔗糖溶液进入到纯水的速率加快。当半透膜两侧液面高度差达到一定值 h 时，水分子向两个方向渗透的速率相等，蔗糖溶液的液面不再升高，此时的系统处于动态平衡，即达到渗透平衡状态，如图1-2(c)所示。为了使渗透现象不发生，如图1-2(d)所示，必须在溶液液面上施加一额外的压力。国家标准规定：为维持只允许溶剂分子透过的半透膜所隔开的溶液与溶剂之间的渗透平衡而需要的额外压力称为溶液的渗透压。

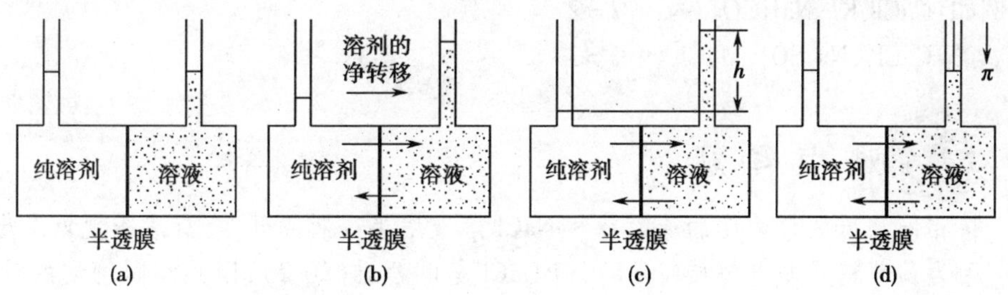

图1-2 渗透现象和渗透压

(a)渗透发生前；(b)渗透现象；(c)渗透平衡；(d)渗透压

如果用半透膜将两种不同浓度的溶液隔开，为了阻止渗透现象发生，必须在浓溶液液面上施加一压力，此压力仅为两溶液渗透压之差。

渗透现象的产生必须具备两个条件：一是有半透膜存在；二是膜两侧溶液具有浓度差，即半透膜两侧单位体积内不能透过半透膜的溶质粒子的数目不相等。渗透方向总是溶剂分子从纯溶剂向溶液(或从稀溶液向浓溶液)方向渗透，以减小膜两侧溶液的浓度差。

知识链接

图1-2中，若在溶液一侧施加大于渗透压的额外压力，则溶液中将有更多的溶剂分子通过半透膜进入溶剂一侧。这种使渗透作用逆向进行的过程称为反渗透。反渗透是一种以压力为推动的膜分离过程，能有效去除水中的无机盐、细菌、病毒、色素、农药、化肥、清洁剂、胶体物质等污染物。反渗透膜孔径非常小，约为0.1～1nm，相当于大肠杆菌等细菌大小的千分之一、病毒分子的百分之一、其他水和离子的几十分之一。因此这些物质都无法透过膜，被截止在膜的一端，而透过反渗透膜的水即为纯净水。反渗透技术可用于海水淡化、废水处理和溶液的浓缩等。

(二) 渗透压与浓度、温度的关系

1886年荷兰物理学家范特荷甫(Vant Hoff)根据实验结果，提出稀溶液的渗透压与浓度、温度的关系如下式：

$$\Pi V = nRT \quad \text{式(1-7)}$$

或 $$\Pi = cRT \quad \text{式(1-8)}$$

式中，Π 为稀溶液的渗透压(kPa)；V 为稀溶液的体积(L)；n 为溶质的物质的量(mol)；

c 为溶液的物质的量浓度(mol/L);T 为绝对温度(K);R 为摩尔气体常数[8.314kPa·L/(K·mol)]。

上式表明,在一定温度下,稀溶液的渗透压只与单位体积溶液中所含溶质的“物质的量”(或微粒数)成正比,而与溶质的本性无关,称为渗透压定律或范特荷甫定律。

对于电解质溶液,在计算渗透压时应考虑电解质的解离。因此,在计算渗透压公式中引入一个校正因子 i,即

$$\Pi = icRT \quad \text{式(1-9)}$$

对于强电解质稀溶液,校正因子 i 值是一“分子”电解质解离出的粒子个数。

例如:$NaCl$、KI、$NaHCO_3$ $i=2$

$CaCl_2$、Na_2SO_4、$MgCl_2$ $i=3$

难 点 释 疑

将相同物质的量浓度的葡萄糖和 NaCl 溶液用半透膜隔开,会有渗透现象发生。

因为葡萄糖是非电解质($i=1$),而 NaCl 是电解质($i\approx 2$),因此相同物质的量浓度的 NaCl 溶液的渗透压比葡萄糖溶液的渗透压大。故用半透膜将两种溶液隔开,会产生渗透现象。渗透方向是水分子由葡萄糖溶液向 NaCl 溶液渗透。

(三)渗透压在医学上的意义

1. 渗透浓度 在人体体液中含有电解质和非电解质组分,这些组分在体液中都能产生渗透效应。把体液中能产生渗透效应的各种分子及离子的总浓度称为渗透浓度,用符号 c_{os} 表示,其单位为 mol/L 或 mmol/L。

一定温度下,稀溶液的渗透压与渗透浓度成正比,而与溶质的本性无关。由于生物体本身的温度变化不大,因此,医学上常用渗透浓度表示溶液渗透压的高低。

例 10 分别计算生理盐水(9g/L NaCl)和 50g/L 葡萄糖溶液的渗透浓度。

解:

$$c_{NaCl} = \frac{9}{58.44} = 0.154(\text{mol/L}) = 154(\text{mmol/L})$$

因为 $i_{NaCl} \approx 2$,故生理盐水的渗透浓度为:$154 \times 2 = 308$(mmol/L)。

因为葡萄糖为非电解质,故葡萄糖溶液的渗透浓度为:

$$c_{C_6H_{12}O_6} = \frac{50}{180.15} = 0.278(\text{mol/L}) = 278(\text{mmol/L})$$

2. 等渗、低渗和高渗溶液 在同一温度下,渗透压相等的两种溶液,互称等渗溶液;当两溶液的渗透压不等时,则渗透压高的溶液称高渗溶液,渗透压低的溶液称低渗溶液。

医学上的等渗、低渗和高渗溶液是以血浆的渗透压(或渗透浓度)为标准来衡量的。因正常人的血浆的渗透浓度平均值约为 303.7mmol/L,据此临床上规定:凡是渗透浓度在 280~320mmol/L 的溶液为等渗溶液;渗透浓度低于 280mmol/L 的溶液为低渗溶液;渗透浓度高于 320mmol/L 的溶液为高渗溶液。

等渗溶液在医疗上具有重要意义。临床上给患者大剂量补液时,需使用与血液等渗的溶液,如常使用 9g/L NaCl 和 50g/L 葡萄糖灭菌液等,否则会造成严重后果。因为血液中的红细胞膜具有半透膜性质,正常情况时的红细胞,其膜内细胞液和膜外血浆是

等渗的。静脉滴注等渗溶液,红细胞维持正常形态,而发挥正常的生理功能;若大量滴注高渗溶液,使血浆浓度增大,红细胞膜内液的水分子将向血浆渗透,结果使红细胞皱缩;若大量滴注低渗溶液,使血浆稀释,血浆中的水分子将向红细胞内渗透,使红细胞膨胀,最后破裂(医学上称之为溶血)引起严重后果。临床上给患者换药时,通常用与组织细胞液等渗的生理盐水冲洗伤口,若用纯水或高渗盐水则会引起疼痛。当配制眼药水时,也必须使眼药水与眼黏膜细胞渗透压相同,否则会刺激眼睛而疼痛。

临床上除了使用等渗溶液外,有时根据治疗需要,也可使用少量高渗溶液。如用500g/L 葡萄糖溶液给急救患者或低血糖患者进行静脉注射,但注射量不能太多,速度也不能太快。少量高渗溶液进入血液后,随着血液循环被稀释,并逐渐被组织细胞利用而使浓度降低,故不会出现细胞皱缩的现象。

3. 晶体渗透压和胶体渗透压　人体血浆中既有小分子和小离子物质,如 Na^+、Cl^-、HCO_3^- 和葡萄糖等;也有大分子和大离子胶体物质,如蛋白质、核酸等。血浆总渗透压是这两类物质所产生渗透压的总和。由小分子和小离子物质所产生的渗透压称为晶体渗透压;由大分子和大离子物质所产生的渗透压称为胶体渗透压。37℃时,正常人血浆的总渗透压约为770kPa,其中晶体渗透压占99%以上。晶体渗透压和胶体渗透压具有不同的生理功能,这是由于生物半透膜(如细胞膜和毛细血管壁)对各种溶质的通透性不同。

细胞膜是一种间隔着细胞内液和细胞外液的半透膜,它只允许水分子自由透过。由于晶体渗透压远大于胶体渗透压,因此水分子的渗透方向主要取决于晶体渗透压。当人体内缺水时,细胞外液各种溶质的浓度升高,外液的晶体渗透压增大,于是细胞内液中的水分子将向细胞外液渗透,造成细胞皱缩。如果大量饮水,则又会导致细胞外液晶体渗透压减小,水分子透过细胞膜向细胞内液渗透,使细胞肿胀。

毛细血管壁也是体内的一种半透膜,间隔着血液和组织间液,允许水分子、小分子和小离子自由透过。在这种情况下,晶体渗透压对维持血管内外血液和组织间液的水盐平衡不起作用,因此这一平衡只取决于胶体渗透压。人体因某种原因导致血浆蛋白减少时,血浆的胶体渗透压降低,血浆中的水和其他小分子、小离子则会透过毛细血管壁而进入组织间液,致使血容量(人体血液总量)降低,组织间液增多,这是形成水肿的原因之一。临床上对由于失血造成血浆胶体渗透压降低的患者补液时,除补充生理盐水外,同时还需要输入血浆或右旋糖酐等代血浆,以恢复血浆的胶体渗透压并增加血容量。

点滴积累

1. 稀溶液的依数性包括溶液的蒸气压下降、沸点升高、凝固点降低和溶液的渗透压。稀溶液的依数性的本质是溶液的蒸气压下降。
2. 稀溶液的依数性只适用于难挥发非电解质稀溶液。
3. 渗透压与渗透浓度成正比,医学上常用渗透浓度表示溶液渗透压的高低。

第四节 胶体溶液

胶体分散系是分散相粒子直径在1~100nm 范围内的一种分散体系,包括溶胶和高分子溶液。胶体的应用很广，在有机体的构成、人的生理活动及医药工作中都具有重要意义。

一、溶胶

溶胶是由分子、离子或原子的聚集体高度分散在不相溶的分散介质中形成的。

溶胶的制备方法一般有两种。将较大的颗粒粉碎（或分散）成细小的胶粒的方法称为分散法；使分子或离子聚集成胶粒的方法称为凝聚法，包括物理凝聚法和化学凝聚法。其中化学凝聚法是通过化学反应使其生成难溶性物质聚集成胶粒的方法。如将 $FeCl_3$溶液逐滴加入沸水，$FeCl_3$与水发生反应形成红棕色透明的 $Fe(OH)_3$溶胶。

（一）溶胶的性质

1. 光学性质　在暗室中，将一束聚焦的光射入溶胶时，在与光线垂直的方向观察，可以看到溶胶中有一道明亮的光柱，这种现象称为丁铎尔（Tyndall）现象。

丁铎尔现象是由于胶体粒子对光的散射而形成的。当光线射入粗分散系时，因分散相粒子的直径（d）远大于入射光波长（λ），主要发生反射，光线无法透过，可观察到体系是浑浊不透明的；当光线射入溶胶（$d<\lambda$）时，则发生散射现象，在光线的垂直方向可观察到一条明亮的光柱；当光线射入真溶液（$d\ll\lambda$）时，光的散射很微弱，光几乎全部透过，溶液是透明的。因此，丁铎尔现象是溶胶的特征，可用来区分三类分散系。

2. 动力学性质　在超显微镜下观察溶胶时，可以看到胶体粒子在介质中不停地做无规则的运动，这种运动称为布朗运动。布朗运动实质上是分子热运动的结果。胶粒越小、温度越高、介质黏度越低，则布朗运动越激烈。布朗运动的存在，使胶粒具有一定的能量，可以克服重力的影响，使胶粒稳定不易发生沉降。

胶粒由于存在布朗运动，能从浓度大的区域自动向浓度小的区域扩散，最后体系达到浓度均匀。但是如果把盛有溶胶的半透膜放入分散介质中，则胶粒不能透过半透膜。利用胶粒不能透过半透膜，而小离子、小分子能透过半透膜的性质，可以把胶体溶液中混有的电解质的分子或离子分离出来，使胶体溶液净化，这种方法称为透析或渗析。

渗析法可用于中草药中有效成分的分离提取。在中草药浸取液中，常利用植物蛋白、淀粉等不能透过半透膜的性质而将它们除去；中草药注射剂常由于存在微量的胶体状态杂质，在放置中变浑浊，应用渗析法可改变其澄明度。人工肾能帮助肾功能衰竭的患者去除血液中的毒素和水分也是基于渗析的原理。

3. 电学性质　在一个 U 形管内注入红棕色的氢氧化铁溶胶，在管的两端插入电极，通直流电后，可观察到阴极附近溶液颜色逐渐变深，表明氢氧化铁溶胶粒子向阴极移动，此溶胶微粒带正电荷。若改用黄色的硫化砷溶胶做上述实验，则阳极附近溶液颜色逐渐变深，表明硫化砷溶胶粒子向阳极移动，此溶胶微粒带负电荷。在外电场作用下，胶体粒子在分散介质中定向移动的现象称电泳现象。

电泳现象的存在，可证明胶粒是带电的，电泳的方向可以判断胶粒所带电荷的种类。大多数金属氧化物和金属氢氧化物胶粒带正电，称为正溶胶；大多数金属硫化物、金属以及土壤所形成的胶粒则带负电，称为负溶胶。

（二）胶团结构

1. 溶胶粒子带电原因 溶胶粒子带电主要是由于胶核选择性吸附离子所引起的。胶核是胶体粒子的中心，是某种物质的许多分子或原子的聚集体，胶核与分散介质之间存在着巨大的相界面，可以选择性地吸附某种离子而带电。

2. 胶团结构 胶核表面吸附离子时，优先吸附与自身有相同成分的离子。如用 $AgNO_3$在过量 KI 中制备 AgI 溶胶时，大量的 AgI 分子聚集成 AgI 胶核，其表面优先吸附过剩的 I^-而带负电。I^-又吸引溶液中过剩的带相反电荷的 K^+，K^+一方面受到 I^-的静电吸引，有靠近胶核的倾向，同时又因本身的热运动有扩散分布到整个溶液中去的倾向，两种作用的结果，只有一部分 K^+紧密地排列在胶核表面上，与 I^-组成吸附层。电泳时，吸附层和胶核一起运动，因此胶核和吸附层构成胶粒。在吸附层之外，还有一部分 K^+疏散地分布在胶粒周围形成一个扩散层。胶粒和扩散层一起总称胶团。通常所说的溶胶带电是指胶粒带电，整个胶团是电中性的。

在过量 KI 中，AgI 胶团结构可以表示为：

$$[(AgI)_m\, nI^-(n-x)K^+]^{x-}\, x\,K^+$$

胶核　吸附层　扩散层（带正电）

胶粒（带负电）

胶团（电中性）

（三）溶胶的稳定性和聚沉

1. 稳定性 溶胶能够在相对较长时间内稳定存在的性质称为溶胶的稳定性。在医药工作中常常需要配制稳定的胶体，如难溶的药物常要制成胶体才便于患者服用和吸收。影响溶胶稳定性的主要原因是：

（1）胶粒带电：一般情况下，同种胶粒在相同条件下带同种电荷，相互排斥，从而阻止了胶粒在运动时互相接近聚合成较大的颗粒而沉降。

（2）溶剂化膜（水化膜）的存在：胶核吸附层上的离子，水化能力强，在胶粒周围形成一个水化层，阻止了胶粒之间的聚集。

2. 聚沉 在实践中，有时胶体的形成会带来不利的影响，例如在制备沉淀时，如果沉淀以胶态存在，吸附能力强，其表面将吸附许多杂质，不易洗涤干净，造成产品不纯和分离上的困难。因此需要破坏胶体，促使胶粒快速沉降。使胶粒聚集成较大的颗粒而沉降的过程称聚沉。常用的聚沉方法有：

（1）加入少量电解质：电解质加入后，与胶粒带相反电荷的离子能进入吸附层，中和了胶粒所带的电荷，水化膜被破坏，当胶粒运动时互相碰撞，聚集成大的颗粒而沉降。如江河入海口三角洲的形成，就是由于河流中带有负电荷的胶态黏土被海水中带正电荷的钠离子、镁离子中和后沉淀堆积而形成的。电解质对溶胶的聚沉能力，主要取决于与胶粒带相反电荷离子的电荷，离子电荷越高，聚沉能力越强。例如对负溶胶的聚沉能力是 $AlCl_3 > CaCl_2 > NaCl$；对正溶胶的聚沉能力是 $K_3[Fe(CN)_6] > K_2SO_4 > KCl$。

（2）加入带相反电荷的胶体溶液：两种带相反电荷的胶粒互相吸引，彼此中和电荷，从而发生聚沉。明矾净水法是溶胶相互聚沉的典型例子。

（3）加热：由于加热使胶粒的运动速度加快，碰撞聚合的机会增多；同时，升温降低了胶核对离子的吸附作用，减少了胶粒所带的电荷，水化程度降低，有利于胶粒在碰撞时聚沉。

二、高分子溶液

高分子溶液是指高分子化合物溶解在适当的溶剂中所形成的均相体系。其属于胶体分散系，既具有溶胶的某些性质，又与溶胶有不同之处。溶胶是非均相体系；高分子溶液是均相体系，但因分子大，与低分子溶液在性质上也有许多不同。

（一）高分子溶液的特征

1. 稳定性　高分子化合物在溶液中的溶剂化能力很强，分子结构中有许多亲水能力很强的基团，如—OH、—COOH、—NH_2等，当以水作溶剂时，高分子化合物表面能通过氢键与水形成很厚的水化膜，使其能稳定分散于溶液中不易凝聚，而溶胶粒子的溶剂化能力比高分子化合物弱得多。

2. 黏度大　由于高分子化合物是链状分子，长链之间互相靠近而结合，把一部分液体包围在结构中失去流动性，结合后的大分子在流动时受到的阻力也很大，高分子的溶剂化作用束缚了大量溶剂，因此高分子化合物溶液的黏度比溶胶和真溶液要大得多。

3. 盐析　高分子化合物溶液稳定的主要因素不是胶粒带电，而是其分子表面有很厚的水化膜，只有加入大量电解质才能将高分子化合物的水化膜破坏，使高分子化合物聚沉析出。在高分子化合物溶液中加入大量电解质，使其从溶液中析出的过程称盐析。盐析常用的电解质有氯化钠、硫酸钠、硫酸镁、硫酸铵等。可用盐析法分离纯化中草药中有效成分。

（二）高分子化合物对溶胶的保护作用

在溶胶中加入适量的高分子化合物溶液，可以显著地提高溶胶对电解质的稳定性，这种现象称为高分子化合物对溶胶的保护作用。高分子化合物之所以能保护胶体，是由于高分子化合物都是链状能卷曲的线性分子，很容易吸附在胶粒表面包住胶粒，由于高分子化合物本身很稳定，有很厚的水化膜，这样将阻止胶粒对溶液中异电离子的吸引以及胶粒之间互相碰撞的机会，从而大大增加溶胶的稳定性。

高分子化合物对溶胶的保护作用应用很广。例如墨水是一种胶体，为了让其稳定、长时间不聚沉，常常加入明胶或阿拉伯胶起保护作用；医药中的杀菌剂蛋白银就是由蛋白质保护的银溶胶；血液中所含的难溶盐碳酸钙、磷酸钙就是靠血液中的蛋白质保护而以胶态存在，患肝、肾等疾病使血液中蛋白质减少，则难溶盐就可能沉积在肾、胆囊等器官中，形成各种结石。

三、凝胶

（一）凝胶的形成

高分子溶液和溶胶在温度降低或浓度增大时，失去流动性，变成半固态时的体系称为凝胶。例如琼脂溶于热水、煮沸形成胶体溶液，冷却后形成凝胶。根据凝胶中液体含量的多少，可将凝胶分为冻胶和干凝胶。冻胶中液体的含量常在90%以上，如血块、肉冻等。液体含量少的凝胶称为干胶，如明胶、半透膜等。

知识链接

凝胶是胶体存在的一种特殊形式。体系中大量胶粒或高分子化合物通过范德华力互相联结,形成空间网状结构,溶剂固定在网状结构的孔隙中,不能自由流动。一方面它具有一定强度,可以保持一定形状,另一方面可以让许多物质通过它进行物质交换。人体的肌肉、脏器、细胞膜、皮肤、毛发、指甲、软骨都可看成凝胶。约占人体体重2/3的水,基本上都保持在凝胶里。

(二) 凝胶的性质

1. 弹性　凝胶可分为弹性凝胶和脆性凝胶两类。二者在冻态时,弹性大致相同,但在干燥后有很大区别。弹性凝胶烘干后体积缩小很多,但仍保持弹性,如肌肉、皮肤、血管壁等。脆性凝胶烘干后体积缩小不多,但失去弹性而具有脆性。脆性凝胶大多是无机凝胶,如硅胶、氢氧化铝等,其网状结构坚固,不易伸缩,具有多孔性及较大的内表面,广泛用作吸附剂或干燥剂。

2. 膨胀作用　干燥的弹性凝胶放入适当的溶剂中,会自动吸收液体,使凝胶的体积和重量增大的现象称为膨胀作用。脆性凝胶没有这种性质。如果膨胀作用进行到一定程度便停止,这种膨胀称为有限膨胀,如木材在水中的膨胀。如果膨胀作用一直进行下去,最终使凝胶的网状骨架完全消失而形成溶液的膨胀称为无限膨胀,如动物胶在水中的膨胀。膨胀现象对于药用植物的浸取很重要,一般只有在植物组织膨胀后,才能将有效成分提取出来。

3. 脱水收缩(离浆)　制备好的凝胶在放置过程中,缓慢自动地渗出液体,使体积缩小的现象称为脱水收缩或离浆,如常见的浆糊久置后要析出水,血块放置后有血清分离出来。脱水收缩是膨胀的逆过程,可以认为是凝胶的网状结构继续相互靠近,促使网孔收缩,把一部分液体从网眼中挤出来的结果。体积虽然变小了,但仍保持原来的几何形状。离浆现象在生命过程中普遍存在,因为人类的细胞膜、肌肉组织纤维等都是凝胶状的物质,老人皮肤松弛、变皱主要就是由细胞老化失水而引起的。

4. 触变作用　某些凝胶受到振摇或搅拌等外力作用,网状结构被破坏变成有较大流动性的溶液状态(稀化),去掉外力静置后,又恢复成半固体凝胶状态(重新稠化),这种现象称为触变现象,如沼泽地具有触变现象。原因是凝胶的网状结构是通过范德华力形成的不稳定、不牢固的网络,振摇即能破坏网络,释放液体。静置后,由于范德华力作用又形成网络,包住液体而成凝胶。临床使用的众多药物中有触变性药剂,使用时只需振摇数次,即得均匀的溶液。这类药物的特点是比较稳定,便于储藏。

点滴积累

1. 胶体分散系包括溶胶和高分子溶液。

分散系类型		粒子直径	分散相	性质
胶体分散系	溶胶	1～100nm	分子(原子)聚集体	非均相、相对稳定
	高分子溶液		单个高分子	均相、稳定

2. 凝胶的性质包括弹性、膨胀作用、脱水收缩和触变作用。

第五节 表面现象

表面是指物体与空气或与其本身的蒸气接触的面,如水面、桌面。界面是指物体与另一个凝聚相接触的面,如水与油接触的面。习惯上,一切界面上所发生的现象统称为表面现象。溶胶所具有的吸附作用、胶粒带电、不稳定的特性都与表面现象有关。

一、表面张力与表面能

表面层的分子具有一些特殊性质,主要是因为表面层分子与其内部分子所处的环境不同,以液体表面为例,如图 1-3 所示。

在液体内部的分子 A 受其邻近分子的吸引,来自各个方向的力是一样的,彼此互相抵消,所受的合力等于零,在液体内部移动时并不需要消耗功。而靠近表面的分子 B,由于下方密集的液体分子对它的吸引力远大于上方稀疏气体分子对它的吸引力,所受的合力不能互相抵消,这些力的总和垂直于液面指向液体内部,即液体表面分子受到向内的拉力,从而使液体表面有自动缩小的趋势。对一滴液体来说,它总是趋向于形成球形,如清晨树叶上的露珠;人洗脸后感觉面部发紧等。这种表面分子受到的指向内部的力称为表面张力。

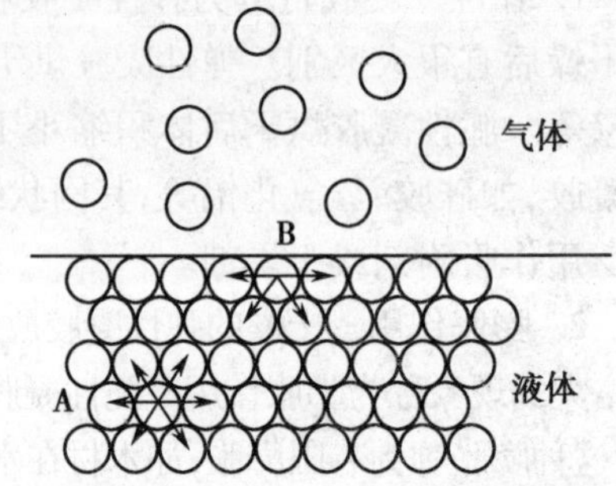

图 1-3 液体表面分子受力情况示意图

如果要扩散液体的表面,即把一部分分子由内部移到表面上来,则需要克服向内的拉力而消耗功。表面张力越大,消耗的功越多;扩散的表面越大,需要消耗的功也越多。这表明表面分子比液体内部的分子具有更高的能量,这种液体表面层分子比内部分子所多出的能量称为表面能。如 1g 水作为一个球体存在时,表面积为 $4.85cm^2$,表面能约为 3.5×10^{-5}J,能量小,常常忽略。但若把这 1g 水分为半径为 10^{-7}cm 的小球时,表面能约为 220J,相当于使这 1g 水温度升高 50℃所需要能量。很显然一定质量的物质分得越细小,其表面积越大,因此表面能越高,体系越不稳定。溶胶是高度分散的具有巨大表面能的不稳定体系。

二、表面吸附

表面吸附是物质在两相界面上浓度与内部浓度不同的现象。其中吸附其他物质的物质称为吸附剂,被吸附的物质称为吸附质。吸附作用可以在固体表面上发生,也可以在液体表面上发生。

1. 固体表面的吸附 位于固体表面的原子具有指向内部的表面张力,能对碰到固体表面上的分子、离子产生吸引力,使这些微粒在固体表面上发生相对的聚集,其结果能减小表面张力,降低固体的表面能,使固体表面变得较为稳定。

当其他条件相同时,固体表面积越大,固体吸附剂的吸附能力也越大。细粉状物质和多孔性物质具有很大的表面积,常作吸附剂。如活性炭、硅胶、分子筛、活性氧化铝等,常用于吸附大气中的有毒有害气体或体内的重金属毒物,除去中草药中植物色素,净化水中的杂质,治疗肠炎,干燥药物等。

2. 液体表面的吸附　液体表面也会因某种溶质的加入而产生吸附，使液体表面张力发生相应的变化。实验表明有些物质溶于水可使水的表面张力显著降低，溶质在表面层的浓度大于其在溶液内部浓度；有些物质溶于水会使水的表面张力增大，溶质在表层的浓度小于其在溶液内部浓度。凡是能够显著降低液体表面张力的物质称为表面活性物质或表面活性剂；凡是能增大液体表面张力的物质称为表面惰性物质。表面活性物质具有实际的应用价值。

三、表面活性物质

（一）表面活性物质的基本性质

表面活性物质的分子在结构上都是不对称的，均由亲水的极性基团和疏水的非极性基团（亲油基）两部分组成，是一种两亲分子，如合成洗涤剂（如十二烷基磺酸钠）是表面活性物质。当表面活性物质溶于水后，根据相似相溶规则，其极性基团倾向于留在水中，而非极性基团倾向于翘出水面，或朝向非极性的有机溶剂中。因此表面活性物质的分子一部分在液面形成一层定向排列的单分子膜，使水和空气的接触面减小，溶液的表面张力急剧降低；而另一部分在溶液内部逐渐聚集起来，互相把疏水基靠在一起，形成亲水基朝向水而疏水基向内（向非极性的有机溶剂）的直径在胶体范围的胶束，以胶束形式存在于水中的表面活性物质是比较稳定的，如图 1-4 所示。

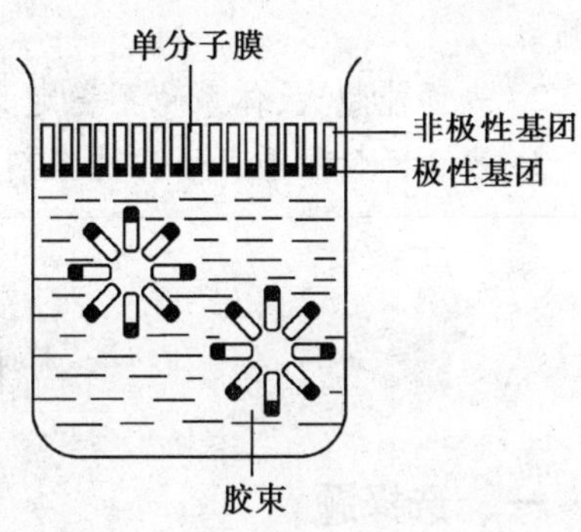

图 1-4　表面活性物质在溶液内部和表面层的分布

（二）表面活性物质的应用

表面活性物质在日常生活、生产、科研和医药学中有广泛应用，可用作洗涤剂、消毒剂、乳化剂、润湿剂、增溶剂等，以下简介乳化剂、润湿剂和增溶剂。

1. 乳化剂　由油和水形成的乳浊液，静置后即分层，不能得到稳定的乳浊液。要得到稳定的乳浊液，必须有使乳浊液稳定的物质存在，这种物质称为乳化剂。乳化剂所起的作用称为乳化作用。常用的乳化剂是一些表面活性物质，将表面活性物质加到乳浊液中，其分子的亲水基朝向水相，疏水基朝向油相，在两相界面上定向排列，不仅降低了相界面表面张力，而且在细小液滴周围形成一层保护膜，使乳浊液得以稳定存在。

知识链接

由乳化剂、水和油（这里油是指一切不溶于水的有机液体）形成的乳浊液在医学上称为乳剂。乳剂有两种类型，一种是油分散在水中，称为水包油型（O/W）乳剂，如鱼肝油乳剂；一种是水分散在油中，称为油包水型（W/O）乳剂，如石灰搽剂。把消毒和杀菌用的药剂制成乳剂，可以大大提高其效力。

2. 润湿剂　润湿是液体在固体表面黏附的现象。在固体与液体相接触的界面上，如果加入表面活性物质，能降低固液界面张力，使液体在固体表面很好黏附润湿。能改善润湿程度的表面活性物质称为润湿剂。润湿剂广泛应用于外用软膏,可提高药物与皮肤的润湿程度,更好地发挥药效。农药杀虫剂也普遍使用润湿剂,以改善药物与植物叶片和虫体的润湿程度,以发挥更大的药效。

3. 增溶剂　有些药物在水中的溶解度很低,达不到有效浓度。将药物加入到能形成胶束的表面活性剂的溶液中,药物分子可以钻进胶束的中心或夹缝中,使溶解度明显增大,这种现象称为增溶作用。能形成胶束的表面活性剂称为增溶剂,增溶作用在制药工业经常使用,如消毒防腐药煤酚在水中的溶解度为2%,加入肥皂作为增溶剂,可使其溶解度增大到50%;氯霉素的溶解度为0.25%,加入吐温作增溶剂可使溶解度增大到5%等。

点 滴 积 累

1. 物质的表面分子与内部分子性质的差异产生表面现象。吸附是表面现象的主要性质。
2. 表面能越大,体系越不稳定。
3. 表面活性物质可用作洗涤剂、消毒剂、乳化剂、润湿剂、增溶剂等。

目标检测

一、选择题

(一) 单项选择题

1. 有三种溶液分别是氯化钠($NaCl$)、氯化钙($CaCl_2$)和葡萄糖($C_6H_{12}O_6$),它们的浓度均为0.1mol/L,按渗透压由高到低排列的顺序是(　　)

A. $CaCl_2 > NaCl > C_6H_{12}O_6$　　B. $C_6H_{12}O_6 > CaCl_2 > NaCl$

C. $NaCl > C_6H_{12}O_6 > CaCl_2$　　D. $C_6H_{12}O_6 > NaCl > CaCl_2$

2. 分散相粒子能透过滤纸而不能透过半透膜的是(　　)

A. 粗分散系　B. 胶体分散系　C. 分子、离子分散系　D. 都不是

3. 胶体分散系中分散相粒子的直径范围是(　　)

A. 大于100nm　B. 1~100nm　C. 小于100nm　D. 小于1nm

4. 9g/L的生理盐水的物质的量浓度为(　　)

A. 0.0154mol/L　B. 308mol/L　C. 0.154mol/L　D. 15.4mol/L

5. 下列温度、质量浓度均相同的四种溶液,渗透压最大的是(　　)

A. $C_{12}H_{22}O_{11}$　B. $C_6H_{12}O_6$　C. KCl　D. NaCl

6. 下列关于分散系概念的描述,正确的是(　　)

A. 分散系只能是液态体系　　B. 分散相微粒都是单个分子或离子

C. 分散系为均一稳定的体系　　D. 分散系中被分散的物质称为分散相

7. 表面活性剂在结构上的特征是(　　)

A. 一定具有磺酸基或高级脂肪烃基　　B. 只具有亲水基

C. 只具有亲油基　　D. 一定具有亲水基和亲油基

8. 表面活性剂加入液体后(　　)

A. 能显著降低液体表面张力　　B. 能增大液体表面张力
C. 对液体表面张力影响不大　　D. 不影响液体表面张力

9. 用半透膜将0.02mol/L 蔗糖溶液和0.02mol/L NaCl 溶液隔开时,将会发现(　　)
A. 水分子从 NaCl 溶液向蔗糖溶液渗透　　B. 互不渗透
C. 水分子从蔗糖溶液向 NaCl 溶液渗透　　D. 不确定

10. 用半透膜分离胶体粒子与电解质溶液的方法称为(　　)
A. 电泳　　B. 渗析　　C. 过滤　　D. 冷却结晶

11. 将0.02mol/L KCl 溶液 12ml 和 0.05mol/L $AgNO_3$溶液 10ml 混合制备 AgCl 溶胶,此溶胶的胶团结构式为(　　)
A. $[(AgCl)_m nAg^+(n-x)NO_3^-]^{x+} xNO_3^-$
B. $[(AgCl)_m nCl^-(n-x)K^+]^{x-} xK^+$
C. $[(AgCl)_m nNO_3^-(n-x)Ag^+]^{x-} xAg^+$
D. $[(AgCl)_m nK^+(n-x)Cl^-]^{x+} xCl^-$

12. 混合等体积的0.08mol/L KI 溶液和0.1mol/L $AgNO_3$溶液所得的 AgI 溶胶,下列电解质对其聚沉能力最强的是(　　)
A. $CaCl_2$　　B. NaCl　　C. Na_2SO_4　　D. $K_3[Fe(CN)_6]$

13. 影响溶胶稳定的最主要的因素是(　　)
A. 布朗运动　　B. 电泳现象　　C. 胶粒带电　　D. 丁铎尔现象

14. 下列分散系能产生丁铎尔现象,加少量电解质可聚沉的是(　　)
A. AgCl 溶胶　　B. NaCl 溶液　　C. 蛋白质溶液　　D. 蔗糖溶液

15. 稀溶液的依数性的本质是(　　)
A. 溶液的凝固点降低　　B. 溶液的沸点升高
C. 溶液的蒸气压下降　　D. 溶液的渗透压

(二) 多项选择题

1. 下列事实与胶体性质有关的是(　　　)
A. 在豆浆里加入盐卤做豆腐　　B. 河流入海口处易形成沙洲
C. 一束平行光线照射溶胶时,从侧面可以看到光亮的通路
D. 三氯化铁溶液中滴入氢氧化钠溶液出现红褐色沉淀
E. 用明矾净水

2. 下列与人体血液等渗的溶液是(　　　)
A. 0.9g/L 的 NaCl 溶液　　B. 9g/L 的 NaCl 溶液
C. 50g/L 的葡萄糖溶液　　D. 0.5mol/L 的葡萄糖溶液
E. 12.5g/L 的 $NaHCO_3$溶液

3. 下列属于分子、离子分散系的是(　　　)
A. 云　　B. 空气　　C. 海水
D. 自来水　　E. 墨水

4. 将淀粉碘化钾混合溶液装在半透膜中,浸泡在盛有纯化水的烧杯里,一段时间后取烧杯中液体进行实验。能证明半透膜有破损的现象是(　　　)
A. 加入碘水变蓝色　　B. 加入 NaI 溶液不变蓝色
C. 加入 $FeCl_3$溶液变蓝色　　D. 加入溴水变蓝色

E. 加入$AgNO_3$溶液产生黄色沉淀

5. 下列对溶胶能起保护作用的是(　　　　　)

A. $CaCl_2$　　B. NaCl　　C. Na_2SO_4

D. 明胶　　E. 动物胶

二、简答题

1. 把红细胞分别置于3g/L、15g/L的NaCl溶液中各发生什么现象？并解释原因。
2. 高分子溶液和溶胶同属胶体分散系,其主要异同点是什么？
3. 溶胶是多相不均匀体系,为何具有一定的稳定性？如何使溶胶聚沉？
4. 举例说明高分子化合物对溶胶的保护作用。

三、实例分析

1. 将9.0gNaCl溶于1L纯化水中配成溶液,计算该溶液的质量分数和质量摩尔浓度。

2. 用密度$\rho=1.84kg/L$,$\omega(H_2SO_4)=98\%$的浓硫酸3.5ml配成250ml溶液,求此溶液的物质的量浓度？

3. 配制2.0mol/L的HCl溶液100ml需要密度$\rho=1.19kg/L$,$\omega(HCl)=38\%$的浓盐酸多少毫升？

4. 37℃时血液的渗透压为770kPa,求配制1L与血液等渗的NaCl溶液需NaCl多少克？

实训一　化学实训基本操作

【实训目的】

1. 熟悉实验室规则、安全守则及意外事故处理。
2. 掌握化学实验基本操作。

【实训内容】

1. 实训用品

(1) 仪器:试管(5支)、试管夹、量筒(10ml、25ml、100ml)、烧杯(150ml)、玻璃棒、滴瓶、细口瓶、托盘天平、酒精灯、煤气灯。

(2) 试剂:NaCl(固)、NaOH(固)、H_2SO_4(浓)。

2. 实训步骤

(1) 玻璃仪器的洗涤和干燥

1) 仪器的洗涤:一般先用自来水冲洗,再用毛刷刷洗;若洗不干净,可用毛刷蘸少量洗涤剂刷洗;若仍洗不干净,可用洗液(由浓硫酸和饱和重铬酸钾溶液混合配成,具有很强的氧化性、酸性和去污能力)浸泡,浸泡后的洗液要小心倒回原瓶可重复使用;然后用自来水将仪器冲洗干净,再用少量纯化水淋洗2~3次。通常要求洗净的玻璃仪器内壁只附着一层均匀的水膜,不挂水珠。

2) 仪器的干燥:不急用的仪器,洗净后可放在仪器架上在无尘处自然晾干;实验急用的仪器,放在电烘箱中烘干,或用玻璃仪器气流烘干器干燥(温度在60~70℃为宜);计量玻璃仪器不能用加热的方式进行干燥。

(2) 酒精灯和煤气灯的使用

1) 酒精灯的使用:常用于加热温度不需太高的实验,火焰温度通常可达400~500℃。酒精易燃,使用时须注意安全:①灯内酒精的量不能超过灯容积的2/3;②点燃前先将灯头提起,吹去灯内酒精蒸气;③绝不能用已燃着的酒精灯引燃;④酒精灯连续使用时间不能太长;⑤添加酒精时应先将火焰熄灭,用漏斗添加;⑥熄灭灯焰时,用灯罩盖熄,再提起灯罩放气,然后重新盖上。

2) 煤气灯的使用:使用时先把空气入口处关上,再打开煤气开关引入煤气,2~3秒后,在灯口上面约4cm处点燃,调节空气入口流量,使煤气与空气以适当比例混合,此时火焰呈淡蓝色。使用结束后,立即关闭煤气入口和空气入口,使火焰熄灭。使用时注意:①当空气量较大时,会发出"嘘嘘"的响声,火焰呈淡绿色,形成"侵入火焰",同时有大量的一氧化碳产生,煤气灯温度将降低。此时应立即关闭煤气灯,待灯管冷却后重新点燃,并调节空气入口流量使火焰恢复正常状态。②当煤气进入太多时,则火焰离开管口燃烧,形成"临空火焰",此时应调节煤气入口,减少煤气进入量使火焰恢复正常状态。

(3) 加热试管中液体和固体

1) 加热试管中液体:试管中的液体一般可直接在火焰上加热(易分解的物质应放在水浴中加热)。操作时应注意:试管中液体量不能超过总容积的1/3;试管与桌面呈45°角,管口向上;用试管夹夹持试管的中上部;利用火焰的外焰加热;不要将试管口对着别人或自己;先加热液体的中上部,然后不时地上下移动,使液体各部分受热均匀,避免试管内液体因局部沸腾而溅出。

2) 加热试管中固体:必须使试管口稍微向下倾斜,以免凝结在试管上的水珠流到灼热的管底,使试管破裂。试管可用试管夹夹持起来加热,也可用铁夹固定在铁架上加热。先用火焰来回加热试管,然后固定在有固体物质的部位加热。

(4) 试剂的取用:实验室中,固体试剂一般装在广口瓶中,液体试剂盛放在细口瓶或滴瓶中,见光易分解的试剂盛放在棕色瓶中。试剂瓶上贴有标签,并标明试剂的名称、浓度等。从广口瓶或细口瓶中取用试剂时,先将瓶盖取下,仰放在实验台上,取完试剂后,瓶盖立即盖回原来的试剂瓶上,瓶放回原处,标签朝外。

1) 固体试剂的取用:①取用粉末状试剂时,要用洁净的药匙取用。为避免试剂沾在试管壁或试管口,可将粉末状试剂放在对折的纸片上,试管平放,送入管底,再竖起试管。用过的药匙必须洗净用滤纸吸干后才能再使用,以免污染试剂。②取用块状固体试剂时,要用洁净的镊子夹取。装入试管时,先把试管倾斜,将块状固体放入管口内,使其沿管壁慢慢滑下,以免碰破试管底部。

2) 液体试剂的取用:①从滴瓶中取少量试剂时,滴管应在盛接容器的正上方,保持垂直,不能倾斜、横置或倒立,以免试剂流入胶头;滴管不能伸入盛接容器中或触及盛接容器的器壁;使用后应立即将滴管插回原瓶,切勿插错;不可用一滴瓶中滴管取其他滴瓶中试剂,以免污染试剂。②从细口瓶中取用试剂时,先将瓶塞取下,仰放在实验台上,左手拿住盛接容器(如试管、量筒等),右手拿起试剂瓶,并注意标签对着手心,倒出所需量的试剂,倒完将试剂瓶口在盛接容器上靠一下再竖直,以免遗留在瓶口的试剂流到试剂瓶外壁。若将试剂倒入烧杯时,左手拿玻璃棒,使玻璃棒下端斜靠在烧杯内壁上,右手握住试剂瓶,将瓶口靠在玻璃棒上,使液体沿着玻璃棒流入烧杯内。

（5）量筒的使用：量筒为量出容器，即倒出液体的体积为所量取的液体体积。量筒的规格有5ml、10ml、100ml等多种，可根据不同需要选择使用。例如量取8.0ml液体时，应选用10ml量筒，测量误差为±0.1ml；若选用100ml量筒量取，则至少有±1ml的测量误差。使用时，把要量取的液体注入量筒中，手拿量筒上部，让量筒垂直，使视线与量筒内液体凹面的最低处保持水平，然后读出量筒上的刻度，即得液体的体积。不能用量筒量热的溶液或作为反应容器。在进行某些实验时，如果不需较准确地量取试剂，可不必用量筒量取，只要学会估计液体的量即可。例如，知道移取1ml液体约从滴管中滴出多少滴液体。

（6）托盘天平的使用：托盘天平使用方便，但精确度不高，一般能称准到0.1g。其使用步骤如下：

1）调零点：在称量前，先将游码拨到游码标尺的"0"位，检查天平的指针是否停在刻度盘的中间位置，若不在中间，可调节天平托盘下面的螺旋钮，使指针停在中间位置。

2）称量：称量时，左盘放称量物，右盘放砝码。加砝码时，应先加质量大的，后加质量小的，10g（或5g）以上的砝码放在砝码盒内，10g（或5g）以下的砝码是通过移动游码来添加的。当砝码加到天平两边平衡，即指针停在刻度盘的中间位置，这时砝码所示的质量就是称量物的质量。

3）称量完毕：砝码放回砝码盒，游码拨回"0"位，两托盘重叠后放在一侧，使天平休止，以保护天平刀口。

称量时必须注意：天平不能称量热的物体；称量物不能直接放在托盘上，应放在称量纸或表面皿上；吸湿或有腐蚀性的药品，必须放在玻璃容器内。

（7）溶液的配制

1）配制100ml 0.1mol/LNaOH溶液。

计算配制该溶液所需固体NaOH的质量。取一干燥的小烧杯，用托盘天平称其质量后，加入固体NaOH，迅速称出所需NaOH的质量。加30ml纯化水于小烧杯使所称NaOH溶解，待所得溶液冷却至室温后，定量转移至100ml量筒中，加水稀释到100ml，混匀即可（溶液回收）。

2）配制100ml 75%的医用酒精（用无水乙醇配制）。

计算配制该溶液所需无水乙醇的体积。用100ml量筒量取所需的无水乙醇，然后向量筒中加入纯化水至100ml，混匀即可（溶液回收）。

【实训注意】

1. 实验室规则

（1）实验前必须预习教材的有关内容，做到心中有数，有计划地进行实验。

（2）实验中应认真操作，仔细观察，如实记录实验现象和实验数据。

（3）废纸、火柴梗应倒在废物盘中，严禁倒入水槽内；侵蚀性液体倒入废液缸中，以防腐蚀；取用药品时应严格遵守基本操作，以免污染药品。

（4）使用精密仪器时，必须严格按照操作规程进行操作；小心使用仪器和实验室设备，注意节约水电和煤气。

（5）实验后，应将仪器洗刷干净，放回原处，实验台用抹布擦净，最后检查煤气、水、电是否关闭妥当。经教师检查方可离开实验室。

2. 实验室安全守则

（1）一切有毒的或有恶臭的物质的实验，都应在通风橱中进行；对于易燃物质，应尽可能使其远离火源。

（2）加热试管时，不要将试管口对着自己或别人，也不要俯视正在加热的液体，以防溅出液体造成伤害；在嗅闻气体的气味时，应用手扇闻。

（3）浓酸、浓碱具有强腐蚀性，切勿溅在衣服、皮肤，尤其眼睛上；稀释浓硫酸时，应将浓硫酸慢慢倒入水中并不断搅拌，而不能将水向浓硫酸里倒，以免迸溅；决不允许擅自随意混合各种化学药品。

（4）实验完毕，应洗净双手，才可离开实验室。

3. 实验室意外事故处理

（1）起火：根据起火原因立即灭火，一般用湿布、沙土覆盖或灭火器灭火。若遇电气设备着火，必须先切断电源，再用干粉或四氯化碳灭火器灭火。

（2）烫伤：可用高锰酸钾或苦味酸擦洗灼伤处，再涂上烫伤膏或凡士林。

（3）受强酸、强碱腐伤：立即用大量水冲洗。强酸腐伤擦上碳酸氢钠油膏或凡士林；强碱腐伤用柠檬酸或硼酸饱和溶液洗涤，再擦上凡士林。

（4）吸入有毒气体：如吸入氯气、氯化氢气体时，可吸入少量酒精和乙醚的混合蒸气解毒；如吸入硫化氢气体感到不适时，立即到室外呼吸新鲜空气。

【实训检测】

1. 为何不能用量筒量取热的溶液或作为反应容器？
2. 为什么称量固体 NaOH 时，应放入小烧杯中称量？

【实训记录】

溶液的配制	配制溶液体积	溶质取量	配制过程
0.1mol/L NaOH 溶液			
75% 的医用酒精			

实训二 药用氯化钠的制备

【实训目的】

1. 掌握药用氯化钠的制备方法。
2. 掌握溶解、过滤、蒸发、浓缩、结晶、干燥等基本操作。

【实训内容】

1. 实训用品

（1）仪器：蒸发皿（2 个）、石棉网、烧杯（250ml 2 个）、量筒、玻璃棒、布氏漏斗、吸滤瓶、抽滤机、托盘天平、电炉。

（2）试剂：粗食盐（已炒好）、HCl（6mol/L）、H_2S（饱和）、NaOH（2mol/L）、Na_2CO_3（饱和）、$BaCl_2$（25%）、pH 试纸。

2. 实训步骤

(1) 称取40g粗食盐于250ml的烧杯中,加水约120ml,加热搅拌使其溶解。

(2) 将溶液加热至近沸,边搅拌边滴加25% $BaCl_2$溶液至沉淀完全,继续加热煮沸数分钟,停止加热及搅拌,待沉淀沉降后,沿烧杯壁滴加数滴$BaCl_2$溶液,检验SO_4^{2-}是否沉淀完全。如有白色沉淀生成,则需补加$BaCl_2$溶液至沉淀完全;如没有白色沉淀生成,可用布氏漏斗抽滤,沉淀弃去。

(3) 将滤液移至另一干净的250ml的烧杯中,加入饱和H_2S溶液数滴,若无沉淀,不必再多加H_2S溶液。然后边搅拌边滴加饱和Na_2CO_3溶液至沉淀完全,再滴加2mol/L NaOH溶液,调节pH为10~11。加热煮沸数分钟,停止加热及搅拌,待沉淀沉降后,检验是否沉淀完全。沉淀完全后用布氏漏斗抽滤,沉淀弃去。

(4) 将滤液移至干净的蒸发皿,滴加6mol/L盐酸溶液,调节pH为3~4。不断搅拌下加热蒸发浓缩至糊状稠液,使NaCl完全析出,停止加热。冷却后用布氏漏斗抽滤,尽量将NaCl晶体抽干,再用少量纯化水洗涤NaCl晶体2~3次,抽干,母液弃去。

(5) 将NaCl晶体移至另一洁净的已称重的蒸发皿中,加热烘干,冷至室温,称重,计算产率。

【实训注意】

1. 粗食盐中所含主要杂质为K^+、Mg^{2+}、Ca^{2+}、Fe^{3+}、重金属离子、SO_4^{2-}、Br^-、I^-等,以及泥砂和有机杂质。将粗食盐在火上煅炒,使有机物碳化,再用水溶解成饱和溶液。不溶性杂质可采取过滤法除去,可溶性杂质可根据其性质借助于化学方法除去。如:

$$Ba^{2+} + SO_4^{2-} \rightleftharpoons BaSO_4\downarrow$$

$$\text{重金属离子} + S^{2-} \longrightarrow \text{沉淀}$$

$$Fe^{3+} + 3OH^- \rightleftharpoons Fe(OH)_3\downarrow$$

$$Ca^{2+} + CO_3^{2-} \rightleftharpoons CaCO_3\downarrow$$

$$Ba^{2+} + CO_3^{2-} \rightleftharpoons BaCO_3\downarrow$$

$$2Mg^{2+} + CO_3^{2-} + 2OH^- \rightleftharpoons Mg_2(OH)_2CO_3\downarrow$$

2. 注意抽滤装置的安装和使用;抽滤时为防止滤纸破损,可用两层滤纸。

【实训检测】

1. 在加入沉淀剂将SO_4^{2-}、Ca^{2+}、Mg^{2+}等离子转化为沉淀以除去时,如何检查这些离子是否沉淀完全?

2. 在调节溶液pH为弱酸性时,若加入的盐酸过量,应如何处理?为何将溶液调节为弱酸性?

3. 在浓缩过程中,能否把溶液蒸干?为什么?

【实训记录】

粗食盐质量(g)	精食盐质量(g)	产率(%)

(张晓继)

第二章　物 质 结 构

自然界的物质种类繁多、丰富多彩，性质各异。物质在性质上的差异是由于物质的内部结构不同引起的。因此要了解物质的性质、认识物质世界的变化规律，必须进一步了解物质的内部结构。

知 识 链 接

人类对原子结构的认识，经历了漫长的过程。公元前400年希腊哲学家德模克利特提出了万物由“原子”产生的思想。19世纪初，英国化学家道尔顿创立了原子论学说，认为一切物质都是由不可见、不可再分的原子组成。20世纪初，随着电子、质子、中子、放射性同位素等一系列新发现，人们建立了具体的原子模型，原子从假说变成了实物。期间英国物理学家卢瑟福提出了原子的行星模型，随后玻尔在卢瑟福、爱因斯坦、普朗克思想的基础上提出了新的原子结构模型。之后，法国物理学家德布罗意提出物质的波粒二象性、海森堡提出测不准原理、薛定谔提出薛定谔方程、海特勒和伦敦阐明共价键本质、鲍林建立价键理论和杂化轨道理论等，使得现代原子结构和分子结构理论得以完成。

第一节　原子核外电子的运动状态

一、原子核外电子的运动

原子是由一个带正电的原子核和核外带负电的电子组成的体系，原子核是由带正电的质子和不带电的中子组成。原子核集中了原子的绝大部分质量，约为原子总质量的99.9%以上，核外电子受原子核的作用在核外直径约为10^{-10}m的空间高速运动。实验证明高速运动的电子流，除有粒子性外，还有波动性，即电子具有波粒二象性。

电子是质量很小的粒子，在原子核外高速运动，人们无法准确地测定某一瞬间电子在某一区域所处的位置，只能用统计的方法来判断电子在核外空间某一区域出现的概率。为了形象地表示电子在原子中的运动状况，常用密度不同的小黑点来表示。黑点较密集的地方，表示电子出现的概率较大，黑点较稀疏的地方，表示电子出现的概率较小，这种用小黑点的疏密形象地描述电子在原子核外空间出现的概率密度分布图称为电子云。电子云只是原子核外电子行为统计结果的一种形象化的比喻。如氢原子核外电子的运动状态,如图 2-1 所示。

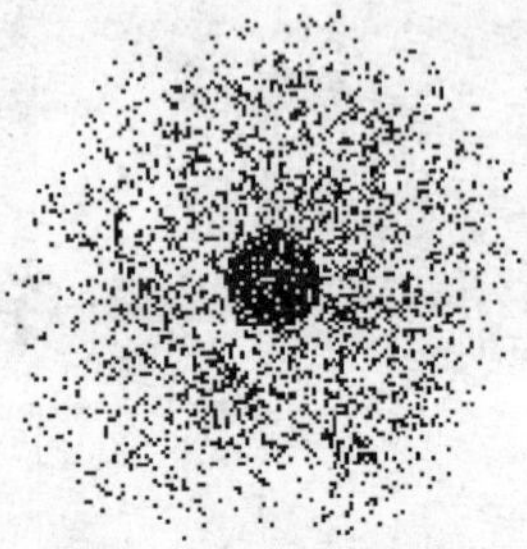

由图 2-1 可以看出,氢原子的电子云为球形对称。离核越近,密度越大;离核越远,密度越小。即表示氢原子核外的电子在离核越近的空间内,出现的概率越大;在离核越远的空间内,出现的概率越小。或者说,氢原子核外的电子主要在一个离核较近的球形空间内作高速运动。

图 2-1　氢原子的电子云示意图

二、原子核外电子运动状态的描述

原子中的电子,在核外一定空间区域内作高速运动,其运动状态比较复杂,有一系列可能的运动状态。电子具有波粒二象性,表现出量子化的特性。根据实验结果和理论推算,核外电子的运动状态需用四个量子数(n、l、m、m_s)来描述。

(一) 主量子数 *n*

主量子数 n 表示电子在核外空间出现概率最大区域离核的远近,也是决定电子能量高低的最主要因素,n 的取值为从 1 开始的正整数,即 1、2、3、4、…。n 越小,表示电子出现概率最大的区域离核越近,电子的能量越低;n 越大,表示电子出现概率最大的区域离核越远,电子的能量越高。n 又代表电子层数,不同的电子层用不同的符号表示:

n:	1、	2、	3、	4、	5、	6、	7…
电子层符号:	K	L	M	N	O	P	Q…
电子层:	一	二	三	四	五	六	七……

(二) 角量子数 *l*

根据光谱实验及理论推导,即使在同一电子层中,电子的能量还稍有差别,运动状态也有所不同,即 1 个电子层还可分为若干个能量稍有差别、电子云形状不同的亚层。角量子数 l 用来描述电子云的形状,其取值受主量子数的限制,可取 0、1、2、3、…$(n-1)$,共 n 个整数值。

每 1 个 l 值对应 1 个电子亚层。如当 $l=0$、1、2、3 时,通常分别用符号 s、p、d、f 表示。

(1) $n=1$ 时,l 只能取 0(s),表示第一电子层只有 1 个亚层,称为 1s 亚层。

(2) $n=2$ 时,l 可取 2 个数值,即 0(s)、1(p),表示第二电子层有 2 个亚层,分别称为 2s 亚层和 2p 亚层。

(3) $n=3$ 时,l 可取 3 个数值,即 0(s)、1(p)、2(d),表示第三电子层有 3 个亚层,分别称为 3s 亚层、3p 亚层和 3d 亚层。其余以此类推。

通常将在 s、p、d、f 亚层上的电子分别称为 s 电子、p 电子、d 电子和 f 电子。

多电子原子中,同一电子层上各亚层的能量稍有差别,并按 s、p、d 和 f 的顺序增高,例如 $E_{ns}<E_{np}<E_{nd}<E_{nf}$。不同亚层的电子云形状不同,s 电子云呈球形对称,如图 2-2 所示;p 电子云呈哑铃形,如图 2-3 所示;d 电子云和 f 电子云的形状较为复杂。

(三) 磁量子数 *m*

在原子核外同一电子亚层上的电子云虽然形状相同,但它们可能以几种伸展方向同时存在于该亚层中。如图 2-3 所示,p 亚层的 p 电子云以 3 种伸展方向的形式同时存在。

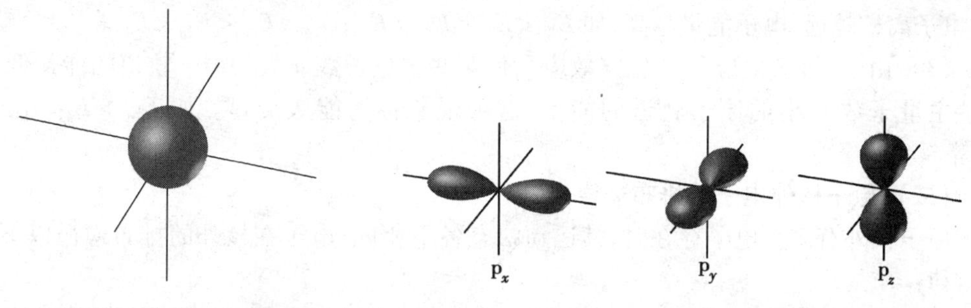

图 2-2 s 电子云示意图　　图 2-3 p 电子云示意图

每一种具有一定形状和伸展方向的电子云所占据的空间称为 1 个原子轨道，简称轨道。可用圆圈"○"或方框"□"表示 1 个轨道。磁量子数 m 是用来描述电子云在空间的伸展方向的参数，每 1 个数值代表 1 个原子轨道。

磁量子数(m)的取值受角量子数(l)的制约。当角量子数 l 一定时，m 可以取从 $+l$ 到 $-l$ 并包括 0 在内的整数值。即 $m=0$、±1、±2…… $\pm l$。因此，每一电子亚层所具有的轨道总数为 $2l+1$。

综上所述，用 n,l,m 三个量子数即可决定 1 个特定原子轨道的大小、形状和伸展方向。

(四) 自旋量子数 m_s

电子在围绕原子核运动的同时，本身还有自旋运动。描述电子自旋运动的量子数称为自旋量子数 m_s。m_s 的取值只有 $+\frac{1}{2}$ 和 $-\frac{1}{2}$ 两种。相当于顺时针和逆时针两种方向，通常用向上的箭头"↑"和向下的箭头"↓"表示。

以上四个量子数既相互联系又相互制约，能够比较全面地描述 1 个核外电子的运动状态。只有当 n、l、m、m_s 一定时，电子的运动状态才能完全确定。

三、原子核外电子的排布

(一) 多电子原子轨道能级

多电子原子中，原子轨道的能量由 n、l 决定，根据光谱实验结果，鲍林提出了多电子原子的原子轨道近似能级图，如图 2-4 所示。鲍林的原子轨道近似能级图，将原子轨道按照能量从低到高分为 7 个能级组。能量相近的能级划为 1 个能级组，图中的每个方框为 1 个能级组，每个小圆圈代表 1 个原子轨道。

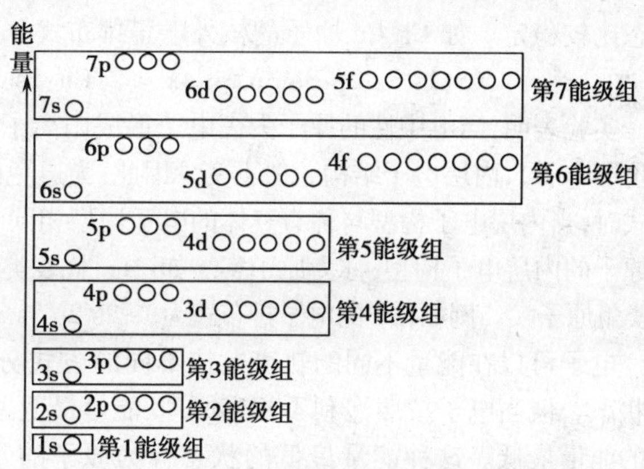

图 2-4 多电子原子轨道的近似能级图

多电子原子中原子轨道能级高低的基本规律如下：

(1) n 相同，l 不同。则 l 越大，原子轨道的能量越高，如 $E_{ns}<E_{np}<E_{nd}<E_{nf}$。

(2) n 不同，l 相同。则 n 越

大,电子离核越远,电子能量越高,如 $E_{1s}<E_{2s}<E_{3s}<E_{4s}$;$E_{1p}<E_{2p}<E_{3p}<E_{4p}$。

(3) 由于“屏蔽效应”和“钻穿效应”,使某些主量子数 n 大的原子轨道的能量低于某些主量子数 n 小的原子轨道的能量,这种现象称为能级交错。如 $E_{3d}>E_{4s}$、$E_{4f}>E_{6s}$等。

(二) 原子核外电子的排布规律

原子核外有多个电子存在时,其运动状态各不相同,电子在核外的排布遵循以下3个规律:

1. 能量最低原理 原子核外的电子总是尽可能地占据能量最低的轨道,然后依次进入能量较高的轨道,这个规律称为能量最低原理。

根据多电子原子的近似能级图和能量最低原理,可以确定电子填入各轨道的先后顺序,如图 2-5 所示。

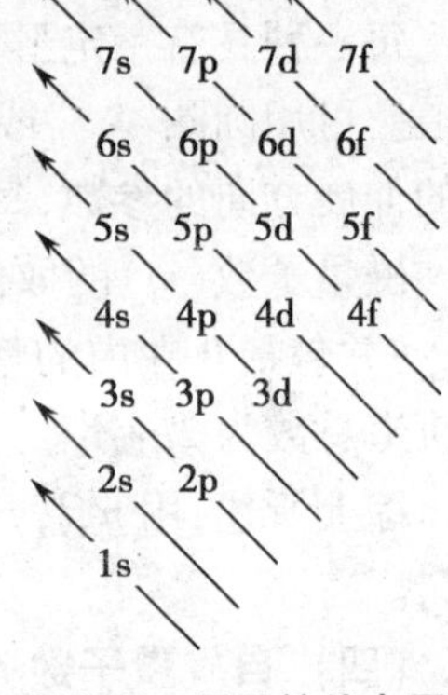

图 2-5 原子核外电子填充的顺序图

2. 泡利(Pauli)不相容原理 奥地利物理学家泡利(Pauli)在1925年提出,在同一原子中不可能有4个量子数完全相同的2个电子同时存在,即每1个原子轨道中最多只能容纳2个自旋方向相反的电子。因此,每1个电子层中最多可容纳电子的数目为 $2n^2$。

常用电子排布式来表示核外电子的排布情况。表示方法如下:

以原子核外各亚层的分布情况表示,按电子填充顺序,能级由低到高进行排列。其中亚层符号前面的数字,代表第几电子层;亚层符号右上角的数字,代表该亚层中填充电子的数目。

例如:17号元素 Cl 的电子排布式为 $1s^22s^22p^63s^23p^5$。

3. 洪特(Hund)规则 德国科学家洪特(Hund)根据光谱实验总结出,在同一亚层的各个轨道中,电子尽可能分占不同的轨道,且自旋方向相同。原子中同一亚层的轨道,能量相等,被称为等价轨道或简并轨道,如 p 亚层的 3 个 p 轨道为等价轨道。即电子尽可能分占不同的等价轨道,且自旋方向相同。

例如,C 原子的核外有 6 个电子,其电子排布方式为 $1s^22s^22p^2$。在原子轨道中的填充情况可表示为:

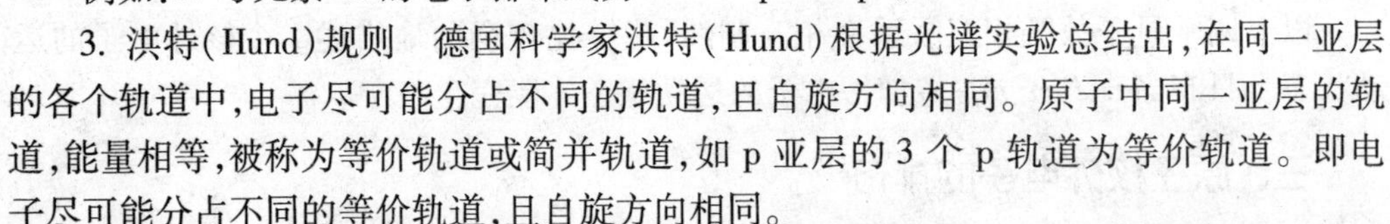

等价轨道电子全充满(p^6或d^{10}或f^{14})、半充满(p^3或d^5或f^7)或全空(p^0或d^0或f^0)的状态比较稳定。如 Cr、Cu 原子的核外电子排布式分别为:

Cr:$1s^22s^22p^63s^23p^63d^54s^1$ Cu:$1s^22s^22p^63s^23p^63d^{10}4s^1$。

实验表明,当电中性的原子失去电子形成阳离子时,总是首先失去最外层电子(也称为价层电子),内层电子结构一般不变。因此,为避免电子排布式过长,在书写核外电子排布式时,当内层电子构型与稀有气体的电子构型相同时,可用该稀有气体的元素符号来表示原子的内层电子构型,称为原子实。如[He]代表类氦原子实,[Ne]和[Ar]分别表示类氖和类氩原子实。例如,$_{16}S$ 的电子排布式为 $1s^22s^22p^63s^23p^4$,用原子实表示为[Ne]$3s^23p^4$。

电子可以在能量不同的轨道上按不同的方式分布,多电子原子可能处于多种不同的状态。但当电子按照泡利不相容原理、能量最低原理和洪特规则在各轨道分布时,原子的能量最低。这种能量最低的状态称为原子的基态,其他状态均为原子的激发态。同一原子的激发态有多种,而基态只有一种。部分原子的基态电子构型,见表 2-1。

表 2-1 部分原子的基态电子构型

原子序数	元素	电子构型	原子序数	元素	电子构型	原子序数	元素	电子构型
1	H	$1s^1$	13	Al	$[Ne]3s^23p^1$	25	Mn	$[Ar]3d^54s^2$
2	He	$1s^2$	14	Si	$[Ne]3s^23p^2$	26	Fe	$[Ar]3d^64s^2$
3	Li	$[He]2s^1$	15	P	$[Ne]3s^23p^3$	27	Co	$[Ar]3d^74s^2$
4	Be	$[He]2s^2$	16	S	$[Ne]3s^23p^4$	28	Ni	$[Ar]3d^84s^2$
5	B	$[He]2s^22p^1$	17	Cl	$[Ne]3s^23p^5$	29	Cu	$[Ar]3d^{10}4s^1$
6	C	$[He]2s^22p^2$	18	Ar	$[Ne]3s^23p^6$	30	Zn	$[Ar]3d^{10}4s^2$
7	N	$[He]2s^22p^3$	19	K	$[Ar]4s^1$	31	Ga	$[Ar]3d^{10}4s^24p^1$
8	O	$[He]2s^22p^4$	20	Ca	$[Ar]4s^2$	32	Ge	$[Ar]3d^{10}4s^24p^2$
9	F	$[He]2s^22p^5$	21	Sc	$[Ar]3d^14s^2$	33	As	$[Ar]3d^{10}4s^24p^3$
10	Ne	$[He]2s^22p^6$	22	Ti	$[Ar]3d^24s^2$	34	Se	$[Ar]3d^{10}4s^24p^4$
11	Na	$[Ne]3s^1$	23	V	$[Ar]3d^34s^2$	35	Br	$[Ar]3d^{10}4s^24p^5$
12	Mg	$[Ne]3s^2$	24	Cr	$[Ar]3d^54s^1$	36	Kr	$[Ar]3d^{10}4s^24p^6$

点 滴 积 累

1. 核外电子的运动状态可由主量子数 n、角量子数 l、磁量子数 m、自旋量[illegible] m_s 来描述。

2. 原子核外电子的排布遵循能量最低原理、泡利(Pauli)不相容原理和洪特(Hund)规则。

第二节 元素周期律与元素的基本性质

一、原子的电子层结构与元素周期律

元素的性质随着原子序数(核电荷数)的递增而呈现周期性的变化规律称为元素周期律或元素周期系。由于元素的化学性质主要取决于原子最外电子层的结构,而最外电子层的结构又是由核电荷数和核外电子排布规律所决定的,因此元素的性质呈现周期性的变化。元素周期律是原子的电子构型随着核电荷的递增而呈现周期性变化的反映。

(一) 原子的电子层结构和周期的划分

对应于主量子数 n 的每 1 个取值,都对应着 1 个能级组,每 1 个能级组又对应于 1 个周期。周期表共有 7 行,相应分为 7 个周期,恰好与鲍林能级图中的能级组对应。周期与能级组存在着一一对应关系,见表 2-2。如 18 号元素氩(Ar),电子层结构为 $1s^22s^22p^63s^23p^6$,包含 3 个能级组,即有 3 个电子层,为第 3 周期元素;19 号元素钾(K),因能级交错,增加的电子进入第 4 能级组的 4s,电子层结构为 $1s^22s^22p^63s^23p^64s^1$,有 4 个电子层,为第 4 周期元素。因此元素所在的周期数等于该元素原子的电子层数。各能级组中轨道所容纳的电子总数和相应周期包含的元素的数目相等。如第 4 周期对应的第 4 能级组有 9 个轨道(1 个 4s,5 个 3d,3 个 4p),可容纳 18 个电子,故有 18 种元素。

除未完成的第 7 周期外，从上到下各周期所包含的元素数目分别为 2、8、8、18、18、32。其中，前 3 个周期为短周期，从第 4 周期开始为长周期。

表 2-2　能级组与周期的关系

周期	能级组	起止元素	含元素数目	能级组内各亚层电子填充次序
1. 特短周期	1	${}_{1}H \to {}_{2}He$	2	$1s^2$
2. 短周期	2	${}_{3}Li \to {}_{10}Ne$	8	$2s^{1\sim2} \to 2p^{1\sim6}$
3. 短周期	3	${}_{11}Na \to {}_{18}Ar$	8	$3s^{1\sim2} \to 3p^{1\sim6}$
4. 长周期	4	${}_{19}K \to {}_{36}Kr$	18	$4s^{1\sim2} \to 3d^{1\sim10} \to 4p^{1\sim6}$
5. 长周期	5	${}_{37}Rb \to {}_{54}Xe$	18	$5s^{1\sim2} \to 4d^{1\sim10} \to 5p^{1\sim6}$
6. 特长周期	6	${}_{55}Cs \to {}_{86}Rn$	32	$6s^{1\sim2} \to 4f^{1\sim14} \to 5d^{1\sim10} \to 6p^{1\sim6}$
7. 未完周期	7	${}_{87}Fr \to$ 未完		$7s^{1\sim2} \to 5f^{1\sim14} \to 6d^{1\sim7}$

由表 2-2 可知，元素在周期表中所处的周期序数为电子填充的最高能级组序数。

（二）原子的电子层结构和族的划分

[illegible]原子的价电子层结构相似的元素排在同一列，即元素周期表的纵行，称为族。周期表[illegible]8 列，其中 8、9、10 三列合成一族称为第Ⅷ族，其余每一列为一族。

[illegible]族　包含长、短周期元素的各列称为主族，在族号罗马字后加“A”表示主族。从ⅠA[illegible]A 共 8 个族，ⅧA 族也通常称为 0 族。

主[illegible]素的族序数 = 元素的最外层电子数。

例如，元素 S 的电子排布式为 $1s^22s^22p^63s^23p^4$，价层电子构型为 $3s^23p^4$，故为ⅥA 族元素。0 族元素是稀有气体，其最外层均已填满，呈稳定结构。

2. 副族　只含有长周期元素的各列称为副族，在族号罗马字后加“B”表示副族。周期表中从ⅠB 到ⅦB 共有 7 个副族。凡最后 1 个电子填入 $(n-1)d$ 或 $(n-2)f$ 亚层的都属于副族。ⅢB ~ ⅦB 族元素的价层电子总数等于其族数。

3. 第Ⅷ族　位于周期表的中间，共有 3 个纵行。价层电子的构型是 $(n-1)d^{6\sim10}ns^{0\sim2}$，价层电子数是 8 ~ 10。第Ⅷ族多数元素在化学反应中的价数并不等于族数。

（三）周期表的分区

根据核外电子构型的特点，常把周期表中的元素划分为 s 区、p 区、d 区、ds 区和 f 区元素，见表 2-3。

表 2-3　周期表中元素的分区

周期	ⅠA	ⅡA	ⅢB	ⅣB	ⅤB	ⅥB	ⅦB	Ⅷ	ⅠB	ⅡB	ⅢA	ⅣA	ⅤA	ⅥA	ⅦA	0
1 2 3 4 5 6 7	s 区 $ns^{1\sim2}$		d 区 $(n-1)d^{1\sim9}ns^{0\sim2}$						ds 区 $(n-1)d^{10}ns^{1\sim2}$		p 区 $ns^2np^{1\sim6}$					

La 系 Ac 系	f 区　$(n-2)f^{0\sim14}(n-1)d^{0\sim2}ns^2$

二、元素基本性质的周期性变化规律

元素的基本性质包括原子半径、电离能、电负性等,这些性质都与原子结构密切相关。由于元素的原子结构呈现周期性变化,元素的基本性质也呈现周期性变化。

(一)原子半径

从量子力学理论的观点看,电子云分布范围是无限的,因此原子没有确定的半径。通常所说的“原子半径”是指原子在分子或晶体中所表现的大小,常用的有三种,即共价半径、范德华半径和金属半径。通常情况下,范德华半径都比较大,而金属半径比共价半径大一些。在比较元素的某些性质时,原子半径最好采用同一种数据。

元素的原子半径取决于电子层数、有效核电荷数和电子构型。原子半径的变化有以下规律:

1. 同一主族元素的原子半径逐渐增大　因为在同一主族元素中,从上至下,电子层逐渐增加所起的作用大于有效核电荷增加的作用,所以原子半径逐渐增大。同一副族元素,原子半径的变化比较复杂,从上到下原子半径的变化趋势总体上与主族相似,但原子半径增大的幅度不大。从ⅣB族元素开始,第五、六周期的同族元素,由于镧系收缩,造成它们的原子半径很接近,从而导致元素性质极为相似。

2. 同一周期元素的原子半径依次减小　同一周期元素的电子层数相同,而随着原子的有效核电荷逐渐增大,原子对核外电子的吸引力逐渐增强,故原子半径依次减小。但最后1个稀有气体的原子半径变大,这是由于稀有气体的原子半径采用范德华半径所致。原子半径的这种变化在短周期中表现的较为突出,而在长周期中,从左到右,原子半径的变化总体趋势与短周期相似,也是依次变小。对于过渡元素,由于所增加的电子填充在次外层的d轨道上,所受的屏蔽效应较大,过渡元素的原子半径依次减小的幅度较为缓慢。

(二)电离能

元素的1个气态原子在基态时失去1个电子成为气态的一价阳离子时所消耗的能量,称为该元素的第一电离能,用符号“I_1”表示,常用单位为kJ/mol。气态的一价阳离子再失去1个电子成为气态的二价阳离子所消耗的能量,称为第二电离能I_2。依此类推。各级电离能的大小顺序为$I_1 < I_2 < I_3 \cdots$,因为离子的电荷正值越来越大,离子半径越来越小,核对外层电子的吸引力会越来越大,因此失去这些电子逐渐变难,所需能量逐渐增大。

电离能的大小可表示原子失去电子的倾向,从而可说明元素的金属性强弱。电离能越小表示原子失去电子所消耗能量越少,越易失去电子,则该元素的金属性越强。元素的电离能在周期表中呈现明显的周期性变化。一般常用第一电离能进行比较。

1. 同一主族元素,自上而下电离能逐渐减小。同一主族元素的价电子构型相同,但随着有效核电荷的增加,原子半径逐渐增大,核对外层电子的吸引力逐渐减小,失去电子的倾向逐渐增大,因此第一电离能逐渐减小。

2. 同一周期元素,从左到右电离能变化总体呈增加趋势。这是由于有效核电荷增加而原子半径减小,导致核对外层电子的引力增强,使电子不易失去,第一电离能逐渐增大。另外,当具有稳定的构型(如半满、全满、全空)时,对应的第一电离能较大,而出现某些特例，这体现了电子构型对电离能的影响。

（三）元素的电负性

为全面衡量分子中各原子间争夺电子能力的大小，1932 年鲍林（F. Pauling）首先提出了元素电负性的概念。元素的电负性是指原子在分子中吸引电子的能力。鲍林（F. Pauling）指定氟的电负性为 4.0，并依次通过对比求出了其他元素的电负性数值。部分元素的电负性数值，见表 2-4。

电负性从吸引电子能力的强弱方面全面地描述了元素的金属性和非金属性的强弱。电负性越大，表示原子在分子中吸引电子的能力越强，元素的非金属性越强，金属性越弱；电负性越小，表明原子在分子中吸引电子的能力越弱，元素的非金属性越弱，金属性越强。非金属元素的电负性一般大于 2.0，金属元素的电负性一般小于 2.0。应注意的是元素的金属性与非金属性之间并没有严格的界限。

表 2-4 部分元素的电负性

H 2.10																
Li 0.98	Be 1.57											B 2.04	C 2.55	N 3.04	O 3.44	F 4.00
Na 0.93	Mg 1.31											Al 1.61	Si 1.90	P 2.19	S 2.58	Cl 3.16
K 0.82	Ca 1.00	Sc 1.36	Ti 1.54	V 1.63	Cr 1.66	Mn 1.55	Fe 1.8	Co 1.88	Ni 1.91	Cu 1.90	Zn 1.65	Ga 1.81	Ge 2.01	As 2.18	Se 2.55	Br 2.96
Rb 0.82	Sr 0.95	Y 1.22	Zr 1.33	Nb 1.60	Mo 2.16	Tc 1.9	Ru 2.28	Rh 2.2	Pd 2.20	Ag 1.93	Cd 1.69	In 1.73	Sn 1.96	Sb 2.05	Te 2.1	I 2.66
Cs 0.79	Ba 0.89	La 1.10	Hf 1.3	Ta 1.5	W 2.36	Re 1.9	Os 2.2	Ir 2.2	Pt 2.28	Au 2.54	Hg 2.00	Tl 2.04	Pb 2.33	Bi 2.02	Po 2.0	At 2.2

从表 2-4 可以看出，元素的电负性呈周期性变化。同一周期元素，随着原子序数的增加，从左到右电负性逐渐增大；同一主族元素，从上至下元素的电负性逐渐减小。但副族元素的电负性及金属性变化不太规律。

（四）元素的氧化数

元素的氧化数是指在单质或化合物中某元素的 1 个原子的形式电荷数。氧化数可认为是由"化合价"发展衍生而来的，与元素原子的电子结构密切相关，尤其是与价电子层的电子数有关。

主族元素原子只有最外层（价电子层）电子能参加化学反应，因此元素的最高可能氧化数，决定于最外层电子数，同时又与族序数相一致。

在化学反应中，副族元素除最外层电子外，次外层 d 电子及外数第三层 f 电子也可以部分或全部参加反应，因此它们的氧化数由参加反应的这三种亚层上电子的数目决定。ⅢB、ⅣB、ⅤB、ⅥB、ⅦB 元素的价电子数正好等于其族序数，而其余各副族一般没有这种关系。

点滴积累

1. 元素的性质随着核电荷的递增而呈现周期性的变化规律称为元素周期律。

2. 周期表分为7个周期、8个主族、7个副族和Ⅷ族;周期表中的元素划分成s区元素、p区元素、d区元素、ds区元素、f区元素。

3. 元素的基本性质:原子半径、电离能及电负性等随核电荷的递增而呈现周期性的变化。

第三节 化学键

从结构的观点看,除稀有气体外,其他原子都不是稳定的结构,故原子常相互组合以分子或晶体的形式存在。相同或不同的原子之所以能够组成稳定的分子或晶体,这是因为原子间存在着强烈的相互作用力。这种分子或晶体中相邻原子间的强烈相互作用称为化学键。按照原子相互作用的方式和强度的不同,化学键可分为离子键、共价键和金属键。原子通过化学键结合在一起形成分子,原子的空间排布决定了分子的几何构型。分子的几何构型不同,分子的某些性质也不同。以下仅对离子键、共价键及杂化轨道理论解释分子的空间结构进行初步讨论。

一、离子键

(一) 离子键的形成

1916年,德国化学家柯色尔(W. Kossel)根据大量化合物的组成元素都具有稀有气体原子电子结构的事实,提出当电负性差值较大的两种不同原子相互靠近时,可通过电子转移(得失电子)形成具有稀有气体稳定的电子结构的阴、阳离子,这些带相反电荷的离子通过静电作用形成化合物。这种由阴、阳离子之间通过静电作用形成的化学键称为离子键,由离子键形成的化合物称为离子型化合物。

如氯化钠的形成。当金属钠和氯气发生反应时,钠原子最外层上的1个电子,转移到氯原子的最外电子层上,分别形成 Na^+ 和 Cl^-。Na^+ 和 Cl^- 通过静电引力,相互吸引彼此接近,而形成了稳定的化学键。

$$n\text{Na} \quad 2s^22p^63s^1 - ne \longrightarrow 2s^22p^6 \quad n\text{Na}^+$$

$$n\text{Cl} \quad 3s^23p^5 + ne \longrightarrow 3s^23p^6 \quad n\text{Cl}^-$$

$$n\text{Na}^+ + n\text{Cl}^- \longrightarrow n\text{NaCl}$$

离子键易在活泼金属和活泼非金属元素之间形成。一般情况,形成离子键的原子间的电负性数值要相差1.7以上。如 NaCl、MgO、CaF_2 等都是由离子键形成的化合物。

(二) 离子键的特性

1. 由于离子的电荷分布是球形对称的,可以在空间任何方向上与带有相反电荷的离子互相吸引,所以离子键没有方向性。

2. 无论是阴离子,还是阳离子,只要离子周围的空间允许,某1个离子可以同时与尽可能多的带相反电荷的离子相互作用,因此离子键没有饱和性。例如,实验证明在氯化钠晶体中,每个 Na^+ 周围等距离地排列着6个 Cl^-,同样每个 Cl^- 周围等距离地排列着6个 Na^+。

二、共价键

电负性相差较大的两种元素的原子通过电子转移形成离子键，而电负性相差较小或相同的原子间又是如何成键的？如 HCl、H_2O、NH_3、H_2、Cl_2、N_2等分子的形成可用共价键理论进行说明。

（一）现代价键理论的基本要点

1916 年，美国化学家路易斯（G. N. Lewis）首次提出了共价键的概念。认为同种元素的原子以及电负性相近的原子间形成分子时，可以通过共用电子对以达到稀有气体稳定的电子结构。这种原子间通过共用电子对形成的化学键称为共价键。两原子共用一对电子形成 1 个单键，共用两对和三对电子形成双键和叁键。

1930 年，鲍林（F. Pauling）等人建立了现代价键理论，价键理论又称为电子配对理论，其基本要点是：

1. 两个原子相互接近时，只有自旋方向相反的未成对电子，才可以配对（电子云发生有效重叠），使原子核间电子云密度增大，体系能量降低，形成稳定的共价键。若原子中没有未成对电子，一般不能形成稳定的共价键。

2. 一个原子含有几个未成对电子，就只能与其他原子的几个自旋方向相反的未成对电子形成共价键。即 2 个自旋方向相反的成单电子配对形成共价键后，不能再与其他原子中的成单电子配对。

3. 成键电子所属的原子轨道尽可能最大程度地重叠，因为成键的原子轨道重叠程度越大，2 个原子核间电子出现的概率密度越大，即原子核间电子云越密集，形成的共价键越牢固，称为原子轨道最大重叠原理。

如 H_2的形成过程：2 个氢原子在形成 H_2过程中，电子不可能从 1 个氢原子转移给另 1 个氢原子，而是由 2 个氢原子共用。

H_2的形成可用电子式表示：

$$\mathrm{H}\cdot + \times\mathrm{H} = \mathrm{H}\overset{\times}{\cdot}\mathrm{H}$$

2 个氢原子的电子云部分重叠，两核间的电子云密集，形成稳定的 H_2。电子云重叠愈多，分子愈稳定。

（二）共价键的特性

1. 共价键具有饱和性　因为只有自旋相反的未成对的电子才能配对成键，而各种原子的未成对电子数是一定的，所以两原子间只能形成一定数目的共价键。这说明共价键具有饱和性。如氯原子的外层电子排布为 $3s^23p^5$，3p 轨道上只有 1 个未成对电子，只能和另 1 个氯原子中自旋方向相反而未成对的电子配对，形成单键（Cl—Cl），即 Cl_2分子。

2. 共价键具有方向性　除 s 轨道是球形对称外，其他原子轨道都有一定的伸展方向。因此，共价键将尽可能沿原子轨道最大重叠的方向形成，这说明共价键具有方向性。如氢原子与氯原子形成氯化氢时，氢原子的 1s 轨道与氯原子的 3p 轨道只有沿着 x 轴方向才有最大程度的重叠，形成稳定的共价键，如图 2-6 所示。

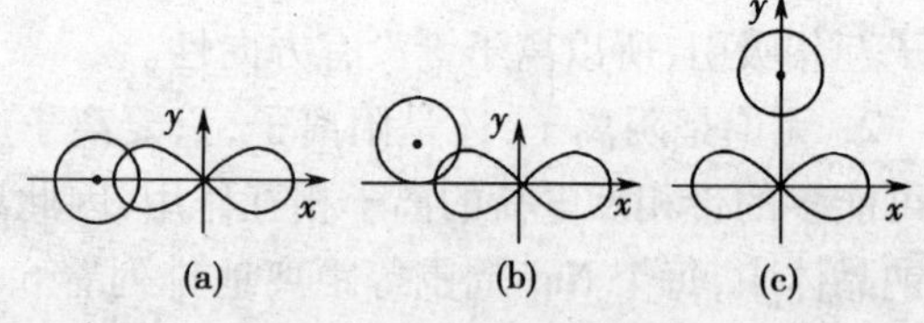

图 2-6　共价键的方向性

（三）共价键的类型

按形成共价键时，成键原子轨道的重叠方式不同，共价键可分为 σ 键和 π 键两种类型。

1. σ 键　成键时两原子轨道沿键轴（成键原子的两核连线）方向以"头碰头"的方式发生最大程度的重叠，形成的共价键称为 σ 键，如图 2-7 所示。

2. π 键　成键时两原子轨道沿着键轴方向以"肩并肩"的方式发生重叠，形成的共价键称为 π 键，如图 2-8 所示。

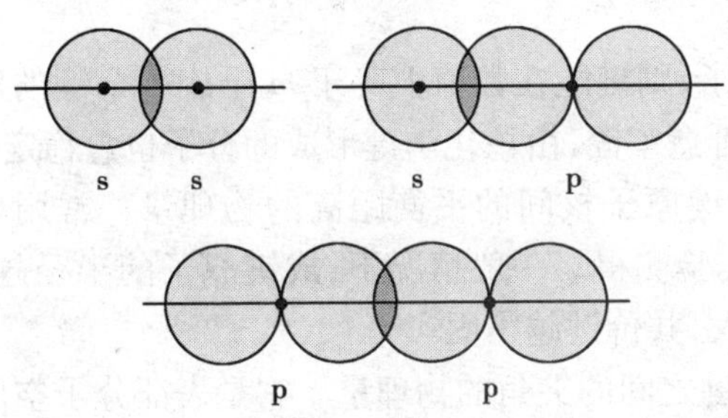

图 2-7　原子轨道重叠形成 σ 键示意图

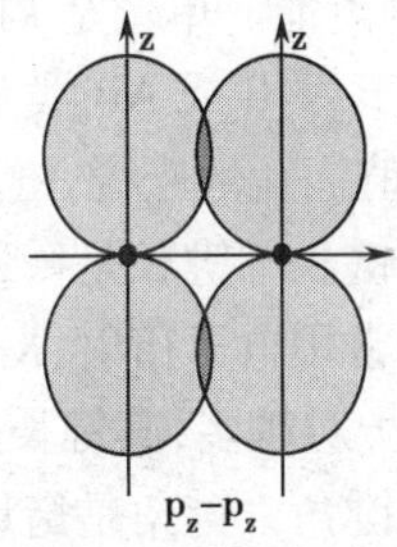

图 2-8　原子轨道重叠形成 π 键示意图

由于电子云以"肩并肩"的方式相互重叠，重叠的 2 个电子云的对称轴相互平行，电子云重叠部分对通过键轴的 1 个平面具有对称性。π 键电子云重叠程度较小，所以 π 键不如 σ 键稳定，易断裂，具有较强的化学活泼性。π 键不能单独存在，只能与 σ 键共存于具有双键或叁键的分子中。

例如，N 原子的核外电子排布式为 $1s^2 2s^2 2p_x^1 2p_y^1 2p_z^1$，3 个未成对的 p 电子分占 3 个互相垂直的 p 轨道。形成 N_2 分子时，若 2 个 N 原子的 $2p_x{}^1$ 电子云沿 x 轴以"头碰头"方式重叠形成 1 个 σ 键，则剩下的 2 个 p 电子（$2p_y^1$、$2p_z^1$）必然以"肩并肩"的方式重叠形成 2 个 π 键且相互垂直。所以，N_2 分子由共价叁键构成，叁键中，1 个是 σ 键，2 个是 π 键，如图 2-9 所示。

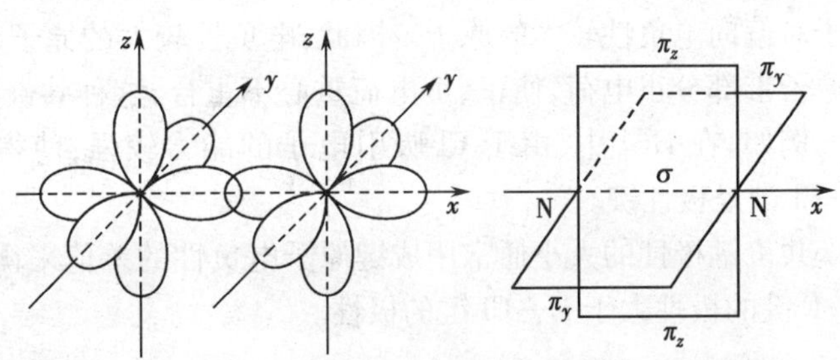

图 2-9　氮分子中 σ 键和 π 键形成示意图

由上可知，2 个原子间若形成单键，必然是 σ 键；2 个原子间若形成双键或叁键时，除 1 个 σ 键外，其余则是 π 键。σ 键和 π 键的主要区别见表 2-5。

表 2-5　σ 键与 π 键的比较

	σ 键	π 键
成键轨道	由 s-s、s-p、p-p 原子轨道重叠形成	由 p-p、p-d 原子轨道重叠形成
成键方式	"头碰头"方式重叠	"肩并肩"方式重叠
存在形式	存在于单键、双键或叁键中	仅存在于双键或叁键中
键的性质	重叠程度大，键能大，稳定性高	重叠程度小，键能小，稳定性低

（四）共价键参数

表征化学键性质的物理量称为键参数。键能、键角、键长和键的极性是共价键主要的键参数。

1. 键能　键能是从能量因素来衡量共价键强度的物理量。用来反映断开或形成1个化学键的难易程度。对于双原子分子来说，键能等于分子的解离能。在298.15K和100kPa下，将1mol理想气态分子AB解离为理想气态的A、B原子所需要的能量，称为AB的解离能。单位是kJ/mol。

对于A_mB或AB_n类型的多原子分子，则键能在数值上等于m个或n个键的解离能的平均值。一般来说，键能愈大，表明键愈牢固，由该化学键形成的分子也愈稳定。

2. 键长　键长是衡量分子中两成键原子核间的平衡距离的物理量。常用单位为pm。通常用电子衍射、X射线衍射等实验测得。一般情况下，成键原子的半径越小，成键的电子对越多，其键长越短，键能越大，共价键越牢固。

3. 键角　键角是衡量分子中键与键之间的夹角的物理量。它是表征分子空间构型的重要参数。对于双原子分子，分子的形状总是直线型的；对于多原子分子，由于共价键具有方向性，所以键与键之间可能存在一定的夹角。根据分子中的键长和键角，一般可以确定分子的空间构型。

4. 键的极性　按共用电子对是否发生偏移，共价键分为非极性共价键和极性共价键。

当2个相同原子以共价键结合时，2个原子的电负性相同，共用电子对不偏向任何1个原子，这种共价键为非极性共价键，简称非极性键。例如，H_2、O_2、N_2等双原子分子的共价键都是非极性键。

当2个不同元素的原子以共价键结合时，由于成键的2个原子的电负性不同，共用电子对偏向电负性较大的原子。因此，电负性较大的原子带部分负电荷，而电负性较小的原子带部分正电荷，使正、负电荷重心不重合，这种共价键称为极性共价键，简称极性键。例如，在HCl中，由于Cl吸引电子的能力较强，使得共用电子对偏向于Cl，因此H—Cl键是极性键。

共价键极性的大小通常用成键原子电负性的差值来衡量，差值越大，极性越大。如H—F键的极性大于H—Cl键的极性。

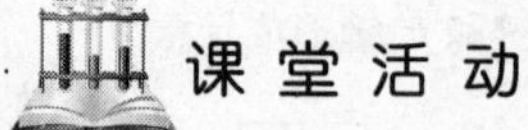

课堂活动

说明HF分子的化学键是怎样形成的？

（五）配位键

上述共价键中，共用电子对是由2个原子各提供1个电子而形成的。如果共价键的形成是由1个原子单方面提供1对电子与另1个有空轨道的原子（或离子）共用而形成的共价键，称为配位共价键，简称配位键。在配位键中，提供电子对的原子称为电子对的给予体；接受电子对的原子称为电子对的接受体。配位键常用“→”表示，箭头指向电子对的接受体。配位化合物中最重要的化学键是配位键。

三、杂化轨道理论

以上介绍的价键理论较好地解释了常见简单分子的结构，但无法解释多原子分子或多原子离子的空间构型。为此，1931 年由鲍林(F. Pauling)等人在价键理论的基础上提出了杂化轨道理论，更好地解释了分子的空间构型和稳定性。

(一) 杂化轨道理论的基本要点

1. 同一原子中 2 个或 2 个以上类型不同、能量相近的原子轨道在成键时重新形成新的原子轨道的过程称为杂化，所形成的新的原子轨道称为杂化轨道。

2. 有几个原子轨道参加杂化，即形成几个杂化轨道。杂化轨道的成键能力增强，这是因为杂化轨道比原来的轨道更有利于原子轨道间最大程度的重叠。

3. 在成键过程中，杂化轨道的能量重新分配，形状和空间方向也发生了改变。不同类型的杂化轨道具有不同的空间构型。

(二) 杂化轨道类型

根据参加杂化的原子轨道的种类不同，可分为 s-p 型杂化、s-p-d 型杂化等。根据参加杂化的原子轨道数目的不同，s-p 型杂化又分为 sp 杂化、sp^2 杂化和 sp^3 杂化。

1. sp 杂化轨道　1 个 *n*s 轨道和 1 个 *n*p 轨道杂化，形成 2 个能量、形状完全相同的 sp 杂化轨道。每个 sp 杂化轨道含有 1/2 的 s 成分和 1/2 的 p 成分。2 个杂化轨道的对称轴在同一直线上，彼此间的夹角是 180°，如图 2-10 所示。

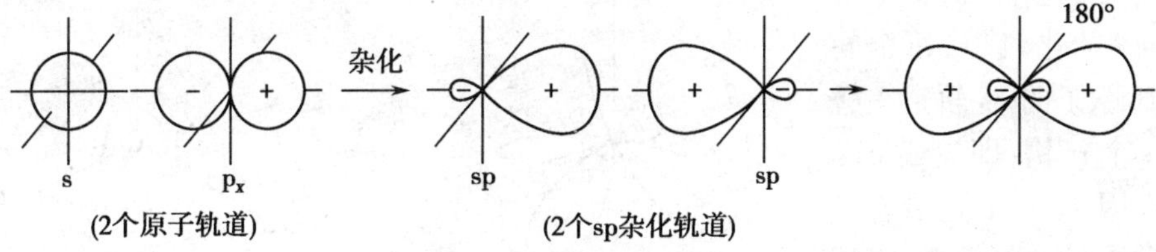

图 2-10　sp 杂化轨道示意图

例如，在 $BeCl_2$ 分子形成过程中，由于基态 Be 原子外层成对的 1 个 2s 电子获得能量被激发到 2p 轨道上，杂化形成 2 个 sp 杂化轨道。Be 原子的 2 个 sp 杂化轨道分别与 Cl 原子的 3p 轨道重叠生成 2 个 σ 键，形成 $BeCl_2$ 分子。因为杂化轨道间的夹角为 180°，所以 $BeCl_2$ 分子的空间构型是直线形，如图 2-11 所示。

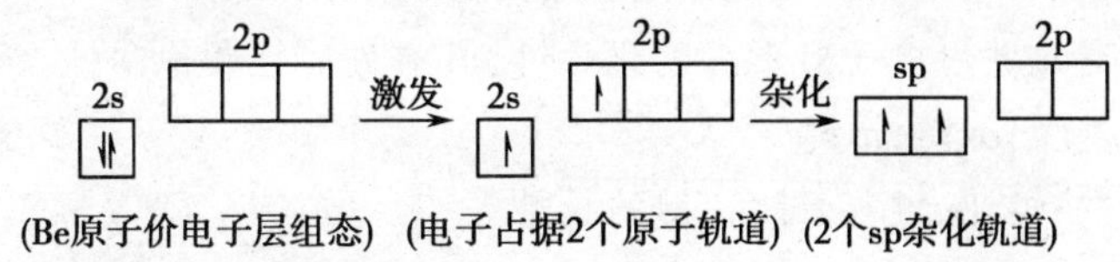

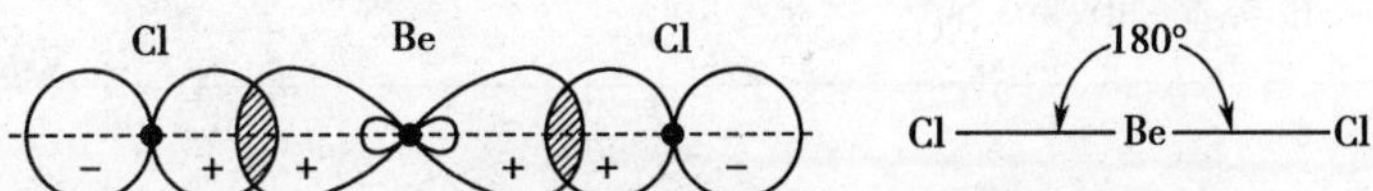

图 2-11　sp 杂化轨道及 $BeCl_2$ 分子构型示意图

2. sp^2 杂化轨道　由 1 个 *n*s 轨道和 2 个 *n*p 轨道杂化，形成 3 个等同的 sp^2 杂化轨道，每个 sp^2 杂化轨道含有 1/3 的 s 成分和 2/3 的 p 成分。杂化轨道间的夹角为 120°，呈平面三角形。

如 BF_3 分子的形成，当基态 B 原子 2s 轨道上的 1 个电子被激发到 2p 空轨道上，杂化形成 3 个 sp^2 杂化轨道。3 个 sp^2 杂化轨道分别与 3 个 F 原子的 2p 轨道重叠生成 3 个 σ 键，形成 BF_3 分子。BF_3 的空间构型为平面三角形，如图 2-12 所示。

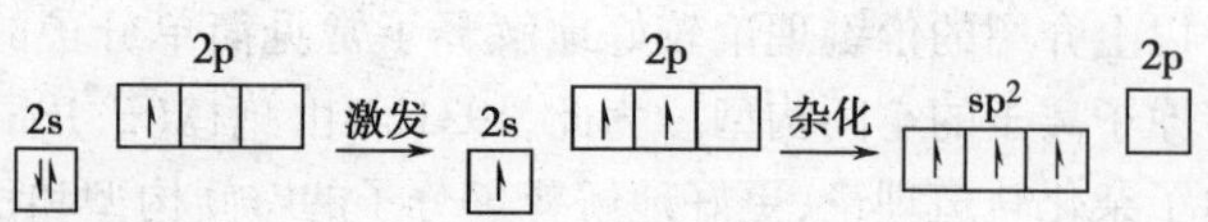

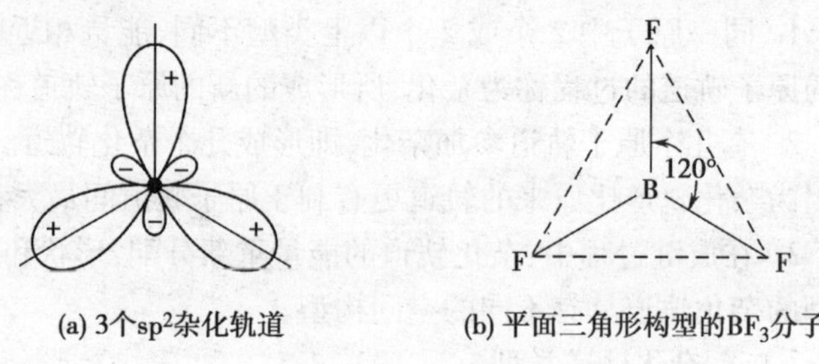

图 2-12　sp^2 杂化轨道及 BF_3 分子构型示意图

3. sp^3 杂化轨道　由 1 个 ns 轨道和 3 个 np 轨道杂化形成 4 个等同的 sp^3 杂化轨道，4 个杂化轨道在空间上分别指向正四面体的 4 个顶角，夹角为 109°28′，呈正四面体构型。

如 CH_4 分子的形成，基态 C 原子轨道上的 1 个 2s 电子被激发到 2p 轨道上，进行 sp^3 杂化，形成 4 个等同的 sp^3 杂化轨道，每个轨道与 H 原子的 1s 轨道重叠生成 4 个 σ 键，即生成 CH_4 分子。因 H 原子是沿着杂化轨道伸展方向重叠，甲烷分子的几何形状为正四面体，如图 2-13 所示。

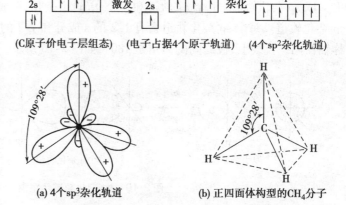

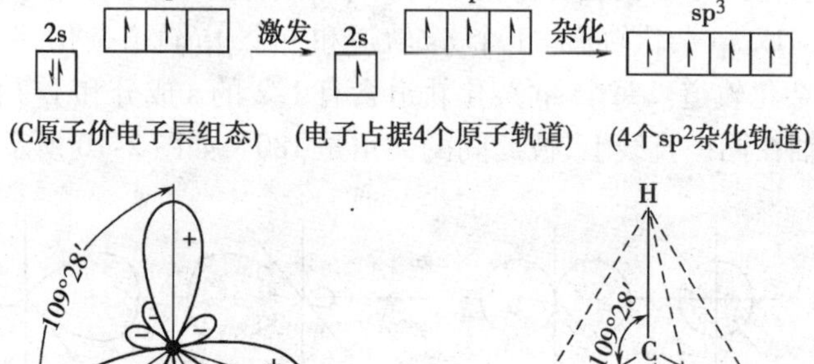

图 2-13　sp^3 杂化轨道及 CH_4 分子构型示意图

点 滴 积 累

1. 离子键是阴、阳离子之间通过静电作用形成的化学键。
2. 共价键是通过共用电子对形成的化学键，具有方向性和饱和性。
3. 共价键的类型：σ 键、π 键。
4. 共价键参数：键能、键长、键角、键的极性等。
5. s-p 型杂化类型：sp、sp^2、sp^3。

第四节　分子间作用力和氢键

物质的分子与分子之间存在着一种比较弱的相互作用力，称为分子间作用力。分子间的作用力较弱，能量只是化学键能量的 1/10～1/100。分子间作用力大小对物质的熔点、沸点、溶解度等性质都有影响。由于分子间作用力最早是由荷兰物理学家范德华(vander Waals)提出的,因此也称为范德华力。分子间作用力与分子的结构和分子的极性有关。

一、分子的极性

由2个相同原子形成的双原子分子,如H_2、Cl_2、O_2等,由于2个原子对共用电子对的吸引力相同即电负性相同,分子中电子云的分布是均匀的,分子中的键是非极性共价键。分子中正、负电荷的重心重合,称为非极性分子。

由2个不同原子形成的分子,如HCl,由于Cl原子的电负性大于H原子,形成极性共价键,分子中电子云分布不均匀,形成了正、负两极。分子中正、负电荷的重心不重合,称为极性分子。

在多原子分子中,情况复杂得多,分子的极性除取决于共价键的极性外,还与分子的空间构型有关。以极性键结合的多原子分子可能是极性分子,也可能是非极性分子。例如,CO_2分子中,C=O是极性键,但由于CO_2的空间结构是线型对称的(O=C=O),2个C=O键的极性相互抵消,分子中的正、负电荷重心重合,所以CO_2是非极性分子。而SO_2、H_2O、NH_3等分子中为极性键,分子的空间构型不对称,键的极性不能抵消,所以分子中正、负电荷重心不重合,因此都是极性分子。

分子极性的大小常用分子偶极矩来衡量,以符号μ表示,其单位为C·m(库仑·米)。偶极矩是一个矢量,其方向是从正到负。

$$\mu = qd$$

式中,q为正电荷重心或负电荷重心的电量,d为正、负电荷重心的距离,又称偶极长度,如图2-14所示。μ可通过实验测得,$\mu=0$,分子是非极性分子。μ越大,分子极性越大。

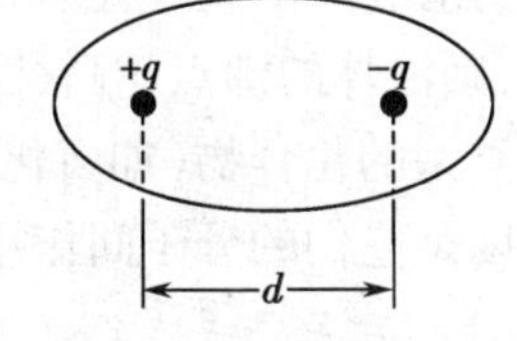

图2-14 偶极长度和偶极距

一般来说,空间结构对称的(如直线形、平面三角形、正四面体)分子,其分子的偶极矩为零,为非极性分子。而空间结构不对称的(如V形、四面体、三角锥形)分子,其分子的偶极矩不为零,是极性分子。

分子的结构决定物质的性质,分子的极性与分子的空间结构有密切关系,例如NH_3和CH_4都采用sp^3杂化轨道成键,但NH_3是三角锥形,为极性分子,易溶于水;而CH_4是正四面体结构,为非极性分子,难溶于水。

二、分子间作用力

分子间作用力包括取向力、诱导力、色散力三种类型。

(一)取向力

极性分子因正、负电荷重心不重合,存在着永久偶极矩。当极性分子相互接近时,分子间按同极相斥、异极相吸的状态取向,处于异极相邻的产生静电作用,如图2-15所示。这种由于极性分子的偶极定向排列,即靠永久偶极产生的相互作用力称为取向力。分子极性愈大,取向力愈大。

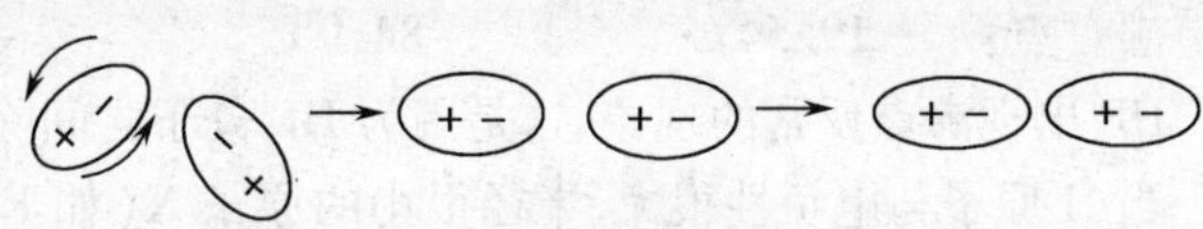

图2-15 极性分子与极性分子产生取向力示意图

（二）诱导力

在外电场的作用下，分子的正、负电荷重心产生相对位移而产生的偶极矩，称为诱导偶极矩。当极性分子与非极性分子靠近时，非极性分子受极性分子产生的电场的影响而发生变形，产生了诱导偶极，在极性分子的永久偶极与非极性分子的诱导偶极之间产生静电作用力，如图 2-16 所示。这种由极性分子的永久偶极与非极性分子的诱导偶极之间产生的作用力称为诱导力。另外，极性分子间永久偶极的相互影响也使分子发生变形从而产生诱导偶极，因此，极性分子间除取向力外，也存在诱导力。

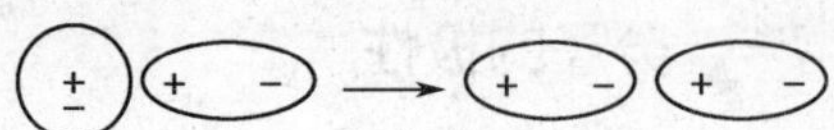

图 2-16 极性分子和非极性分子产生诱导力示意图

（三）色散力

非极性分子由于电子的运动及原子核的不断振动，分子中会经常发生瞬间正、负电荷重心的相对位移，产生瞬时偶极，如图 2-17 所示。分子间由于瞬时偶极而产生的作用力称为色散力。色散力存在于所有分子间。影响色散力大小的主要因素是分子的变形性，分子的相对分子质量愈大愈易变形，从而色散力也愈大。

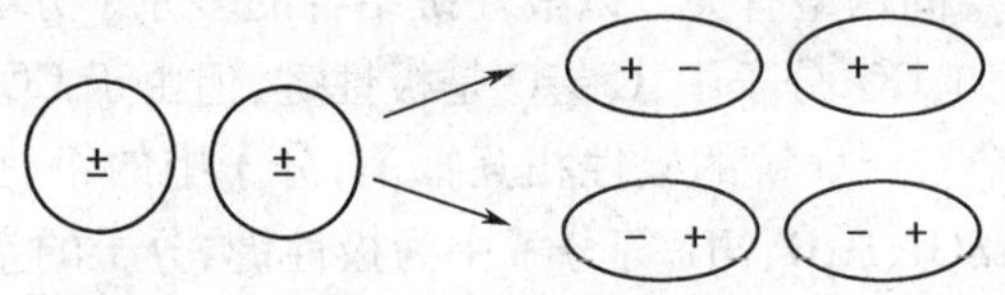

图 2-17 非极性分子之间产生色散力示意图

总之，在非极性分子之间只存在色散力，在极性分子与非极性分子之间存在色散力和诱导力，而极性分子与极性分子之间存在色散力、诱导力和取向力。

物质的分子之间存在着相互作用力，这是分子聚集成液体或固体的原因。分子间作用力对物质的物理性质，如熔点、沸点、溶解度等有很大的影响。通常，分子间作用力越大，则液体的沸点越高，固体的熔点也越高。相同类型的单质（如卤素、稀有气体）和相同类型的化合物（如卤化氢）中，其熔点和沸点一般随相对分子质量的增大而升高，主要原因是它们的分子间作用力随分子量的增大而增强的缘故。

课堂活动

为什么常温下 F_2 和 Cl_2 为气体，Br_2 为液体，而 I_2 为固体？

三、氢键

按照分子间力对不同物质的物理性质差异所提供的理论解释，对于结构相似的物质，分子间作用力随着相对分子质量的增大而增大，其熔点、沸点也随着升高。但有些氢化物的熔点、沸点却出现反常现象，如 HF 的沸点在 HX 中出现了反常现象：

氢化物：	HF	HCl	HBr	HI
沸　点：	19.54℃	－84.9℃	－67.0℃	－35.38℃

HF 出现沸点反常的现象，这是因为 HF 分子之间除分子间力外，还有氢键存在。

当 H 原子与电负性很大、半径很小的原子 X（如 F、O、N）以共价键结合成分子时，存在于两核间的电子云强烈地偏向于 X 原子，使 H 原子几乎成为“裸露”的质子，因而这个氢原子还可以与另外一电负性大、半径小且在外层有孤对电子的 Y 原子(如 F、O、N)相互作用,这种作用力称为氢键。氢键用虚线…表示,X、Y 可以是同种元素的原子,如 O—H…O,F—H…F,也可以是不同元素的原子,如 N—H…O。

氢键只是一种特殊的分子间作用力,基本上还是属于静电作用力,但不属于化学键。氢键比化学键弱很多,但比分子间力强。与分子间力不同的是氢键具有方向性和饱和性。每个 X—H 只能与一个 Y 原子相互吸引形成氢键;Y 与 H 形成氢键时,尽可能采取 X—H 键键轴的方向,使 X—H…Y 在一条直线上。

形成氢键的条件是:形成氢键的元素应具备电负性很大、半径小、有孤对电子的特点,通常为 F、O、N 等原子。

氢键可分为分子间氢键和分子内氢键两种类型。如氟化氢、氨水中的分子间氢键:

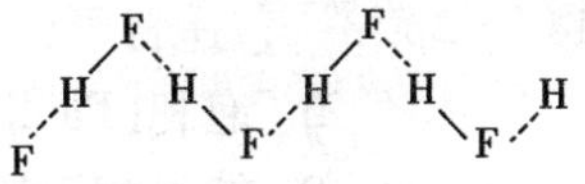

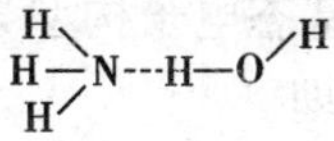

如硝酸、邻羟基苯甲酸中的分子内氢键:

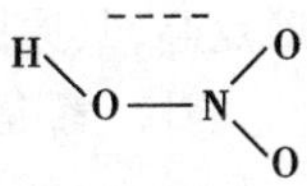

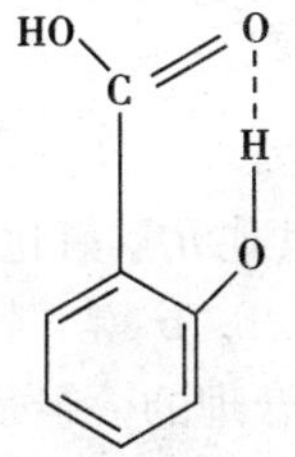

氢键广泛存在于无机含氧酸、有机羧酸、醇、胺等分子之间,氢键的形成对物质的性质有一定影响。如含有分子间氢键的物质,其熔点、沸点比没有分子间氢键的高;有些有机化合物芳环上的邻、间、对异构体的熔点和沸点差距大的原因是产生分子间氢键和分子内氢键;在溶解性方面,如果溶质和溶剂分子之间能形成氢键,则溶解性增强。

难点释疑

大多数有机化合物难溶于水,而乙醇可与水以任意比例混溶,并且乙醇的熔点和沸点还远高于相对分子质量相近的丙烷。

因为乙醇与水分子间易形成氢键,使其易溶于水;乙醇分子间也易形成氢键,使其熔点和沸点升高。

点滴积累

1. 正、负电荷的重心重合的分子为非极性分子,正、负电荷的重心不重合的分子为极性分子。

2. 分子间作用力包括取向力、诱导力、色散力。分子间作用力越大,则液体的沸点越高,固体的熔点也越高。

3. 含有分子间氢键的物质,其熔点、沸点比没有分子间氢键的高;如果溶质和溶剂分子之间能形成氢键,则溶解性增强。

目 标 检 测

一、选择题

（一）单项选择题

1. 下列物质中存在分子间氢键的是(　　)

A. CH_4　　B. HCl　　C. HF　　D. CO_2

2. 下列物质中，分子间仅存在色散力的是(　　)

A. CH_4　　B. NH_3　　C. H_2O　　D. HBr

3. 碳($_6C$)原子的基态电子构型为 $1s^22s^22p_x^2p_y^0p_z^0$，违背了(　　)

A. 能量最低原理　　B. 泡利(Pauli)不相容原理

C. 洪特(Hund)规则　　D. 能量相近原理

4. 20 号元素 Ca 在元素周期表中属于(　　)

A. 第三周期，ⅠA 族　　B. 第三周期，ⅡA 族

C. 第四周期，ⅠA 族　　D. 第四周期，ⅡA 族

5. H_2O 的熔点比氧族其他元素氢化物的熔点高，其原因是分子间存在(　　)

A. 键能高　　B. σ 键　　C. 氢键　　D. π 键

6. 下列各组量子数中，合理的一组是(　　)

A. $n=3, l=1, m=+1, m_s=+1/2$　　B. $n=4, l=5, m=-1, m_s=+1/2$

C. $n=3, l=3, m=+1, m_s=-1/2$　　D. $n=4, l=2, m=+3, m_s=-1/2$

7. 元素周期表第二周期 Li 到 Ne 原子的电离能总的变化趋势是(　　)

A. 从大变小　　B. 从小变大

C. 从 Li 到 N 逐渐增加，从 N 到 Ne 逐渐下降

D. 没有多大变化

8. 主量子数 $n=4$ 能层的亚层数是(　　)

A. 3　　B. 4　　C. 5　　D. 6

9. 已知 $BeCl_2$ 是直线分子，则 Be 的杂化方式是(　　)

A. sp　　B. sp^2　　C. sp^3　　D. dsp^2

10. 下列分子中，极性最小的是(　　)

A. H—Cl　　B. H—I　　C. H—Br　　D. H—F

11. 已知某元素原子的价电子层结构为 $3s^23p^5$，则该元素在周期表中位置为(　　)

A. 第三周期第ⅡA 族　　B. 第三周期第ⅡB 族

C. 第三周期第ⅦA 族　　D. 第三周期第ⅦB 族

12. 某已知 BF_3 分子中，B 以 sp^2 杂化轨道成键，则该分子的空间构型是(　　)

A. 三角锥型　　B. 四面体　　C. 直线型　　D. 平面三角型

13. 原子结合成分子的作用力是(　　)

A. 分子间作用力　　B. 氢键　　C. 核力　　D. 化学键

14. 下列物质中既含离子键又含共价键的是(　　)

A. NaOH　　B. H_2O　　C. CH_3Cl　　D. SiO_2

15. 下列元素中，电负性最大的是(　　)

A. Cl　　B. K　　C. Na　　D. S

（二）多项选择题

1. 根据原子的电子层结构，可将周期表中的元素分为(　　)

A. s 区　　B. p 区　　C. d 区

D. ds 区　　E. f 区

2. 下列属于键参数的是(　　)

A. 键能　　B. 键长　　C. 氢键

D. 键角　　E. σ 键

3. 下列是非极性分子的有(　　)

A. N_2　　B. NH_3　　C. CH_4

D. Br_2　　E. H_2O

4. 下列物质中，通过共价键而形成的分子有(　　)

A. N_2　　B. NH_3　　C. NaCl

D. Fe　　E. H_2O

5. 多电子原子核外电子排布的填充应遵循的规则有(　　)

A. 能量最低原理　　B. 泡利(Pauli)不相容原理　　C. 洪特(Hund)规则

D. 吕·查德里原理　　E. 能量守恒原理

二、简答题

1. 何谓氢键？氢键是不是化学键？氢键对化合物的性质有何影响？

2. 已知三种元素的原子的价层电子结构分别为：①$3s^1$；②$2s^22p^5$；③$3d^54s^2$，试指出它们在周期表中各处于哪一周期？哪一族？

3. 请分析下列化合物形成时采用的杂化类型及其空间构型。

$BeCl_2$、H_2O、BCl_3、CH_4

4. 为什么常温下 F_2 和 Cl_2 为气体，Br_2 为液体，而 I_2 为固体？

5. 下列分子间存在何种形式的分子间作用力？

(1) HCl 气体　　(2) 苯和 CCl_4　　(3) 乙醇和水

6. 完成下表

原子序数	电子排布式	周期	族	区	金属或非金属
17					
20					
29					
35					

（田树高）

第三章　化学反应速率和化学平衡

研究化学反应常涉及两个问题，一是反应进行的快慢，即化学反应速率；二是反应进行的程度，即化学平衡。二者既有区别又有联系，探讨这两个问题对于理论研究和生产实践都具有重要意义。

第一节　化学反应速率

一、化学反应速率及表示方法

化学反应速率是指在一定条件下反应物转变为产物的速率，通常用单位时间内反应物或产物浓度改变量的绝对值来表示。化学反应速率常用平均速率和瞬时速率表示。

平均速率的数学表达式为：

$$\bar{\nu} = \left|\frac{\Delta c}{\Delta t}\right| \qquad \text{式(3-1)}$$

式(3-1)中，Δc 为浓度变化量，常用单位为 mol/L；Δt 为反应时间变化量，常用单位为秒(s)、分钟(min)和小时(h)。$\bar{\nu}$ 为平均速率，常用单位为 mol/(L·s)、mol/(L·min)、mol/(L·h)。

例如，合成氨的反应 $N_2(g) + 3H_2(g) \rightleftharpoons 2NH_3(g)$，某条件下，开始时 N_2、H_2 的浓度分别为 1mol/L 和 3mol/L，2 秒后，测得 N_2、H_2、NH_3 的浓度分别为 0.8mol/L、2.4mol/L、0.4mol/L，则反应速率可分别表示为：

$$\bar{\nu}_{N_2} = 0.1\text{mol/(L·s)}$$

$$\bar{\nu}_{H_2} = 0.3\text{mol/(L·s)}$$

$$\bar{\nu}_{NH_3} = 0.2\text{mol/(L·s)}$$

计算结果表明：对于同一反应，用不同物质浓度的变化表示该反应速率的数值各不相同，但均代表同一化学反应的反应速率。

对于任意一个化学反应：$mA + nB \longrightarrow pC + qD$

各物质的反应速率之间存在下列关系：

$$\frac{1}{m}\bar{\nu}_A = \frac{1}{n}\bar{\nu}_B = \frac{1}{p}\bar{\nu}_C = \frac{1}{q}\bar{\nu}_D \qquad \text{式(3-2)}$$

因此，表示反应速率时，必须注明是用哪一种物质浓度的变化来表示的。

反应过程中，绝大部分化学反应不能匀速进行，因此，反应的平均速率并不能说明反应进行的真实情况。而当反应时间(Δt)越小时,反应的平均速率越接近反应的真实速率。

表示化学反应在某一时刻的速率称为瞬时速率,可以用极限的方法来表示。瞬时速率可表示为:

$$\nu = \lim_{\Delta t \to 0} \left| \frac{\Delta c}{\Delta t} \right| \qquad \text{式 (3-3)}$$

一般所说的反应速率,指瞬时速率。但是,在各个时刻的瞬时速率中,初始速率比较常用。

二、有效碰撞理论与活化能

为何化学反应的速率千差万别,例如爆炸、胶片的感光速率很快,而地层深处煤和石油的形成却很慢?反应物如何转变成产物?为了回答这些问题,科学家们提出了多种理论学说。其中影响较大的是有效碰撞理论。

(一)有效碰撞理论

1918 年,路易斯(W. C. M. Lewis)在气态分子运动论的基础上,建立了气体双分子反应的碰撞理论。碰撞理论认为:

1. 反应气体分子可看作简单的刚性球体,忽略其内部结构的变化。

2. 反应物分子间的相互碰撞是发生化学反应的先决条件,化学反应是通过分子间的碰撞而发生,碰撞频率越高,化学反应速率越快。

3. 不是任何两个反应物分子碰撞都能发生化学反应,只有分子动能大于或等于某一临界能的分子,它们之间的碰撞才能发生化学反应,能够发生化学反应的碰撞称为有效碰撞,发生有效碰撞的分子称活化分子。当具有足够高能量的分子在碰撞时,才能克服分子中电子云间的排斥力,使旧的化学键断裂和新的化学键形成或者使分子中原子发生重排,从而导致反应的发生。所以,分子具有足够的能量是发生有效碰撞的必要条件。

4. 发生有效碰撞时,反应物分子(即活化分子)除了具有足够的能量外,还必须具有适当的碰撞方向,这是有效碰撞发生的充分条件。例如:

$$NO(g) + O_3(g) = NO_2(g) + O_2(g)$$

如图 3-1 所示,若能量足够高的一对 NO 和 O_3 分子碰撞时,只有沿着 N 和 O 原子的方向碰撞,才可能发生 O 原子的转移(有效碰撞),而沿着 O 原子和 O 原子的方向碰撞则为无效碰撞,这种不发生反应的碰撞又称为弹性碰撞。

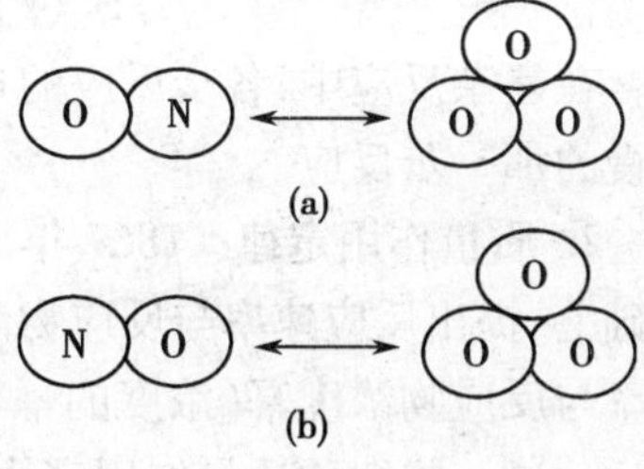

图 3-1 分子碰撞的不同取向
(a)有效碰撞;(b) 无效碰撞

(二)活化能

在碰撞理论中,将具有较大动能并能发生有效碰撞的反应物分子称活化分子。通常活化分子只占分子总数中的少部分。活化分子具有的最低能量(E^*)与反应物分子的平均能量($E_{平}$)之差称为活化能,用 E_a 表示,单位为 kJ/mol。则:

$$E_a = E^* - E_{平} \qquad \text{式(3-4)}$$

活化能 E_a 越低,活化分子所占的比例越大,满足能量要求的有效碰撞越多,反应速率也越快;反之,E_a 越高,活化分子越少,反应速率越慢。因此,活化能是决定反应速率的内在因素。

每一个反应都有其特定的活化能，一般化学反应的活化能在 60～250kJ/mol。实践已证明，活化能小于 42kJ/mol 的反应，反应速率很快，室温下可瞬间完成，称之为快反应。而活化能大于 100kJ/mol 的反应，反应常需加热才能进行，活化能大于 400kJ/mol 的反应，化学反应进行的速率很慢，称之为慢反应。

三、影响化学反应速率的因素

化学反应速率的大小首先取决于参加反应的物质的本性，此外浓度、温度、催化剂等反应条件是影响化学反应速率的外界因素。掌握这些外界因素对化学反应速率的影响规律，可以通过改变外界条件来控制反应速率的快慢。

（一）浓度对化学反应速率的影响

1. 基元反应和非基元反应　化学反应方程式只能表示参加反应的反应物和产物，至于反应物如何转变成产物，化学方程式不一定能够体现出来。实验证明，每一个化学反应的过程都不一样，化学反应所经历的具体路径叫做反应机理。化学反应一般可分为基元反应和非基元反应两大类。

基元反应是指由反应物一步直接转变为生成物的反应，例如：

$$SO_2Cl_2 = SO_2 + Cl_2$$

$$2NO_2 = 2NO + O_2$$

$$NO_2 + CO = NO + CO_2$$

非基元反应是指由两个或两个以上基元反应组成的化学反应，也称为总反应或复杂反应。绝大多数化学反应属于非基元反应。例如：

$$H_2(g) + I_2(g) = 2HI(g)$$

通过研究发现，反应分如下两步进行：

$$I_2(g) = 2I(g) \quad （快）$$

$$H_2(g) + 2I(g) = 2HI(g) \quad （慢）$$

在复杂反应中，各步反应的速率是不同的。整个反应的反应速率取决于反应速率最慢的那一步反应。

2. 质量作用定律　1867 年，挪威科学家 Guldberg 和 Waage 在总结大量实验数据的基础上，提出反应速率与反应物浓度之间的定量关系：在一定温度下，基元反应的反应速率与反应物浓度幂（浓度的幂等于反应方程式中各反应物化学式前的系数）的乘积成正比。这一规律称质量作用定律。

如基元反应 $aA + bB = gG + hH$ 则有：

$$\nu = kc_A^a c_B^b \qquad 式（3\text{-}5）$$

例如：$NO_2 + CO = NO + CO_2$

$$\nu = kc_{NO_2}c_{CO}$$

式中，k 称为速率常数，其物理意义是：在一定温度下，反应物浓度都为 1mol/L 时的反应速率。k 与反应物浓度无关，但与反应物的本性、温度及催化剂等因素有关。相同的条件下，k 越大，反应速率越快。

运用质量作用定律时应注意：质量作用定律只适用于基元反应；对于有气态物质参加的反应，在一定温度下，压力增大时，气态反应物的浓度也增大，反应速率将加快；相反,压力降低,气态反应物的浓度也减小,反应速率将减慢;对于没有气体参加的反应,在其他条件不变的情况下,压力对反应速率影响不大。

课堂活动

1. 为什么有的药一天服三次,而有的药一天服一次?
2. 任何一个化学反应都符合质量作用定律,这种说法对吗?

(二)温度对化学反应速率的影响

温度对化学反应速率的影响特别明显,远大于浓度的影响。如常温下 H_2 和 O_2 的反应十分缓慢,慢到难以察觉,但当温度升高到873K时,反应则通过剧烈的爆炸在瞬间完成。一般大多数化学反应速率随着温度的升高而加快。19世纪80年代,荷兰科学家vant'Hoff总结出一条经验规律:在其他条件不变的情况下,温度每升高10K,反应速率一般增大到原来的2~4倍。

(三)催化剂对化学反应速率的影响

催化剂是一种能够改变化学反应速率,而其本身在反应前后质量、组成和化学性质均不改变的物质。催化剂具有催化作用。凡能加快反应速率的催化剂称为正催化剂;凡是能减慢反应速率的催化剂称为负催化剂。一般情况下所提到的催化剂均指正催化剂。通常把负催化剂称为抑制剂。

催化剂能够加快化学反应速率的原因,是催化剂参与了化学反应,改变了反应的历程,降低了反应的活化能,从而增加了活化分子的百分数,大大加快了反应速率。催化剂的选择性在生物化学中非常典型,生物体内的各种酶,都具有催化活性,称为生物催化剂。这些酶能催化生物体内的各种生化反应,如淀粉酶、脂肪酶、胃蛋白酶等,并且每种酶只能催化一种或一类反应,具有高度的选择性。

知识链接

初均速法测定药物的稳定性

初均速法是目前使用较多的测定药物稳定性方法之一。药物分解多为复杂反应,在药物分解反应初期约10%时,反应既可按一级反应也可按零级反应过程处理,若按零级反应处理则反应初期的初始平均速率与反应速度常数相等,同时初始平均速率与温度的关系也符合阿伦尼乌斯指数规律的方程。初均速法正是基于药物分解的这种规律而设计的。此法的最大特点是不用求 k,也不需知道反应级数,实验简单,工作量减少。同时可避免药物分解后期的复杂反应,精确度亦不降低。

点滴积累

1. 化学反应速率常用平均速率和瞬时速率表示。
2. 影响化学反应的主要因素有浓度、温度和催化剂。

第二节　化学平衡

19世纪，人们发现炼铁炉（$Fe_2O_3 + 3CO \rightleftharpoons 2Fe + 3CO_2$）出口气体中含有大量的CO。当时认为这是由于CO和铁矿石接触时间不够，因此，为使反应完全而增加炉子高度。在英国曾造起30多米的高炉，但是出口气体中CO的含量并未减少。如果当时知道在一定条件下，化学反应有一个限度，就不至于造成那样的浪费。

一、可逆反应与化学平衡

1. 可逆反应　有些化学反应，其反应物能完全转变为产物，即所谓反应能进行到底。例如，加热时氯酸钾全部分解为氯化钾和氧气：

$$2KClO_3 = 2KCl + 3O_2\uparrow$$

反过来，用氯化钾和氧气来制备氯酸钾，在目前条件下是不可能的。在一定条件下，只能向一个方向进行的反应称为不可逆反应。但是，对于绝大多数化学反应来说，在反应物转变为产物的同时，生成物又可以转变为反应物。在同一条件下，既能向正反应方向进行，又能向逆反应方向进行的化学反应，称为可逆反应。常用符号“$\rightleftharpoons$”表示可逆反应。如合成氨的反应：

$$N_2(g) + 3H_2(g) \rightleftharpoons 2NH_3(g)$$

在可逆反应中，通常把从左向右进行的反应称为正反应，从右向左进行的反应称为逆反应。

2. 化学平衡　可逆反应不能进行完全，反应物不能全部转化为产物，反应体系中反应物和产物总是同时存在。

反应开始时，反应物浓度大，正反应速率大，随着反应的进行，反应物浓度不断减少，正反应速率逐渐减慢；另一方面，由于产物的生成，逆反应也开始进行，且随着产物浓度的不断增加，逆反应速率逐渐加快。当反应进行到一定程度时，正反应速率与逆反应速率相等，此时反应体系中，反应物和产物的浓度不再发生变化，反应处于相对静止状态，反应达到了最大限度。

在一定条件下，可逆反应的正、逆反应速率相等时，反应体系所处的状态称为化学平衡。处于平衡状态下的各物质的浓度称为平衡浓度。化学平衡具有以下特点：

（1）正反应和逆反应的速率相等，只要外界条件不变，各物质的浓度将不再随时间而变；

（2）化学平衡是一种动态平衡，这种平衡从宏观上说，反应已经“停滞”，但从微观上看，反应物和生成物还在相互转化，反应还在进行，只不过正、逆反应速率相等，但不等于零；

（3）平衡状态是可逆反应进行的最大限度；

（4）化学平衡是有条件的，当外界条件改变时，平衡将被破坏，反应继续进行，直到建立新的平衡。

二、化学平衡常数及其表达式的书写规则

（一）化学平衡常数

在4个体积为1L的密闭容器中，分别加入不同浓度的4种物质（CO_2、H_2、CO、

H_2O)。将4个容器分别加热到1200℃,并保持相当长时间,各容器中4种组分的浓度均不随时间而变化,反应达到平衡状态。以[CO_2]、[H_2]、[CO]、[H_2O]分别表示各物质的浓度,单位为mol/L。实验数据见表3-1。

表3-1　1200℃时 $CO_2 + H_2 \rightleftharpoons CO + H_2O$ 的实验数据

实验编号	起始浓度(mol/L)				平衡浓度(mol/L)				$\frac{[CO][H_2O]}{[CO_2][H_2]}$
	CO_2	H_2	CO	H_2O	CO_2	H_2	CO	H_2O	
1	0.010	0.010	0	0	0.0040	0.0040	0.0060	0.0060	2.4
2	0.010	0.020	0	0	0.0022	0.0122	0.0078	0.0078	2.4
3	0.010	0.010	0.0010	0	0.0041	0.0041	0.0069	0.0069	2.4
4	0	0	0.020	0.020	0.0082	0.0082	0.0118	0.0118	2.4

由实验数据可以看出,无论反应是从反应物开始,还是从产物开始,最后都能达到化学平衡。在1200℃,虽然由不同起始浓度所导致的平衡时各物质的浓度不同,但平衡浓度按照特定组合[CO][H_2O]/[CO_2][H_2]的值却都是2.4。

所以,在一定温度下,当可逆反应达到平衡时,生成物浓度幂的乘积与反应物浓度幂的乘积之比是一个常数(浓度的幂次在数值上等于反应方程式中各物质化学式前的系数)。该常数称为化学平衡常数,简称平衡常数,常用符号 K 表示。

对于可逆反应:　$aA + bB \rightleftharpoons gG + hH$

在一定温度下达到平衡状态时,其平衡常数的表达式:

$$K = \frac{[G]^g[H]^h}{[A]^a[B]^b} \qquad 式(3\text{-}6)$$

平衡常数可以分为两种表示方法,一种是浓度平衡常数,用 K_c 表示:

$$K_c = \frac{[G]^g[H]^h}{[A]^a[B]^b} \qquad 式(3\text{-}7)$$

一种是压力平衡常数,用 K_p 表示,K_p 适用于气体反应:

$$K_P = \frac{P_G^g P_H^h}{P_A^a P_B^b} \qquad 式(3\text{-}8)$$

式(3-8)中,P_A、P_B、P_G 和 P_H 分别表示各种物质的平衡分压,单位为Pa。

例如:　$CO(g) + \frac{1}{2}O_2(g) \rightleftharpoons CO_2(g)$

$$K_p = \frac{P_{CO_2}}{P_{CO}P_{O_2}^{\frac{1}{2}}}$$

该反应的平衡常数也可用 K_c 来表示:

$$K_c = \frac{[CO_2]}{[CO][O_2]^{\frac{1}{2}}}$$

K_c 和 K_p 的值可以通过实验测定或质量作用定律推导得到,经常用于生产工艺研究中,又称为实验平衡常数。

(二)书写化学平衡常数表达式的规则

1. 平衡常数表达式中各物质的浓度均为平衡浓度,气态物质以分压表示。

2. 平衡常数表达式必须与反应方程式相符合。即使是反应物和生成物都相同的化学反应，方程式的写法不同（反应系数不同），平衡常数的表达式不同，平衡常数数值也不同。例如：

（1） $N_2O_4(g) \rightleftharpoons 2NO_2(g) \quad K_1 = \frac{[NO_2]^2}{[N_2O_4]}$

（2） $\frac{1}{2}N_2O_4(g) \rightleftharpoons NO_2(g) \quad K_2 = \frac{[NO_2]}{[N_2O_4]^{\frac{1}{2}}}$

可得到 $K_1 = (K_2)^2$。故不能离开反应方程式讨论平衡常数。

3. 反应体系中的纯固体、纯液体，均不写入平衡常数表达式。例如：

$$CaCO_3(s) \rightleftharpoons CaO(s) + CO_2(g) \quad K = P_{CO_2}$$

4. 在稀溶液中进行的反应，若反应有水参加，水不写入平衡常数表达式，非水溶液中水作为反应物或生成物要写入。例如：

$$Cr_2O_7^{2-}(aq) + H_2O(aq) \rightleftharpoons 2CrO_4^{2-}(aq) + 2H^+(aq)$$

$$K = \frac{[CrO_4^{2-}]^2[H^+]^2}{[Cr_2O_7^{2-}]}$$

三、化学平衡的移动

化学平衡是一种有条件的动态平衡。当外界条件改变，可逆反应由一种平衡状态转变到另一种平衡状态的过程，称为化学平衡的移动。

化学平衡移动的结果是系统中各物质的浓度或分压发生了变化。

假设在一定温度下，某可逆反应：$aA + bB \rightleftharpoons gG + hH$

反应熵 Q 为：

$$Q = \frac{c_G^g c_H^h}{c_A^a c_B^b} \qquad 式(3\text{-}9)$$

式(3-9)中，c_A、c_B、c_G和 c_H分别表示各反应物和生成物在任意状态下的浓度。

将式(3-9)和式(3-6)比较可知：反应熵和平衡常数的表达式极其相似，但是前者浓度和分压均为任一时刻的数值，而后者为平衡状态，其数值在一定温度下为常数。通过比较 Q 和 K 的大小可以判断反应的方向。

当 $Q < K$ 时，表示产物浓度小于平衡浓度或反应物浓度大于平衡浓度，这时 $\nu_{正} > \nu_{逆}$，反应将正向自发进行，直到 $\nu_{正} = \nu_{逆}$，反应达到平衡状态为止；

当 $Q = K$ 时，反应已处于平衡状态，即该条件下反应进行到最大限度；

当 $Q > K$ 时，产物浓度大于平衡浓度或反应物浓度小于平衡浓度，这时 $\nu_{正} < \nu_{逆}$，逆向反应将自发进行，直到 $\nu_{正} = \nu_{逆}$，反应达到平衡状态为止。

可见，Q 和 K 的相对大小可以预言反应进行的方向，同时判断反应是否进行完全。

以下主要讨论浓度、压力和温度对化学平衡移动的影响。

（一）浓度对化学平衡的影响

在温度一定的条件下，对于已达到平衡状态的可逆反应，如果增大反应物的浓度或减小产物的浓度，则 $Q < K$，平衡将向正向自发移动；如果增大产物的浓度或减小反应物的浓度，则 $Q > K$，平衡将向逆反应方向移动。

例如，在某一温度下，可逆反应 $CO(g) + H_2O(g) \rightleftharpoons CO_2(g) + H_2(g)$ 在密闭容器中建立了平衡，当 CO 和 H_2O 的起始浓度均为 1.0mol/L 时，CO 的转化率为 62.5%，而当 CO 和 H_2O 的起始浓度分别为 1.0mol/L 和 5.0mol/L 时，CO 的转化率提高到 93.0%。由此可知，增加反应物水蒸气的浓度时，使平衡向正反应方向移动，从而达到新的平衡时，CO 的转化率已明显提高。

总之，在其他条件不变的情况下，增大反应物的浓度或减小产物的浓度，平衡向正反应方向进行；减小反应物的浓度或增大产物的浓度，平衡向逆反应方向进行。在药物生产中，常利用这一原理加大价格低廉原料的投料比，使价格昂贵的原料得到充分利用，从而降低成本，提高经济效益。

（二）压力对化学平衡的影响

由于压力对固体和液体的体积影响很小，在固体和液体反应的平衡体系中，可不必考虑压力对化学平衡的影响。对于有气体参加的反应，压力改变有两种情况：一是平衡体系中某气体的分压改变，一是体系的总压力发生改变。

某气体的分压改变与浓度对化学平衡的影响相同，在此不再赘述。

对于反应前后气体分子数不变的反应，如 $S(s) + O_2(g) \rightleftharpoons SO_2(g)$，若改变总压力，增大或减小总压力对反应物和生成物的分压产生的影响是等效的，因此，不会影响化学平衡。只有那些反应前后气体分子数不相等的气相反应，改变总压力才会影响它们的平衡状态，现举例说明：

在一定温度下，可逆反应 $N_2O_4(g) \rightleftharpoons 2NO_2(g)$ 达到平衡状态时：

$$K = \frac{(P_{NO_2})^2}{P_{N_2O_4}}$$

当其他条件不变时，将总压力改变 m 倍，则两种气体的分压也改变 m 倍。此时：

$$Q = \frac{(P_{NO_2})^2}{P_{N_2O_4}} = \frac{(mP_{NO_2})^2}{mP_{N_2O_4}} = Km$$

若 $m > 1$，当总压力增大时，则 $Q > K$，平衡向逆向移动，即向气体分子数减少的方向移动；若 $m < 1$，当总压力降低时，则 $Q < K$，平衡向正向移动，即向气体分子数增大的方向移动。

总之，对于有气体参加的可逆反应，在其他条件不变的情况下，增大压力，化学平衡向着气体分子总数减少（气体体积缩小）的方向移动；减小压力，化学平衡向着气体分子总数增加（气体体积增大）的方向移动。

（三）温度对化学平衡的影响

温度对化学平衡的影响同前两种情况有着本质的区别。改变浓度、压力时使平衡点改变，从而引起平衡的移动，平衡常数并不发生改变。然而，温度的改变直接导致平衡常数的改变。例如，反应 $N_2(g) + 3H_2(g) \rightleftharpoons 2NH_3(g)$ 中，正反应是放热反应，逆反应是吸热反应。当降低温度时，正、逆反应的速率都会减小，但减小的程度不同，放热反应减小的倍数小于吸热反应减小的倍数，使平衡常数 K 增大，则 $Q < K$，平衡将向正向移动，即向放热反应方向移动；当升高温度时，正、逆反应的速率都增大，但放热反应增大的倍数小于吸热反应增大的倍数，使平衡常数 K 减小，则 $Q > K$，平衡将向逆向移动，即向吸热反应方向移动。所以，较低的反应温度将有利于氨的合成。

总之，对任意一个可逆反应，升高温度，化学平衡向着吸热反应的方向移动；降低温度，化学平衡向着放热反应的方向移动。

难点释疑

催化剂能够改变化学反应速率，但不能使化学平衡移动。

因为对于可逆反应，催化剂能够同等程度地增加正反应和逆反应的速率，因此催化剂不能使化学平衡移动。但是，使用催化剂能够缩短反应达到平衡所需要的时间。

法国化学家 Le Chatelier 将浓度、压强和温度对化学平衡的影响加以总结，概括成一个普遍的规律：任何已经达到平衡的体系，如果改变平衡体系的一个条件，如浓度、压强或温度，平衡则向减弱这个改变的方向移动，这一规律称为 Le Chatelier 原理，又称平衡移动原理。平衡移动原理是一普遍的规律，对所有的动态平衡均适用。但应注意，平衡移动原理只应用于已达到平衡的体系，而不适用于非平衡体系。

点滴积累

1. 化学平衡是一种动态平衡，化学平衡是有条件的。
2. 影响化学平衡移动的主要因素有浓度、压力和温度。

目标检测

一、选择题

（一）单项选择题

1. 基元反应是（　　）

A. 一级反应　　B. 化合反应　　C. 二级反应　　D. 一步能完成的反应

2. 已知 C(石墨) + O_2(g) = CO_2(g)平衡常数为 K_1，则反应 3C(石墨) + 3O_2(g) = 3CO_2(g)平衡常数 K_2，它们之间的关系为（　　）

A. $K_2 = K_1$　　B. $K_1^3 = K_2$　　C. $K_2^3 = K_1$　　D. 无法判断

3. 下列因素对转化率无影响的是（　　）

A. 温度　　B. 浓度

C. 压力（对气相反应）　　D. 催化剂

4. 影响化学反应速率大小的决定性因素是（　　）

A. 浓度　　B. 压强　　C. 温度　　D. 反应物结构

5. 某一步完成的简单反应 $mA + nB \longrightarrow C$，该反应的反应速率表达式为（　　）

A. $\nu = kc_A^m$　　B. $\nu = kc_B^n$　　C. $\nu = kc_C$　　D. $\nu = kc_A^m c_B^n$

6. 假设温度每升高 10℃，反应速率就增大到原来的 2 倍。若使反应温度由原来的 20℃升高到 60℃，则反应速率增加到原来的（　　）

A. 4 倍　　B. 8 倍　　C. 16 倍　　D. 64 倍

7. 催化剂能改变化学反应速率的本质原因是(　　)

A. 改变化学反应的历程　　B. 增大了活化分子百分数

C. 增大了反应物浓度　　D. 增加了反应物分子间的碰撞频率

8. 在同一反应条件下，只能向一个方向进行的单向反应叫做(　　)

A. 放热反应　　B. 吸热反应　　C. 不可逆反应　　D. 可逆反应

9. 在可逆反应中加催化剂的目的是(　　)

A. 使平衡向正反应方向移动　　B. 使原来不能发生的反应得以发生

C. 破坏化学平衡状态　　D. 改变反应达到平衡的时间

10. 反应 $3H_2 + N_2 \rightleftharpoons 2NH_3$ 的化学平衡常数的表达式正确的是(　　)

A. $K_c = \frac{[NH_3]}{[N_2][H_2]}$　　B. $K_c = \frac{[NH_3]^2}{[N_2][H_2]^3}$

C. $K_c = \frac{[N_2][H_2]}{[NH_3]}$　　D. $K_c = \frac{[N_2][H_2]^3}{[NH_3]^2}$

11. 某温度下，在体积为1L的容器中，将浓度为5mol/L的 SO_2 和浓度为2.5mol/L的 O_2 混合，达到平衡时，SO_3 的浓度为3mol/L，反应式为 $2SO_2(g) + O_2(g) \rightleftharpoons 2SO_3(g)$ 该反应的化学平衡常数为(　　)

A. 2.10　　B. 2.15　　C. 2.20　　D. 2.25

12. 在 $mA(g) + nB(g) \rightleftharpoons pC(g) + qD(s)$ 的平衡体系中，若增大压强平衡不移动，则 m、n、p、q 之间的关系是(　　)

A. $m + n = p + q$　　B. $m + n < p + q$

C. $m + n = p$　　D. $m + n < p$

(二) 多项选择题

1. 采取下列措施，能增加反应物分子中活化分子的百分数的是(　　　)

A. 升高温度　　B. 使用催化剂　　C. 增大压力

D. 增加浓度　　E. 降低温度

2. 合成氨反应 $N_2 + 3H_2 \rightleftharpoons 2NH_3$ 为一放热反应，为了增大 H_2 的平衡转化率可采取的措施是(　　　)

A. 加入催化剂　　B. 降低温度　　C. 增大压力

D. 增大 N_2 的物质的量　　E. 增大 H_2 的物质的量

3. 可逆反应 $A(s) + AB_2(g) \rightleftharpoons 2AB(g)$ 达平衡状态，改变下列条件，能使平衡常数发生变化的是(　　　)

A. 降低温度　　B. 增大压力　　C. 使用催化剂

D. 升高温度　　E. 减小压力

4. 化学平衡时的特点是(　　　)

A. 反应物与生成物浓度相等

B. 动态平衡

C. 反应物浓度的乘积与生成物浓度的乘积相等

D. 反应物与生成物浓度保持不变

E. 正反应速率与逆反应速率相等

二、简答题

1. 反应 $2NO(g)+2H_2(g) \rightleftharpoons N_2(g)+2H_2O(g)$ 的反应速率表达式为 $v=kc_{NO}^2c_{H_2}^2$，试讨论下列各种条件变化时对初速率有何影响。

（1）NO 的浓度减少一倍；（2）升高温度；

（3）将反应容器的体积增大两倍；（4）向反应体系中加入一定量的 N_2。

2. 写出下列反应的平衡常数表达式。

（1）$C(石墨)+\frac{1}{2}O_2(g) \rightleftharpoons CO(g)$

（2）$H_2(g)+I_2(g) \rightleftharpoons 2HI(g)$

（3）$4H_2(g)+Fe_3O_4(s) \rightleftharpoons 3Fe(s)+4H_2O(g)$

（王　宁）

第四章　定量分析基础

第一节　概　　述

分析化学是研究物质化学组成的分析方法及有关理论和操作技术的一门学科。分析化学的内容包括定性分析、定量分析和结构分析，其任务是鉴定物质的化学组成、测定有关组分的相对含量以及确定物质的化学结构。分析化学在工农业生产、国防、科学研究、医药卫生、资源勘查和环境检测等方面有极为重要的作用。

定量分析方法是分析化学的重要组成部分，其任务是准确测定试样中有关组分的相对含量。

一、定量分析方法的分类

定量分析方法通常按测定原理和操作方法、取样量或组分含量、分析工作性质和要求等不同来分类。以下主要介绍两种分类方法。

（一）化学分析法和仪器分析法

根据测定原理和操作方法的不同，一般分为化学分析法和仪器分析法两大类方法。

1. 化学分析法　以物质的化学反应为基础的分析方法称为化学分析法。其历史悠久，又称为经典分析法，主要包括重量分析法和滴定分析法。

重量分析法是根据被测物质在化学反应前后的重量差来测定组分含量的方法。即用适当的方法将被测组分与样品中其他组分分离，转化为一定的称量形式，进行称量，根据称量形式的重量计算被测组分含量。此法准确度较高，但操作烦琐、费时。

滴定分析法是根据一种已知准确浓度的试剂溶液与被测物质完全反应时所消耗的体积及其浓度来计算被测组分含量的方法。根据滴定液与被测物质反应的类型不同，分为酸碱滴定法、沉淀滴定法、配位滴定法和氧化还原滴定法。

滴定分析法应用范围广泛，所用仪器简单，操作简便，分析结果准确，但对试样中微量组分的分析不够灵敏，不能满足快速分析的要求，需要用仪器分析方法来解决。

2. 仪器分析法　以物质的物理或物理化学性质为基础的分析方法。根据物质的某种物理性质（如密度、折光率、沸点、熔点、颜色等）与组分的关系，不经化学反应直接进行分析的方法，称为物理分析法；根据被测物质在化学反应中的某种物理性质与组分之间的关系，而进行分析的方法，称为物理化学分析法，此方法需要用到比较复杂、精密的仪器，故称为仪器分析法。

仪器分析具有快速、灵敏、准确等特点，发展很快，应用广泛。仪器分析法主要有电化学分析法、光学分析法、色谱法等。

（1）电化学分析法：根据被测物质的电化学性质建立的分析方法。主要有电势分析法、电解分析法、电导分析法、毛细管电泳法和伏安分析法等。

（2）光学分析法：根据被测物质的光学性质建立的分析方法。一般分为吸收光谱法（紫外-可见分光光度法、红外吸收光谱法、原子吸收光谱法、核磁共振波谱法等）、发射光谱法（荧光分光光度法、火焰分光光度法等）、质谱法、折光分析法、旋光分析法等。

（3）色谱法：色谱法是利用被测样品中各组分分配系数不同而进行分离的分析方法。一般分为经典液相色谱法、气相色谱法、高效液相色谱法等。

仪器分析法取样量少、灵敏度高、准确度高、分析快速、仪器可自动化。现行药典药物分析大量使用仪器分析法。

（二）常量、半微量、微量和超微量分析

根据试样用量的多少，分析方法可分为常量分析、半微量分析、微量分析和超微量分析，见表4-1。

表4-1　各种分析方法的试样用量

方法	试样重量	试液体积(ml)
常量分析	>0.1g	>10
半微量分析	0.1～0.01g	10～1
微量分析	10～0.1mg	1～0.01
超微量分析	<0.1mg	<0.01

此外，根据被测组分含量高低不同，定量分析方法又可分为常量组分（含量>1%）、微量组分（含量0.01%～1%）和痕量组分（含量<0.01%）分析。痕量组分分析不一定是微量分析或超微量分析，因为有时测定痕量组分要取大量样品。

化学分析法一般适用于常量分析或半微量分析，仪器分析法通常适合于微量组分或痕量组分的分析。

二、定量分析的一般程序

要完成一项定量分析工作，通常包括以下几个步骤。

1. 试样的采取　定量分析取样一般要从大量样品中取出少量试样，用于分析的试样应具有高度的均匀性和代表性。因此，必须采用科学取样法，从大批原始试样的不同部分、不同深度选取多个取样点采样，然后混合均匀，从中取出少量样品作为分析试样进行分析。

2. 试样的预处理　定量分析一般采用湿法分析。根据试样性质采用不同分解试样方法，将试样分解后制备成溶液，然后进行测定。分解试样方法很多，如酸溶法、碱溶法和熔融法等。分解试样时要求试样分解完全，待测组分不损失，不引入干扰物质。

对于含有多种组分的复杂试样，在测定某一组分时，共存的其他组分有干扰时，应采取措施消除干扰。消除干扰的方法主要有掩蔽和分离。

3. 试样的测定　根据被测组分的性质、含量和准确度要求，结合实验室的具体条件，选择合适的分析方法进行测定。在实际工作中，必须对试样进行多次重复（平行）测定。

4. 分析结果的表示　根据分析过程中的测量数据，计算得到定量分析结果，并对分析结果及其误差用统计学方法进行处理和评价。

点 滴 积 累

1. 根据测定原理和操作方法的不同,定量分析方法分为化学分析法和仪器分析法两大类;根据试样用量的多少,可分为常量分析、半微量分析、微量分析和超微量分析。

2. 定量分析的一般程序包括试样的采取、预处理、测定及分析结果的表示。

第二节　定量分析误差及分析数据处理

定量分析的任务是准确测定试样中组分的相对含量,因此,要求分析结果必须具有一定的准确度。

在定量分析过程中,由于受分析方法、测量仪器、试剂和分析工作者主观因素等方面的影响,使测得的分析结果不可能与真实值完全一致。绝对准确的测量是不存在的,测量误差是客观存在的。为了获得尽可能准确可靠的分析结果,必须分析产生误差的原因,估计误差的大小,科学地处理分析数据,并采取适当的方法减少各种误差,从而提高分析结果的准确性。

一、系统误差与偶然误差

(一) 系统误差

系统误差也称可定误差,是由于某些确定原因造成的,对分析结果的影响比较固定,在同一条件下重复测定时,会重复出现,使测定结果系统偏高或偏低。这种误差的大小、正负是可以测定的,并且可以设法减小或加以校正。根据系统误差的性质和产生原因,可将其分为:

1. 方法误差　由于分析方法本身的某些不足所引起的误差。例如,在重量分析法中,沉淀的溶解或共沉淀现象;在滴定分析法中,由于反应不完全、干扰离子影响、滴定终点和化学计量点不完全符合等,都会产生系统误差。

2. 仪器误差　由于所用仪器本身不够准确或未经校准所引起的误差。如天平两臂不等长,滴定管、容量瓶、移液管等容量仪器刻度不够准确等,在使用过程中会使测定结果产生误差。

3. 试剂误差　由于所用试剂不纯或纯化水中含有杂质而引起的误差。如使用的试剂中含有微量的被测组分或存在干扰杂质等。

4. 操作误差　主要指在正常操作情况下,由于操作者掌握的基本操作规程和控制分析条件与正规要求稍有出入所造成的误差。例如,滴定管读数偏高或偏低,对某种颜色的辨别不够敏锐等所造成的误差。

(二) 偶然误差

偶然误差又称不可定误差,是由某些难以控制或无法避免的偶然因素造成的误差。如测量时温度、湿度、气压的微小变化,分析仪器的轻微波动以及分析人员操作的细小变化等,都可能引起测量数据的波动而带来误差。

偶然误差难于觉察,似乎没有规律性,偶然误差的大小、正负都不固定,有时大,有时小,有时正,有时负,是较难预测和控制的。但是,如果在相同条件对同一样品进

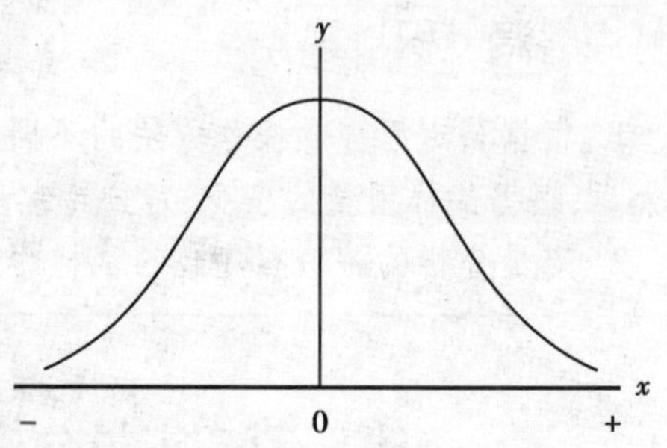

图 4-1　偶然误差的正态分布曲线

行多次测定，并将测定数据进行统计处理，则可发现其符合正态分布规律。如图 4-1 所示，即绝对值相等的正负误差出现的概率基本相等；小误差出现的概率大，大误差出现的概率小，特别大的误差出现的概率极小。

在消除系统误差的前提下，随着测定次数的增加，偶然误差的算术平均值将趋于零。因此，经常采用“多次测定，取平均值”的方法来消除偶然误差。

此外，由于分析人员粗心大意或工作过失所产生的差错。例如，溶液溅失、加错试剂、读错刻度、记录和计算错误等。这些纯属错误，不属于误差范畴，应弃除此数据。分析人员应加强工作责任心，严格遵守操作规程，做好原始记录反复核对，以避免这类错误的发生。

课堂活动

下列哪些是系统误差、偶然误差、过失？

A. 试剂含有干扰离子　　B. 电压偶有波动　　C. 读错滴定管刻度

D. 滴定终点与化学计量点不完全一致　　E. 滴定管、移液管未经校准

二、准确度与精密度

（一）准确度与误差

准确度是分析结果与真实值接近的程度。准确度通常用误差来表示，误差越小，表示分析结果与真实值越接近，准确度越高。相反，误差越大，表示准确度越低。误差分为绝对误差和相对误差。表示方法如下：

（1）绝对误差（E）：测定值（x）与真实值（μ）的差值，即

$$E = x - \mu \qquad 式(4\text{-}1)$$

（2）相对误差（RE）：绝对偏差（E）在真实值（μ）中占有的百分率，即

$$RE = \frac{E}{\mu} \times 100\% \qquad 式(4\text{-}2)$$

绝对误差和相对误差都有正、负之分，正误差表示分析结果偏高，负误差表示分析结果偏低。分析结果的准确度常用相对误差表示。

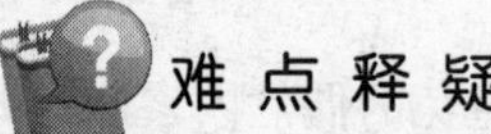

难点释疑

用万分之一电子天平称量药用辅料（防腐剂）苯甲酸钠两份，其质量分别为 2.1751g 和 0.2176g。假设两份试样的真实质量各为 2.1750g 和 0.2175g。两份称量结果的 $E_1 = E_2 = 0.0001g$，但两份称量结果的准确度不同。

因为 $RE_1 = \frac{0.0001}{2.1750} \times 100\% = 0.005\%$ $RE_2 = \frac{0.0001}{0.2175} \times 100\% = 0.05\%$

两份试样称量的绝对误差相等，但相对误差不相等，第一份称量结果的相对误差比第二份称量结果的相对误差低10倍，所以第一份称量结果更准确。

（二）精密度与偏差

精密度是指在相同条件下，多次测量结果相互接近的程度。精密度反映了测定结果的再现性，用偏差表示，其数值越小，说明分析结果的精密度越高；反之，精密度越低。因此，偏差的大小是衡量精密度高低的尺度。

一般分析项目常用平均偏差($\bar{d}$)、相对平均偏差($R\bar{d}$)表示分析结果的精密度；在分析项目要求较高时，则用标准偏差(S)和相对标准偏差(RSD)表示分析结果的精密度。

（1）平均偏差和相对平均偏差：设某一组测定值为 $x_1, x_2, \cdots, x_n$（n 为重复测定次数），其分析结果用算术平均值($\bar{x}$)表示为：

$$\bar{x} = \frac{1}{n} \sum_{i=1}^{n} x_i \qquad 式(4\text{-}3)$$

绝对偏差(d_i)是个别测定值(x_i)与平均值的差值，即

$$d_i = x_i - \bar{x} \qquad 式(4\text{-}4)$$

平均偏差($\bar{d}$)是各次测定绝对偏差绝对值的平均值，即

$$\bar{d} = \frac{1}{n} \sum_{i=1}^{n} |d_i| = \frac{1}{n} \sum_{i=1}^{n} |x_i - \bar{x}| \qquad 式(4\text{-}5)$$

相对平均偏差($R\bar{d}$)是平均偏差占平均值的百分率，即

$$R\bar{d} = \frac{\bar{d}}{\bar{x}} \times 100\% \qquad 式(4\text{-}6)$$

（2）标准偏差和相对标准偏差：用统计方法处理数据时，常用标准偏差(S)表示分析结果的精密度，它更能反映个别偏差较大的数据对测定结果重现性的影响。

对于少量的测定结果而言($n \leqslant 20$)，标准偏差（统计学上称为样本标准偏差）为：

$$S = \sqrt{\frac{\sum_{i=1}^{n} (x_i - \bar{x})^2}{n-1}} \qquad 式(4\text{-}7)$$

相对标准偏差(RSD)又称变异系数，为标准偏差占平均值的百分率，即

$$RSD = \frac{S}{\bar{x}} \times 100\% \qquad 式(4\text{-}8)$$

例1 测定某溶液的浓度时，平行测定三次，测定结果分别为：0.3950mol/L、0.3954mol/L、0.3948mol/L，求该溶液浓度的平均值、平均偏差、相对平均偏差、标准偏差和相对标准偏差。

解：

$$\bar{x} = \frac{x_1 + x_2 + x_3}{n} = \frac{0.3950 + 0.3954 + 0.3948}{3} = 0.3951$$

$$\bar{d}=\frac{1}{n}\sum_{i=1}^{n}|x_i-\bar{x}|=\frac{|0.3950-0.3951|+|0.3954-0.3951|+|0.3948-0.3951|}{3}$$
$$=0.0002$$

$$R\bar{d}=\frac{\bar{d}}{\bar{x}}\times100\%=\frac{0.0002}{0.3951}\times100\%=0.05\%$$

$$S=\sqrt{\frac{\sum_{i=1}^{n}(x_i-\bar{x})^2}{n-1}}=\sqrt{\frac{(-0.0001)^2+(0.0003)^2+(-0.0003)^2}{3-1}}=0.0003$$

$$RSD=\frac{S}{\bar{x}}=\frac{0.0003}{0.3951}\times100\%=0.08\%$$

（三）准确度与精密度的关系

系统误差影响分析结果的准确度，偶然误差影响分析结果的精密度。测量值的准确度表示测量的正确性，测量值的精密度表示测量的重现性。

以测定某样品中亚铁离子含量的4种方法为例，说明定量分析中准确度与精密度的关系。每种方法均测定6次。样品中亚铁离子的真实含量为10.00%，测量结果如图4-2所示。

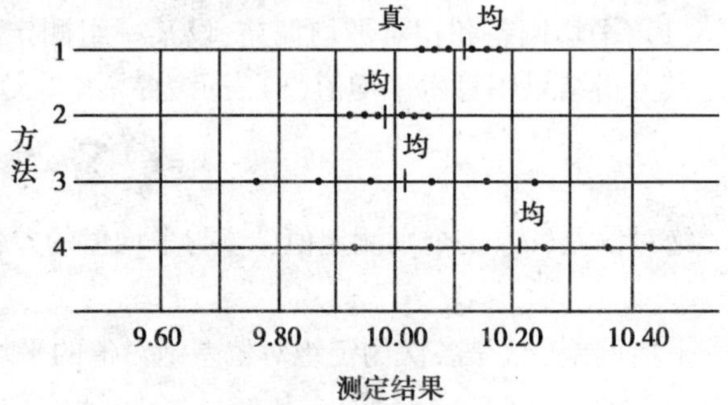

图4-2　定量分析结果的准确度与精密度

由图可以看出，方法1的精密度高，但平均值与真实值相差较大，存在较大的系统误差，故准确度低，测量结果不可取。方法2的精密度、准确度都高，说明该方法的系统误差和偶然误差均很小，测量结果准确可靠。方法3的精密度很差，说明偶然误差大，测量结果不可取。方法4的准确度、精密度都不高，说明系统误差、偶然误差都大，测量结果更不可取。

综上所述，可得出结论：高精密度是获得高准确度的前提条件；但精密度高，准确度不一定高，只有在消除系统误差的前提下，精密度高，准确度才高。

三、提高分析结果准确度的方法

从误差产生的原因来看，只有尽可能地减小系统误差和偶然误差，才能提高分析结果的准确度。

（一）选择适当的分析方法

不同的分析方法，有不同的灵敏度和准确度。一般来说，常量组分的测定选择化学分析法；微量组分或痕量组分的测定选择仪器分析法。选择分析方法时，还应考虑共存组分的干扰。总之，必须根据分析对象、样品情况以及对分析结果的要求，选择适当的分析方法。

（二）减少测量误差

为了保证分析结果的准确度，必须尽量减小测量误差。如在称量时要设法减小称量误差；在滴定分析中，尽量减少滴定管的读数误差等。

课 堂 活 动

1. 电子天平可称准至±0.1mg，要使称量相对误差不大于0.1%，至少要称取试样多少克？

2. 常量滴定管两次读数绝对误差为±0.02ml，要使读数相对误差不大于0.1%，消耗滴定液的体积应不小于多少毫升？

（三）减少系统误差

1. 对照试验　对照试验是检查系统误差的有效方法，如检查试剂是否失效、测定条件是否控制正常、测量方法是否可靠等。常用的方法有标准品对照法和标准方法对照法。

标准品对照法是用已知准确含量的标准试样代替待测试样，在完全相同的条件下进行分析，以此对照。

标准方法对照法是用可靠（法定）分析方法与被检验的方法，对同一试样进行对照分析。两测量方法的测定结果越接近，则说明被检验的方法越可靠。

2. 空白试验　在不加待测组分的情况下，按测定试样待测组分相同的测定方法、条件和步骤进行的试验。空白试验的结果称为空白值。从试样分析结果中扣除空白值，可消除试剂、纯化水和器皿等带入杂质产生的误差。

3. 校准仪器　系统误差中的仪器误差可以用校准仪器来消除。例如在精密分析中，砝码、移液管、滴定管、容量瓶等，必须进行校准，并在计算结果时采用其校正值。一般情况下简单而有效的方法是在一系列操作过程中使用同一仪器，这样可以抵消部分仪器误差。

4. 回收试验　如果无标准试样做对照试验，或对试样的组成不太清楚时，可做回收试验。这种方法是向试样中加入已知量的被测物质，然后用与被测试样相同的方法进行分析。由分析结果中被测组分的增大值与加入量之差，便能计算出分析的误差，并对分析结果进行校正。

（四）减少偶然误差

根据偶然误差产生的原因和统计规律，偶然误差的减小，可通过选用稳定性更好的仪器，改善实验环境，提高实验技术人员操作熟练程度，增加平行测定次数取平均值等方法来实现。

四、有效数字及其运算规则

在定量分析中，为了得到准确的测量结果，不仅要准确地测定各种数据，而且还要正确地记录和计算。在记录测量数据和计算分析结果时，必须遵循有效数字的有关规则。

（一）有效数字

有效数字是在分析工作中实际能测量得到的有实际意义的数字，其位数包括所有的准确数字和最后一位可疑数字。记录测量数据和计算分析结果时，保留几位数字作为有效数字，必须根据测量仪器、分析方法的准确程度确定。

例如，用万分之一的分析天平称量某试样的质量为1.2382g，五位有效数字。这一数值中，1.238是准确的，最后一位“2”存在误差，是可疑数字。又如，若用25ml移液管量取25ml某溶液，应记录为25.00ml，四位有效数字。25.00ml中，最后一位“0”是可疑数字。

确定有效数字的位数，要注意几点：

1. 在数字（1~9）中间或之后的“0”是有效数字，如20.30ml中两个“0”均为有效数字；在数字（1~9）之前的“0”不是有效数字，如0.0043中前面三个“0”都不是有效数字，只起定位作用，可写成4.3×10^{-3}。

2. 对数有效数字的位数只取决于小数点后面数字的位数。例如，pH = 12.68，即$[H^+] = 2.1\times10^{-13}$mol/L，其有效数字只有两位，而不是四位。整数部分只相当原数值的方次，不是有效数字。

3. 数学上的常数e、π以及倍数或分数（如3、1/2等）不是实际测量的数字，可视为无误差数字或无限多位有效数字。

4. 有效数字第一位数字等于或大于8时，其有效数字可多算一位。如8.97，9.43可视为四位有效数字。

课堂活动

下列数字各为几位有效数字？

2.0005、0.5000、40.102、7.023×10^{-3}、0.30%、pH = 10.60、$pK_a = 11.7$

（二）有效数字的记录及处理规则

在处理数据时，经常遇到一些准确程度不相同的测量数据，对于这些数据，必须按一定规则进行记录、修约及运算，一方面可以节省时间，另一方面又可避免得出不合理的结论。

1. 记录规则　记录测量数据时，只保留一位可疑数字。

2. 修约规则　在处理数据时，应合理保留有效数字的位数，按要求弃去多余的尾数，称之为数字的修约。数字修约的规则如下：

（1）采取“四舍六入五留双”的原则：①被修约的数字小于或等于4时，则舍去该数字；当被修约的数字大于或等于6时，则进位。②当被修约的数字等于5，且5的后面无数字或数字为零时，如5的前一位是偶数（包括“0”）则舍去，若是奇数则进位；当被修约的数字等于5，且5的后面还有非零数字时，则进位。

例如，将3.4864、0.37426、5.62350、2.38451、4.62450、6.3845测量值修约为四位数，修约后分别为3.486、0.3743、5.624、2.385、4.624、6.384。

（2）修约数字时，只允许对原测量值一次修约到所需位数，不能分次修约。如将4.5491修约为两位数，不能先修约为4.55再修约成4.6，而应一次修约为4.5。

3. 运算规则

（1）加减法：几个数据相加或相减时，和或差的有效数字的保留位数，应以小数点后位数最少的数据为依据。

例如，0.0121 + 25.64 + 1.05782，其和应以25.64为依据，保留到小数点后第二位。计算时，先修约成0.01 + 25.64 + 1.06再计算，其和为26.71。

（2）乘除法：几个数相乘除时，积或商的有效数字位数的保留，应以有效数字位数最少的数据为依据。

例如，$0.0121 \times 25.64 \times 1.05782$，其积有效数字位数的保留以0.0121为依据，确定其他数据的位数，修约后进行计算。$0.0121 \times 25.6 \times 1.06 = 0.328$

另外，在对数运算中，所取对数的位数应和真数的有效数字位数相等。如$[H^+] = 1.0 \times 10^{-5}$，则 pH = 5.00。在表示准确度和精密度时，在大多数情况下，只取一位有效数字，最多取两位有效数字。如 $R\bar{d} = 0.05\%$。

五、可疑值的取舍

在一系列平行测定所得的数据中，有时会出现个别过高或过低的测量值，称为可疑值或逸出值。如该数值确系实验中的过失造成，则可舍去，否则应按一定的统计学方法进行处理，决定其取舍。目前常用的方法有 Q-检验法和 G-检验法。

（一）Q-检验法

在测定次数较少时（$n = 3 \sim 10$），用 Q-检验法决定可疑值的弃舍是比较合理的方法。其检验步骤如下：

1. 将所有测量数据按大小顺序排列，计算测定值的极差（即最大值与最小值之差）及可疑值与其最邻近值之差。

2. 计算舍弃商
$$Q_{计} = \frac{|x_{疑} - x_{邻}|}{x_{最大} - x_{最小}} \quad 式(4\text{-}9)$$

3. 查 Q 值表4-2，如果 $Q_{计} \geq Q_{表}$，将可疑值舍去，否则应当保留。

表4-2　不同置信度下的 Q 值表

n	3	4	5	6	7	8	9	10
$Q_{90\%}$	0.94	0.76	0.64	0.56	0.51	0.47	0.44	0.41
$Q_{95\%}$	0.97	0.84	0.73	0.64	0.59	0.54	0.51	0.49
$Q_{99\%}$	0.99	0.93	0.82	0.74	0.68	0.63	0.60	0.57

例2　用碳酸钠作基准物质标定盐酸溶液的浓度，平行测定四次，结果分别是：0.1014mol/L、0.1012mol/L、0.1019mol/L、0.1016mol/L。试用 Q 检验法确定0.1019，是否应舍弃（置信度为95%）？

解：
$$Q_{计} = \frac{|x_{疑} - x_{邻}|}{x_{最大} - x_{最小}} = \frac{|0.1019 - 0.1016|}{0.1019 - 0.1012} = 0.43$$

查表4-2得：$n = 4$ 时，$Q_{表} = 0.84$。因为 $Q_{计} < Q_{表}$，所以数据0.1019不能舍去。

知识链接

置信区间与置信度

在要求准确度较高的分析工作中，提出分析报告时，需根据测定平均值对真实值 μ 作出估计，即 μ 所在的取值范围称为置信区间。在对 μ 的取值区间作出估计时，还应指明这种估计的可靠性或概率，将 μ 落在此范围（置信区间）内的概率称为置信概率或置信度用 P 表示。

如测定某药物中铝的含量，通过测量数据的计算得：在置信度 $P=95\%$ 时，$\mu=10.76\% \pm 0.02\%$。即表示有 95% 的把握认为该药物中铝的含量在 $10.76\% \pm 0.02\%$ 范围内。

（二）G-检验法

该法是目前应用较多的检验方法，其检验步骤如下：

1. 计算出包括可疑值在内的平均值。
2. 计算出包括可疑值在内的标准偏差。
3. 按下列公式计算 G 值

$$G_{计}=\frac{|x_{可疑}-\bar{x}|}{S} \qquad 式(4\text{-}10)$$

4. 查 G 值表 4-3，如果 $G_{计} \geqslant G_{表}$，将可疑值舍去，否则应当保留。

表 4-3　95%置信度的 G 临界值表

n	3	4	5	6	7	8	9	10
G	1.15	1.48	1.71	1.89	2.02	2.13	2.21	2.29

课堂活动

用 G-检验法判断例 2 中的 0.1019 值是否应舍弃？

六、分析结果的一般表示方法

在系统误差忽略的情况下，进行定量分析实验，一般对每种试样平行测定 3 次，先计算测定结果的平均值，再计算出相对平均偏差。如果相对平均偏差 $R\bar{d} \leqslant 0.2\%$，可认为符合要求，取其平均值作为最后的测定结果。否则，此次实验不符合要求，需重做。

例如，测定某一溶液的浓度，测定结果分别为：0.2051mol/L、0.2049mol/L、0.2053mol/L。计算得：

$$\bar{x}=\frac{0.2051+0.2049+0.2053}{3}=0.2051$$

$$\bar{d}=\frac{|0.0000|+|-0.0002|+|0.0002|}{3}=0.0001$$

$$R\bar{d}=\frac{0.0001}{0.2051}\times 100\%=0.05\%$$

显然 $R\bar{d}<0.2\%$，符合要求。可用 0.2051mol/L 报告分析结果。

如果在制定分析标准，涉及重大问题的试样分析、科研成果等情况所需要精确数据，就不能这样简单的处理。需要多次对试样进行平行测定，将取得的多次测定结果用统计方法进行处理。

点 滴 积 累

1. 误差分为系统误差和偶然误差，系统误差包括方法误差、仪器误差、试剂误差、操作误差。减小系统误差的方法主要有对照试验、空白试验、校准仪器、回收试验。消除偶然误差的方法经常采用“多次测定，取平均值”。

2. 准确度用误差表示，精密度用偏差表示。偏差主要包括平均偏差、相对平均偏差、标准偏差和相对标准偏差。

3. 测量数据中可疑值的取舍，常用 *Q*-检验法和 *G*-检验法。

第三节　滴定分析法概述

一、基本概念及主要方法

（一）基本概念

滴定分析法是化学分析法中最常用的分析方法。是将一种已知准确浓度的试剂溶液即滴定液，亦称标准溶液，滴加到被测物质溶液中，直到所滴加的滴定液与被测组分按化学计量关系定量反应完全为止，根据滴定液的浓度和用量，计算待测组分含量的分析方法。

将滴定液由滴定管滴加到被测物质溶液中的操作过程称为滴定。当滴入的滴定液与被测组分定量反应完全，即两者的物质的量恰好符合化学反应式所表示的化学计量关系时，称反应达到了化学计量点，简称计量点。滴定反应到达化学计量点时，往往没有任何外观现象的变化，因此，在滴定分析中，准确确定化学计量点是一个关键问题。实际滴定中，为了准确确定化学计量点的到达，常在被测溶液中加入一种辅助试剂，借助其颜色变化，作为判断化学计量点到达而终止滴定的信号，这种辅助试剂称为指示剂。在滴定过程中，指示剂发生颜色变化的转变点称为滴定终点。指示剂往往并不一定正好在化学计量点时变色，滴定终点与化学计量点不一定恰好符合，由此所造成的分析误差称为终点误差。

滴定分析法所用仪器简单、操作方便、测定快速、适用范围广，分析结果的准确度高。一般情况下相对误差在0.2%以下，适用于常量分析。

（二）主要方法

根据滴定液和被测物质发生的化学反应类型的不同，滴定分析法主要分为以下四种。

1. 酸碱滴定法　以质子传递反应为基础的滴定分析法。可用酸作滴定液测定碱或碱性物质，也可用碱作滴定液测定酸或酸性物质。

2. 沉淀滴定法　以沉淀反应为基础的滴定分析法。银量法是沉淀滴定法中应用最广泛的方法，常用于测定卤化物、硫氰酸盐、银盐等物质的含量。

3. 配位滴定法　以配位反应为基础的滴定分析方法。目前广泛使用氨羧配位剂（常用 EDTA）作为滴定液，测定多种金属离子。

4. 氧化还原滴定法　以氧化还原反应为基础的滴定分析法。可直接测定具有氧化性或还原性的物质,也可以间接测定本身不具有氧化还原性的物质。

二、基本条件及滴定方式

(一) 基本条件

滴定分析法是以化学反应为基础的分析方法,在各类化学反应中,并不是所有的反应都能用于滴定分析,适用于滴定分析的化学反应必须具备下列条件:

1. 反应必须定量完成 反应要严格按一定的化学反应式进行,无副反应发生,反应完全的程度应达到99.9%以上,这是滴定分析定量计算的基础。

2. 反应必须迅速完成 滴定反应要求在瞬间完成,对于速度较慢的反应,可通过加热或加入催化剂等方法提高反应速度。

3. 被测物质中的杂质不得干扰主要反应,否则应预先将杂质除去。

4. 有适当简便的方法确定滴定终点。

(二) 主要滴定方式

1. 直接滴定法 凡能满足上述滴定分析法的基本条件的化学反应,都可以用标准溶液直接滴定被测物质,这类滴定方式称为直接滴定法。如用 NaOH 滴定液滴定阿司匹林(乙酰水杨酸),HCl 滴定液滴定药用氢氧化钠等。

对于不符合上述条件的反应可采用下述几种方式进行滴定。

2. 返滴定法 当滴定液与被测物质之间反应较慢或反应物难溶于水,或缺乏合适检测终点的方法时,可先在被测物质溶液中加入准确过量的滴定液,待反应定量完成后,再用另一种滴定液滴定上述剩余的滴定液,这种滴定方式称为返滴定法,也称回滴定法或剩余滴定法。如 Al^{3+} 含量的测定:

滴定前反应:$Al^{3+} + H_2Y^{2-}$(定量且过量的滴定液)$\xlongequal{}AlY^- + 2H^+$

滴定反应:H_2Y^{2-}(剩余)$+ Zn^{2+}$(滴定液)$\xlongequal{}ZnY^{2-} + 2H^+$

3. 置换滴定法 当被测组分不能与滴定液直接反应或不按确定的反应式进行(常伴有副反应)时,无法用滴定液直接滴定被测物质,可先用适当的试剂与被测物质反应,使之定量置换出一种能被直接滴定的物质,然后再用滴定液滴定置换出的物质,这种滴定方式称为置换滴定法。如药用硫酸铜含量的测定:

滴定前反应:$2Cu^{2+} + 4I^- \xlongequal{} 2CuI\downarrow$(乳白色)$+ I_2$

滴定反应:$I_2 + 2S_2O_3^{2-}$(滴定液)$\xlongequal{} 2I^- + S_4O_6^{2-}$

4. 间接滴定法 当被测组分不能与滴定液直接反应时,可将试样通过一定的化学反应后,再用适当的滴定液滴定反应产物,这种滴定方式称为间接滴定法。

在滴定分析中,由于采用了返滴定、置换滴定、间接滴定等滴定方式,从而扩大了滴定分析法的应用范围。

三、滴定液

(一) 滴定液的配制

滴定液常用的配制方法有两种,即直接配制法和间接配制法。

1. 直接配制法 准确称取一定量的基准物质,溶解后定量转移至容量瓶中,稀释至刻度,摇匀。根据称取基准物质的质量和容量瓶的体积,计算出该溶液的准确浓度(通常要求四位有效数字)。

基准物质必须符合下列条件：

（1）物质的组成应与化学式完全符合，若含结晶水，其含量也应与化学式符合，如硼砂 $Na_2B_4O_7 \cdot 10H_2O$ 等。

（2）物质的纯度要高，一般要求含量不低于99.9%。

（3）物质的性质稳定，如加热干燥时不分解，称量时不风化、不潮解、不吸收空气中的二氧化碳、不被空气氧化等。

（4）最好具有较大的摩尔质量，称量误差较小。

常见基准物质的干燥条件及其应用，见表4-4。

表4-4 常见基准物质的干燥条件及其应用

基准物质	化学式	干燥条件	标定对象
无水碳酸钠	Na_2CO_3	270～300℃	酸
硼砂	$Na_2B_4O_7 \cdot 10H_2O$	有 NaCl、蔗糖饱和液的干燥器	酸
邻苯二甲酸氢钾	$KHC_8H_4O_4$	110～120℃	碱、高氯酸
重铬酸钾	$K_2Cr_2O_7$	140～150℃	还原剂
三氧化二砷	As_2O_3	室温、干燥器	氧化剂
草酸钠	$Na_2C_2O_4$	105～110℃	高锰酸钾
氧化锌	ZnO	900～1000℃	EDTA
锌	Zn	室温、干燥器	EDTA
氯化钠	NaCl	500～600℃	硝酸银

2. 间接配制法（标定法） 许多物质不符合基准物质的条件，如 HCl、NaOH、$KMnO_4$、$Na_2S_2O_3$ 等，其滴定液不能用直接法配制。对这类物质只能采用间接法（标定法）配制，可先按需要配成近似浓度的溶液，再用基准物质或另一种滴定液来确定其准确浓度。这种利用基准物质或已知准确浓度的溶液来确定滴定液浓度的操作过程称为标定。溶液的标定分为基准物质标定法和滴定液比较法。

（1）基准物质标定法：包括多次称量法和移液管法。①多次称量法：精密称取基准物质2～3份，分别溶于适量的纯化水中，然后用待标定的溶液滴定。根据基准物质的质量和待标定溶液所消耗的体积，计算出待标定溶液的准确浓度，将几次滴定计算结果取平均值作为滴定液的浓度。②移液管法：精密称取一份较多的基准物质，溶解后定量转移到容量瓶中，稀释至刻度，摇匀。用移液管取出几份（如2～3份）该溶液，分别用待标定的滴定液滴定，最后取其平均值，作为滴定液的浓度。

（2）滴定液比较法：准确吸取一定体积的待标定溶液，用合适的滴定液滴定，反之亦然。根据两种溶液消耗的体积及滴定液的浓度，可计算出待标定溶液的准确浓度。

（二）滴定液浓度的表示方法

1. 物质的量浓度 溶液中溶质 B 的物质的量（n_B）除以溶液的体积（V），称为物质 B 的物质的量浓度。用符号 c_B 或 c(B)表示。即

$$c_B = \frac{n_B}{V} \qquad 式(4\text{-}11)$$

例3 称取基准物质 $AgNO_3$ 4.2475g，用纯化水溶解后，定容于250ml 容量瓶中，摇匀。计算该溶液的物质的量浓度。

解： $c_{AgNO_3}=\frac{n_{AgNO_3}}{V}=\frac{m_{AgNO_3}/M_{AgNO_3}}{V}=\frac{4.2475/169.9}{250.0\times10^{-3}}=0.1000(mol/L)$

2. 滴定度　指每1ml滴定液相当于被测物质A的质量(g或mg)，用$T_{T/A}$表示。下标中T表示滴定液溶质的化学式，A表示被测物质的化学式。如$T_{HCl/NaOH}=0.004000g/ml$，表示用HCl滴定液滴定NaOH试样时，1ml HCl滴定液恰好与0.004000g NaOH完全反应。如已知滴定度，再乘以滴定中所消耗的滴定液体积，即可计算出被测物质的质量。公式表示为：

$$m_A=T_{T/A}V_T \qquad 式(4\text{-}12)$$

例4　如用$T_{HCl/NaOH}=0.004000g/ml$ HCl滴定液滴定氢氧化钠溶液，消耗HCl滴定液21.20ml，计算试样中氢氧化钠的质量。

$$m_{NaOH}=T_{HCl/NaOH}V_{HCl}=0.004000\times21.20=0.08480(g)$$

难点释疑

$T_{NaOH/HCl}=0.003646g/ml$、$c_{NaOH}=0.1000mol/L$均表示NaOH滴定液的浓度，但二者代表的意义不同。

因为$T_{NaOH/HCl}=0.003646g/ml$表示用NaOH滴定液滴定HCl试样时，1ml NaOH滴定液恰好与0.003646g HCl完全反应；$c_{NaOH}=0.1000mol/L$表示1L NaOH滴定液中含溶质NaOH 0.1000mol。

四、滴定分析计算

滴定分析法涉及一系列的计算，如滴定液的配制和标定、滴定液与被测物质间的计量关系及分析结果的计算等，分别讨论如下。

（一）滴定分析计算依据

滴定分析中，用滴定液(T)滴定被测物质(A)，当反应到达化学计量点时，被测物质与滴定液的物质的量之间的关系恰好符合其化学反应式所表示的计量关系。

例如，对任一滴定反应：

$$\underset{(滴定液)}{tT} + \underset{(被测物质)}{aA} \rightarrow \underset{(生成物)}{P}$$

当滴定达化学计量点时，$t$mol T恰好与$a$mol A完全反应，即

$$n_T : n_A = t : a$$

$$n_A=\frac{a}{t}n_T \quad 或 \quad n_T=\frac{t}{a}n_A \qquad 式(4\text{-}13)$$

式(4-13)中，a/t或t/a为换算因数，即反应方程式中两物质计量数之比，n_A、n_T分别表示A、T的物质的量。

（二）滴定分析计算的基本公式

1. 物质的量浓度、体积和物质的量的关系　若被测物质是溶液，其浓度为c_A，滴定液的浓度为c_T，到达化学计量点时，两种溶液消耗的体积分别为V_T和V_A。根据滴定分析计算依据可得：

$$c_AV_A = \frac{a}{t}c_TV_T \qquad 式(4\text{-}14)$$

2. 物质的质量与物质的量的关系　当被测物质 A 是固体,配制成溶液被滴定至化学计量点时,消耗滴定液的体积为 V_T,则:

$$\frac{m_A}{M_A} = \frac{a}{t}c_TV_T$$

当 V 的单位采用 L,M_A 的单位采用 g/mol 时,m_A 的单位为 g。在滴定分析中,体积常以 ml 为单位。则上式可写为:

$$\frac{m_A}{M_A} = \frac{a}{t}c_TV_T \times 10^{-3} \quad 或 \quad m_A = \frac{a}{t}c_TV_TM_A \times 10^{-3} \qquad 式(4\text{-}15)$$

3. 物质的量浓度与滴定度的换算　滴定度 $T_{T/A}$是指 1ml 滴定液相当于被测物质的质量,根据公式:$m_A = \frac{a}{t}c_TV_TM_A \times 10^{-3}$　$m_A = T_{T/A}V_T$

当　　$V_T = 1\text{ml}$ 时　$T_{T/A} = m_A$

则　　$$T_{T/A} = \frac{a}{t}c_TV_TM_A \times 10^{-3} \qquad 式(4\text{-}16)$$

4. 被测物质含量的计算　设 m_S 为样品的质量,m_A 为样品中被测组分 A 的质量,则被测组分的含量百分比 A% 为:

$$A\% = \frac{m_A}{m_S} \times 100\%$$

故　　$$A\% = \frac{\frac{a}{t}c_TV_TM_A \times 10^{-3}}{m_S} \times 100\% \qquad 式(4\text{-}17a)$$

若滴定液的浓度用滴定度 $T_{T/A}$表示时,则:

$$A\% = \frac{T_{T/A}V_T}{m_S} \times 100\% \qquad 式(4\text{-}17b)$$

在实际滴定时,若滴定液的实际浓度与规定浓度不一致时,可用校正因素 F(实际浓度/规定浓度)进行校正。则上述公式(4-17b)可表示为:

$$A\% = \frac{T_{T/A}V_TF}{m_S} \times 100\% \qquad 式(4\text{-}17c)$$

若被测样品为液体,则被测组分 A 的含量常用质量浓度表示,计算公式为:

$$\rho_A = \frac{\frac{a}{t}c_TV_TM_A}{V_{样}} \times 100\% \qquad 式(4\text{-}17d)$$

以上公式是滴定分析计算的最基本公式,其应用结合下面的实例讨论。

(三) 滴定分析计算实例

1. $c_AV_A = \frac{a}{t}c_TV_T$ 公式的应用　可用于计算待标定溶液的浓度,还可用于溶液稀释和增浓的计算。

例 5　用 0.1002mol/L HCl 滴定液滴定 20.00ml NaOH 溶液,终点时消耗 20.04ml,计算 NaOH 溶液的浓度。

解:　　$NaOH + HCl = NaCl + H_2O \quad (a = 1、t = 1)$

$$c_{NaOH}=\frac{c_{HCl}V_{HCl}}{V_{NaOH}}=\frac{0.1002\times20.04}{20.00}=0.1004(mol/L)$$

2. $m_A=\frac{a}{t}c_TV_TM_A\times10^{-3}$公式的应用　可用于直接法配制溶液、溶液浓度的标定等有关计算。

例6　用直接法配制 0.1000mol/L 的 EDTA 滴定液 50.00ml，应称取基准物质 $Na_2H_2Y\cdot2H_2O$ 多少克？

$$m_{Na_2H_2Y\cdot2H_2O}=c_{EDTA}V_{EDTA}M_{Na_2H_2Y\cdot2H_2O}\times10^{-3}=0.1000\times50.00\times372.2\times10^{-3}=1.8610(g)$$

例7　精密称取基准物质 $Na_2CO_3$0.1225g，标定 HCl 溶液，终点时用去 HCl 溶液 22.50ml，计算 HCl 溶液的浓度。

解：

$$2HCl+Na_2CO_3 = 2NaCl+H_2O+CO_2\uparrow \quad (a=1、t=2)$$

$$c_{HCl}=\frac{\frac{t}{a}m_{Na_2CO_3}}{M_{Na_2CO_3}V_{HCl}}\times10^3=\frac{2\times0.1225}{106.0\times22.50}\times10^3=0.1027(mol/L)$$

3. 物质的量浓度与滴定度的换算

例8　已知 $c_{HCl}=0.1000mol/L$，计算 $T_{HCl/CaO}$。

解：

$$2HCl+CaO = CaCl_2+H_2O \quad (a=1、t=2)$$

$$T_{HCl/CaO}=\frac{a}{t}c_{HCl}M_{CaO}\times10^{-3}=\frac{1}{2}\times0.1000\times56.00\times10^{-3}=0.002800(g/ml)$$

4. 被测物质含量的计算

例9　用 0.1020mol/L $AgNO_3$ 滴定液滴定 0.1466g 含 NaCl 的试样，终点时消耗 $AgNO_3$ 溶液 22.80ml，计算试样中 NaCl 的含量。

解：

$$AgNO_3+NaCl = AgCl\downarrow+NaNO_3 \quad (a=1、t=1)$$

$$NaCl\%=\frac{\frac{a}{t}c_{AgNO_3}V_{AgNO_3}M_{NaCl}\times10^{-3}}{m_S}\times100\%$$

$$=\frac{0.1020\times22.80\times5844\times10^{-3}}{0.1466}\times100\%=92.70\%$$

例10　精密称取阿司匹林试样 0.4002g，用 0.1011mol/L NaOH 滴定液滴定，1ml 0.1000mol/L NaOH 滴定液相当于 0.01802g 的阿司匹林（乙酰水杨酸）。终点时消耗 NaOH 溶液 21.02ml，计算试样中阿司匹林（$C_9H_5O_7$）的含量。

解：

（苯环–COOH，–$OCOCH_3$）+ NaOH = （苯环–COONa，–$OCOCH_3$）+ H_2O

$$C_9H_8O_4\%=\frac{T_{NaOH/C_9H_8O_4}V_{NaOH}F}{m_S}\times100\%$$

$$=\frac{0.01802\times21.02\times\frac{0.1011}{0.1000}}{0.4002}\times100\%=95.69\%$$

点 滴 积 累

1. 已知准确浓度的试剂溶液称为滴定液。滴定液常用的配制方法有直接配制法和间接配制法，其浓度的表示方法常用物质的量浓度和滴定度。

2. 滴定分析计算依据为 n_T∶n_A $=t$∶a

目 标 检 测

一、选择题

(一) 单项选择题

1. 由于天平不等臂造成的误差属于(　　)

A. 方法误差　　B. 试剂误差　　C. 仪器误差　　D. 操作误差

2. 减小偶然误差的方法(　　)

A. 对照试验　　B. 空白试验　　C. 校准仪器　　D. 增加平行测定次数

3. 下列哪种情况能引起系统误差(　　)

A. 天平零点突然有变动　　B. 滴定时溅失少许滴定液

C. 滴定终点和计量点不吻合　　D. 加错试剂

4. 下列是四位有效数字的是(　　)

A. 2.006　　B. 2.0000　　C. pH = 11.00　　D. 1.1060

5. 滴定管的读数误差为 ±0.02ml，若滴定时用去滴定液 20.00ml，则相对误差是(　　)

A. ±0.1%　　B. ±0.01%　　C. ±1.0%　　D. ±0.001%

6. 在标定 HCl 溶液浓度时，某同学的 4 次测定结果分别为 0.1023mol/L、0.1024mol/L、0.1022mol/L、0.1023mol/L，而实际结果应为 0.1048mol/L，该学生的测定结果(　　)

A. 准确度较好，但精密度较差　　B. 准确度较好，精密度也好

C. 准确度较差，但精密度较好　　D. 准确度较差，精密度也较差

7. 用 HCl 滴定液滴定 NaOH 溶液时，下列记录消耗 HCl 体积正确的是(　　)

A. 22.100ml　　B. 22.1ml　　C. 22.0ml　　D. 22.10ml

8. 化学计量点是指(　　)

A. 滴定液和被测物质质量完全相等的那一点

B. 指示剂发生颜色变化的转折点

C. 滴定液与被测组分按化学反应式反应完全时的那一点

D. 被测物质与滴定液体积相等的那一点

9. 滴定分析法常用于下列(　　)

A. 微量分析　　B. 常量分析　　C. 半微量分析　　D. 痕量分析

10. $T_{A/B}$ 表示的意义是(　　)

A. 1ml 滴定液相当于被测物质的质量

B. 1ml 滴定液中所含溶质的质量

C. 1L 滴定液相当于被测物质的质量

D. 1L 滴定液所含溶质的质量

11. 用0.1000mol/L HCl 溶液滴定 25.00ml NaOH 溶液，终点时消耗 20.00ml，则 NaOH 溶液的浓度为(　　)

A. 0.1000mol/L　　B. 0.1250mol/L

C. 0.08000mol/L　　D. 0.08mol/L

12. $T_{NaOH/HCl}$ = 0.003646g/ml，c_{NaOH} 为(　　)

A. 0.1000mol/L　　B. 0.003646mol/L

C. 0.004000mol/L　　D. 0.1000g/ml

13. 在滴定分析中，所使用的滴定管中沾有少量纯化水，使用前(　　)

A. 必须在红外干燥器中干燥

B. 不必进行任何处理

C. 必须用少量待盛溶液洗涤 2 ~ 3 次

D. 用洗液浸泡处理

14. 用 $T_{HCl/NaOH}$ = 0.004000g/ml HCl 溶液滴定 NaOH 溶液，终点时消耗 HCl 20.00ml，试样中含 NaOH 的质量为(　　)

A. 0.8000g　　B. 0.08000g　　C. 0.004000g　　D. 0.008000g

（二）多项选择题

1. 提高分析结果准确度的主要方法(　　)

A. 选择适当的分析方法　　B. 增加平行测定次数

C. 增加有效数字的位数　　D. 消除系统误差　　E. 减少测量误差

2. 系统误差产生的原因包括(　　)

A. 仪器误差　　B. 方法误差　　C. 试剂误差

D. 操作误差　　E. 过失误差

3. 将下列数据修约成四位有效数字，符合有效数字修约规则的是(　　)

A. 3.1454—3.145　　B. 3.1456—3.146　　C. 3.1455—3.146

D. 3.14651—3.146　　E. 3.1465—3.146

4. 准确度和精密度之间的关系是(　　)

A. 准确度与精密度无关

B. 精密度好准确度就一定高

C. 精密度高是保证准确度高的前提

D. 消除系统误差之后，精密度好，准确度才高

E. 消除偶然误差之后，精密度好，准确度才高

5. 决定测量数据中可疑值的取舍常用的方法有(　　)

A. *F* 检验法　　B. *Q*-检验法　　C. *G*-检验法

D. *t* 检验法　　E. 正态分布曲线法

6. 滴定液的配制方法有(　　)

A. 移液管法　　B. 直接法　　C. 比较法

D. 间接法　　E. 基准物质法

7. 下列仪器用纯化水洗涤干净后，必须用待盛液洗涤的是(　　)

A. 移液管　　B. 锥形瓶　　C. 容量瓶
D. 碘量瓶　　E. 滴定管

8. 滴定分析法的滴定方式有(　　)

A. 直接滴定法　　B. 间接滴定法　　C. 置换滴定法
D. 返滴定法　　E. 非水滴定法

二、简答题

1. 下列数据包括几位有效数字？

①3.052　②0.0264　③0.00330　④60.030　⑤$6.7\times10^{-3}$　⑥$pK_a=4.34$
⑦$5.02\times10^{-3}$　⑧30.02%　⑨0.60%　⑩0.0002%

2. 配制滴定液有哪两种方法？简述其操作过程。

三、实例分析

1. 测定某药用辅料中 Cl^- 的含量，得到下列结果：10.48%，10.37%，10.47%，10.43%，10.40%，计算测定的平均值、平均偏差、相对平均偏差、标准偏差和相对标准偏差。

2. 分析某药物中铝的含量时，得到以下结果：33.73%、33.73%、33.74%、33.77%、33.79%、33.81%、33.81%、33.82%、33.86%，试用 *G*-检验法确定，当置信度为95%时，数据33.86%是否应弃去？

3. 用0.2000mol/L HCl 滴定0.4146g 不纯的 K_2CO_3，完全中和时需用 HCl 21.10ml，问样品中 K_2CO_3 的含量为多少？

4. 称取分析纯试剂 $K_2Cr_2O_7$ 14.7090g，配成500.0ml 溶液，试计算：

(1) 溶液的物质的量浓度；

(2) $K_2Cr_2O_7$ 溶液对 Fe_2O_3 和 Fe_3O_4 的滴定度。

5. 称取氯化钠试样 0.1250g，用 0.1011mol/L $AgNO_3$ 滴定液滴定，终点时消耗20.00ml，计算试样中 NaCl 的含量。1ml $AgNO_3$(0.1000mol/L)滴定液相当于0.005844g NaCl。

实训三　电子天平称量练习

【实训目的】

1. 学会正确使用电子天平。
2. 学会直接称量法和减量称量法。
3. 熟悉电子天平的结构及其作用。

【实训内容】

1. 实训用品

(1) 仪器：电子天平(万分之一)、表面皿、称量瓶、小烧杯。

（2）试剂：固体粉末试样。

2. 实训步骤

（1）观察电子天平的结构：电子天平是依据电磁力平衡原理设计制造的新一代天平，用弹簧片取代电光天平的玛瑙刀口作支承点，用差动变压器取代升降钮装置，用数字显示替代刻度指针。电子天平具有自动校正、自动去皮、质量电信号输出、超重指示和故障报警等功能，可与打印机、计算机联用。性能稳定、操作简单、灵敏度高、使用寿命长。

定量分析常用的电子天平规格为万分之一和十万分之一。电子天平的种类很多，但其主要部件有秤盘、质量显示屏、ON/OFF 键、去皮键（TAR）、水平仪、水平调节脚等。

（2）电子天平称量练习

1）检查并调节天平水平，接通电源预热至所需时间。

2）轻按下天平 ON 键，系统自动实现自检功能。当显示器显示为 0.0000 后，自检完毕，即可称量。

3）称量

直接称量法：适合于称取性质稳定的试样。将洁净并干燥的表面皿置于称盘上，关上天平门，稍候，轻按下去皮键 TAR，显示为零后，打开天平门，在表面皿上缓慢加入待称物质，直到所需称量质量为止。当显示屏出现稳定数值，即为被称物质的质量，记录被称量物品的质量 m(g)。

减量称量法：适合于称取易吸水或 CO_2、在空气中不稳定的多份试样。

①称出装有试样的称量瓶质量后，轻按下去皮键 TAR，用三层纸带将称量瓶取出，在烧杯（注意编号）上方，倾斜瓶身，用另一纸条夹取出瓶盖，用称量瓶盖轻轻敲瓶口使试样慢慢落入烧杯中，如图 4-3 所示。②当倾出的试样接近所需量（通常从体积上估计和试重得知）时，一边继续用瓶盖轻敲瓶口，一边逐渐将瓶身竖立，使黏附在瓶口上的试样落回称量瓶内，然后盖上瓶盖。把称量瓶放回天平盘，显示器显示带有“-”的质量，即为倒出试样的质量，记录第 1 份敲出试样的质量 m_1。同样方法还可以称取第 2 份、第 3 份试样的质量 m_2、m_3。③称量结束，除去称量瓶，关上天平门，轻按下天平 OFF 键，切断电源，并在记录本上登记使用情况。

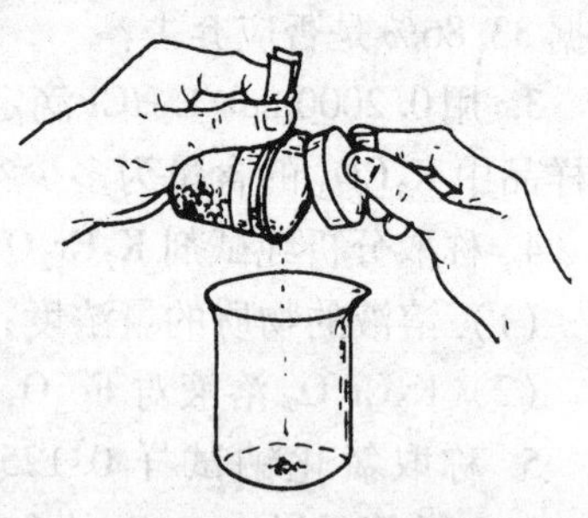

图 4-3 倒出试样操作

【实训注意】

1. 称量瓶可用纸带或戴上手套拿取。套上或取出纸带时，不要碰着称量瓶口，纸带应放在清洁的地方。

2. 规定取用量为“约”若干时，系指取用量不得超过规定量的 ±10%。若倒入样品量不够时，可重复上述操作；如倒入样品超过所需数量，则只能弃去重称。

【实训检测】

1. 为什么记录称量数据时电子天平两侧的门不能打开？

2. 易吸湿、在空气中不稳定的试样，应如何称量？

3. 用规格为万分之一的电子天平称量试样的质量时，数据应记录到以克为单位小数点后第几位？并解释原因。

【实训记录】

直接称量法(g)	减重称量法(g)		
m	m_1	m_2	m_3

实训四 滴定分析常用仪器的基本操作

【实训目的】

1. 学会滴定管、移液管及容量瓶的洗涤方法。
2. 熟悉滴定管、移液管及容量瓶的操作技术。
3. 学会滴定的基本操作。

【实训内容】

（一）实训用品

（1）仪器：酸式滴定管、碱式滴定管、锥形瓶、移液管、容量瓶、洗耳球等。

（2）试剂：0.1mol/L NaOH、0.1mol/L HCl、酚酞、甲基橙指示剂。

（二）实训步骤

1. 滴定分析常用仪器

（1）滴定管：用来进行滴定的器皿，用于准确测量滴定中所用溶液的体积。一般常量分析的滴定管容积为25ml或50ml，最小刻度为0.1ml，最小刻度间可估计到小数点后第二位，读数误差一般为±0.01ml。滴定管一般分为两种，一种是酸式滴定管，另一种是碱式滴定管，如图4-4所示。碱式滴定管用来盛放碱或碱性溶液，不能盛酸或氧化性等腐蚀橡皮的溶液。另外，目前还广泛使用酸碱两用滴定管。

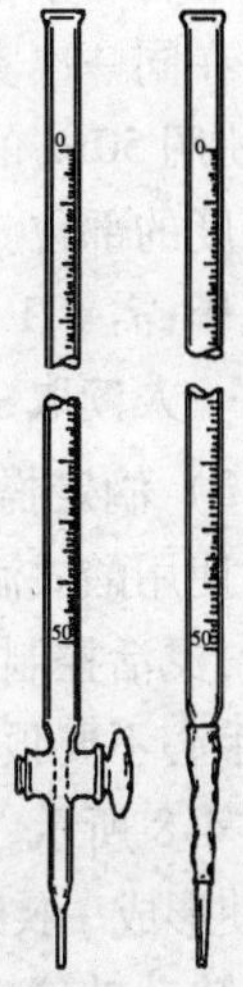

1）滴定管的准备

涂凡士林：为使滴定管活塞润滑、不漏水，转动灵活，在使用前，应在活塞上涂凡士林。操作方法是：将酸式滴定管平放在台面上，取出活塞，用滤纸将活塞及活塞套内的水擦干，蘸取适量凡士林，用手指在活塞周圈涂上薄薄一层，或分别涂在活塞的粗端和活塞套的细端（切勿将活塞小孔堵塞），如图4-5所示。然后将活塞插入活塞套内，压紧并向同一方向旋转，直到活塞转动部分透明为止。最后用橡皮圈套住活塞末端，以防活塞脱落。

涂好凡士林的滴定管要检查是否漏水。试漏的方法是先将活塞关闭，在滴定管内装满水，擦干滴定管外部，直立放置约2分钟，仔细观察有无水滴滴下，活塞缝隙中是否有水渗出；然后将活塞旋转180°，再放置约2分钟，观察是否有水渗出。如无渗水现象，即可洗净使用。

酸式滴定管 碱式滴定管

图4-4 滴定管

碱式滴定管应选择大小合适的玻璃珠和橡皮管，并检查滴定管是否漏水，液滴是否能灵活控制。如不符合要求，应重新装配。

洗涤：洗涤滴定管至滴定管用水润湿时，其内壁不挂水珠。再用自来水冲洗干净，最后用少量纯化水淌洗2～3次。

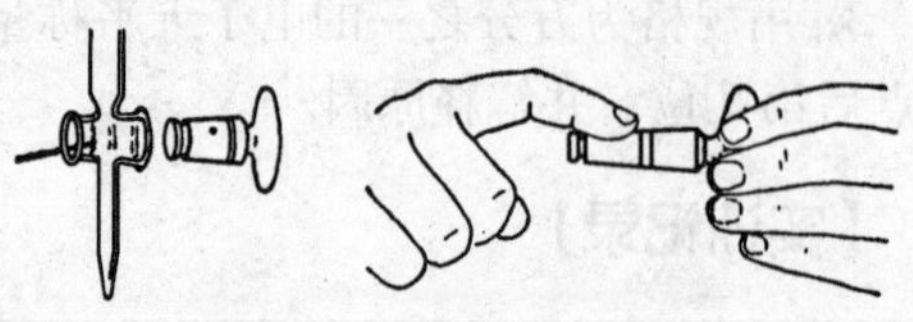

图4-5　活塞涂凡士林

装溶液：为避免滴定管中残留的水改变滴定液的浓度，在装溶液前，先用少量该溶液淌洗2～3次，每次用量不超过滴定管体积的1/5。

滴定管装满溶液后，应检查管下端是否有气泡，如有气泡，将影响溶液体积的准确测量，必须排除。对于酸式滴定管，可将滴定管倾斜迅速转动活塞，让溶液急速下流以除去气泡。碱式滴定管，则可将橡皮管向上弯曲，用两指挤压玻璃珠，形成缝隙，让溶液从尖嘴口喷出，气泡即可除去，如图4-6所示。然后将液面控制在零刻度或零刻度以下。

2）滴定管的读数：读数时滴定管应保持垂直，管内的液面呈弯月形，读取与弯月面最低处与刻度的相切之点，视线与切点在同一水平线上，否则将因眼睛的位置不同而引起误差，如图4-7所示。

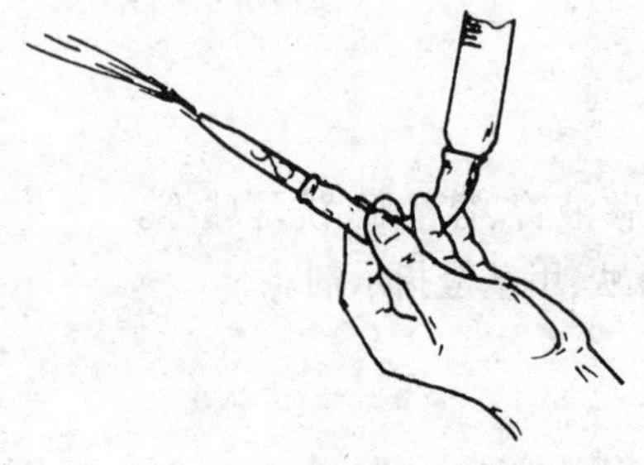

图4-6　碱式滴定管排气泡的方法

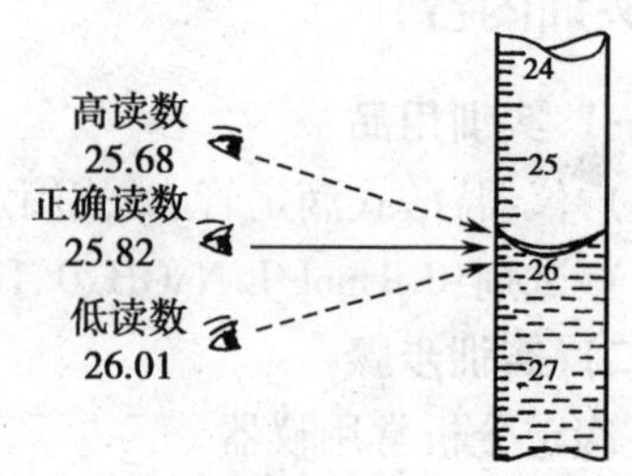

图4-7　滴定管读数

深色溶液的弯月面底缘较难看清，如 $KMnO_4$、I_2 溶液等，可读取液面的最上缘。如果滴定管后壁带有白底蓝线背景，则蓝线上下两尖端相交点的刻度即为液面的读数。

在同一次实验的每次滴定中，所用溶液的体积应控制在滴定管刻度的同一部位，例如，使用50ml的滴定管，第一次滴定是在0～25ml的部位，第二次滴定时也应控制在这段长度的部位。这样，可以抵消由于滴定管上下刻度不够准确而引起的误差。每次滴定完毕，需等1～2分钟，待内壁溶液完全流下再读数。每次滴定的初读数和末读数必须由一人读取，以免两人的读数误差不同而引起误差的积累。

3）滴定操作：滴定时，用左手控制滴定管，右手拿锥形瓶。使用酸式滴定管时，左手拇指在活塞前，食指及中指在活塞后，灵活控制活塞。转动活塞时，手指微微弯曲，轻轻向里扣住，手心不要顶住活塞小头一端，以免顶出活塞，使溶液漏出，如图4-8所示。使用碱式滴定管时，左手指挤捏玻璃珠外橡皮管，使形成一狭缝，溶液即可流出，如图4-9所示。滴定时注意不要移动玻璃珠，也不要摆动尖嘴，以防空气进入尖嘴。

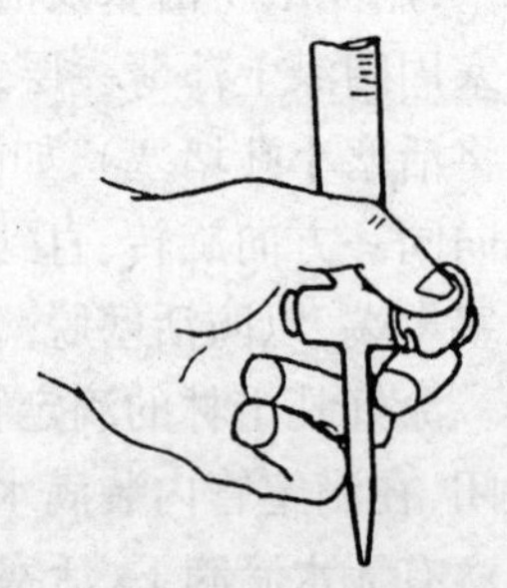

图4-8　酸式滴定管操作

滴定时，滴定管下端应深入瓶口少许，左手控制溶液的流速，右手前三指拿住瓶颈，其余两指做辅助，向同一方向作圆周运动，随滴随摇，以使瓶内的溶液反应完全，注意不要使瓶内溶液溅出，如图4-10所示。开始滴定时，滴定速度可稍快，但不能使滴出液呈线状。近终点时，滴定速度要放慢，以防滴定过量，每次滴加1滴或半滴，同时，不断旋摇，并用少量纯化水冲洗锥形瓶内壁，将溅留在瓶壁的溶液淋下，使反应完全，直至终点。仅需半滴时，将滴定管活塞微微转动，使有半滴溶液悬于滴定管口，将锥形瓶内壁与管口接触，使溶液靠入锥形瓶中，并用少量纯化水冲下与溶液反应。使用碘量瓶时，玻璃塞应夹在右手中指与无名指间。滴定在烧杯中进行时，右手用玻璃棒或磁力搅拌器不断搅拌烧杯中的溶液，左手控制滴定管。滴定结束后，滴定管内剩余的溶液不得倒回原贮备瓶中，滴定管用后应立即洗净，置于滴定架上，备用。

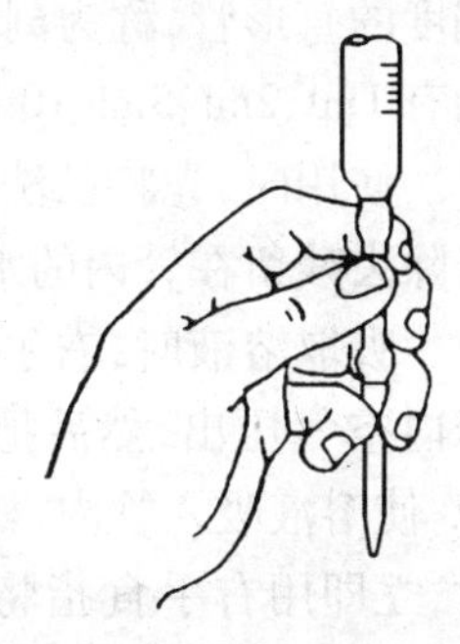

图4-9　碱式滴定管操作

（2）容量瓶：一种细长颈梨形的平底玻璃瓶，带有磨口塞或塑料塞。瓶颈上刻有环形标线，表示在所指温度下，当液体至标线时，液体体积恰好与瓶上注明的体积相等。容量瓶一般用于准确配制或稀释一定体积的溶液，通常有25ml、50ml、100ml、250ml、500ml、1000ml等多种规格。

在容量瓶使用之前，首先要检查是否漏水。其方法是将容量瓶装满水，盖紧瓶塞，一手按住瓶塞，一手手指握住瓶底，将容量瓶倒置1～2分钟，观察瓶口是否有水渗出，如图4-11所示，如不漏水，将瓶塞转动180°后，再试验一次，仍不漏水，即可使用。

配制溶液前先将容量瓶洗净，如果是用固体溶质配制溶液，应先将准确称量好的固体物质置于烧杯中，溶解后，再将溶液定量转移至容量瓶中。转移时，用一玻棒插入容量瓶内，玻棒下端靠近瓶颈内壁，烧杯嘴紧靠玻棒，使溶液沿玻棒流入容量瓶中，如图4-12所示，溶液全部流完后，将烧杯沿玻璃棒上移，并同时直立，使附在玻璃棒与烧杯嘴之间的溶液流回烧杯中。然后用纯化水冲洗烧杯，洗液一并转入容量瓶中，重复冲洗三次。当加入纯化水至容量瓶容积的2/3处时，旋摇容量瓶，使溶液混合均匀。当加至近标线时，要逐滴加入，直至溶液的弯月面下缘与标线相切为止。盖紧瓶塞，倒转容量瓶摇动数十次，使溶液充分混合均匀。

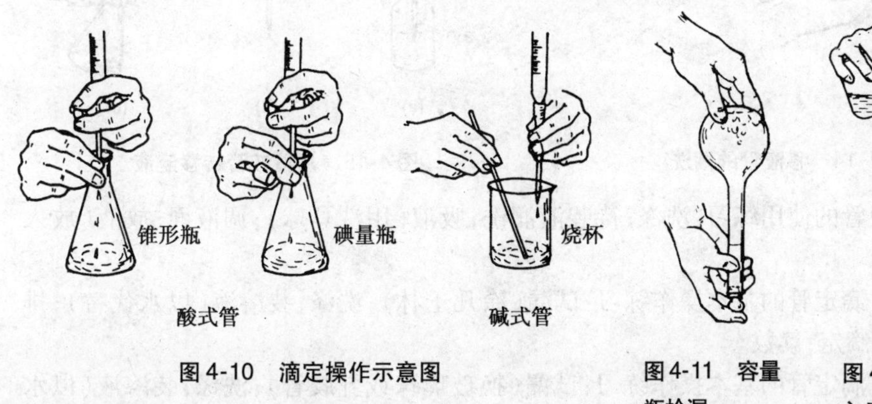

图4-10　滴定操作示意图

图4-11　容量瓶检漏

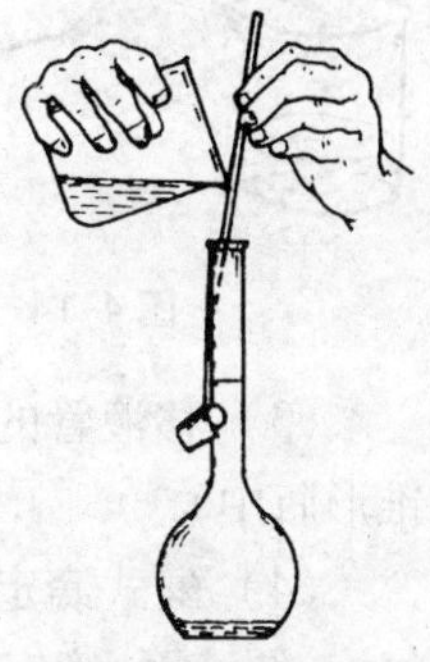

图4-12　溶液转入容量瓶

（3）移液管：用于准确移取一定体积溶液的量器，又称吸量管。通常有两种形状。一种移液管中部膨大，下端为细长尖嘴，又称腹式吸管，如图4-13(a)所示。常用的有5ml、10ml、25ml、50ml等规格，可用来移取一定体积的溶液。另一种移液管是管上标有刻度的直形管，称为刻度吸管或吸量管，如图4-13(b)所示。常用的有1ml、2ml、5ml、10ml等多种规格。

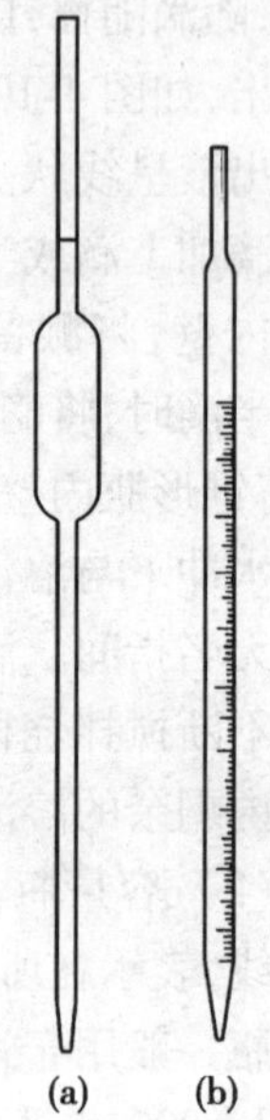

图4-13　移液管

(a)腹式吸管；

(b)刻度吸管

使用时，先将已洗净的移液管用少量待吸溶液润洗2～3次，以除去残留在管内的水分，操作如图4-14所示。

吸取溶液时，右手将移液管插入溶液中，左手拿洗耳球，先把球内空气压出，然后把球的尖端插入移液管顶口，慢慢松开洗耳球，使溶液吸入管内，如图4-15(a)所示。当液面升高到标线以上时，立即用右手食指将管口堵住，将管尖离开液面，稍松右手食指，使液面缓缓下降至弯月面下缘与标线相切，立即按紧管口。把移液管移入稍微倾斜的准备承接溶液的容器中，并同时将其垂直，使管尖与容器内壁接触，如图4-15(b)、(c)所示。松开右手食指，让管内溶液自然沿器壁全部流下，等待15秒后，取出移液管。不要将管尖残留的液体吹出，因移液管校准时，这部分液体体积未计算在内。

2. 滴定分析常用仪器基本操作练习

(1) 滴定分析仪器的洗涤练习：滴定分析仪器在使用前必须洗涤干净，洗净的器皿，其内壁被水润湿而不挂水珠。

(2) 容量瓶的使用练习：试漏；洗涤；装溶液(以水代替)；定容；振摇。

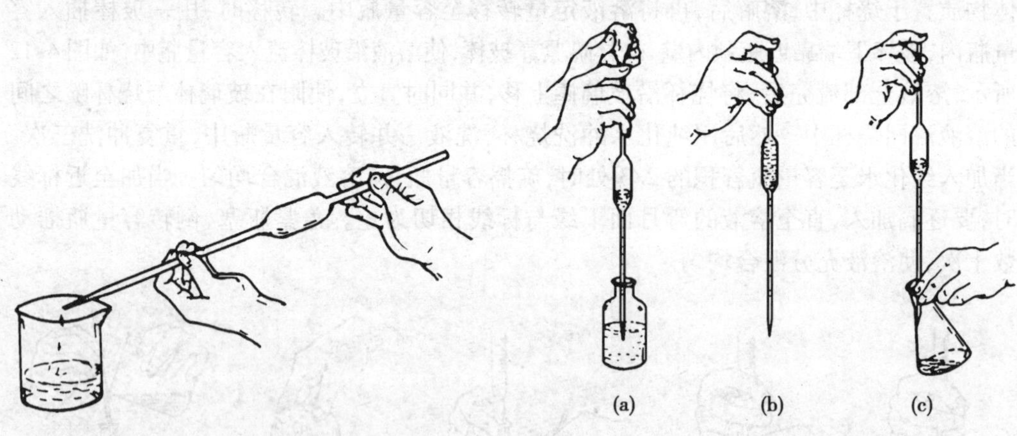

图4-14　移液管的荡洗　　　图4-15　用移液管转移溶液

(3) 移液管的使用练习：洗涤；待装液润洗；吸液(用洗耳球)；调液面；放液(放入锥形瓶中)。

(4) 酸式滴定管的基本操作练习：试漏(涂凡士林)；洗涤；装溶液(以水代替)；排气泡；调液面；滴定；读数。

(5) 碱式滴定管的基本操作练习：试漏(换玻璃珠或乳胶管)；洗涤；装溶液(以水代替)；排气泡；调液面；滴定；读数。

3. 滴定操作练习

(1) 0.1mol/L NaOH溶液滴定0.1mol/L HCl溶液

1) 将碱式滴定管洗净，用待装0.1mol/L NaOH溶液润洗2～3次，然后装入

0.1mol/L NaOH 溶液，排除气泡，调好零点。

2）用移液管准确量取25.00ml HCl 溶液于洁净的250ml 锥形瓶中，再加2 滴酚酞指示剂。用0.1mol/L NaOH 溶液滴定 HCl 溶液由无色变浅红色，半分钟不褪为终点，记录 NaOH 溶液的用量。重复以上操作至少3 次，每次消耗的 NaOH 溶液体积相差不得超过0.04ml。

（2）0.1mol/L HCl 溶液滴定 0.1mol/L NaOH 溶液

1）将酸式滴定管洗净，用待装 0.1mol/L HCl 溶液润洗 2～3 次，然后装入 0.1mol/L HCl 溶液，排除气泡，调好零点。

2）用移液管准确量取25.00ml NaOH 溶液于洁净的锥形瓶中，再加入2 滴甲基橙指示剂。用0.1mol/L HCl 溶液滴定 NaOH 溶液由黄色变为橙色，即为终点，记录 HCl 溶液用量。重复以上操作至少3 次，每次消耗的 HCl 溶液体积相差不得超过0.04ml。

【实训注意】

1. 滴定管、移液管和容量瓶的使用，应严格按有关要求进行操作。

2. 滴定管、移液管和容量瓶是带有刻度的精密玻璃量器，不能用直火加热或放入干燥箱中烘干，也不能装热溶液，以免影响测量的准确度。

3. 容量瓶、滴定管、刻度吸管等不能刷洗。

4. 滴定仪器使用完毕，应立即洗涤干净，并放在规定的位置。

【实训检测】

1. 滴定管、移液管在装入溶液前为何需用少量待装液冲洗2～3次？用于滴定的锥形瓶是否需要干燥？是否需用待装液洗涤？为什么？

2. 为什么同一次滴定中，滴定管溶液体积的初、终读数应由同一操作者读取？

【实训记录】

1. NaOH 溶液滴定 HCl 溶液

项目＼次数	1	2	3	4	5
V_{HCl} V_{NaOH}终 V_{NaOH}初 V_{NaOH}			25.00ml		

2. HCl 溶液滴定 NaOH 溶液

项目＼次数	1	2	3	4	5
V_{NaOH} V_{HCl}终 V_{HCl}初 V_{HCl}			25.00ml		

（傅春华）

第五章　酸碱平衡与酸碱滴定法

酸碱是日常生活和工业生产中常见的物质,酸碱反应是一类十分重要和常见的化学反应。许多药物的制备、分析检验以及在体内的化学反应都属于酸碱反应的范畴。以酸碱反应为基础建立起来的酸碱滴定法应用极为广泛。

第一节　酸碱质子理论

人们对于酸碱的认识经历了由浅到深、由感性到理性的认识过程,并提出了各种不同的酸碱理论,其中较为重要并得到普遍应用的是酸碱电离理论和酸碱质子理论。

1887 年瑞典化学家阿伦尼乌斯(Arrhenius)提出酸碱电离理论,该理论把酸碱限制在水溶液中,一些不在水溶液中进行的酸碱反应及许多化学现象,无法得到解释和说明。为此,1923 年丹麦化学家布朗斯特(J. N. Bronsted)和英国化学家劳瑞(T. M. Lowry)提出了酸碱质子理论。

一、酸碱的定义

酸碱质子理论认为:凡能给出质子的物质是酸,凡能接受质子的物质是碱。酸是质子的给予体,酸给出质子后剩余的部分是碱;碱是质子的接受体,碱接受质子后即成为酸。酸碱的对应关系可表示为:

$$\text{酸} \rightleftharpoons \text{质子} + \text{碱}$$

$$HAc \rightleftharpoons H^+ + Ac^-$$

$$H_2CO_3 \rightleftharpoons H^+ + HCO_3^-$$

$$HCO_3^- \rightleftharpoons H^+ + CO_3^{2-}$$

$$NH_4^+ \rightleftharpoons H^+ + NH_3$$

酸碱质子理论扩大了酸碱的范围,酸和碱不仅可以是中性分子,也可以是阴离子或阳离子。特别需要注意的是,有些物质如 H_2O、HCO_3^- 等既可以给出质子又可以接受质子,这类既能给出质子又能接受质子的物质称为两性物质。

酸给出质子后成为碱,碱接受质子后成为酸,这种相互依存的关系称为共轭关系。化学组成上仅相差 1 个质子的一对酸碱称为共轭酸碱对。如 HAc 是 Ac^- 的共轭酸,Ac^- 是 HAc 的共轭碱。在一对共轭酸碱对中,共轭酸的酸性愈强,其共轭碱的碱性愈弱;反之亦然。

二、酸碱反应的实质

酸碱质子理论认为,酸碱反应的实质是质子的转移。当酸、碱同时存在时,酸将

自身的质子转移给碱,变成其共轭碱,而碱接受质子变成其共轭酸。如 HCl 与 NH_3 的反应:

$$HCl(g) + NH_3(g) \rightleftharpoons Cl^- + NH_4^+ \quad (H^+ \text{ 由 } HCl \text{ 转移给 } NH_3)$$

在反应过程中,HCl 给出质子转变成其共轭碱 Cl^-;NH_3 接受质子转变成其共轭酸 NH_4^+。这说明酸碱反应的实质是两对共轭酸碱对之间的质子传递反应。这种质子传递反应,只是质子从一种物质传递给另一种物质。反应既可在水溶液中进行,也可以在非水溶剂和无溶剂等条件下进行。

三、酸碱的强弱

酸碱质子理论中,酸碱的强弱主要表现为酸碱在溶剂中给出或接受质子能力的大小,除了与其本身性质有关外,同时还与溶剂的性质密切相关。

同一种物质在不同的溶剂中,由于溶剂接受或给出质子的能力不同而显示不同的酸碱性。例如 HAc 在水和液氨两种不同的溶剂中,由于氨比水接受质子的能力更强,能够接受 HAc 给出的全部质子,所以,HAc 在液氨中呈强酸性,而在水中却呈弱酸性。又如 NH_3 在水中为弱碱,而在冰醋酸中则表现出强碱性,这是由于冰醋酸给出质子的能力比水强,从而可以将更多的质子转移给 NH_3。因此,比较不同物质酸碱性的强弱,应在同一溶剂中进行。

一般说来,弱酸溶解在碱性溶剂中,酸性会有所增强,弱碱溶解在酸性溶剂中,碱性会有所增强。

点 滴 积 累

1. 凡能给出质子的物质是酸,凡能接受质子的物质是碱。酸碱反应的实质是质子的转移。
2. 共轭酸碱对在化学组成上仅相差 1 个质子。
3. 酸碱的强弱除了与其本身性质有关外,还与溶剂的性质密切相关。

第二节 酸 碱 平 衡

一、水的解离平衡和溶液的酸碱性

(一) 水的解离平衡

根据酸碱质子理论,水是一种酸碱两性物质,既可以给出质子,又可以接受质子。在水分子之间同样能够发生质子的传递反应,称为水的质子自递反应。反应方程式如下:

$$H_2O + H_2O \rightleftharpoons H_3O^+ + OH^-$$

在一定温度下,上述反应达到平衡时,其平衡常数可表示为:

$$K_i = \frac{[H_3O^+][OH^-]}{[H_2O][H_2O]}$$

在纯水或稀溶液中，一般将$[H_2O]$看作常数，与K_i合并成一个新常数K_w。为了简便起见，用$[H^+]$代表$[H_3O^+]$，则得：

$$K_w = [H^+][OH^-] \qquad 式(5\text{-}1)$$

K_w称为水的离子积常数，简称水的离子积。由于水的质子自递反应是吸热反应，所以温度升高K_w增大。在一定温度下，水中的H^+和OH^-浓度的乘积是一个常数。实验测得在298.15K时，1L纯水中仅有10^{-7}mol水分子解离，$[H^+]=[OH^-]=1\times10^{-7}$mol/L，故$K_w=1.0\times10^{-14}$。

水的离子积不仅适用于纯水，也适合于所有的稀水溶液。

许多解离性溶剂如冰醋酸、乙醇等也可以发生分子间的质子转移反应，称为解离性溶剂的质子自递反应，其质子自递常数用K_s表示。

（二）溶液的酸碱性

K_w反映了水溶液中H^+浓度和OH^-浓度之间的相互关系，即在纯水或者是其他物质的水溶液中，298.15K时，$K_w=[H^+][OH^-]=1.0\times10^{-14}$。已知$[H^+]$，便可计算出$[OH^-]$。

例如，298.15K时，某物质的水溶液中，$[H^+]=1.0\times10^{-6}$，则$[OH^-]=1.0\times10^{-8}$。

课堂活动

计算298.15K时，0.001mol/L NaOH溶液中$[H^+]$和$[OH^-]$。

根据溶液中$[H^+]$或$[OH^-]$的大小，可以将溶液分为酸性、中性和碱性溶液。

当$[H^+]=[OH^-]=1\times10^{-7}$mol/L时，溶液显中性；

当$[H^+]>[OH^-]$，$[H^+]>1\times10^{-7}$mol/L，$[OH^-]<1\times10^{-7}$mol/L时，溶液显酸性；

当$[H^+]<[OH^-]$，$[H^+]<1\times10^{-7}$mol/L，$[OH^-]>1\times10^{-7}$mol/L时，溶液显碱性。

对于$[H^+]$或$[OH^-]$很小的溶液，通常采用pH或pOH来表示溶液的酸碱性。

pH是溶液中$[H^+]$的负对数：

$$pH = -\lg[H^+] \qquad 式(5\text{-}2)$$

pOH是溶液中$[OH^-]$的负对数：

$$pOH = -\lg[OH^-] \qquad 式(5\text{-}3)$$

则溶液的pH的大小与溶液酸碱性的关系为：

当pH=7，溶液呈中性；当pH<7，溶液呈酸性；当pH>7，溶液呈碱性。

例如：$[H^+]=1\times10^{-7}$mol/L　则$pH=-\lg10^{-7}=7.0$

　　$[OH^-]=1\times10^{-10}$mol/L　则$pOH=-\lg10^{-10}=10.0$

298.15K时，对于同一溶液，因为$K_w=[H^+][OH^-]=1\times10^{-14}$

两边取负对数，则可得：　$pH + pOH = 14.0$　　式(5-4)

强酸和强碱都是强电解质，在水溶液中全部解离成离子，可根据强酸和强碱浓度求得溶液的[H^+]或[OH^-]，计算 pH 或 pOH。

例 1 计算 0.10mol/L NaOH 溶液的 pH。

解：NaOH 是强碱，在水溶液中完全解离。

$$[OH^-] = c_{NaOH} = 0.10mol/L \quad pOH = -\lg[OH^-] = -\lg 0.10 = 1.00$$

$$pH = 14 - pOH = 14 - 1.00 = 13.00$$

二、弱酸、弱碱的解离平衡

在水溶液中只有部分解离为离子的电解质称为弱电解质，弱酸、弱碱都是弱电解质。

（一）解离平衡和解离常数

1. 一元弱酸、弱碱的解离平衡 弱电解质在水溶液中只有部分发生解离，其水溶液中存在着已解离的弱电解质的组分离子和未解离的弱电解质分子。如一元弱酸醋酸在溶液中的解离：

$$HAc + H_2O \rightleftharpoons H_3O^+ + Ac^-$$

可以简写为：

$$HAc \rightleftharpoons H^+ + Ac^-$$

一方面少数的 HAc 分子在水分子的作用下解离成离子，另一方面溶液中部分 H^+ 和 Ac^- 又不断地相互吸引而重新结合成弱电解质分子。在一定温度下，当正反应速率与逆反应速率相等时，解离达到动态平衡，称为解离平衡。

解离平衡是化学平衡的一种形式，符合一般化学平衡原理。醋酸的解离平衡常数表达式为：

$$K_i = \frac{[H^+][Ac^-]}{[HAc]}$$

式中，[H^+]、[Ac^-]和[HAc]分别表示平衡浓度，K_i 为解离平衡常数，简称解离常数。通常弱酸的解离常数用 K_a 表示，弱碱的解离常数用 K_b 表示。

同样，一元弱碱NH_3 在水溶液中存在以下解离平衡：

$$NH_3 + H_2O \rightleftharpoons NH_4^+ + OH^-$$

解离常数为：

$$K_b = \frac{[NH_4^+][OH^-]}{[NH_3]}$$

2. 多元弱酸、弱碱的解离平衡 凡能给出 2 个或 2 个以上质子的弱酸称为多元弱酸。如 H_2CO_3、H_2S、H_3PO_4 等。多元弱酸的解离是分步进行的，每一步解离都有相应的解离常数，通常用 K_{a1}、K_{a2}、K_{a3}等表示。例如二元弱酸 H_2CO_3 在水溶液中发生两步解离，K_{a1}、K_{a2}分别为 H_2CO_3 的第一、第二步解离常数。

$$H_2CO_3 \rightleftharpoons H^+ + HCO_3^- \quad K_{a1} = \frac{[H^+][HCO_3^-]}{[H_2CO_3]} = 4.30 \times 10^{-7}$$

$$HCO_3^- \rightleftharpoons H^+ + CO_3^{2-} \quad K_{a2} = \frac{[H^+][CO_3^{2-}]}{[HCO_3^-]} = 5.61 \times 10^{-11}$$

一般多元弱酸的解离常数 K_{a1} 远远大于 K_{a2} 和 K_{a3}。因此，在多元弱酸的水溶液中，通常 H^+ 主要来源于第一步解离。

凡是能接受2个或2个以上质子的弱碱称为多元弱碱。如 Na_2S、Na_2CO_3、Na_3PO_4 等,多元弱碱的解离情况与多元弱酸类似,其解离常数通常用 K_{b1}、K_{b2}、K_{b3} 等表示。

弱酸和弱碱的解离常数与化学平衡常数一样,与温度有关,而与浓度无关。

一定温度下,K_a(K_b)为一常数,其大小能表示酸(碱)的强弱,数值越大,酸(碱)的强度越大,给出(接受)质子的能力越强。附录四列出了部分常见弱酸和弱碱在水中的解离常数。

(二) 解离常数与解离度的关系

解离度是在一定温度下,弱电解质在溶液中达到解离平衡时,已解离的弱电解质分子数与解离前弱电解质分子总数之比。通常用 α 表示。

$$\alpha = \frac{\text{已解离的电解质分子数}}{\text{电解质分子总数}} \qquad \text{式(5-5)}$$

相同浓度的不同弱电解质,其解离度不同。电解质越弱,解离度越小。因此,解离度的大小能有效地表示电解质的相对强弱。

解离常数和解离度是两个不同的概念,可以从不同的角度表示弱电解质的相对强弱。它们既有联系又有区别,当 $c/K_i \geqslant 500$ 时,二者之间的关系为:

$$K_i = c\alpha^2 \quad \text{或} \quad \alpha = \sqrt{\frac{K_i}{c}} \qquad \text{式(5-6)}$$

式(5-6)被称为稀释定律,表明对某一给定的弱电解质,在一定温度下(K_i 为定值),解离度随溶液的稀释(浓度减小)而增大。

尽管解离度 α 和解离常数 K_a(K_b)都可以用来表示弱酸和弱碱的解离程度,但是,解离度随浓度的变化而变化,而解离常数则不受浓度影响,在一定温度下是一个特征常数。因此,通常用 K_a(K_b)表示酸碱的强度。如实验测得298.15K时不同浓度的HAc溶液的解离常数,其数值稳定在 1.76×10^{-5},而其解离度则随浓度的不同而不同,见表5-1。

表5-1 不同浓度醋酸溶液的解离度和解离常数(298.15K)

HAc溶液浓度(mol/L)	解离度 α(%)	解离常数 K_a
0.2	0.934	1.76×10^{-5}
0.1	1.33	1.76×10^{-5}
0.001	12.4	1.76×10^{-5}

三、共轭酸碱对的 K_a 与 K_b 的关系

共轭酸碱对是通过一个质子的得失而相互转化的一对酸碱,其 K_a、K_b 之间存在一定的联系。例如共轭酸碱对 $HAc\text{-}Ac^-$ 在水溶液中的解离方程式和解离平衡常数分别为:

$$HAc + H_2O \rightleftharpoons Ac^- + H_3O^+ \quad K_{HAc} = \frac{[H^+][Ac^-]}{[HAc]}$$

$$Ac^- + H_2O \rightleftharpoons HAc + OH^- \quad K_{Ac^-} = \frac{[OH^-][HAc]}{[Ac^-]}$$

将其 K_{HAc} 与 K_{Ac^-} 相乘,得如下的关系:

$$K_{HAc}K_{Ac^-} = [H^+][OH^-] = K_w$$

上式不仅适用于共轭酸碱对 HAc 和 Ac^-,而且具有普遍适用性。水溶液中,对于任何一对共轭酸碱对都有:

$$K_a K_b = K_w \qquad 式(5\text{-}7)$$

两边同时取负对数得:

$$pK_a + pK_b = pK_w$$

以上公式表明,共轭酸碱对的 K_a 与 K_b 成反比,说明酸愈弱,其共轭碱愈强;碱愈弱,其共轭酸愈强。如果已知弱酸的 K_a,可求出其共轭碱的 K_b,反之亦然。

例 2 已知 298.15K 时,$NH_3 \cdot H_2O$ 的 $K_b = 1.76 \times 10^{-5}$,计算$NH_4^+$ 的 K_a。

解:NH_4^+ 是 $NH_3 \cdot H_2O$ 的共轭酸

$$K_{NH_4^+} = \frac{K_w}{K_b} = \frac{1 \times 10^{-14}}{1.76 \times 10^{-5}} = 5.68 \times 10^{-10}$$

四、同离子效应和盐效应

(一) 同离子效应

弱电解质的解离平衡是一种动态平衡,当外界条件发生改变时,会引起平衡的移动。如在 HAc 溶液中,存在以下解离平衡:

$$HAc \rightleftharpoons H^+ + Ac^-$$

若在上述平衡系统中加入与 HAc 含有相同离子的强电解质 NaAc,由于 NaAc 在溶液中完全解离,溶液中 Ac^-的浓度增大,解离平衡向左移动,抑制了 HAc 的解离,使 HAc 的解离度减小。

在弱电解质溶液中,加入与弱电解质具有相同离子的强电解质时,使弱电解质的解离度减小的现象,称为同离子效应。

例如,在氨水中加入少量强电解质 NH_4Cl,溶液中 NH_4^+ 浓度增大,解离平衡向左移动,从而降低了氨水的解离度,产生同离子效应。

$$NH_3 + H_2O \rightleftharpoons OH^- + NH_4^+$$
$$NH_4Cl = Cl^- + NH_4^+$$

同离子效应可用于缓冲溶液的配制,在药物分析中也可用来控制溶液中某种离子的浓度。

(二) 盐效应

在弱电解质溶液中,加入与弱电解质不含相同离子的强电解质时,使弱电解质的解离度增大的现象,称为盐效应。例如在 HAc 溶液中加入与 HAc 不含相同离子的强电解质 NaCl,由于溶液中离子总浓度增大,离子间的相互牵制作用增大,H^+ 和 Ac^-结合生成 HAc 的速率减小,使 HAc 的解离度增大。

产生同离子效应时,必然伴随盐效应的发生,两种效应的结果是相反的,但同离子效应对解离度的影响远远超过了盐效应。因此,在讨论同离子效应时,通常忽略其伴随的盐效应。

知识链接

人体 pH 对药物存在状态的影响

人的体液有不同的 pH，其中胃液的 pH 约为 1.0，血液略偏碱性，口服的酸性药物通过胃部时，绝大部分以分子状态存在，易通过细胞膜被吸收，当酸性药物与碳酸氢钠同服时，胃内 pH 增高，药物电离增多，吸收减少。口服的碱性药物在胃部，主要以离子状态存在，不易通过细胞膜被吸收，因此弱碱性药物口服吸收差，常采用注射给药。

五、酸碱溶液 pH 的计算

强酸、强碱在水溶液中是完全解离的，通常可忽略水的质子自递作用，pH 可直接用其质子浓度进行计算。而弱酸、弱碱溶液由于存在其解离平衡，pH 计算则比较复杂，通常采取近似处理。

（一）一元弱酸、弱碱溶液 pH 近似计算

在一元弱酸或弱碱水溶液中，同时存在着弱酸或弱碱本身的解离平衡及溶剂水的质子自递平衡。

设一元弱酸 HA 溶液的起始浓度为 c。通常情况下，当 $cK_a \geq 20K_w$ 时，可以忽略溶液中水的质子自递平衡；当 $c/K_a \geq 500$ 时，质子传递平衡产生的 $[H^+]$ 远小于 HA 的总浓度 c，则 $c-[H^+] \approx c$。

当满足上述条件时，可推导出计算一元弱酸溶液中 $[H^+]$ 的最简公式：

$$[H^+]=\sqrt{cK_a} \qquad \text{式(5-8)}$$

设 c 为一元弱碱溶液的起始浓度，同理，当 $cK_b \geq 20K_w$，$c/K_b \geq 500$ 时，可以推导出计算一元弱碱溶液中 $[OH^-]$ 的最简公式：

$$[OH^-]=\sqrt{cK_b} \qquad \text{式(5-9)}$$

例 3　计算 298.15K 时，0.10mol/L HAc 溶液的 pH。（$K_a=1.76\times10^{-5}$）

解：因 $\dfrac{c}{K_a}=\dfrac{0.10}{1.76\times10^{-5}}>500$，$cK_a=1.76\times10^{-5}\times0.10=1.76\times10^{-6}>20K_w$。

所以，可用最简公式计算。

$$[H^+]=\sqrt{cK_a}=\sqrt{1.76\times10^{-5}\times0.10}$$
$$=1.33\times10^{-3}(\text{mol/L})$$
$$\text{pH}=-\lg[H^+]=-\lg1.33\times10^{-3}=2.88$$

例 4　计算 298.15K 时，0.10mol/L NH_4Cl 溶液的 pH。（NH_4^+ 的 $K_a=5.68\times10^{-10}$）

解：NH_4Cl 在水溶液中完全解离为 NH_4^+ 和 Cl^-，NH_4^+ 的 c 为 0.10mol/L。

因 $\dfrac{c}{K_a}=\dfrac{0.10}{5.68\times10^{-10}}>500$，$cK_a=5.68\times10^{-10}\times0.10>20K_w$。

所以 $[H^+]=\sqrt{cK_a}=\sqrt{5.68\times10^{-10}\times0.10}=7.5\times10^{-6}(\text{mol/L})$

$$\text{pH}=-\lg[H^+]=-\lg7.5\times10^{-6}=5.12$$

（二）多元弱酸、弱碱溶液 pH 近似计算

如前所述，在多元弱酸或多元弱碱的溶液中，通常 H^+ 或 OH^- 主要来源于第一步解离。因此，一般情况下，多元弱酸或多元弱碱溶液中 $[H^+]$ 或 $[OH^-]$ 的计算，可按一元弱酸或一元弱碱进行简化处理。

多元弱酸溶液：当 $cK_{a1} \geqslant 20K_w$，$\frac{c}{K_{a1}} \geqslant 500$ 时：

$$[H^+] = \sqrt{cK_{a1}} \quad \text{式(5-10)}$$

多元弱碱溶液：当 $cK_{b1} \geqslant 20K_w$，$\frac{c}{K_{b1}} \geqslant 500$ 时：

$$[OH^-] = \sqrt{cK_{b1}} \quad \text{式(5-11)}$$

例 5 计算 298.15K 时，0.10mol/L Na_2CO_3 溶液的 pH。（CO_3^{2-} 的 $K_{b1} = 1.78 \times 10^{-4}$）

解：$cK_{b1} \geqslant 20K_w$，$\frac{c}{K_{b1}} \geqslant 500$

$$[OH^-] = \sqrt{cK_{b1}} = \sqrt{1.78 \times 10^{-4} \times 0.10} = 4.2 \times 10^{-3}(\text{mol/L})$$

$$pOH = -\lg[OH^-] = -\lg 4.2 \times 10^{-3} = 2.33$$

$$pH = 14 - 2.33 = 11.67$$

（三）两性物质溶液 pH 近似计算

对于如 $NaHCO_3$、K_2HPO_4、NaH_2PO_4 等两性物质来说，一般进行如下近似处理：

对于 HA^-、H_2A^- 类型的两性物质，当 $cK_{a2} \geqslant 20K_w$，$\frac{c}{K_{a1}} > 20$ 时：

$$[H^+] = \sqrt{K_{a1}K_{a2}} \quad \text{式(5-12)}$$

对于 HA^{2-} 类型的两性物质，当 $cK_{a3} \geqslant 20K_w$，$\frac{c}{K_{a2}} > 20$ 时：

$$[H^+] = \sqrt{K_{a2}K_{a3}} \quad \text{式(5-13)}$$

例 6 计算 298.15K 时，0.10mol/L $NaHCO_3$ 溶液的 pH。（H_2CO_3 的 $K_{a1} = 4.3 \times 10^{-7}$，$K_{a2} = 5.61 \times 10^{-11}$）

解：因为 $cK_{a2} = 0.1 \times 5.61 \times 10^{-11} > 20K_w$，$\frac{c}{K_{a1}} = \frac{0.1}{4.30 \times 10^{-7}} > 20$

所以 $[H^+] = \sqrt{K_{a1}K_{a2}} = \sqrt{4.30 \times 10^{-7} \times 5.61 \times 10^{-11}} = 4.90 \times 10^{-9}(\text{mol/L})$

$$pH = -\lg[H^+] = -\lg 4.90 \times 10^{-9} = 8.31$$

点滴积累

1. 298.15K 时，$K_w = [H^+][OH^-] = 1.0 \times 10^{-14}$。
2. 稀释定律 $K_i = c\alpha^2$；共轭酸碱对 $K_aK_b = K_w$。
3. 同离子效应使弱电解质解离度减小，盐效应使弱电解质解离度增大。
4. 弱酸、弱碱溶液 pH 的计算，通常进行近似处理，采用最简公式计算。

第三节　缓冲溶液

溶液的酸度对生物体的生命活动具有重要意义，也是许多化学反应正常进行必须控制的条件。如许多药物的制备、分析测定、药物在生物体内发生的反应等，必须在适宜而稳定的pH范围内才能进行。缓冲溶液常用于控制溶液的pH。

一、缓冲溶液和缓冲机制

（一）缓冲溶液及其组成

实验表明，在纯水或稀NaCl溶液中加入少量盐酸或氢氧化钠溶液，溶液的pH都会发生显著改变；而在HAc和NaAc混合溶液加入少量盐酸或氢氧化钠溶液，溶液的pH几乎不变，同样用水适当稀释时，HAc和NaAc混合溶液的pH也几乎不变。这说明HAc和NaAc混合溶液具有抵抗外来少量强酸、强碱或适当稀释而保持pH几乎不变的能力。这种能抵抗外来少量强酸、强碱或适当稀释，而保持其pH几乎不变的溶液称为缓冲溶液。缓冲溶液对强酸、强碱或适当稀释的抵抗作用称为缓冲作用。

缓冲溶液是由具有足够浓度、适当比例的共轭酸碱对的两种物质组成。通常把组成缓冲溶液的共轭酸碱对称为缓冲对或缓冲系。一些常见的缓冲系见表5-2。

表5-2　常见的缓冲系

缓冲系	质子传递平衡	pK_a(298K)
HAc-NaAc	$HAc + H_2O \rightleftharpoons Ac^- + H_3O^+$	4.76
H_2CO_3-$NaHCO_3$	$H_2CO_3 + H_2O \rightleftharpoons HCO_3^- + H_3O^+$	6.35
$NaHCO_3$-Na_2CO_3	$HCO_3^- + H_2O \rightleftharpoons CO_3^{2-} + H_3O^+$	10.25
H_3PO_4-NaH_2PO_4	$H_3PO_4 + H_2O \rightleftharpoons H_2PO_4^- + H_3O^+$	2.16
NaH_2PO_4-Na_2HPO_4	$H_2PO_4^- + H_2O \rightleftharpoons HPO_4^{2-} + H_3O^+$	7.21
Na_2HPO_4-Na_3PO_4	$HPO_4^{2-} + H_2O \rightleftharpoons PO_4^{3-} + H_3O^+$	12.32
NH_4Cl-NH_3	$NH_4^+ + H_2O \rightleftharpoons NH_3 + H_3O^+$	9.25

（二）缓冲机制

缓冲溶液具有缓冲作用，本质上是平衡移动原理在酸碱解离平衡中的应用。现以HAc-NaAc缓冲系为例，讨论缓冲作用的原理。

在HAc-NaAc缓冲系中，NaAc是强电解质，在溶液中完全解离为Na^+和Ac^-；而HAc是弱电解质，解离度很小，并且由于来自NaAc的同离子效应，抑制了HAc的解离，使HAc几乎完全以分子状态存在于溶液中。因此，在HAc-NaAc缓冲系中存在大量的HAc和Ac^-，而且HAc和Ac^-为共轭酸碱对，在水溶液中存在如下的质子传递平衡：

$$\underset{(\text{大量})}{HAc} + H_2O \rightleftharpoons H_3O^+ + \underset{(\text{大量})}{Ac^-}$$

当向HAc-NaAc缓冲系中加入少量强酸时，溶液中大量的Ac^-与外来的H^+结合生成HAc，使上述平衡向左移动，H^+浓度没有明显升高，溶液的pH几乎保持不变。因此，共轭碱Ac^-称为HAc-NaAc缓冲溶液的抗酸成分。

当向 HAc-NaAc 缓冲系中加入少量强碱时，溶液中的 H^+ 与外来少量 OH^- 结合成 H_2O，溶液中减少的 H^+ 由大量 HAc 的解离来补充，使上述平衡向右移动。而溶液中 H^+ 浓度没有明显降低，溶液的 pH 几乎保持不变。因此，共轭酸 HAc 称为 HAc-NaAc 缓冲溶液的抗碱成分。

由此可见，缓冲作用是在有足量的抗酸成分和抗碱成分共存的缓冲体系中，通过共轭酸碱对之间的质子传递平衡移动来实现的。

但必须指出，缓冲溶液的缓冲作用是有一定限度的。当加入过多的酸或碱时，使缓冲溶液中的抗酸成分或抗碱成分几乎耗尽，缓冲溶液则会失去缓冲作用，溶液的 pH 将会明显改变。

知识链接

正常人体血液的 pH 总是维持在 7.35～7.45，因为这一 pH 范围最适于细胞的代谢以及整个机体的生存。临床上，把人体血液 pH 低于 7.35 时，称为酸中毒，pH 高于 7.45 时称为碱中毒。无论是酸中毒还是碱中毒，都会引起不良的后果，严重时甚至危及生命。

在正常人体内进行新陈代谢的过程中，几乎每一种代谢的结果都有酸产生。如有机食物被完全氧化而产生碳酸，嘌呤被氧化而产生尿酸，糖无氧酵解而产生乳酸等。这些酸从组织扩散进入血液，可使血液的酸性增强，但实际上血液的 pH 总能保持在一个恒定范围内，主要原因是血液中含有多种缓冲系，如 H_2CO_3-HCO_3^- 等，再加上肺、肾的生理调节作用，使其能够抵抗代谢过程中产生的和随食物、药物进入人体的酸碱性物质，维持和调节血液的 pH。

二、缓冲溶液 pH 的计算

缓冲溶液由共轭酸（HA）及其共轭碱（A^-）组成，在水溶液中存在如下质子传递平衡：

$$HA + H_2O \rightleftharpoons H_3O^+ + A^-$$

HA 的质子转移平衡常数为：

$$K_a = \frac{[H_3O^+][A^-]}{[HA]} \quad 或 \quad [H_3O^+] = K_a\frac{[HA]}{[A^-]}$$

等式两边各取负对数得：

$$pH = pK_a + \lg\frac{[A^-]}{[HA]} \quad 或 \quad pH = pK_a + \lg\frac{[共轭碱]}{[共轭酸]} \qquad 式(5\text{-}14)$$

式(5-14)中，[HA]和[A^-]均为平衡浓度。$\frac{[A^-]}{[HA]}$称为缓冲比。由于在 HA 和 A^- 缓冲体系中产生同离子效应，使 HA 解离很少，因此，[HA]和[A^-]可以分别用初始浓度 c_{HA} 和 c_{A^-} 表示。

由计算公式可知：

（1）缓冲溶液的 pH 主要决定于弱酸的 pK_a，其次是缓冲比。

(2) 温度一定时，pK_a 只与物质的本性有关，确定缓冲系后，缓冲溶液的 pH 将随着缓冲比的改变而变化。当缓冲比为 1 时，$pH = pK_a$。

(3) 适当加水稀释缓冲溶液时，因缓冲比不变，缓冲溶液的 pH 也基本不变，即缓冲溶液具有一定的抗稀释能力。

例 7　将 0.10mol/L 的 HAc 溶液和 0.20mol/L 的 NaAc 溶液等体积混合配成 50ml 缓冲溶液，已知 HAc 的 $pK_a = 4.75$，求此缓冲溶液的 pH。

解：

$$pH = pK_a + \lg\frac{[Ac^-]}{[HAc]} = pK_a + \lg\frac{c_{Ac^-}}{c_{HAC}}$$

$$= 4.75 + \lg\frac{0.2/2}{0.1/2} = 5.05$$

例 8　计算由 0.10mol/L NH_4Cl 及 0.20mol/L NH_3 组成的缓冲溶液的 pH。(已知 NH_3 的 $K_b = 1.76\times10^{-5}$)

解：NH_4^+ 的 $K_a = \frac{K_w}{K_b} = \frac{1.0\times10^{-14}}{1.76\times10^{-5}} = 5.68\times10^{-10}$　　$pK_a = 9.25$

$$pH = pK_a + \lg\frac{[NH_3]}{[NH_4^+]} = 9.25 + \lg\frac{0.20}{0.10} = 9.55$$

课堂活动

向 20.00ml 的 HAc(0.1000mol/L) 溶液中，分别加入 0.1000mol/L 的 NaOH 溶液 10.00ml、20.00ml、30.00ml，计算加入 NaOH 后各溶液的 pH。

三、缓冲溶液的缓冲能力

(一) 缓冲容量

缓冲溶液缓冲能力的大小，常用缓冲容量来表示。缓冲容量是指能使 1L(或 1ml) 缓冲溶液的 pH 改变一个单位所加一元强酸或一元强碱的物质的量(mol 或 mmol)。常用 β 表示。

$$\beta = \frac{n}{V|\Delta pH|} \qquad 式(5\text{-}15)$$

式(5-15)中，n 为加入酸碱的物质的量，V 为缓冲溶液的体积，ΔpH 为 pH 变化值。

缓冲容量越大，说明缓冲溶液的缓冲能力越强。

(二) 影响缓冲容量的因素

对于同一缓冲系，缓冲容量的大小取决于缓冲溶液的缓冲比和总浓度。

1. 当缓冲比(c_{A^-}/c_{HA})一定时，缓冲溶液的总浓度($c_{HA} + c_{A^-}$)越大，缓冲容量 β 越大；反之，缓冲容量 β 越小。

2. 在缓冲溶液总浓度一定时，缓冲比越接近于 1，缓冲容量 β 越大。当缓冲比等于 1，即 $pH = pK_a$ 时，缓冲容量 β 最大。

当缓冲溶液的总浓度一定时，缓冲比一般控制在 1∶10 至 10∶1 之间，即溶液的 pH

在 pK_a-1 到 pK_a+1 之间时，溶液具有较大的缓冲能力。通常把具有缓冲作用的 pH 范围，即 $pH=pK_a\pm1$，称为缓冲溶液的缓冲范围。例如，HAc 的 $pK_a=4.75$，则 HAc-NaAc 缓冲溶液的缓冲范围为 pH = 3.75 ~ 5.75。不同的缓冲系，由于 pK_a 不同，其缓冲范围也不同。

四、缓冲溶液的配制

在医学研究及临床医药生产等实际工作中，经常需要配制具有一定 pH 和一定缓冲能力的缓冲溶液。一般按下述原则和步骤进行。

1. 选择适当的缓冲系　选择缓冲系应考虑两个因素。一是使所需配制的缓冲溶液的 pH 在所选缓冲系的缓冲范围（$pK_a\pm1$）之内，并尽量接近弱酸的 pK_a，以使所配缓冲溶液有较大的缓冲容量。例如，配制 pH 为 5.0 的缓冲溶液，可选择 HAc-NaAc 缓冲系，因为 HAc 的 $pK_a=4.75$。二是所选缓冲系的物质应稳定、无毒，对主反应无干扰等。

2. 缓冲溶液的总浓度要适当　缓冲溶液的总浓度太低，缓冲容量过小；总浓度太高，会导致离子强度太大或渗透浓度过高而不适用。因此，在实际应用中，缓冲溶液的总浓度一般在 0.05 ~ 0.2mol/L。

3. 计算所需缓冲系的量　选择好缓冲系后，可根据公式计算所需弱酸及其共轭碱的量或体积。为配制方便，通常使用相同浓度的弱酸及其共轭碱（$c_{HA}=c_{A^-}$）。如：

设缓冲溶液总体积为 V，则　$V=V_{HA}+V_{A^-}$。

缓冲溶液的 pH 为：

$$pH=pK_a+\lg\frac{V_{A^-}}{V_{HA}} \qquad \text{式(5-16)}$$

利用上述公式，可求得配制一定体积缓冲溶液所需的缓冲对的体积比。

例 9　如何配制 1000ml，pH 为 5.10 的缓冲溶液？

解：根据 pH = 5.10，查表选择 HAc-NaAc 缓冲系（$pK_a=4.75$）。用浓度相同的 HAc 和 NaAc 按一定体积比混合。

根据
$$pH=pK_a+\lg\frac{V_{Ac^-}}{V_{HAc}}$$

$$5.10=4.75+\lg\frac{V_{Ac^-}}{V_{HAc}}\quad \frac{V_{Ac^-}}{V_{HAc}}=2.24$$

因为
$$V_{HAc}+V_{Ac^-}=1000ml$$

所以
$$V_{HAc}=309ml \quad V_{Ac^-}=691ml$$

取等浓度（0.1 ~ 0.2mol/L）的 HAc 溶液 309ml 与 NaAc 溶液 691ml 混合，即得 pH 为 5.10 的缓冲溶液。

应该指出，用缓冲溶液公式计算得到的 pH 与实际测得的 pH 稍有差异，这是因为计算公式忽略了溶液中各离子、分子间的相互影响所致。如果实验要求严格，配制后可用 pH 计测定和校准缓冲溶液，必要时外加少量相应酸或碱使与要求的 pH 一致。

五、缓冲溶液在医药学上的应用

缓冲溶液在医药学上具有重要意义。药剂生产、药物稳定性、物质的溶解等方面通常需要选择适当的缓冲系来稳定其 pH。如葡萄糖、盐酸普鲁卡因等注射液，经过灭菌后 pH 可能发生改变，常用盐酸、枸橼酸、酒石酸、枸橼酸钠等物质的稀溶液进行调节，使 pH 维持在 4 ~9。药用维生素 C 溶液、滴眼剂等药物制剂的配制时，需要缓冲溶液，一方面可增加药物溶液的稳定性，同时又能避免 pH 不当引起的人体局部的疼痛。对药物制剂进行药理、生理、生化实验时，都需要使用缓冲溶液。人体内各种体液通过各种缓冲系的作用保持在一定的 pH 范围内，见表 5-3。只有 pH 保持稳定，人体内各种生化反应才能正常进行。

表 5-3　一些体液的 pH

体液	pH	体液	pH	体液	pH
血液	7.35 ~7.45	成人胃液	0.9 ~1.5	皮肤	~4.7
胰液	7.5 ~8.0	婴儿胃液	5.0	脊椎液	7.3 ~7.5
唾液	6.35 ~6.85	乳汁	6.0 ~6.9	小肠液	~7.6
泪液	~7.4	细胞液	~7.1	尿液	4.8 ~7.5

点 滴 积 累

1. 缓冲溶液由共轭酸碱对组成，具有缓冲作用。
2. 缓冲溶液 pH 计算公式：$pH = pK_a + \lg \frac{[A^-]}{[HA]}$
3. 缓冲溶液的缓冲范围：$pH = pK_a \pm 1$

第四节　酸碱滴定法

酸碱滴定法是以质子转移反应为基础的滴定分析法，包括水溶液和非水溶液中进行的酸碱滴定法两大类。一般酸碱以及能与酸碱直接或间接发生反应的物质，大多都可用酸碱滴定法测定。酸碱滴定法是滴定分析法中重要的分析方法之一，应用十分广泛。

在酸碱滴定中，由于酸碱反应一般不发生明显的外观变化，通常需要借助指示剂的颜色变化来指示滴定终点，指示剂的选择是否适当会对分析结果造成影响。

一、酸碱指示剂

（一）指示剂的变色原理

酸碱指示剂通常是一些结构比较复杂的有机弱酸或有机弱碱，在溶液中能够发生部分解离，解离前后，结构发生变化，颜色也随之发生变化。

现以弱酸型指示剂 HIn（如酚酞）为例来说明酸碱指示剂的变色原理。

$$HIn \rightleftharpoons H^+ + In^-$$

酸式结构　　　　碱式结构

酸式色　　　　碱式色

（酚酞）无色　　　　（酚酞）红色

当溶液 pH 发生变化时，上述平衡将向不同的方向发生移动，指示剂将以不同的结构形式存在，从而呈现不同的颜色。

（二）指示剂变色范围及影响因素

1. 指示剂变色范围　对于弱酸型指示剂 HIn，在溶液中存在以下解离平衡：

$$HIn \rightleftharpoons H^+ + In^-$$

其解离常数表达式为：

$$K_{HIn} = \frac{[H^+][In^-]}{[HIn]} \quad 或 \quad [H^+] = K_{HIn}\frac{[HIn]}{[In^-]}$$

两边取负对数得：$pH = pK_{HIn} + \lg\frac{[In^-]}{[HIn]}$

显然，指示剂呈现的颜色取决于$[In^-]/[HIn]$的比值，而$[In^-]/[HIn]$的大小是由K_{HIn}与溶液中 pH 所决定的。K_{HIn}为指示剂的解离常数，在一定温度下是一个常数，所以，指示剂的颜色只随溶液 pH 的变化而改变。由于人的眼睛对颜色的分辨有一定的局限性，一般当一种物质的浓度是另一种物质浓度的 10 倍或 10 倍以上时，才能够辨别出浓度较大的物质的颜色。即：

当$[In^-]/[HIn] \geqslant 10$时，$pH \geqslant pK_{HIn} + 1$，观察到碱式色；

当$[In^-]/[HIn] \leqslant 1/10$时，$pH \leqslant pK_{HIn} - 1$，观察到酸式色；

由此可知，只有当溶液的 pH 由$pK_{HIn} - 1$变化到$pK_{HIn} + 1$，人们才能观察到指示剂颜色的变化，并把指示剂这一颜色变化时的 pH 范围，即$pH = pK_{HIn} \pm 1$，称为指示剂的理论变色范围。

当$[In^-] = [HIn]$时，$[In^-]/[HIn] = 1$，$pH = pK_{HIn}$，观察到的是两种结构的混合色。此时，指示剂的变色最敏锐，称为指示剂的理论变色点。

不同的指示剂pK_{HIn}不同，因此其变色范围各不相同。由于人的眼睛对各种颜色敏感程度不同，实际观察到的指示剂变色范围与理论变色范围存在一定的差别。如甲基橙的$pK_{HIn} = 3.4$，其理论变色范围为 pH = 2.4～4.4，由于人的视觉对红色比对黄色敏感，其实际变色范围为 3.1～4.4。实际应用中，使用的均是由实验测得的指示剂的实际变色范围。常用酸碱指示剂的变色范围见表 5-4。

表 5-4　常用酸碱指示剂的pK_{HIn}和 pH 变色范围

指示剂	pK_{HIn}	pH 变色范围	颜色		
			酸式色	过渡色	碱式色
百里酚蓝	1.7	1.2～2.8	红	橙	黄
甲基橙	3.4	3.1～4.4	红	橙	黄
溴酚蓝	4.1	3.1～4.6	黄	蓝紫	紫
甲基红	5.2	4.4～6.2	红	橙	黄
溴百里酚酞	7.3	6.2～7.6	黄	绿	蓝
酚酞	9.1	8.0～10.0	无	粉红	红
百里酚酞	10.0	9.4～10.6	无	淡黄	蓝

2. 影响指示剂变色范围的因素

（1）温度：温度的变化会引起指示剂解离常数和水的质子自递常数的变化，因而指示剂的变色范围也随之改变。例如：18℃时，甲基橙的变色范围为 3.1～4.4，100℃时，变色范围为2.5～3.7。

（2）溶剂：不同的溶剂具有不同的介电常数和酸碱性，影响指示剂的解离常数和变色范围，因而指示剂在不同溶剂中 pK_{HIn} 不同，故变色范围不同。例如，甲基橙在水溶液中 pK_{HIn} 为3.4，而在甲醇中 $pK_{HIn}=3.8$。

（3）指示剂的用量：由于指示剂本身为弱酸或弱碱，用量过多会消耗滴定剂，影响测定结果；另一方面，指示剂浓度过大将会导致终点颜色变化不敏锐，指示剂浓度过低颜色太浅，不易观察到颜色变化。一般控制在25ml被测溶液中加入1～2滴指示剂。

（4）滴定程序：滴定程序与指示剂的选用有关系，如果指示剂使用不当，会影响变色的敏锐性。滴定程序使指示剂的颜色变化由浅到深，或由无色变有色为宜，这样有利于对颜色的观察。例如：酚酞由酸式结构变为碱式结构，颜色变化明显，易辨别；反之则变色不明显，易滴定过量。

（三）混合指示剂

某些单一指示剂存在酸式色与碱式色区别不明显、指示剂变色范围较宽等问题，在某些酸碱滴定中，pH的突跃范围很窄，使用单一的指示剂难以判断终点，此时可采用混合指示剂。混合指示剂利用颜色互补原理使终点颜色变化敏锐，变色范围变窄，有利于终点观察，提高测定的准确度。

混合指示剂可分为两类，一类是在某种指示剂中加入一种惰性染料。例如，由甲基橙和靛蓝组成的混合指示剂，靛蓝颜色不随pH改变而变化，只作甲基橙的蓝色背景。此类指示剂能使指示剂酸式和碱式结构的颜色发生明显变化，从而更易于观察，但变色范围不变。

另一类是由两种或两种以上的指示剂混合而成，如溴甲酚绿和甲基红组成的混合指示剂，此类混合指示剂的酸式和碱式结构的颜色大多数会发生变化，而其变色范围也会发生变化。从而使指示剂颜色变化敏锐，变色范围变窄。常用的混合指示剂见表5-5。

表5-5　常用的混合指示剂

指示剂的组成	变色点	颜色		备注
		酸色	碱色	
0.1%甲基橙：0.25%靛蓝二磺酸钠（1：1）	4.1	紫色	黄绿	pH＝4.1　灰色
0.2%甲基红：0.1%溴甲酚绿（1：3）	5.1	酒红	绿	pH＝5.1　灰色
0.1%中性红：0.1%亚甲基蓝（1：1）	7.0	蓝紫	绿	pH＝7.0　蓝紫色
0.1%甲基绿：0.1%酚酞（2：1）	8.9	绿	紫色	pH＝8.8　浅蓝 pH＝9.0　紫色
0.1%百里酚：0.1%酚酞（1：1）	9.9	无色	紫色	pH＝9.6　玫瑰色 pH＝10.0　紫色

二、酸碱滴定类型及指示剂的选择

在酸碱滴定法中，随着滴定液的加入，溶液的pH将不断发生规律性的变化。这种变化的规律性对正确选择指示剂，准确判断滴定终点具有重要的意义。尤为重要的是

化学计量点前后 ±0.1% 的范围内溶液 pH 的变化情况，是选择指示剂的关键依据。

在酸碱滴定过程中，以所加入滴定液的体积为横坐标，以溶液的 pH 为纵坐标，绘制而成的曲线称为酸碱滴定曲线。不同类型的酸碱滴定过程中 pH 的变化的特点、滴定曲线的形状和指示剂的选择都有所不同，下面分别予以讨论。

（一）强酸（强碱）的滴定

强碱和强酸相互滴定的基本反应：$H^+ + OH^- \rightleftharpoons H_2O$

1. 滴定曲线　现以 0.1000mol/L NaOH 滴定 20.00ml 0.1000mol/L HCl 为例，说明强碱强酸滴定过程中溶液 pH 的变化情况。滴定过程分为四个阶段：

（1）滴定前：溶液的$[H^+]$等于 HCl 的初始浓度。

$$[H^+] = 0.1000\text{mol/L} \quad pH = 1.00$$

（2）滴定开始到化学计量点前：溶液 pH 取决于剩余 HCl 的量和溶液的体积。例如，滴入 NaOH 溶液 19.98ml 时，剩余 HCl 溶液的体积为 0.02ml，溶液的 pH 为：

$$[H^+] = \frac{0.1000 \times 0.02}{20.00 + 19.98} = 5.0 \times 10^{-5}(\text{mol/L}) \quad pH = 4.30$$

（3）化学计量点时：NaOH 和 HCl 恰好按化学计量关系反应完全，溶液呈中性。

$$[H^+] = 1.00 \times 10^{-7}\text{mol/L} \quad pH = 7.00$$

（4）化学计量点后：溶液的 pH 取决于过量 NaOH 的量和溶液体积。例如，滴入 NaOH 溶液 20.02ml 时，加入过量 NaOH 溶液体积为 0.02ml，溶液的 pH 为：

$$[OH^-] = \frac{0.1000 \times 0.02}{20.00 + 20.02} = 5.0 \times 10^{-5}(\text{mol/L}) \quad pOH = 4.30$$

$$pH = 14.00 - pOH = 14.00 - 4.30 = 9.70$$

如此逐一计算滴定过程溶液的 pH，计算结果列入表 5-6。

表 5-6　0.1000mol/L NaOH 滴定 20.00ml 0.1000mol/L HCl 的 pH

加入 V_{NaOH}(ml)	HCl 被滴定百分数	剩余 V_{HCl}(ml)	过量 V_{NaOH}(ml)	$[H^+]$(mol/L)	pH	
0.00	0.00	20.00		1.00×10^{-1}	1.00	
18.00	90.00	2.00		5.26×10^{-3}	2.28	
19.80	99.00	0.20		5.02×10^{-4}	3.30	
19.98	99.90	0.02		5.00×10^{-5}	4.30	滴定突跃范围
20.00	100.00	0.00		1.00×10^{-7}	7.00	
20.02	100.1		0.02	2.00×10^{-10}	9.70	
20.20	101.0		0.20	2.01×10^{-11}	10.70	
22.00	110.0		2.00	2.10×10^{-12}	11.68	
40.00	200.0		20.00	2.00×10^{-13}	12.70	

以 NaOH 加入量为横坐标，溶液的 pH 为纵坐标作图，可以得到强碱滴定强酸的滴定曲线，如图 5-1 所示。

由表 5-6 和图 5-1 可看出：

（1）曲线的起点是 pH = 1.00

（2）当 NaOH 滴定液的加入量从 0.00ml 到 19.98ml 时，溶液 pH 从 1.00 增加到 4.30，仅改变了 3.30 个 pH 单位，pH 变化缓慢，曲线比较平坦。

（3）当 NaOH 滴定液的加入量从 19.98ml（此时，滴定液的加入量离到达化学计量点还相差 0.1%）到 20.02ml（此时，滴定液的加入量已经超过化学计量点 0.1%）时，滴定液的体积变化了仅仅 0.04ml（约 1 滴），而溶液的 pH 则从 4.30 增加到 9.70，变化了 5.40 个 pH 单位，溶液由酸性突变为碱性，滴定曲线成为一段几乎垂直于横轴的直线。这种在化学计量点前后 ±0.1% 相对误差范围内溶液的 pH 发生突变的现象称为滴定突跃。滴定突跃所在的 pH 范围称为酸碱滴定突跃范围。上述滴定的突跃范围为 pH4.30 ~ 9.70。

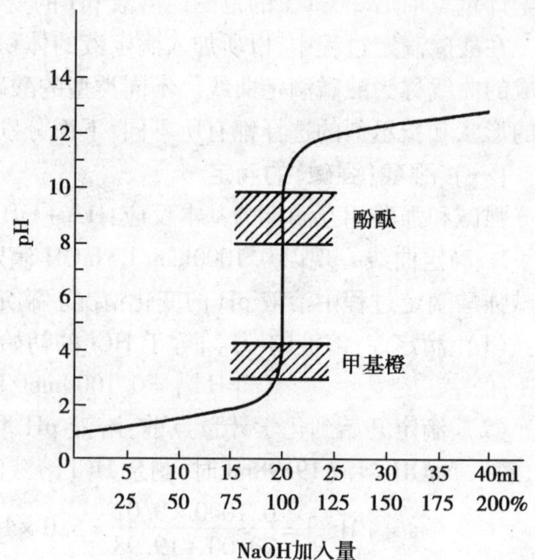

图 5-1　0.1000mol/L NaOH 滴定 0.1000mol/L HCl 的滴定曲线

（4）化学计量点 pH = 7.00。溶液呈中性。

（5）滴定突跃后继续加入 NaOH 溶液，溶液的 pH 变化缓慢，所以滴定曲线又变得平坦。

如果用 0.1000mol/L HCl 滴定 0.1000mol/L NaOH 时，则滴定曲线与图 5-1 对称，但 pH 变化方向相反，滴定突跃范围为 pH9.70 ~ 4.30。

2. 指示剂的选择　在酸碱滴定中，滴定突跃范围是指示剂选择的依据。指示剂的变色范围应全部或至少要有一部分落在滴定突跃范围内。因为只要在突跃范围内能发生颜色变化的指示剂，均能满足分析结果所要求的准确度，达到滴定误差不超过 0.1% 的要求。根据这一原则，以上滴定可选甲基橙、甲基红、酚酞等作指示剂。

3. 突跃范围与酸碱浓度的关系　强酸与强碱间的滴定，其突跃范围的大小与酸碱的浓度有关。如图 5-2 所示，酸碱的浓度越大，突跃范围越大，可供选择的指示剂越多；酸碱的浓度越小，滴定突跃范围越小，可供选用的指示剂越少。如 0.01mol/L NaOH 溶液滴定 0.01mol/L HCl 溶液，滴定突跃范围的 pH 为 5.30 ~ 8.70，可选甲基红、酚酞作指示剂，但却不能选甲基橙作指示剂，否则会造成较大的误差。若用较高浓度的酸碱溶液进行滴定，虽然滴定突跃范围大，可选用的指示剂多，但产生的滴定误差也较大。一般滴定液浓度控制在 0.1 ~ 0.5mol/L 较适宜。

（二）一元弱酸（弱碱）的滴定

1. 滴定曲线及指示剂的选择　现以 0.1000mol/LNaOH 滴定 20.00ml 0.1000mol/L HAc 为例，说明强碱滴定弱酸过程中溶液 pH 的变化情况，滴定反应为：

$$HAc + OH^- \rightleftharpoons Ac^- + H_2O$$

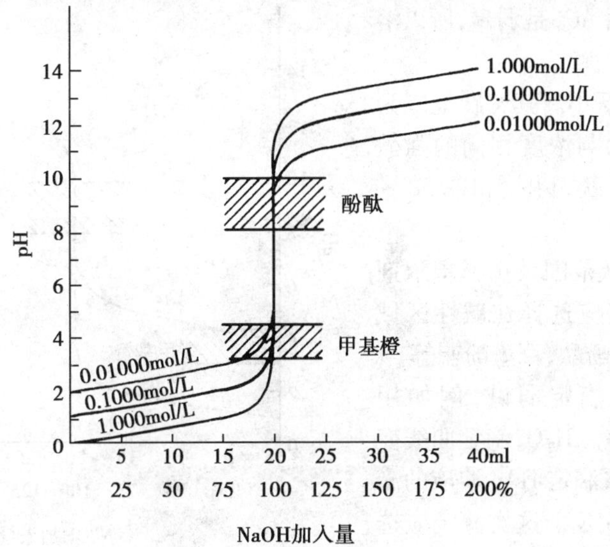

图 5-2　不同浓度的 NaOH 滴定不同浓度 HCl 的滴定曲线

滴定过程中溶液 pH 的变化，参照弱酸溶液及缓冲溶液的 pH 计算方法，所得数据列于表 5-7 中。

表 5-7　0.1000mol/L NaOH 滴定 20.00ml 0.1000mol/L HAc 时的 pH

NaOH 加入量		剩余的 HAc		计算式	pH	
%	ml	%	ml			
0	0	100	20.00	$[H^+]=\sqrt{K_a c_a}$	2.87	
50	10.00	50	10.00	$[H^+]=K_a\dfrac{[HAc]}{[Ac^-]}$	4.75	
90	18.00	10	2.00		5.71	
99.0	19.80	1	0.20		6.75	
99.9	19.98	0.1	0.02		7.70	突跃范围
100	20.00	0	0.00	$[OH^-]=\sqrt{\dfrac{K_w}{K_b}c_a}$	8.70	
		过量的 NaOH				
100.1	20.02	0.1	0.02	$[OH^-]=10^{-4.3}$、$[H^+]=10^{-9.7}$	9.70	
101.0	20.20	1	0.20	$[OH^-]=10^{-3.3}$、$[H^+]=10^{-10.7}$	10.70	

以上表的数据为依据，可绘制强碱滴定一元弱酸的滴定曲线，如图 5-3 所示。

比较图 5-1 和图 5-3，可以看出强碱滴定一元弱酸有如下特点：

（1）滴定曲线起点 pH 高，其 pH = 2.87。因为 HAc 是弱酸，在水溶液中不能完全解离，所以$[H^+]$低于醋酸的起始浓度。

（2）滴定开始至化学计量点前的曲线变化复杂，在这一阶段，溶液组成为 HAc + NaAc，属缓冲溶液。但曲线两端的缓冲比或者很小（小于 1/10），或者很大（大于 10/1），因而缓冲能力小，溶液的 pH 随 NaOH 溶液的加入变化大，曲线斜率大；而曲线中段，由于缓冲比接近于 1，缓冲能力大，曲线变化平缓。

（3）化学计量点的 pH 大于 7.00，为 8.70。因为在化学计量点，HAc 已全部与 NaOH

反应生成 NaAc，而 Ac^- 是弱碱，所以溶液呈碱性而不是中性。

(4) 滴定突跃小。其突跃范围为 pH = 7.70 ~ 9.70，与浓度相同的强酸滴定强碱滴定突跃范围（pH4.30 ~ 9.70）相比小得多。

根据滴定突跃范围及选择指示剂的原则，此类滴定应选择在碱性区域变色的指示剂，如酚酞、百里酚蓝等。

如果用强酸滴定弱碱，例如用 HCl 溶液滴定 $NH_3 \cdot H_2O$，滴定曲线变化与用 NaOH 溶液滴定 HAc 溶液的滴定曲线变化方向相反。这类滴定应选择在酸性区域变色的指示剂，如甲基橙、甲基红等。

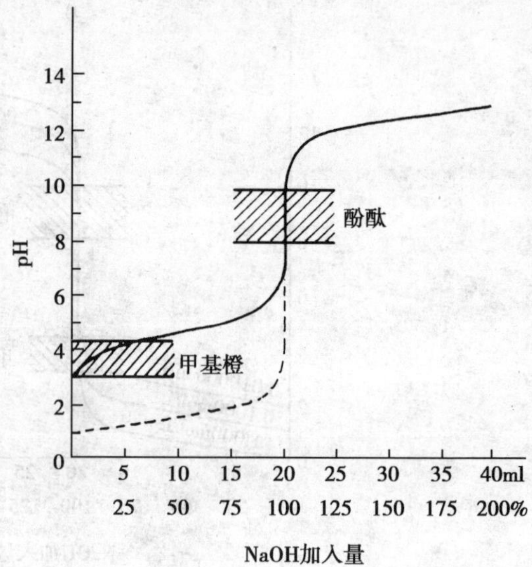

图 5-3 0.1000mol/L NaOH 滴定 0.1000mol/L HAc 的滴定曲线

2. 影响滴定突跃范围的因素 酸碱滴定突跃的大小既与浓度有关，又与弱酸的强度有关。浓度越大，滴定突跃越大，反之越小；弱酸的解离常数 K_a 越大，酸性越强，滴定突跃越大，反之越小，如图 5-4 所示。

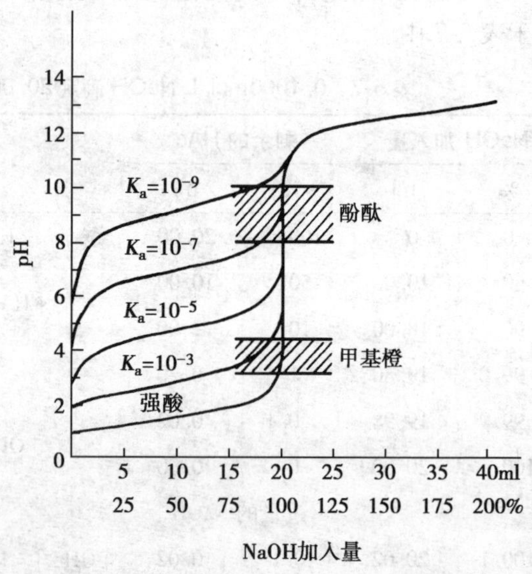

图 5-4 0.1000mol/L NaOH 滴定 0.1000mol/L 不同强度酸的滴定曲线

实验证明，只有当弱酸的 $cK_a \geq 10^{-8}$ 时，用强碱滴定该弱酸时才会出现明显的滴定突跃范围，才能找到合适的指示剂指示终点，该弱酸才能被强碱准确滴定。

同理，对于弱碱，只有当 $cK_b \geq 10^{-8}$ 时，才能用强酸进行准确滴定。

例如 HCN，因其 $K_a \approx 10^{-10}$，浓度为 1mol/L，也不能按通常的方法准确滴定。

难点释疑

用 0.1000mol/L NaOH 分别滴定相同体积的 0.1000mol/L HCl 和 HAc 溶液时，前者的突跃范围 pH = 4.30 ~ 9.70，后者的突跃范围 pH = 7.70 ~ 9.70，二者相差很大。

因为 HCl 溶液为强酸，HAc 溶液为弱酸。酸碱滴定突跃范围的大小既与浓度有关，又与酸的强度有关。酸的浓度相同时，酸性越强，滴定突跃越大；反之越小。

（三）多元酸（碱）的滴定

1. 多元酸的滴定　由于多元酸在水溶液中是分步解离的，因此，多元酸的滴定比较复杂。首先要判断多元酸各级解离的 H^+ 能否被直接准确滴定，其次还要清楚多元酸能否被分步滴定。判断多元酸中各级解离 H^+ 能否被准确滴定和分步滴定，通常可根据以下两个条件：

（1）$cK_{an} \geqslant 10^{-8}$，第 n 级解离 H^+ 能否被准确滴定。

（2）$K_{an}/K_{an+1} \geqslant 10^4$，相邻两级解离的 H^+ 能分步滴定。

例如 $H_2C_2O_4$（草酸）为二元弱酸，其 $K_{a1}=5.9\times10^{-2}$，$K_{a2}=6.4\times10^{-5}$。由各级解离常数知，满足 $cK_a \geqslant 10^{-8}$，即 $H_2C_2O_4$ 中两级解离的 H^+ 均可被准确滴定，但因不能满足 $K_{a1}/K_{a2} \geqslant 10^4$，故不能进行分步滴定，两级解离的 H^+ 只能同时被滴定，产生 1 个滴定突跃。

现以 0.1000mol/L 的 NaOH 溶液滴定 20.00ml 0.1000mol/L 的 H_3PO_4 溶液为例讨论多元酸的滴定。H_3PO_4 是多元酸，在水溶液中的解离平衡式如下：

$$H_3PO_4 \rightleftharpoons H^+ + H_2PO_4^- \quad K_{a1}=7.5\times10^{-3}$$

$$H_2PO_4^- \rightleftharpoons H^+ + HPO_4^{2-} \quad K_{a2}=6.3\times10^{-8}$$

$$HPO_4^{2-} \rightleftharpoons H^+ + PO_4^{3-} \quad K_{a3}=4.4\times10^{-13}$$

依据多元酸中各级解离 H^+ 能否被准确滴定和分步滴定的条件，H_3PO_4 的前两级解离 H^+ 能用 NaOH 溶液直接滴定，并且能分步滴定，而第三级 H^+ 不能用 NaOH 溶液直接滴定。因此，在 NaOH 滴定 H_3PO_4 的滴定曲线上只有 2 个滴定突跃，如图 5-5 所示。

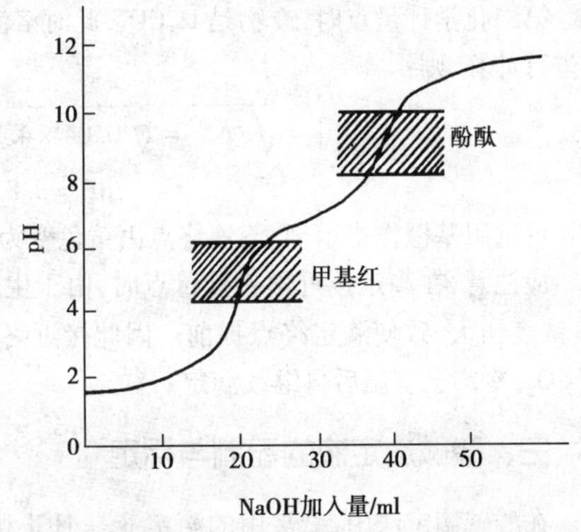

图 5-5　0.1000mol/L NaOH 滴定 0.1000mol/L H_3PO_4 的滴定曲线

多元酸的滴定曲线计算比较复杂，在实际工作中，通常只需计算计量点时溶液的 pH，选择在此 pH 附近变色的指示剂指示滴定终点。滴定反应如下：

$$H_3PO_4 + NaOH = NaH_2PO_4 + H_2O$$

$$NaH_2PO_4 + NaOH = Na_2HPO_4 + H_2O$$

第一计量点时，滴定产物为 NaH_2PO_4（两性物质）溶液，其 pH 可由下式近似计算：

$$[H^+] = \sqrt{K_{a1}K_{a2}}$$

$$pH = \frac{1}{2}(pK_{a1} + pK_{a2}) = \frac{1}{2}(2.12 + 7.21) = 4.66$$

可选用甲基红作指示剂。

第二计量点时，滴定产物为 Na_2HPO_4（两性物质）溶液，其 pH 可由下式近似计算：

$$[H^+] = \sqrt{K_{a2}K_{a3}}$$

$$pH = \frac{1}{2}(pK_{a2} + pK_{a3}) = \frac{1}{2}(7.12 + 12.67) = 9.94$$

可选用酚酞、百里酚酞作指示剂。

2. 多元碱的滴定　多元碱的滴定与多元酸滴定相似。判断多元碱能否被准确滴定、能否分步滴定的条件为：

（1）$cK_{bn} \geq 10^{-8}$，能被准确滴定。

（2）$K_{bn}/K_{bn+1} \geq 10^4$，能分步滴定。

现以 0.1000mol/LHCl 滴定 20.00ml 0.1000mol/L Na_2CO_3 溶液为例讨论多元碱的滴定。

由于CO_3^{2-}是二元弱碱，而 $K_{b1} = 1.8 \times 10^{-4}$，$K_{b2} = 2.4 \times 10^{-8}$，由于 K_{b1} 和 K_{b2} 均大于 10^{-8}，且 $K_{b_1}/K_{b_2} \approx 10^4$，因此$CO_3^{2-}$可进行分步滴定，其滴定反应式为：

$$HCl + Na_2CO_3 \xlongequal{} NaHCO_3 + NaCl$$

$$HCl + NaHCO_3 \xlongequal{} NaCl + H_2O + CO_2\uparrow$$

第一化学计量点时，产物为HCO_3^-，此时溶液的 pH 可按照两性物质溶液 pH 的最简式进行计算，则：

$$[H^+] = \sqrt{K_{a1}K_{a2}} = \sqrt{4.3 \times 10^{-7} \times 5.61 \times 10^{-11}} = 4.91 \times 10^{-9}$$

$$pH = 8.31$$

可选酚酞作指示剂。

第二化学计量点时，产物是 H_2CO_3，此时溶液的 pH 可按照多元弱酸溶液 pH 的最简式进行计算，则：

$$[H^+] = \sqrt{cK_{a1}} = \sqrt{0.04 \times 4.3 \times 10^{-7}} = 1.31 \times 10^{-4}$$

$$pH = 3.87$$

可选甲基橙作指示剂，溶液终点由黄色变为橙色。

应注意，在滴定接近第二计量点时，由于生成的 H_2CO_3 易形成过饱和溶液，溶液中 H^+ 浓度增大，致使滴定终点提前。因此接近终点时，应剧烈振摇溶液或将溶液煮沸赶走 CO_2，冷却至室温后再继续滴定。

三、酸碱滴定液的配制与标定

在酸碱滴定法中，最常用的滴定液是 HCl 和 NaOH 溶液，也可用 H_2SO_4、KOH 等其他强酸强碱溶液，其浓度一般为 0.1mol/L。因 HCl 具有挥发性，NaOH 易吸收空气中的 CO_2 和 H_2O，只能用间接法配制。

（一）0.1mol/L HCl 滴定液的配制和标定

1. 配制　市售浓 HCl 的密度 1.19，质量分数为 0.37，换算成物质的量浓度为 12mol/L。

配制 0.1mol/L HCl 溶液 1000ml 应取浓 HCl 的体积为：

$$12 \times V = 0.1 \times 1000 \quad V = 8.3\text{ml}$$

HCl 易挥发，配制时应比计算量多取些，取 9.0ml。用洁净的量筒取浓盐酸 9.0ml，置于盛有少量纯化水的 1000ml 量杯中，再用纯化水稀释成 1000ml，混合均匀，倒入酸试剂瓶中，密塞，待标定。

2. 标定　标定 HCl 溶液常用的基准物质为无水碳酸钠或硼砂。若用无水碳酸钠标定 HCl 溶液，其反应式为：

$$Na_2CO_3 + 2HCl = 2NaCl + H_2O + CO_2\uparrow$$

可选用甲基红-溴甲酚绿混合指示剂指示终点，根据消耗 HCl 溶液的体积与基准无水 Na_2CO_3 的称取量，计算 HCl 溶液的准确浓度。

计算公式：

$$c_{HCl} = \frac{2m_{Na_2CO_3}}{V_{HCl}M_{Na_2CO_3}} \times 10^3$$

（二）0.1mol/L NaOH 滴定液的配制和标定

1. 配制 NaOH 不但易吸潮，还易吸收空气中 CO_2 生成 Na_2CO_3，Na_2CO_3 在 NaOH 的饱和溶液中不易溶解，因此，通常将 NaOH 配成饱和溶液，贮于塑料瓶中，使 Na_2CO_3 沉于底部，取上层清液稀释成所需配制的浓度。

配制 0.1mol/L NaOH 溶液 500ml，应取澄清饱和 NaOH 溶液（20mol/L）的体积为：

$$20 \times V = 0.1 \times 1000 \quad V = 5.0ml$$

一般比实际计算量多取些，取 5.6ml 澄清饱和 NaOH 溶液，加新煮沸过的冷纯化水配制成 1000ml，摇匀密塞，待标定。

2. 标定 标定 NaOH 溶液最常用的基准物质是邻苯二甲酸氢钾。标定反应如下：

$$C_6H_4(COOH)(COOK) + NaOH = C_6H_4(COONa)(COOK) + H_2O$$

可选用酚酞作指示剂指示终点，根据消耗 NaOH 溶液的体积与基准邻苯二甲酸氢钾的称取量，计算 NaOH 溶液的准确浓度。

计算公式：

$$c_{NaOH} = \frac{m_{C_8H_5O_4K}}{V_{NaOH}M_{C_8H_5O_4K}} \times 10^3$$

四、应用示例

酸碱滴定法的应用极其广泛，许多药品如阿司匹林、药用硼酸、药用 NaOH 及铵盐等都可用酸碱滴定法测定。按滴定方式的不同可分为直接滴定法和间接滴定法。

1. 直接滴定法 凡 $cK_a \geq 10^{-8}$ 的酸性物质或 $cK_b \geq 10^{-8}$ 的碱性物质均可用碱或酸滴定液直接滴定。

（1）阿司匹林含量的测定：阿司匹林（乙酰水杨酸）是常用的解热镇痛药，在水溶液中可解离出 H^+（$pK_a = 3.49$）故可用碱滴定液直接滴定，以酚酞为指示剂。滴定反应如下：

$$C_6H_4(COOH)(OCOCH_3) + NaOH = C_6H_4(COONa)(OCOCH_3) + H_2O$$

计算公式：

$$C_9H_8O_4\% = \frac{c_{NaOH}V_{NaOH}M_{C_9H_8O_4} \times 10^{-3}}{m_S} \times 100\%$$

（2）药用氢氧化钠含量的测定：NaOH 易吸收空气中的 CO_2，而形成 NaOH 和 Na_2CO_3 的混合物，如分别测定各自的含量，通常采用“双指示剂法”。

精密称取质量为 m_s 的试样，溶解后加入酚酞指示剂，用 HCl 滴定液滴定至粉红色消失，此时 Na_2CO_3 被滴定至 $NaHCO_3$，NaOH 全部被滴定，记录消耗 HCl 的体积 V_1；再加入甲基橙指示剂，继续用 HCl 滴定液滴定至橙色，这时 $NaHCO_3$ 全部生成 H_2CO_3，记录消耗 HCl 的体积 V_2。滴定过程图解如下：

$$\boxed{\begin{matrix}NaOH\\Na_2CO_3\end{matrix}}\xrightarrow[\text{至酚酞无色}]{HCl,V_1}\boxed{\begin{matrix}NaCl\\NaHCO_3\end{matrix}}\xrightarrow[\text{至甲基橙为橙色}]{HCl,V_2}\boxed{\begin{matrix}NaCl\\H_2O+CO_2\uparrow\end{matrix}}$$

根据反应原理，可得出 Na_2CO_3 消耗 HCl 滴定液的体积为 $2V_2$ml，而 NaOH 消耗 HCl 滴定液的体积为 (V_1-V_2)ml。试样中被测组分的含量计算公式为：

$$NaOH\% = \frac{c_{HCl}(V_1-V_2)M_{NaOH}\times10^{-3}}{m_S}\times100\%$$

$$Na_2CO_3\% = \frac{c_{HCl}2V_2\dfrac{M_{Na_2CO_3}}{2}\times10^{-3}}{m_S}\times100\%$$

2. 间接滴定法　有些物质的酸碱性很弱，其 $cK_a<10^{-8}$ 或 $cK_b<10^{-8}$，不能用碱或酸滴定液直接滴定，可以采用间接滴定法。

（1）硼酸含量的测定：硼酸（H_3BO_3）是极弱的酸（$K_a=5.8\times10^{-10}$），其 $cK_a<10^{-8}$，不能用 NaOH 滴定液直接滴定。但硼酸与多元醇如乙二醇、丙三醇、甘露醇反应，生成稳定的配合酸后，能增加酸的强度。如硼酸与丙三醇反应生成甘油硼酸，其 $K_a=3\times10^{-7}$，使 $cK_a\geqslant10^{-8}$，可以用 NaOH 滴定液直接滴定，其化学计量点 pH=9.6，可选用酚酞为指示剂。反应如下：

$$2\begin{matrix}CH_2OH\\|\\CHOH\\|\\CH_2OH\end{matrix}+H_3BO_3 = \left[\begin{matrix}CH_2-OH & HO-CH_2\\ | & |\\ CH-O & O-CH\\ | \quad\diagdown & \diagup \quad |\\ | \quad B & \\ | \quad\diagup & \diagdown \quad |\\ CH_2-O & O-CH_2\end{matrix}\right]^{-}H^{+}+3H_2O$$

$$\left[\begin{matrix}CH_2-OH & HO-CH_2\\ | & |\\ CH-O & O-CH\\ | \quad\diagdown & \diagup \quad |\\ | \quad B & \\ | \quad\diagup & \diagdown \quad |\\ CH_2-O & O-CH_2\end{matrix}\right]^{-}H^{+}+NaOH = \left[\begin{matrix}CH_2-OH & HO-CH_2\\ | & |\\ CH-O & O-CH\\ | \quad\diagdown & \diagup \quad |\\ | \quad B & \\ | \quad\diagup & \diagdown \quad |\\ CH_2-O & O-CH_2\end{matrix}\right]^{-}Na^{+}+H_2O$$

计算公式：

$$H_3BO_3\% = \frac{c_{NaOH}V_{NaOH}M_{H_3BO_3}\times10^{-3}}{m_S}\times100\%$$

（2）铵盐中氮的测定：NH_4^+ 是弱酸（$K_a=5.7\times10^{-10}$），$(NH_4)_2SO_4$、NH_4Cl 等都不能用碱滴定液直接滴定，通常采用下列两种方法测定。

一种方法是蒸馏法，在铵盐中加入过量的 NaOH，加热使 NH_3 蒸馏出来，用一定量的 HCl 滴定液吸收，过量的酸用 NaOH 滴定液返滴。

另一种方法是甲醛法，甲醛与铵盐生成六次甲基四胺离子，同时放出定量 H^+，其 $pK_a=5.15$，可用酚酞为指示剂，用 NaOH 滴定液滴定。

点 滴 积 累

1. 酸碱指示剂的理论变色范围是 $pH=pK_{HIn}\pm1$，理论变色点 $pH=pK_{HIn}$。
2. 酸碱滴定中指示剂的选择以滴定突跃范围为依据。
3. 弱酸（弱碱）能够被准确滴定的条件是 $cK_a(cK_b)\geqslant10^{-8}$。
4. 多元酸能够被准确、分步滴定的条件是 $cK_{an}\geqslant10^{-8}$、$K_{an}/K_{an+1}\geqslant10^4$。
5. 多元碱能够被准确、分步滴定的条件是 $cK_{bn}\geqslant10^{-8}$、$K_{bn}/K_{bn+1}\geqslant10^4$。
6. 酸碱滴定法中通常采用氢氧化钠和盐酸作为滴定液。

第五节　非水溶液的酸碱滴定法

非水溶液的酸碱滴定简称为“非水酸碱滴定”，是指在非水溶剂（除水以外的溶剂）中进行的酸碱滴定法。

一、基本原理

在以水为溶剂进行酸碱滴定分析时，由于某些弱酸（或弱碱）在水中的溶解度太小，或者是弱酸（或弱碱）的强度太弱，可能使 $cK_a<10^{-8}$（或 $cK_b<10^{-8}$），因此在水溶液中不能准确滴定；强度相近的多元酸、多元碱及混合酸碱，在水溶液中也不能分别进行滴定。如果采用非水溶剂作为滴定介质，则可以有效解决上述问题。

（一）溶剂的类型

根据酸碱质子理论，非水溶剂可以分为质子性溶剂和非质子性溶剂两大类：

1. 质子性溶剂　这类溶剂均有一定的极性，有给出或接受质子的倾向，溶剂分子间可发生质子自递反应。包括以下三种类型：

（1）酸性溶剂：给出质子的能力较强的一类溶剂，如甲酸、冰醋酸、乙酸酐等。酸性溶剂适用于作为滴定弱碱性物质的溶剂。

（2）碱性溶剂：接受质子的能力较强的一类溶剂，如乙二胺、丁胺、乙醇胺等。碱性溶剂适用于作为滴定弱酸性物质的溶剂。

（3）两性溶剂：既易给出质子又易接受质子的一类溶剂，属于两性溶剂。如甲醇、乙醇、乙二醇等。滴定不太弱的酸或碱时，常用两性溶剂作介质。

2. 非质子性溶剂

（1）非质子亲质子性溶剂：这类溶剂本身无质子，但却有较弱的接受质子的能力。如二甲基甲酰胺等酰胺类、酮类、吡啶类等溶剂。

（2）惰性溶剂：既不给出质子，也不接受质子的一类溶剂。如苯、氯仿、四氯化碳等。这类溶剂在滴定中不参与酸碱反应，只对溶质起溶解、分散和稀释溶质的作用。

以上溶剂的分类只是为了讨论方便,实际上各类溶剂之间并无严格的界限。在实际工作中为了增大样品的溶解度和滴定突跃,使终点变色敏锐,还可将质子溶剂和惰性溶剂混合使用,称为混合溶剂。如冰醋酸-醋酐、冰醋酸-苯、苯-甲醇等混合溶剂。

(二) 溶剂的性质

1. 物质的酸碱性与溶剂的关系　在非水溶剂中,物质的酸碱性不仅与其本身的性质有关,还与溶剂的性质有关。同一种酸在不同的溶剂中,表现出不同的酸强度。如 HCl 在水中能将自身的质子全部转移给溶剂水,呈强酸性;如果将 HCl 溶解在冰醋酸中,由于冰醋酸接受质子的能力很弱,所以 HCl 不能将自身的质子全部转移给醋酸分子,只能发生部分转移,所以呈弱酸性。而 NH_3 在水中是弱碱,在冰醋酸中是强碱,这是由于冰醋酸给予质子的能力比水强的缘故。

因此,对于弱碱性物质,要使其碱性增强,应选择酸性溶剂;对于弱酸性物质,要使其酸性增强,应选择碱性溶剂。在非水滴定中,测定在水中显弱碱性的胺类,生物碱等可选择酸性溶剂(如冰醋酸),这样可以增强其碱性,使滴定突跃更明显。

2. 拉平效应和区分效应　在水溶液中 $HClO_4$、H_2SO_4、HCl 和 HNO_3 都是强酸,这是因为它们给出 H^+ 的能力都很强,而水具有碱性,对质子具有亲和力,四种酸都被拉平到 H_3O^+ 的强度水平,结果使它们的酸强度在水中都相同。这种把不同类型的酸或碱拉平到相同强度水平的现象称为拉平效应,具有拉平效应的溶剂称为拉平性溶剂,水是上述四种酸的拉平性溶剂。

如果将上述四种酸溶解于冰醋酸中,由于 HAc 的酸性比水强,接受质子的能力比水弱,这四种酸在冰醋酸中不能将其质子全部转移给冰醋酸,给出 H^+ 的能力差别便会显现出来,其酸性有差异,这四种酸在冰醋酸中的强度顺序是:$HClO_4 > H_2SO_4 > HCl > HNO_3$,这种能区分不同的酸或碱的强度的作用称为区分效应,具有区分效应的溶剂称为区分性溶剂,冰醋酸是上述四种酸的区分性溶剂。

拉平效应和区分效应都是相对的。一般来说,碱性溶剂是酸的拉平性溶剂,对于碱具有区分效应。酸性溶剂是碱的拉平性溶剂,对于酸具有区分效应。

利用溶剂的拉平效应可以测定各种酸或碱的总浓度,利用溶剂的区分效应可以分别测定各种酸或碱的含量。惰性溶剂没有明显的酸碱性,也不参与质子转移反应,因而没有拉平效应,当各种物质溶解在惰性溶剂中时,各种物质的酸碱性得以保存,惰性溶剂是很好的区分性溶剂。

3. 溶剂的质子自递反应　常用的非水溶剂中,除惰性溶剂不能解离外,其他溶剂均有一定程度的解离。它们与水一样能发生质子自递反应。例如对于溶剂 HS,则有:

$$HS + HS \rightleftharpoons H_2S^+ + S^-$$

该反应的平衡常数反映了溶剂分子间发生质子转移程度的大小,称为质子自递常数,用 K_s 表示。

$$K_s = [H_2S^+][S^-] \qquad 式(5\text{-}17)$$

对于非水溶剂,影响 K_s 大小的因素只有温度,当温度一定时,K_s 也是定值。部分溶剂的 K_s 见表 5-8。

表 5-8　常见非水溶剂的 K_s(298K)

溶剂	K_s	pK_s	溶剂	K_s	pK_s
甲醇	$10^{-16.70}$	16.70	醋酐	$10^{-14.50}$	14.50
乙醇	$10^{-19.10}$	19.10	乙二胺	$10^{-15.30}$	15.30
冰醋酸	$10^{-14.45}$	14.45	乙腈	$10^{-28.50}$	28.50

解离性溶剂 K_s 的大小对滴定突跃范围有直接的影响。一般溶剂的 K_s 越小，滴定突跃范围越大，反之越小。因此在非水滴定中，在综合考虑其他条件的情况下，尽可能选用 K_s 比较小的溶剂。

课堂活动

计算 298.15K 时，分别在水中和无水乙醇中用 0.1000mol/LNaOH 滴定 20.00ml 0.1000mol/L HCl 的滴定突跃范围，并比较滴定突跃范围的大小与溶剂 K_s 大小的关系。

（三）溶剂的选择

非水滴定中溶剂的选择是关系到滴定成败的重要因素之一。选择溶剂应遵循如下的原则：

1. 能有效增强被测物质的酸碱性　滴定弱酸性物质选择碱性溶剂，滴定弱碱性物质选择酸性溶剂。

2. 溶解性要好　应能完全溶解被测样品以及滴定产物，选择溶剂时遵循相似相溶的原则。

3. 不发生副反应　例如某些芳伯胺和芳仲胺类化合物能与醋酐发生乙酰化反应影响滴定结果，不能选择醋酐作为溶剂。

4. 纯度要高　非水溶剂不应含有酸性和碱性杂质。例如水分，既是酸性杂质又是碱性杂质，必须予以除去。

5. 选择溶剂还应注意安全、价格低廉、黏度低、挥发性小、易于精制和回收等事项。

二、滴定类型及应用

（一）碱的滴定

滴定弱碱通常选择对碱有拉平效应的酸性溶剂。冰醋酸是最常用的酸性溶剂，在冰醋酸中，$HClO_4$ 的酸性最强，而且有机碱的高氯酸盐易溶于有机溶剂，因此，常用 $HClO_4$ 的冰醋酸溶液作为测定弱碱含量的滴定液。

以冰醋酸作溶剂，用高氯酸滴定液滴定碱时，最常用的指示剂为结晶紫，其酸式色为黄色，碱式色为紫色，由碱区到酸区的颜色变化有：紫、蓝、蓝绿、黄绿、黄。在滴定不同强度的碱时，终点颜色变化不同。滴定较强碱，应以蓝色或蓝绿色为终点；滴定较弱碱，应以蓝绿或绿色为终点。对于终点的判定，最好以电势滴定法作对照，以确定终点的颜色。并作空白试验以减少滴定误差。

2010 年版《中国药典》中应用高氯酸的冰醋酸溶液作为滴定液测定的有机药物很多，如有机碱（如胺类、生物碱等）、有机酸的碱金属盐（如邻苯二甲酸氢钾、水杨酸钠、醋酸钠、乳酸钠、枸橼酸钠等)、有机碱的氢卤酸盐(如盐酸麻黄碱、氢溴酸东莨菪碱等)、有机碱的有机酸盐(如氯苯那敏、重酒石酸去甲肾上腺素等)等药物含量的测定。例如,有机碱的氢卤酸盐的滴定。

由于有机碱的氢卤酸盐(B·HX)中的氢卤酸 HX 在冰醋酸中酸性较强,不能直接用高氯酸滴定,而必须消除 HX 的干扰。通常多采用先加过量的醋酸汞冰醋酸溶液,使形成难解离的卤化汞,而氢卤酸盐则转变成可测定的醋酸盐,然后再用高氯酸滴定,以结晶紫或其他适宜的指示剂指示终点。

$$2B \cdot HX + Hg(Ac)_2 \xlongequal{} 2B \cdot HAc + HgX_2$$

$$B \cdot HAc + HClO_4 \xlongequal{} B \cdot HClO_4 + HAc$$

高氯酸滴定液采用间接配制法。在配制和标定的过程中应注意以下问题:

(1) 配制高氯酸滴定液所用的高氯酸和冰醋酸都含有水分,水的存在将影响滴定分析的结果,因此必须除去。除去的方法是加入计算量的醋酐。

$$(CH_3CO)_2O + H_2O = 2CH_3COOH$$

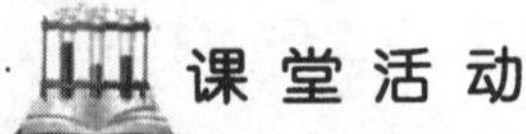

课堂活动

在非水滴定法中,水分的存在将对分析结果造成何种影响?

(2) 高氯酸与醋酐等有机物混合会发生剧烈反应,并放出大量的热,有可能使溶液沸腾溅出甚至发生爆炸。因此,在配制时应先用无水冰醋酸将高氯酸稀释以后,在不断搅拌下缓缓滴加醋酐,并尽可能将温度控制在25℃以下,以保证安全。

(3) 标定高氯酸滴定液常用邻苯二甲酸氢钾为基准物质,以结晶紫为指示剂指示终点。由于溶剂和指示剂会消耗一定的滴定液,所以需要做空白试验对结果进行校正。

(4) 非水溶剂的体积膨胀系数较大,体积随温度的变化较明显,所以当高氯酸滴定液在实际应用测定样品与标定时温度相差较大,则要进行浓度校正。

若测定时温度与标定时温度相差 ±10℃,则高氯酸滴定液的浓度按照下式进行校正:

$$c_1 = \frac{c_0}{1 + 0.0011(t_1 - t_0)} \qquad \text{式(5-18)}$$

式(5-18)中,0.0011 是醋酸的体积膨胀系数;t_0 为标定时温度;t_1 为测定样品时的温度;c_0 为标定时的浓度;c_1 为测定样品时的浓度。

(二) 酸的滴定

在水中 $cK_a < 10^{-8}$ 的弱酸,不能用碱滴定液直接滴定,若选用比水强的碱性溶剂,可以增强弱酸的酸性,增大滴定突跃。滴定不太弱的羧酸时,可用甲醇、乙醇等醇类溶剂;滴定弱酸或极弱酸,则以碱性溶剂乙二胺为拉平性溶剂增强酸性;混合酸的区分滴定以惰性溶剂甲基异丁酮为区分性溶剂。

如苯酚的酸性比较弱,pK_a 为 9.96,若以水为溶剂苯酚无明显的滴定突跃。若以乙二胺为溶剂,苯酚在乙二胺中可强烈地进行质子转移,用氨基乙醇钠($NaOCH_2CH_2NH_2$)作滴定剂,可获得明显的滴定突跃。

对于难溶于水的酸性物质,如羧酸类、酚类、巴比妥类、磺酰胺类和氨基酸类药物,常用非水溶液的酸碱滴定法测定其含量。例如：

1. 羧酸类　用二甲基甲酰胺为溶剂，以百里酚蓝为指示剂，用甲醇钠滴定液滴定。

2. 酚类　若以乙二胺为溶剂，酚可显较强的酸性，用氨基乙醇钠作滴定液可获得很明显的突越。

3. 磺胺类　磺胺嘧啶、磺胺噻唑的酸性较强，可用甲醇-丙酮或甲醇-苯作溶剂，以百里酚蓝作为指示剂，用甲醇钠滴定液滴定。磺胺的酸性较弱，宜适用碱性较强的溶剂如丁胺或乙二胺，以偶氮紫为指示剂，用甲醇钠滴定液滴定。

点滴积累

1. 非水溶剂可以分为质子性溶剂和非质子性溶剂。

2. 非水酸碱滴定中，一般滴定弱酸性物质选择碱性溶剂，滴定弱碱性物质选择酸性溶剂。

3. 碱的非水滴定一般选择冰醋酸为溶剂，$HClO_4$ 为滴定液，结晶紫为指示剂。

目标检测

一、选择题

（一）单项选择题

1. $H_2PO_4^-$ 的共轭碱是（　　）

A. H_3PO_4　　B. HPO_4^{2-}　　C. PO_4^{3-}　　D. OH^-

2. 根据质子理论，下列物质中不具有两性的物质是（　　）

A. HCO_3^-　　B. CO_3^{2-}　　C. HPO_4^{2-}　　D. HS^-

3. 按照质子理论，Na_2HPO_4 是（　　）

A. 中性物质　　B. 酸性物质　　C. 碱性物质　　D. 两性物质

4. 在下述各组相应的酸碱组分中，组成共轭酸碱关系的是（　　）

A. $H_2AsO_4^-$-AsO_4^{3-}　　B. H_2CO_3-CO_3^{2-}

C. NH_4^+-NH_3　　D. $H_2PO_4^-$-PO_4^{3-}

5. 若要测定不同强度混合酸的总量，应利用溶剂的（　　）

A. 区分效应　　B. 盐效应　　C. 拉平效应　　D. 同离子效应

6. 25℃某酸 HA 的 $K_a=10^{-6}$　A^- 的 K_b 为（　　）

A. 10^{-6}　　B. 10^{-7}　　C. 10^{-14}　　D. 10^{-8}

7. 在一定温度下，稀释某弱酸溶液，则（　　）

A. α 增大，K_a 不变　　B. α 减小，K_a 不变

C. α 不变，K_a 增大　　D. α 不变，K_a 减小

8. 已知 0.01mol/L 某弱酸 HA 有 1% 解离，其解离常数为（　　）

A. 1×10^{-6}　　B. 1×10^{-5}　　C. 1×10^{-4}　　D. 1×10^{-3}

9. 向 0.05mol/L HAc 溶液中添加溶质，使溶液的总浓度变为 0.1mol/L，则（　　）

A. 解离常数增大　B. 解离常数减小　C. 解离度减小　D. 解离度增大

10. 1L 0.8mmol/L HAc 溶液，要使解离度增加 1 倍，若不考虑活度变化，应将原溶液稀释到多少升(　　)

A. 2　B. 3　C. 4　D. 4.5

11. 在 1mol/L $NH_3 \cdot H_2O$ 溶液中，加入下列物质能产生同离子效应的是(　　)

A. 加水　B. 加 NaOH

C. 加固体 NH_4Cl　D. 加 0.1mol/L HCl

12. 在水溶液中共轭酸碱对的 K_a 和 K_b 的关系是(　　)

A. $K_a = K_b$　B. $K_aK_b = 1$

C. $K_a/K_b = K_w$　D. $K_aK_b = K_w$

13. 用纯水将下列溶液稀释 10 倍时，其中 pH 变化最小的是(　　)

A. 0.1mol/L HCl 溶液

B. 0.1mol/L $NH_3 \cdot H_2O$ 溶液

C. 0.1mol/L HAc 溶液

D. 0.1mol/L HAc 溶液 +0.1mol/L NaAc 溶液

14. 欲配制 pH =9 的缓冲溶液，应选用的缓冲对是(　　)

A. NH_4^+-NH_3($K_b = 1 \times 10^{-5}$)　B. HAc-NaAc($K_a = 1 \times 10^{-5}$)

C. HCOOH-HCOONa($K_a = 1 \times 10^{-4}$)　D. HNO_2-$NaNO_2$($K_a = 5 \times 10^{-4}$)

15. 下列物质中，不可以作为缓冲溶液的是(　　)

A. 氨水-氯化铵溶液　B. 醋酸-醋酸钠溶液

C. 碳酸钠-碳酸氢钠　D. 醋酸-氯化钠

16. 某酸碱指示剂的 $K_{HIn} = 1 \times 10^{-5}$，则从理论上推算，其 pH 变色范围是(　　)

A. 4~5　B. 4~6　C. 5~7　D. 5~6

17. 酸碱滴定达到化学计量点时，溶液呈(　　)

A. 中性　B. 酸性

C. 碱性　D. 取决于产物的酸碱性

18. NaOH 滴定液滴定 HAc 至化学计量点时的$[OH^-]$计算式是(　　)

A. $\sqrt{K_ac}$　B. $\sqrt{\frac{K_wc}{K_a}}$　C. $\sqrt{\frac{K_aK_w}{c}}$　D. $K_a\frac{c_a}{c_b}$

19. 用 0.1mol/L HCl 溶液滴定同浓度的 NaOH 溶液，滴定的突跃范围 pH 是(　　)

A. 6.30~10.70　B. 10.70~6.30

C. 5.30~8.70　D. 9.70~4.30

20. 用 0.1000mol/L HCl 滴定 Na_2CO_3 至第一化学计量点，体系的 pH 是(　　)

A. >7　B. <7　C. 约等于 7　D. 难以判断

21. 某碱样为 NaOH 和 Na_2CO_3 混合溶液，用 HCl 滴定液滴定，先以酚酞作指示剂，耗去 HCl 溶液 V_1ml，继以甲基红为指示剂，又耗去 HCl 溶液 V_2ml，V_1 与 V_2 的关系是(　　)

A. $V_1 = 2V_2$　B. $2V_1 = V_2$　C. $V_1 > V_2$　D. $V_1 < V_2$

22. 某碱样以酚酞作指示剂，用标准 HCl 溶液滴定到终点时耗去 V_1ml，继以甲基橙作指示剂又耗去 HCl 溶液 V_2ml，若 $V_1 < V_2$，则该碱样溶液是(　　)

A. Na_2CO_3　　B. $Na_2CO_3 + NaHCO_3$
C. $NaHCO_3$　　D. $NaOH + Na_2CO_3$

23. 标定 NaOH 溶液常用的基准物质是(　　)
A. 硼砂　　B. 邻苯二甲酸氢钾
C. 碳酸钙　　D. 无水碳酸钠

24. 区分 HCl、$HClO_4$、H_2SO_4、HNO_3 四种酸的强度大小,可采用的溶剂是(　　)
A. 水　　B. 冰醋酸　　C. 液氨　　D. 乙二胺

25. 在下列何种溶剂中,醋酸、苯甲酸、盐酸和高氯酸的强度都相同(　　)
A. 纯水　　B. 浓硫酸　　C. 液氨　　D. 甲基异丁酮

(二) 多项选择题

1. 根据酸碱质子理论,下列离子中既可作酸,又可作碱的是(　　)
A. HPO_4^{2-}　　B. SO_4^{2-}　　C. NH_4^+　　D. Ac^-　　E. HCO_3^-

2. 下列物质属于共轭酸碱对的是(　　)
A. H_2SO_4-SO_4^{2-}　　B. HS^--S^{2-}　　C. HAc-Cl^-
D. H_3PO_4-$H_2PO_4^-$　　E. HCl-Ac^-

3. 与缓冲溶液的缓冲容量大小有关的因素是(　　)
A. 缓冲溶液的 pH 范围　　B. 缓冲溶液的总浓度
C. 缓冲溶液组分的浓度比　　D. 外加的酸量
E. 外加的碱量

4. 用非水溶液滴定法测定有机碱的氢卤酸盐的含量时,所用到的试剂有(　　)
A. 醋酸汞冰醋酸液　　B. 盐酸　　C. 冰醋酸
D. 二甲基甲酰胺　　E. 高氯酸

5. 影响指示剂变色范围的因素有哪些(　　)
A. 指示剂用量　　B. 温度　　C. 溶剂　　D. 滴定程序　　E. 压力

二、简答题

1. 质子理论和电离理论相比较,最主要的不同点是什么?

2. 何谓滴定突跃?它的大小与哪些因素有关?酸碱滴定中指示剂的选择原则是什么?

3. 若用已吸收少量水的无水碳酸钠标定 HCl 溶液的浓度,所标出的浓度偏高还是偏低?

4. 试以 $NH_3 \cdot H_2O$-NH_4Cl 为例,简要说明缓冲溶液抵抗外来少量酸(碱)和稀释的作用原理。

5. 酸碱滴定曲线说明哪些问题?强酸滴定强碱和弱碱滴定曲线有何不同?

6. 下列酸碱溶液能否用强酸或强碱滴定液直接进行滴定或分步滴定?

(1) 0.1mol/L HCN

(2) 0.1mol/L 乙醇胺 $HOCH_2CH_2NH_2$($K_b = 3.2 \times 10^{-5}$)

(3) 0.1mol/L 砷酸 H_3AsO_4($K_{a1} = 6.3 \times 10^{-3}$, $K_{a2} = 1.0 \times 10^{-7}$, $K_{a3} = 3.2 \times 10^{-12}$)

(4) 0.1mol/L 酒石酸 $H_2C_4H_4O_6$($K_{a1} = 9.1 \times 10^{-4}$, $K_{a2} = 4.3 \times 10^{-5}$)

7. 用基准 Na_2CO_3 标定 HCl 溶液时,为什么不选用酚酞指示剂而用甲基橙作指示剂？为什么要在近终点时加热除去 CO_2？

8. 非水酸碱滴定法有什么特点？所使用的溶剂主要有几类？

9. 配制高氯酸的冰醋酸滴定液为什么要除去水分？除去水分的方法是什么？

10. 非水酸碱滴定中选择溶剂的原则是什么？

三、实例分析

1. 计算下列溶液的 pH

（1）0.0010mol/L 的 NaOH 溶液

（2）0.010mol/L 的 $NH_3 \cdot H_2O$ 溶液

（3）0.040mol/L H_2CO_3 溶液

（4）0.20mol/L 的氯化铵溶液

（5）0.2mol/L 的 HAc 和 0.2mol/L 的 NaOH 等体积混合溶液

（6）0.1mol/L 的 HAc 和 0.1mol/L 的 NaAc 等体积混合溶液

（7）0.1mol/L 的 $NaHCO_3$ 溶液

2. 欲配制 1.00L HAc 浓度为 1.00mol/L，pH = 4.50 的缓冲溶液，需加入多少克 $NaAc \cdot 3H_2O$ 固体？

3. 将摩尔数之比为 1∶3 的 Na_3PO_4 和 NaH_2PO_4 混合成水溶液，计算溶液的 pH。

4. 用邻苯二甲酸氢钾基准物质 0.4563g，标定 NaOH 溶液时，消耗 NaOH 溶液的体积为 22.05ml，计算 NaOH 溶液的浓度。

5. 称取混合碱试样 0.6800g，以酚酞为指示剂，用 0.2000mol/L 的 HCl 滴定液滴定至终点，消耗 HCl 溶液体积 V_1 = 26.80ml，然后加入甲基橙指示剂滴定至终点，又消耗 HCl 溶液体积 V_2 = 23.00ml，判断混合碱的组成，并计算各组分的含量。

实训五 缓冲溶液的配制和性质

【实训目的】

1. 掌握缓冲溶液配制的原理及操作技术。
2. 熟悉缓冲溶液的缓冲作用。
3. 学会刻度吸管等仪器的使用。

【实训内容】

1. 实训用品

（1）仪器：刻度吸管（10ml）、试管、小烧杯、胶头滴管、洗耳球等。

（2）药品：0.1mol/L Na_2HPO_4、0.1mol/L KH_2PO_4、0.1mol/L NaOH、0.1mol/L HCl、0.1mol/L NaCl、万能指示剂。

2. 实训步骤

（1）缓冲溶液的配制：取 3 个小烧杯，按（1）（2）（3）编号，然后用刻度吸管按下表中所示的量，分别吸取 0.1mol/L Na_2HPO_4 及 0.1mol/L KH_2PO_4 加入小烧杯中，混匀，并计算所配制缓冲溶液的 pH，记入实训报告中。

药品 \ 小烧杯号	(1)	(2)	(3)
Na_2HPO_4(ml)	9.50	10.00	1.20
KH_2PO_4(ml)	0.50	10.00	8.80
pH			

（2）缓冲溶液的稀释：取5支试管，编号，按下表中要求加入上述2号小烧杯中的缓冲溶液、纯化水、万能指示剂。把所观察到的现象记入实训报告中，并解释产生各种现象的原因。

试管号	加缓冲溶液(2)(ml)	加纯化水(ml)	加万能指示剂(滴)	颜色
1	0	5	1	
2	5	0	1	
3	2.5	2.5	1	
4	1	4	1	
5	0.5	4.5	1	

（3）缓冲溶液的抗酸、抗碱作用：取10支试管，按下表中所列顺序编号，分别加试样、万能指示剂，记下颜色。然后再逐滴加入酸或碱，观察颜色变化，记录各溶液颜色刚好变成红色或紫色时，加入酸或碱的滴数。把所观察到的现象记入实训报告中，并解释产生各种现象的原因。

试管号	试样	万能指示剂(滴)	颜色	逐滴加酸或碱	颜色变红或紫时，加酸或碱的滴数
1	纯化水2ml	1		HCl	
2	纯化水2ml	1		NaOH	
3	缓冲溶液(1)2ml	1		HCl	
4	缓冲溶液(1)2ml	1		NaOH	
5	缓冲溶液(2)2ml	1		HCl	
6	缓冲溶液(2)2ml	1		NaOH	
7	缓冲溶液(3)2ml	1		HCl	
8	缓冲溶液(3)2ml	1		NaOH	
9	NaCl溶液2ml	1		HCl	
10	NaCl溶液2ml	1		NaOH	

附：万能指示剂配制及颜色与pH的关系

准确称取甲基红65mg、百里酚蓝25mg、酚酞250mg、溴百里酚蓝400mg，溶于400ml酒精中，稀释后用0.1mol/LNaOH溶液中和为黄绿色，最后加水至1000ml即可。

pH	2	3	4	5	6	7	8	9	10	11	12	13
颜色			红	橙	黄	黄绿	青绿	蓝	紫			

【实训注意】

1. 不同的缓冲溶液具有不同的缓冲范围，配制缓冲溶液时应根据所需 pH 选择合适的缓冲对，当弱酸和共轭碱的浓度相等时，可利用以下公式计算出所配制缓冲溶液的 pH：

$$pH = pK_a + \lg \frac{V_{A^-}}{V_{HA}}$$

2. 缓冲溶液的缓冲能力用缓冲容量来衡量，缓冲溶液的缓冲容量越大，其缓冲能力越大。缓冲容量与总浓度及缓冲比有关，当缓冲比一定时，总浓度越大，缓冲容量越大；当总浓度一定时，缓冲比越接近 1，缓冲容量越大，缓冲比等于 1 时，缓冲容量最大。

3. 由于缓冲溶液中抗酸和抗碱成分的存在，加入少量酸或碱其 pH 几乎不变。当加入的酸或碱的量超过缓冲溶液的缓冲能力时，将引起溶液 pH 的急剧改变，失去缓冲作用。

【实训检测】

1. 通过本实训总结缓冲溶液的特性及影响缓冲容量的各种因素。
2. 本实训配制的三种缓冲溶液中，哪一种缓冲能力最大？为什么？

【实训记录】（见实训步骤中表）

实训六　酸、碱滴定液的配制与标定

【实训目的】

1. 掌握盐酸、氢氧化钠滴定液的配制和标定方法。
2. 能正确使用滴定管、移液管和电子天平。
3. 熟悉甲基红-溴甲酚绿、酚酞指示剂的使用。

【实训内容】

1. 实训用品

（1）仪器：量筒、试剂瓶、锥形瓶、滴定管、移液管、称量瓶、电子天平等。

（2）试剂：浓盐酸（AR）、饱和 NaOH 溶液、甲基红-溴甲酚绿混合指示剂、酚酞指示剂。

2. 实训步骤

（1）酸碱溶液的配制

1）0. 1mol/L HCl 溶液的配制：用洁净小量筒量取市售浓 HCl 4. 5ml，倒入试剂瓶中，加纯化水稀释至 500ml，摇匀密塞，待标定。

2）0. 1mol/L NaOH 溶液的配制：取 2. 8ml 澄清饱和 NaOH 溶液，加新煮沸过的冷纯化水配制成 500ml，摇匀密塞，待标定。

（2）HCl溶液的标定：精密称取在270～300℃干燥至恒重的基准无水Na_2CO_3约0.11～0.13g 3份，分别置于250ml锥形瓶中，加50ml纯化水溶解后，加甲基红-溴甲酚绿混合指示剂10滴，用待标定的HCl溶液滴定至溶液由绿变紫红色，煮沸约2分钟，冷却至室温，继续滴定至暗紫色，即为终点。记录消耗HCl溶液的体积，计算HCl溶液的准确浓度。按下式计算HCl溶液的浓度：

$$c_{HCl}=\frac{2m_{Na_2CO_3}}{V_{HCl}M_{Na_2CO_3}}\times10^3$$

（3）NaOH溶液的标定：准确量取上述已标定的HCl滴定液25.00ml，于锥形瓶中，加入酚酞指示剂2滴，用待标定NaOH溶液滴定至溶液恰好由无色转变为淡红色（30秒不褪色）即为终点，记录消耗NaOH溶液的体积。平行测定3次，计算NaOH溶液的准确浓度。按下式计算NaOH溶液的浓度：

$$c_{NaOH}=\frac{c_{HCl}V_{HCl}}{V_{NaOH}}$$

【实训注意】

1. 因HCl具有挥发性，NaOH易吸收空气中的CO_2和H_2O，只能用间接法配制。
2. 常用基准无水碳酸钠标定HCl溶液，标定反应为：

$$2HCl+Na_2CO_3 = 2NaCl+H_2O+CO_2\uparrow$$

3. 用HCl滴定液标定NaOH溶液，标定反应为：

$$HCl+NaOH = NaCl+H_2O$$

【实训检测】

1. 为什么用HCl溶液滴定NaOH溶液时用甲基橙为指示剂，而用NaOH溶液滴定HCl溶液时却用酚酞为指示剂？
2. 配制HCl溶液和NaOH溶液时，是否要准确量取纯化水的体积？为什么？
3. 用吸潮后的基准Na_2CO_3标定HCl溶液，对标定结果有什么影响？

【实训记录】

1. HCl溶液的标定

项目＼次数	1	2	3
$m_{Na_2CO_3}$			
V_{HCl}终			
V_{HCl}初			
V_{HCl}			
c_{HCl}			
$\bar{c}_{HCl}$			
$R\bar{d}$			

2. NaOH 溶液的标定

项目＼次数	1	2	3
c_{HCl}			
V_{NaOH}终			
V_{NaOH}初			
V_{NaOH}			
c_{NaOH}			
$\bar{c}_{NaOH}$			
$R\bar{d}$			

实训七　药用硼砂含量的测定

【实训目的】

1. 掌握酸碱滴定法测定药用硼砂含量的方法。
2. 掌握测定药用硼砂含量的计算。

【实训内容】

1. 实训用品

（1）仪器：锥形瓶、酸式滴定管、碱式滴定管、电子天平、量筒、电炉。

（2）试剂：HCl 滴定液（0.1mol/L）、NaOH 滴定液（0.1mol/L）、药用硼砂、甲基橙指示剂、酚酞指示剂、中性甘油。

2. 实训步骤　精密称取药用硼砂 3 份，每份重量约为 0.4g，分别置于锥形瓶中，加纯化水约 25ml 溶解，加 0.05% 甲基橙指示剂 1 滴，用 HCl 滴定液滴定至溶液由黄色变为橙红色，煮沸 2 分钟，冷却，如溶液呈黄色，继续滴定至溶液成橙红色，加中性甘油（取甘油 80ml，加水 20ml 与酚酞指示液 1 滴，用 0.1mol/L NaOH 滴定液滴定至粉红色）80ml 与酚酞指示液 8 滴，用 NaOH 滴定液滴定至显粉红色，记录 NaOH 滴定液的消耗体积。按下式计算 $Na_2B_4O_7 \cdot 10H_2O$ 的含量：

$$Na_2B_4O_7 \cdot 10H_2O\% = \frac{c_{NaOH}V_{NaOH}M_{Na_2B_4O_7 \cdot 10H_2O} \times 10^{-3}}{4m_S} \times 100\%$$

【实训注意】

硼砂具有较强的碱性，可与 HCl 滴定液发生如下反应：

$$Na_2B_4O_7 + 2HCl + 5H_2O = 2NaCl + 4H_3BO_3$$

由于在上述反应中存在硼酸-硼砂缓冲对，如果用 HCl 滴定液直接滴定硼砂溶液，HCl 与硼砂的反应不能进行完全，并且滴定终点的观察也受一定的影响。故 2010 年版《中国药典》采用间接滴定法测定药用硼砂的含量。即在上述溶液中加入甘油与生成的硼酸反应,生成甘油硼酸,破坏缓冲作用,防止对终点的干扰,提高反应的完成程度。再用 NaOH 滴定液与甘油硼酸发生定量反应,根据消耗 NaOH 滴定液的量,间接计算药用硼砂的含量。从反应原理可知:

1mol $Na_2B_4O_7$ 相当于 4mol H_3BO_3 相当于 4mol 甘油硼酸相当于 4mol NaOH。

【实训检测】

1. 若硼砂保存不当,失去部分结晶水,对测定结果会有什么影响?
2. 实验中加入中性甘油的作用是什么?如果不加对测定结果会有什么影响?

【实训记录】

次数 项目	1	2	3
m_S c_{NaOH} V_{NaOH}终 V_{NaOH}初 V_{NaOH} $Na_2B_4O_7 \cdot 10H_2O\%$ $Na_2B_4O_7 \cdot 10H_2O\%$平均值 $R\bar{d}$			

（董会钰）

第六章　沉淀溶解平衡与沉淀滴定法

沉淀反应是一类重要的化学反应，在药物制备及分析过程中常利用沉淀反应分离杂质与进行定性、定量分析。例如，药物 $BaSO_4$、$Al(OH)_3$ 的制备，锅炉中锅垢 $CaSO_4$ 的清除等都与沉淀的生成与溶解有关。

第一节　沉淀溶解平衡

一、溶度积原理

任何难溶电解质在水中会或多或少的溶解，绝对不溶的物质是不存在的，但其溶解的部分是全部解离的。在难溶电解质的饱和溶液中，未溶解的固体和溶解产生的离子之间存在着沉淀溶解平衡。

（一）沉淀溶解平衡和溶度积

难溶电解质在水中的溶解过程是一个可逆过程。例如，在一定温度下，将难溶电解质 AgCl 投入水中，在极性水分子的作用下，会有微量的 AgCl 脱离固体表面进入水中解离成 Ag^+、Cl^-，这个过程称为溶解。同时也有 Ag^+ 和 Cl^- 与固体表面接触并重新回到 AgCl 固体表面上，这个过程称为沉淀。当固体溶解的速率与沉淀的速率相等时，体系达到动态平衡，称为难溶电解质的沉淀溶解平衡，平衡时的溶液为饱和溶液。平衡关系表示为：

$$AgCl(s) \underset{\text{沉淀}}{\overset{\text{溶解}}{\rightleftharpoons}} Ag^+ + Cl^-$$

其平衡常数表达式为：$K = \dfrac{[Ag^+][Cl^-]}{[AgCl]}$

$$K[AgCl] = [Ag^+][Cl^-]$$

$K[AgCl]$是一定值，用 K_{sp} 表示，则

$$K_{sp} = [Ag^+][Cl^-]$$

上式表明，在一定温度下，难溶电解质达到沉淀溶解平衡时，溶液中有关离子浓度幂的乘积为一常数，称为溶度积常数，简称溶度积，用符号 K_{sp} 表示。对于 A_mB_n 型的难溶电解质：

$$A_mB_n(s) \rightleftharpoons mA^{n+}(aq) + nB^{m-}(aq)$$

$$K_{sp} = [A^{n+}]^m[B^{m-}]^n$$

K_{sp} 表达式中，各离子浓度的单位为 mol/L。K_{sp} 值与难溶电解质的本性和温度有关，

与浓度无关。一些常见难溶电解质在常温下的 K_{sp} 见附录五。

（二）溶度积与溶解度的关系

溶解度是指在一定温度下，一定量的饱和溶液中所能溶解的溶质的量。溶度积和溶解度均可以表示难溶电解质在水中的溶解能力大小，二者之间有一定的内在联系。在一定条件下，溶度积 K_{sp} 和溶解度 s 之间可以相互换算。

例 1　在 298.15K 时，AgCl 在水中的溶解度为 1.91×10^{-3}g/L，求其溶度积。

解：$M_{AgCl}=143.2$g/mol，则 AgCl 的溶解度为：

$$s=\frac{1.91\times10^{-3}}{143.2}=1.33\times10^{-5}(\text{mol/L})$$

在 AgCl 的饱和溶液中，溶解的 AgCl 完全解离，所以

$$[Ag^+]=[Cl^-]=1.33\times10^{-5}\text{mol/L}$$

$$K_{sp}=[Ag^+][Cl^-]=(1.33\times10^{-5})^2=1.77\times10^{-10}$$

例 2　在 298.15K 时，Ag_2CrO_4 在水中的溶度积 K_{sp} 为 1.12×10^{-12}，计算其溶解度。

解：设 Ag_2CrO_4 的溶解度为 s（mol/L），则饱和溶液中

$$Ag_2CrO_4(s)\rightleftharpoons 2Ag^+ + CrO_4^{2-}$$

平衡浓度（mol/L）　　$2s$　　s

$$K_{sp}=[Ag^+]^2[CrO_4^{2-}]=(2s)^2s=4s^3=1.12\times10^{-12}$$

$$s=\sqrt[3]{\frac{1.12\times10^{-12}}{4}}=6.54\times10^{-5}(\text{mol/L})$$

难点释疑

Ag_2CrO_4 的 K_{sp} 比 AgCl 的 K_{sp} 小，但 Ag_2CrO_4 的溶解度比 AgCl 的溶解度大。

因为 Ag_2CrO_4 属于 A_2B 型结构，AgCl 属于 AB 型结构。对于相同类型的难溶强电解质，如同为 AB 型或同为 A_2B 或 AB_2 型等，可根据 K_{sp} 的相对大小直接比较其溶解度 s 的相对大小，K_{sp} 大者，其溶解度也大。对不同类型的难溶电解质，不能直接根据 K_{sp} 的大小来判断其溶解度大小，必须实际计算才能得出结论。

对于一般难溶电解质 A_mB_n，设一定温度下其溶解度为 s（mol/L），根据沉淀溶解平衡：

$$A_mB_n(s)\rightleftharpoons mA^{n+}(aq)+nB^{m-}(aq)$$

其饱和溶液中：　　ms　　ns

$$K_{sp}=[A^{n+}]^m[B^{m-}]^n=(ms)^m(ns)^n=m^mn^ns^{m+n}$$

$$s=\sqrt[m+n]{\frac{K_{sp}}{m^mn^n}}$$

注意 s 和 K_{sp} 之间的相互换算是有条件的：

1. 难溶电解质溶于水的部分必须完全解离。

2. 难溶电解质的离子在水溶液中不发生副反应（不水解、不形成配合物等），或发生副反应的程度很小。

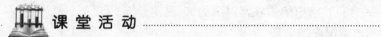

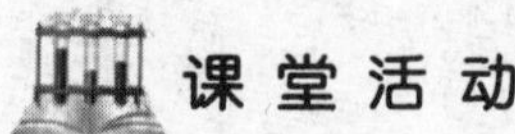

难溶电解质可以直接根据 K_{sp} 的大小来比较其溶解度大小吗？为什么？

二、沉淀的生成与溶解

（一）溶度积规则

难溶电解质的沉淀溶解平衡是一种动态平衡。当溶液中难溶电解质离子的浓度变化时，平衡将向某一定方向移动，直至重新达到平衡。利用难溶电解质沉淀溶解反应的离子积和溶度积常数，可以判断沉淀、溶解反应的方向。

例如，对于任意难溶强电解质 A_mB_n 的沉淀溶解反应：

$$A_mB_n(s) \rightleftharpoons mA^{n+}(aq) + nB^{m-}(aq)$$

若以 Q_i 表示任意状态下难溶电解质离子浓度幂的乘积，即 $Q_i = c^m_{A^{n+}} c^n_{B^{m-}}$ 称为离子积，Q_i 和 K_{sp} 的表达式类似，但含义不同。在温度一定时，某一难溶电解质 K_{sp} 是定值，K_{sp} 仅是 Q_i 的一个特例。而 Q_i 的数值不定，会随着溶液中离子浓度的改变而变化。对于一给定的难溶电解质溶液，Q_i 和 K_{sp} 之间有三种不同的关系：

$Q_i = K_{sp}$，溶液为饱和溶液，体系处于动态平衡，既无沉淀析出又无沉淀溶解。

$Q_i > K_{sp}$，溶液为过饱和溶液，有沉淀析出直至达到饱和（$Q_i = K_{sp}$）为止。

$Q_i < K_{sp}$，溶液为不饱和溶液，无沉淀析出，若加入难溶强电解质，则会继续溶解，直至达到平衡。

以上三条称为溶度积规则，运用此规则可以判断化学反应中沉淀生成和溶解的可能性。

（二）沉淀的生成

根据溶度积规则，欲使某难溶电解质析出沉淀，必须增大溶液中有关离子的浓度，使难溶强电解质的离子积大于溶度积，即 $Q_i > K_{sp}$，平衡向生成沉淀方向移动，即有沉淀生成。

例 3　将 1ml 0.1mol/L $MgCl_2$ 与 1ml 0.1mol/L 氨水溶液混合后有无 $Mg(OH)_2$ 沉淀生成？（已知 $K_{sp,Mg(OH)_2} = 5.61 \times 10^{-12}$）

解：两溶液混合后 $c_{Mg^{2+}} = 0.05$mol/L，$c_{NH_3} = 0.05$mol/L

$$c_{OH^-} = \sqrt{K_b c_{NH_3}} = \sqrt{1.76 \times 10^{-5} \times 0.05} = 9.4 \times 10^{-4}(\text{mol/L})$$

$$Q_i = c_{Mg^{2+}} \times (c_{OH^-})^2 = 0.05 \times (9.4 \times 10^{-4})^2 = 4.4 \times 10^{-8}(\text{mol/L})$$

$$Q_i > K_{sp,Mg(OH)_2}$$

因此，溶液中有 $Mg(OH)_2$ 沉淀析出。

（三）沉淀的溶解

根据溶度积规则，欲使难溶电解质沉淀溶解，必须降低溶液中难溶电解质的某种离子浓度，使 $Q_i < K_{sp}$，平衡向沉淀溶解的方向移动。常用的方法有：

1. 生成弱电解质使沉淀溶解　某些难溶电解质溶解产生的阴离子可以与强酸提供的 H^+ 结合生成难解离的弱电解质，降低了难溶电解质的阴离子浓度，使 $Q_i < K_{sp}$，沉淀便可溶解。

例如，$Mg(OH)_2$ 沉淀溶于 HCl 溶液，是由于 HCl 中的 H^+ 与 $Mg(OH)_2$ 解离的 OH^- 相结合，生成难解离的水，致使 Mg^{2+} 和 OH^- 的离子积小于 $Mg(OH)_2$ 的溶度积，从而使沉淀溶解。

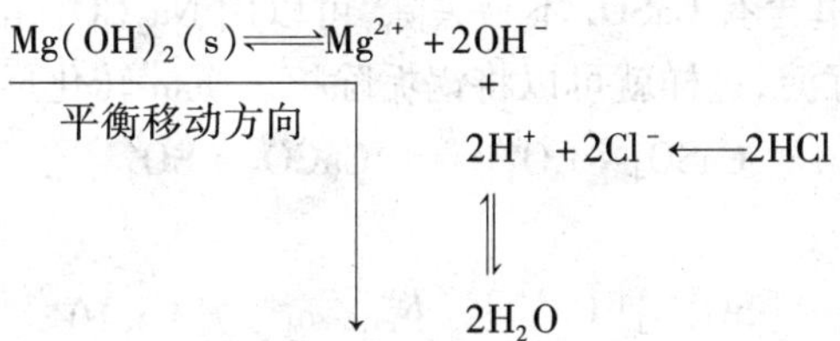

再如，用盐酸溶解 $CaCO_3$ 的过程：

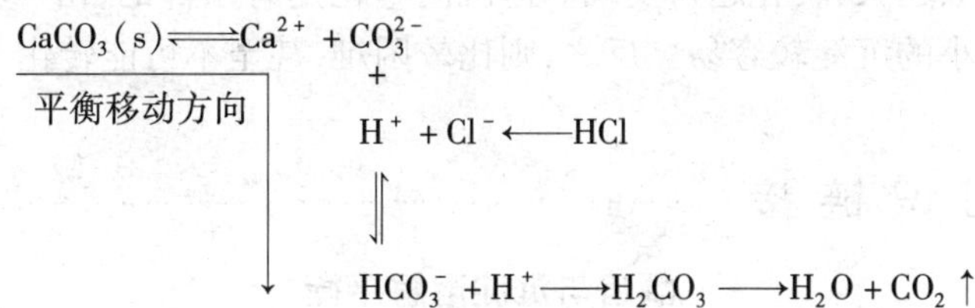

2. 生成配合物使沉淀溶解　某些难溶电解质溶解产生的阳离子可以与某些配位剂形成稳定的配合物，降低了难溶电解质的阳离子浓度，使 $Q_i < K_{sp}$，沉淀便可溶解。

例如，AgCl 溶于氨水的过程，是因为发生了配位反应，从而降低了 Ag^+ 的浓度，使 AgCl 沉淀溶解。

$$AgCl(s) \rightleftharpoons Ag^+ + Cl^-$$

$$+$$

$$2NH_3(\text{加氨水})$$

$$\Updownarrow$$

$$[Ag(NH_3)_2]^+$$

总反应：$AgCl(s) + 2NH_3 = [Ag(NH_3)_2]^+ + Cl^-$

3. 氧化还原反应使沉淀溶解　加入氧化剂或还原剂，使难溶电解质中的某一离子发生氧化还原反应从而降低其浓度，使 $Q_i < K_{sp}$，沉淀便可溶解。

例如，CuS、Ag_2S 等不溶于盐酸，但可以溶于 HNO_3，原因是 HNO_3 可将 CuS 中的 S^{2-} 氧化成 S，使溶液中 S^{2-} 的浓度降低，$Q_i < K_{sp}$，达到 CuS 溶解。其反应式为：

$$3CuS(s) + 8HNO_3 = 3Cu(NO_3)_2 + 4H_2O + 3S\downarrow + 2NO\uparrow$$

难点释疑

Ag_2S 易溶于硝酸但难溶于硫酸；AgCl 在纯水中的溶解度比在稀盐酸中的溶解度大。

因为硝酸具有氧化性，S^{2-} 被氧化成 S，使溶液中 S^{2-} 的浓度大大降低，溶解度变大；由于 AgCl 在稀盐酸中存在同离子效应，所以比在纯水中的溶解度小。

（四）沉淀的转化

在含有某种沉淀的溶液中，加入适当的试剂，使之转化为另一种沉淀的过程，称为沉淀的转化。

例如，锅炉的锅垢里含有 $CaSO_4$ 不易去除，可以用 Na_2CO_3 溶液处理，使 $CaSO_4$ 转化为易溶于酸的 $CaCO_3$ 沉淀，这样就可以将锅垢除掉。沉淀转化反应如下：

$$CaSO_4 + CO_3^{2-} \rightleftharpoons CaCO_3 + SO_4^{2-}$$

反应平衡常数 K 为：

$$K = \frac{[SO_4^{2-}]}{[CO_3^{2-}]} = \frac{[SO_4^{2-}][Ca^{2+}]}{[CO_3^{2-}][Ca^{2+}]} = \frac{K_{sp,CaSO_4}}{K_{sp,CaCO_3}} = \frac{7.1\times10^{-5}}{5.0\times10^{-9}} = 1.42\times10^{4}$$

说明平衡常数越大，转化越易实现。但沉淀转化是有条件的，由一种溶解度大的沉淀转化为溶解度小的沉淀较容易。反之，则比较困难，甚至不可能转化。

知 识 链 接

龋齿与沉淀溶解平衡

人的牙齿表面有一层釉层，其主要组成为羟基磷灰石 $Ca_5(PO_4)_3OH$（$K_{sp}=6.8\times10^{-37}$）。羟基磷灰石是难溶性物质。当糖吸附在牙齿上并且发酵时，产生的 H^+ 和 OH^- 结合生成 H_2O 及 PO_4^{3-} 等，会使羟基磷灰石溶解，使牙齿受到腐蚀。人们若常使用含氟牙膏刷牙，会具有良好的保健效果。因为其中的氟化物的作用是 F^- 取代羟基磷灰石中 OH^-，生成氟磷灰石 $Ca_5(PO_4)_3F$（$K_{sp}=1.0\times10^{-60}$），具有抗酸耐腐蚀作用，有助于保护牙齿。

（五）分步沉淀

如果溶液中含有两种或两种以上的离子，都能与同一种沉淀剂反应产生沉淀，首先析出的是离子积最先达到溶度积的化合物，然后按先后顺序依次沉淀的现象称为分步沉淀。

例 4　在含有 I^- 和 Cl^- 均为 0.010mol/L 的混合溶液中，逐滴加入 $AgNO_3$ 溶液，分别生成 AgI 和 AgCl 沉淀，计算 AgI 和 AgCl 沉淀生成时，所需 Ag^+ 浓度各为多少，AgI 和 AgCl 哪个先沉淀？（$K_{sp,AgI}=8.52\times10^{-17}$，$K_{sp,AgCl}=1.77\times10^{-10}$）

解：

$$[I^-]=[Cl^-]=0.010\text{mol/L}$$

AgI 开始沉淀所需 Ag^+ 的最低浓度：

$$[Ag^+]=\frac{K_{sp,AgI}}{[I^-]}=\frac{8.52\times10^{-17}}{0.01}=8.52\times10^{-15}(\text{mol/L})$$

AgCl 开始沉淀所需 Ag^+ 的最低浓度：

$$[Ag^+]=\frac{K_{sp,AgCl}}{[Cl^-]}=\frac{1.77\times10^{-10}}{0.01}=1.77\times10^{-8}(\text{mol/L})$$

计算结果表明，沉淀 I^- 所需的 Ag^+ 浓度比沉淀 Cl^- 所需的 Ag^+ 浓度小得多，所以 AgI 沉淀先析出。

点 滴 积 累

1. 沉淀溶解平衡属于化学平衡,其平衡常数称为溶度积,用K_{sp}表示。

2. 难溶电解质的K_{sp}与其溶解度之间的换算。

3. 应用溶度积规则,可以判断沉淀的生成、溶解和转化。

4. 浓度是影响沉淀溶解平衡的重要因素,改变溶液中有关离子的浓度可以导致沉淀溶解平衡的移动。

第二节　沉淀滴定法

以沉淀反应为基础的滴定分析方法,称为沉淀滴定法。虽然能形成沉淀的反应很多,但不是所有的沉淀反应都能用于滴定,只有具备下列条件的沉淀反应才可应用于滴定分析。

1. 沉淀的溶解度必须很小;

2. 沉淀反应必须迅速、定量地完成,无副反应发生;

3. 沉淀的吸附现象不影响滴定结果和终点的确定;

4. 有适当方法确定滴定终点。

符合上述条件的沉淀反应并不多,目前,应用较多的是生成难溶性银盐的反应,它适用于测定含Cl^-、Br^-、I^-、SCN^-及Ag^+等离子的化合物。以此类反应为基础的沉淀滴定法称为银量法。例如:

$$Ag^+ + Cl^- \rightleftharpoons AgCl\downarrow$$

$$Ag^+ + SCN^- \rightleftharpoons AgSCN\downarrow$$

根据确定滴定终点时所用的指示剂不同,银量法分为铬酸钾指示剂法、铁铵矾指示剂法及吸附指示剂法。

一、指示终点的方法

(一) 铬酸钾指示剂法

1. 滴定原理　铬酸钾指示剂法又称莫尔法,是以铬酸钾为指示剂,硝酸银为滴定液,在近中性或弱碱性溶液中,直接滴定Cl^-或Br^-的方法。例如,在含有Cl^-的中性溶液中,以K_2CrO_4作指示剂,用$AgNO_3$滴定液滴定Cl^-,其滴定反应过程为:

终点前:$Ag^+ + Cl^- \rightleftharpoons AgCl\downarrow$(白色)

终点时:$2Ag^+ + CrO_4^{2-} \rightleftharpoons Ag_2CrO_4\downarrow$(砖红色)

由于AgCl的溶解度(1.25×10^{-5}mol/L)小于Ag_2CrO_4的溶解度(1.3×10^{-4}mol/L),根据分步沉淀的原理,首先析出的是AgCl白色沉淀。当Ag^+与Cl^-定量沉淀完全后,稍过量的Ag^+达到$[Ag^+]^2[CrO_4^{2-}] > K_{sp,Ag_2CrO_4}$时,即与$CrO_4^{2-}$反应生成砖红色的$Ag_2CrO_4$沉淀,指示滴定终点到达。

2. 滴定条件

(1) 指示剂的用量:若指示剂的用量过多,AgCl还未沉淀完全时,即有砖红色的Ag_2CrO_4沉淀过早生成,终点提前。若用量太少,终点滞后,也会影响滴定准确度。以$AgNO_3$滴定液滴定Cl^-为例,讨论指示剂合适的用量。

理论上，根据溶度积原理，在化学计量点时：

$$[Ag^+]=[Cl^-]=\sqrt{K_{sp}}=\sqrt{1.77\times10^{-10}}=1.33\times10^{-5}(mol/L)$$

此时，要求恰好生成砖红色的 Ag_2CrO_4，必须满足：

$$[Ag^+]^2[CrO_4^{2-}]=K_{sp,Ag_2CrO_4}=1.12\times10^{-12}$$

则溶液中CrO_4^{2-} 的浓度为：

$$[CrO_4^{2-}]=\frac{K_{sp,Ag_2CrO_4}}{[Ag^+]^2}=\frac{1.12\times10^{-12}}{(1.33\times10^{-5})^2}=6.33\times10^{-3}(mol/L)$$

由于 K_2CrO_4 溶液本身呈黄色，如果 K_2CrO_4 的浓度高，会掩盖对砖红色 Ag_2CrO_4 沉淀的观察，影响滴定准确度。实验证明，K_2CrO_4 的浓度以 0.005mol/L 为宜，通常在反应液总体积为 50～100ml 的溶液中，加入 5%（g/ml）K_2CrO_4 指示剂 1～2ml 即可。

（2）溶液的酸度：K_2CrO_4 指示剂法只能在近中性或弱碱性（pH=6.5～10.5）溶液中进行。因为在酸性溶液中CrO_4^{2-} 转化为$Cr_2O_7^{2-}$，使CrO_4^{2-} 的浓度降低，导致滴定终点推迟，使测定结果产生误差，甚至不能指示终点。

$$2CrO_4^{2-}+2H^+\rightleftharpoons 2HCrO_4^-\rightleftharpoons Cr_2O_7^{2-}+H_2O$$

如果溶液碱性太强，则 Ag^+ 将形成 Ag_2O 沉淀析出：

$$2Ag^++2OH^-\rightleftharpoons 2AgOH\downarrow$$

$$\hookrightarrow Ag_2O\downarrow+H_2O$$

若溶液中有铵盐时，要求溶液 pH 控制在 6.5～7.2 为宜，因为在氨碱性溶液中，AgCl 和 Ag_2CrO_4 与 NH_3 可形成$[Ag(NH_3)_2]^+$而溶解，影响滴定准确度。

（3）滴定时充分振摇：使被 AgCl 或 AgBr 沉淀吸附的 Cl^- 或 Br^- 及时释放出来，防止终点提前。

（4）预先分离干扰离子：凡与 Ag^+ 能生成沉淀的阴离子如PO_4^{3-}、AsO_4^{3-}、CO_3^{2-} 和 S^{2-} 等，与CrO_4^{2-} 能生成沉淀的阳离子如 Ba^{2+}、Pb^{2+}、Bi^{3+} 等，大量的 Cu^{2+}、Co^{2+}、Ni^{2+} 等有色离子以及在中性或弱碱性溶液中易发生水解的离子如 Al^{3+}、Fe^{3+} 等，应预先分离。因此铬酸钾指示剂法选择性较差。

3. 应用范围　本法适用于直接滴定 Cl^-、Br^-，不适用于滴定 I^- 和 SCN^-。因为，AgI 和 AgSCN 沉淀对 I^- 和 SCN^- 具有强烈的吸附作用，即使强烈振摇也无法使 I^- 和 SCN^- 被释放出来，以至于很难得到准确的滴定终点。也不适用于 NaCl 滴定液直接滴定 Ag^+，因为滴定前 Ag^+ 与CrO_4^{2-} 反应生成 Ag_2CrO_4 沉淀，而 Ag_2CrO_4 沉淀转化为 AgCl 沉淀的速度很慢，使终点推迟。

（二）铁铵矾指示剂法

1. 滴定原理　铁铵矾指示剂法又称佛尔哈德法，是以铁铵矾$[NH_4Fe(SO_4)_2\cdot12H_2O]$作指示剂，用 NH_4SCN 或 KSCN 溶液为滴定液，在酸性溶液中测定可溶性银盐和卤素化合物的方法。按滴定方式不同可分为直接滴定法和返滴定法。

（1）直接滴定法：在酸性溶液中，以铁铵矾作指示剂，用 NH_4SCN（或 KSCN）作滴定液，直接滴定试液中 Ag^+。其滴定反应式为：

终点前：$Ag^++SCN^-\rightleftharpoons AgSCN\downarrow$（白）

终点时：$Fe^{3+}+SCN^-\rightleftharpoons[Fe(SCN)]^{2+}$（淡红色）

AgSCN 沉淀易吸附溶液中的 Ag^+，滴定终点提前，测定结果偏低。所以在滴定时，必须剧烈振荡使被吸附的 Ag^+ 释放出来。

（2）返滴定法：该法可用于测定卤素离子。先用过量的 $AgNO_3$ 滴定液将卤化物全部沉淀，以铁铵矾作指示剂，用 NH_4SCN 或 KSCN 滴定液返滴过量的 $AgNO_3$。如测定 Cl^- 时，其滴定反应式为：

滴定前：Ag^+（过量、定量）$+ Cl^- \rightleftharpoons AgCl\downarrow$（白色）

终点前：Ag^+（剩余量）$+ SCN^- \rightleftharpoons AgSCN\downarrow$（白）

终点时：$Fe^{3+} + SCN^- \rightleftharpoons [FeSCN]^{2+}$（淡红色）

微过量的 NH_4SCN 溶液便与铁铵矾中的 Fe^{3+} 反应，生成淡红色的配合物 $[FeSCN]^{2+}$ 指示终点的到达。

必须指出，用返滴定法测定 Cl^- 时，当滴定到达终点时，溶液中存在 AgCl 和 AgSCN 两种难溶银盐的沉淀溶解平衡，因 AgSCN 的溶解度（1.1×10^{-6}mol/L）小于 AgCl 的溶解度（1.25×10^{-5}mol/L），若用力振摇，将使 AgCl 沉淀转化为 AgSCN 沉淀，其转化反应为：

$$AgCl + SCN^- \rightleftharpoons AgSCN\downarrow + Cl^-$$

由于转化反应使溶液中 SCN^- 浓度降低，促使已生成的 $[FeSCN]^{2+}$ 又分解，使红色褪去。终点时为了得到溶液持久的红色，必须多消耗 NH_4SCN 滴定液，造成较大的滴定误差。

为避免上述现象的发生可采取下列措施：

1）在用 NH_4SCN 滴定液回滴前，向待测溶液中加入一定量的硝基苯等有机溶剂，并剧烈振摇，使 AgCl 沉淀表面覆盖上一层有机溶剂，减少 AgCl 沉淀与溶液接触，防止转化。

2）试液中加入过量定量的 $AgNO_3$ 滴定液后，将生成的 AgCl 沉淀滤去，再用 NH_4SCN 滴定液滴定滤液中过量的 Ag^+。但这一方法需要过滤、洗涤，操作烦琐。

案例分析

案例：

抗肿瘤药盐酸丙卡巴肼（$C_{12}H_{19}N_3O\cdot HCl$）临床常用于治疗霍奇金病、恶性淋巴瘤、骨髓瘤、黑色素瘤、脑瘤、肺癌等。规定按干燥品计算，含 $C_{12}H_{19}N_3O\cdot HCl$ 不得少于98.0%，否则为不合格产品。质量检查中必须进行盐酸丙卡巴肼中 $C_{12}H_{19}N_3O\cdot HCl$ 含量的测定。

分析：

$C_{12}H_{19}N_3O\cdot HCl$ 在一定条件下能与 $AgNO_3$ 溶液定量发生反应，可用铁铵矾指示剂法测定。2010 年版《中国药典》规定，取本品约 0.25g，精密称定，加纯化水 50ml 溶解后，加硝酸 3ml，精密加 $AgNO_3$ 滴定液（0.1mol/L）20ml，再加邻苯二甲酸二丁酯约 3ml，强力振摇后，加铁铵矾指示剂 2ml，用 NH_4SCN 滴定液（0.1mol/L）滴定，并将滴定结果用空白试验校正。每 1ml $AgNO_3$ 滴定液（0.1mol/L）相当于 25.78mg 的 $C_{12}H_{19}N_3O\cdot HCl$。

课堂活动

上述抗肿瘤药盐酸丙卡巴肼中 $C_{12}H_{19}N_3O\cdot HCl$ 含量的测定过程中，为何加入邻苯二甲酸二丁酯？如何依据测量数据计算 $C_{12}H_{19}N_3O\cdot HCl$ 的含量？

2. 滴定条件

(1) 适量指示剂:铁铵矾指示剂的浓度必须合适。在实际工作中,50~100ml 的溶液中,常加入10%铁铵矾指示剂2ml,此时终点颜色变化较为清楚。

(2) 控制溶液酸度:为了防止 Fe^{3+} 的水解,应在 0.1~1mol/L HNO_3 酸性溶液中进行滴定,同时也可避免PO_4^{3-}、CO_3^{2-} 及 S^{2-} 等弱酸根离子的干扰。因此本法选择性高。

(3) 适当振摇:直接法滴定过程中,始终要充分振摇,以防止生成的 AgSCN 沉淀吸附被测 Ag^+,致使滴定终点提前;返滴定法测 Cl^- 时,开始一段时间要充分振摇,防止生成的沉淀吸附 Ag^+,近终点时,要轻轻摇动,以防止沉淀转化。

(4) 分离干扰离子:强氧化剂、铜盐、汞盐等能与 SCN^- 发生反应,干扰测定,应预先除去。另外,在测定 I^- 时应先加入过量的 $AgNO_3$ 滴定液,再加铁铵矾指示剂,以防止 Fe^{3+} 氧化 I^-($2Fe^{3+}+2I^- \rightleftharpoons 2Fe^{2+}+I_2$),影响分析结果的准确度。

3. 应用范围　本法可用于测定 Cl^-、Br^-、I^-、SCN^-及 Ag^+ 等。在测定 Br^- 或 I^- 时,由于 AgBr 和 AgI 的溶解度都小于 AgSCN,故不会发生沉淀转化反应,终点现象明显。

(三) 吸附指示剂法

1. 滴定原理　吸附指示剂法又称法扬司法,是以硝酸银为滴定液,用吸附指示剂来确定滴定终点,测定卤化物和硫氰酸盐含量的方法。

吸附指示剂是一类有机染料,在溶液中能解离出有色离子,当被带相反电荷的胶状沉淀吸附后,发生结构的改变而引起颜色的变化,以此指示滴定终点。例如,以荧光黄为指示剂,用 $AgNO_3$ 滴定液测定 Cl^- 时的作用原理如下。

荧光黄是一种有机弱酸,用 HFIn 表示,在溶液中存在如下解离平衡:

$$HFIn \rightleftharpoons FIn^-(\text{黄绿色})+H^+ \quad pK_a=7.00$$

在化学计量点前,溶液中 Cl^- 过量,AgCl 胶粒优先吸附 Cl^- 而形成带负电荷的 $AgCl \cdot Cl^-$ 胶粒,FIn^- 不被吸附,溶液呈现 FIn^- 的黄绿色。在终点时,微过量的 $AgNO_3$ 滴定液使 AgCl 胶粒优先吸附 Ag^+,而形成带正电荷的 $AgCl \cdot Ag^+$ 胶粒,异电荷的静电作用使 $AgCl \cdot Ag^+$ 胶粒强烈吸附指示剂的 FIn^-。FIn^- 被吸附后,结构发生变化而呈现粉红色,从而指示滴定到达终点。此滴定过程反应如下:

终点前: $Ag^+ + Cl^- \rightleftharpoons AgCl\downarrow$ (白色)

$$AgCl + Cl^- + FIn^- \rightleftharpoons AgCl \cdot Cl^- + FIn^-(\text{黄绿色})$$

终点时: $AgCl \cdot Ag^+ + FIn^- \rightleftharpoons AgCl \cdot Ag^+ \cdot FIn^-$(粉红色)

2. 滴定条件

(1) 加入胶体保护剂:由于吸附指示剂是因被吸附在沉淀表面而变色,为了使沉淀保持胶状具有较大的吸附表面,终点颜色变化敏锐,常加入糊精、淀粉等胶体保护剂,防止卤化银沉淀凝聚。

(2) 控制适宜酸度:吸附指示剂多为有机弱酸,而起指示剂作用的主要是其阴离子,为了使指示剂主要以阴离子形式存在,必须控制适宜的酸度,有利于指示剂的解离。不同指示剂适宜的酸度与指示剂的解离常数 K_a 的大小有关,K_a 值越大,允许的酸度越高。如荧光黄 $pK_a=7$,适用于 pH=7~10 的范围内滴定,二氯荧光黄的 $pK_a=4$,适用于 pH=4~10 的范围内滴定。

(3) 选择吸附力适当的指示剂:沉淀对指示剂的吸附能力要略小于对被测离子的吸附能力。若沉淀对指示剂离子的吸附力大于对被测离子的吸附力,终点颜色将提前出现。但沉淀对指示剂离子的吸附力也不能太弱，否则将导致终点推迟或变色不敏锐。卤化银胶体沉淀对卤素离子和几种常用吸附指示剂的吸附能力次序如下：

I^- > 二甲基二碘荧光黄 > Br^- > 曙红 > Cl^- > 荧光黄

因此测定 Cl^- 时，只能用荧光黄而不能用曙红。测定 Br^- 时，只能用曙红或荧光黄，而不能用二甲基二碘荧光黄。测定 I^- 时，则用二甲基二碘荧光黄或曙红。

（4）避免在强光下进行滴定：卤化银胶体沉淀见光易分解为黑色金属银，溶液很快变黑色或灰色，影响终点的观察。

3. 应用范围　吸附指示剂法可用于 Cl^-、Br^-、I^-、SCN^-、SO_4^{2-} 及 Ag^+ 等离子的测定。常用的吸附指示剂及其适用范围和条件见表 6-1。

表 6-1　常用的吸附指示剂

指示剂名称	待测离子	滴定液	适用的 pH 范围
荧光黄	Cl^-	Ag^+	7～10
二氯荧光黄	Cl^-	Ag^+	4～10
曙红	Br^-、I^-、SCN^-	Ag^+	2～10
甲基紫	SO_4^{2-}	Ba^{2+}	1.5～3.5
溴酚蓝	Hg_2^{2+}	Cl^-	1
二甲基二碘荧光黄	I^-	Ag^+	中性

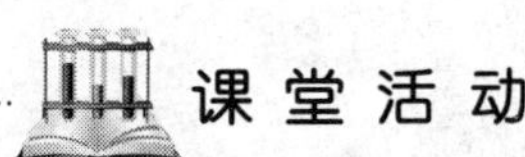

课堂活动

如何用吸附指示剂法测定氯化钠注射液的含量？

二、滴定液

银量法中常用的滴定液为 $AgNO_3$ 和 NH_4SCN（或 KSCN）溶液。

1. $AgNO_3$ 滴定液　若用纯度高的基准试剂 $AgNO_3$，可直接配制滴定液。若使用纯度不高的硝酸银，应先配成近似浓度的溶液，再用基准物质 NaCl 标定。标定方法最好与样品测定法相同，以消除方法误差。配制 $AgNO_3$ 溶液的纯化水中应不含 Cl^-，配好的滴定液应放在棕色试剂瓶中以避免见光分解。

2. NH_4SCN 滴定液　市售的 NH_4SCN（或 KSCN）试剂一般含有杂质，且易吸潮，不能直接配制滴定液，可用 $AgNO_3$ 滴定液按铁铵矾指示剂法的直接滴定法进行标定。

三、应用示例

银量法可以测定无机卤化物、难溶性银盐、硫氰酸盐、有机碱的氢卤酸盐、巴比妥类药物等物质的含量。

1. 碘化钾的含量测定　精密称取碘化钾样品 0.3g，置于 250ml 锥形瓶中，加纯化水 30ml 振摇使其溶解，加稀醋酸 10ml，曙红指示剂 10 滴，用 0.1mol/L $AgNO_3$ 滴定液滴定至沉淀由黄色变成深红色为终点。按下式计算 KI 的含量：

$$KI\% = \frac{c_{AgNO_3} V_{AgNO_3} M_{KI} \times 10^{-3}}{m_s} \times 100\%$$

有机卤化物中卤素与分子结合很牢，必须经过适当的处理，如 NaOH 水解法、Na_2CO_3 熔融法及氧瓶燃烧法等方法使有机卤素转变为卤素离子后再用银量法测定。

2. 三氯叔丁醇的含量测定　药用辅料三氯叔丁醇$\left(C_4H_7Cl_3O \cdot \frac{1}{2}H_2O\right)$，常作防腐剂和增塑剂。

取本品约 0.1g，精密称定，加乙醇 5ml，溶解后，加 20% NaOH 溶液 5ml，加热回流 15 分钟，冷至室温，加纯化水 20ml 与 $HNO_3$5ml。精密加入 $AgNO_3$ 滴定液(0.1mol/L)，再加邻苯二甲酸二丁脂 5ml，密塞，强力振荡后，加铁铵矾指示剂 2ml，用 NH_4SCN 滴定液(0.1mol/L)滴定，并将滴定结果用空白试验校正。

本品在 NaOH 溶液中加热回流使三氯叔丁醇分解产生 NaCl，与 $AgNO_3$ 反应生成 AgCl 沉淀，过量的 $AgNO_3$ 用 NH_4SCN 滴定液返滴。反应式为：

$$Cl_3C—C(CH_3)_2—OH + 4NaOH = (CH_3)_2CO + 3NaCl + HCOONa + 2H_2O$$

$$NaCl + AgNO_3(\text{定量,过量}) \rightleftharpoons AgCl\downarrow + NaNO_3$$

$$AgNO_3(\text{剩余}) + NH_4SCN \rightleftharpoons AgSCN\downarrow + NH_4NO_3$$

$$C_4H_7Cl_3O \cdot \frac{1}{2}H_2O\% = \frac{\frac{1}{3}[c(V_{\text{空}} - V)]_{NH_4SCN}M_{C_4H_7Cl_3 \cdot \frac{1}{2}H_2O} \times 10^{-3}}{m_s} \times 100\%$$

点 滴 积 累

三种沉淀滴定法的特征比较

滴定方法	指示剂	滴定液	测定对象	测定条件
铬酸钾指示剂法	铬酸钾	$AgNO_3$	Cl^-、Br^-	pH = 6.5 ~ 10.5
铁铵矾指示剂法	铁铵矾	$AgNO_3$、NH_4SCN 或 KSCN	直接法测 Ag^+ 返滴定法测 X^-	强酸性(HNO_3) 0.1 ~ 1mol/L
吸附指示剂法	吸附指示剂	$AgNO_3$	X^-	pH = 2 ~ 10

目 标 检 测

一、选择题

(一) 单项选择题

1. Ag_2SO_4 的溶度积常数表达式正确的是(　　)

A. $K_{sp} = [Ag^+][SO_4^{2-}]$　　B. $K_{sp} = [Ag^+][SO_4^{2-}]^2$

C. $K_{sp} = [Ag^+]^2[SO_4^{2-}]$　　D. $K_{sp} = [2Ag^+]^2[SO_4^{2-}]$

2. CaF_2 饱和溶液的浓度是 2×10^{-4}mol/L，则其溶度积常数为(　　)

A. 2.6×10^{-9}　　B. 4×10^{-8}　　C. 3.2×10^{-11}　　D. 8×10^{-12}

3. 吸附指示剂法不能滴定的离子是(　　)

A. I^-　　B. Cl^-　　C. Br^-　　D. CN^-

4. 铬酸钾指示剂法测定 Cl^- 含量时，要求介质的 pH 控制在 6.5 ~ 10.5 范围内，若酸度过高，则(　　)

A. AgCl 沉淀不完全　　B. Ag_2CrO_4 沉淀不易形成

C. AgCl 沉淀吸附 Cl^- 增强　　D. 形成 Ag_2O 沉淀

5. 向饱和 AgCl 溶液中加水，下列叙述中正确的是(　　)

A. AgCl 的溶解度减少　　B. AgCl 的溶解度、K_{sp} 均不变

C. AgCl 的 K_{sp} 增大　　D. AgCl 的溶解度、K_{sp} 增大

6. 在含有 CrO_4^{2-} 和 Cl^- 的混合溶液中加入 $AgNO_3$ 溶液，先有白色沉淀生成，后有砖红色沉淀生成，这种现象称为(　　)

A. 分步沉淀　　B. 沉淀的生成　　C. 沉淀的转化　　D. 沉淀的溶解

7. 吸附指示剂法中，与加入淀粉和糊精的作用无关的是(　　)

A. 保持沉淀为溶胶状态　　B. 调节溶液酸度

C. 增强沉淀的吸附能力　　D. 防止卤化银沉淀凝聚

8. 吸附指示剂荧光黄 $K_a = 1.0 \times 10^{-7}$，将此指示剂用于沉淀滴定中，要求溶液的 pH 条件为(　　)

A. pH < 7.0　　B. pH > 7.0　　C. 7.0 < pH < 10.0　　D. pH > 10.0

9. 实际滴定工作中，若按理论计算量加入铬酸钾指示剂会使(　　)

A. 滴定误差最小　　B. 黄颜色太深，终点推迟

C. 滴定终点与计量点同时出现　　D. 指示剂量不足，滴定终点提前

10. 铬酸钾指示剂法要求 pH = 6.5 ~ 10.5 的范围内侧定 Cl^-，碱性过强会(　　)

A. AgCl 沉淀溶解　　B. Ag_2CrO_4 沉淀溶解

C. 生成 Ag_2O 沉淀　　D. AgCl 沉淀强烈吸附 Cl^-

（二）多项选择题

1. 使难溶电解质沉淀溶解通常可以采取的方法是(　　)

A. 生成弱电解质　　B. 生成强电解质　　C. 生成配合物

D. 发生氧化还原反应　　E. 更换溶剂法

2. 铬酸钾指示剂法滴定条件是(　　)

A. 加入适量的指示剂　　B. 控制溶液的酸度　　C. 增加滴定液

D. 充分振摇　　E. 预先分离干扰离子

3. 能用于沉淀滴定法进行定量分析的化学反应，必须具备的条件是(　　)

A. 反应生成沉淀的溶解度必须很小

B. 沉淀反应必须迅速定量地完成

C. 在沉淀过程中无明显的吸附现象

D. 有适当方法确定滴定终点

E. 指示剂用量越多越好

4. 下列可用银量法测定的是(　　)

A. Cl^-　　B. Br^-　　C. I^-　　D. SCN^-　　E. Ag

5. 用银量法测定 $BaCl_2$ 中的 Cl^-，可选用的指示剂是(　　)

A. K_2CrO_4　　B. 荧光黄　　C. $NH_4Fe(SO_4)_2 \cdot 12H_2O$

D. $NH_4Fe(SO_4)_2 \cdot 6H_2O$　　E. 甲基紫

二、简答题

1. 溶度积常数的意义是什么？离子积和溶度积有何区别？

2. 以下测定中，分析结果偏高、偏低，还是无影响。并解释原因。

（1）在 pH =4 或 pH =11 时，以铬酸钾指示剂法测定 Cl^-。

（2）用铁铵矾指示剂法测定 Cl^- 或 Br^-，未加硝基苯。

（3）吸附指示剂法测定 Cl^- 或 I^-，选用曙红为指示剂。

三、实例分析

1. 在 298.15K 时，根据 AgI 的溶度积，计算 AgI 在纯水中的溶解度。

2. 将 10ml 0.002mol/L $CaCl_2$ 溶液与 10ml 相同浓度的 $Na_2C_2O_4$ 溶液混合，试通过计算说明有无沉淀生成。

3. 称取 NaCl 基准试剂 0.1173g，溶解后加入 30.00ml $AgNO_3$ 滴定液，过量的 Ag^+ 需要 3.20ml NH_4SCN 滴定液滴定至终点。已知 20.00ml $AgNO_3$ 滴定液与 21.00ml NH_4SCN 滴定液能完全作用，计算 $AgNO_3$ 和 NH_4SCN 溶液的浓度各为多少？

4. 称取 NaCl 样品 0.1248g，以 K_2CrO_4 作指示剂，用 0.1050mol/L $AgNO_3$ 滴定液滴定至终点，用去 20.08ml，计算 NaCl 的含量。

实训八　氯化钠含量的测定

【实训目的】

1. 掌握铬酸钾指示剂法确定滴定终点的方法。
2. 熟悉直接法配制 $AgNO_3$ 滴定液。
3. 进一步练习滴定分析基本操作。

【实训内容】

1. 实训用品

（1）仪器：酸式滴定管、烧杯、锥形瓶、容量瓶、移液管（20.00ml）、量筒。

（2）试剂：基准 $AgNO_3$、食盐、5% K_2CrO_4 指示剂。

2. 实训步骤

（1）$AgNO_3$ 滴定液的配制：精密称取已烘干至恒重的纯净 $AgNO_3$ 约 8.5g，置于洁净的小烧杯中，加入纯化水 30ml，振摇使其溶解。定量转入 500.0ml 棕色容量瓶中，加纯化水稀释至标线，充分摇匀。按下式计算 $AgNO_3$ 滴定液的浓度：

$$c_{AgNO_3} = \frac{m_{AgNO_3}}{V_{AgNO_3} M_{AgNO_3}} \times 10^3$$

（2）氯化钠含量的测定：精密称取 NaCl 试样约 0.15g，置于 250ml 锥形瓶中，加纯化水 30ml，振摇使其溶解。再各加入 5% K_2CrO_4 指示剂 1ml，在充分振摇下用 0.1mol/L 的 $AgNO_3$ 滴定液滴定到刚好能辨认出砖红色即为终点，记录消耗 $AgNO_3$ 的体积。另取 30.00ml 纯化水按上述同样操作做空白试验，计算时应扣除空白试验所消耗 $AgNO_3$ 滴定液的体积。平行测定 3 次。按下式计算试样中 NaCl 的含量：

$$NaCl\% = \frac{c_{AgNO_3}(V - V_{空白})_{AgNO_3} M_{NaCl} \times 10^{-3}}{m_s} \times 100\%$$

【实训注意】

1. 配制 $AgNO_3$ 滴定液所用的纯化水应无 Cl^-，否则配成的 $AgNO_3$ 溶液出现白色浑浊不能使用。

2. 实训前，滴定管先用纯化水淌洗，再用少量的滴定液淌洗 2～3 次，防止滴定液被稀释。

3. 铬酸钾指示剂法是以 $AgNO_3$ 为滴定液，铬酸钾为指示剂，在近中性或弱碱性溶液中，可直接测定氯化钠的含量。反应如下：

终点前：$Ag^+ + Cl^- \rightleftharpoons AgCl\downarrow$（白色）

终点时：$2Ag^+ + CrO_4^{2-} \rightleftharpoons Ag_2CrO_4\downarrow$（砖红色）

由于 AgCl 的溶解度小于 Ag_2CrO_4 的溶解度。当 Cl^- 被定量反应完全后，稍过量的 Ag^+ 即与 CrO_4^{2-} 反应生成砖红色的 Ag_2CrO_4 沉淀。

4. $AgNO_3$ 见光析出金属银，故需保存在棕色瓶中。$AgNO_3$ 若与有机物接触，则发生还原作用，加热颜色变黑，故勿使 $AgNO_3$ 与皮肤接触。

5. 实训结束后，盛装 $AgNO_3$ 溶液的滴定管应先用纯化水冲洗 2～3 次，再用自来水冲洗，以免产生 AgCl 沉淀，难以洗净。含银废液应予以回收，切不能随意倒入水槽。

【实训检测】

1. 滴定过程中为何要求充分振摇锥形瓶？
2. 为何做空白试验？K_2CrO_4 溶液的用量及浓度大小对测定结果有何影响？
3. 如果用莫尔法测定酸性氯化物溶液中的氯，事先应采取什么措施？
4. 本实训可否用荧光黄代替 K_2CrO_4 作指示剂？为什么？

【实训记录】

项目＼次数	1	2	3
m_{AgNO_3}			
c_{AgNO_3}			
m_s			
V_{AgNO_3}终			
V_{AgNO_3}初			
V_{AgNO_3}			
NaCl%			
NaCl%平均值			
Rd			

（尹敏慧）

第七章 配位化合物与配位滴定法

配位化合物与酸、碱、盐等简单化合物不同，其组成和结构都较为复杂，因结构中存在着配位键，故称为配位化合物，简称配合物。配位化合物通常由金属离子与某些中性分子或阴离子通过配位反应而生成。配位滴定法则是以配位反应为基础的滴定分析方法。

知识链接

历史上记载最早的配合物是普鲁士人在寻找染料时发现的 $Fe_4[Fe(CN)_6]_3$，故称为普鲁士蓝。最早引起人们研究兴趣的是 1798 年法国化学家发现的第一个钴氨配合物 $[Co(NH_3)_6]Cl_3$。配位化学的真正发展是从 19 世纪末开始的，瑞士化学家维尔纳提出的著名的维尔纳配位学说，为配位化学的创立和发展奠定了基础。近几十年来，配位化学获得了迅速的发展，并已形成一门独立的学科——配位化学。在整个化学领域内，配位化学已成为不可缺少的组成部分。

第一节 配位化合物

配位化合物广泛存在于自然界中，如植物体内的叶绿素是镁的配位化合物，人体中的血红素是铁的配位化合物，人体中的各种酶几乎都是以配位化合物的形式存在的，并发挥着特殊的生理功能，有些药物本身是配位化合物，有些药物需要在人体中形成配位化合物才能产生作用，因此有必要学习有关配位化合物的一些基本知识和应用。

一、配合物的概念

如果在 $CuSO_4$溶液中加入过量的氨水，得到深蓝色的溶液，在这一深蓝色的溶液中加入稀 NaOH，没有 $Cu(OH)_2$ 沉淀生成，证明该溶液几乎不存在游离的 Cu^{2+}，加入 Ba^{2+}，仍有 $BaSO_4$沉淀产生，证明有游离的SO_4^{2-}。向这种深蓝色溶液中加入乙醇后，有结晶析出，科学家用 X 射线对这种结晶分析后发现其组成为$[Cu(NH_3)_4]SO_4$，命名为硫酸四氨合铜(Ⅱ)。晶体中除SO_4^{2-} 外，存在一种由一个 Cu^{2+} 和四个 NH_3分子组成的复杂离子$[Cu(NH_3)_4]^{2+}$，它们之间以配位键结合，故称为配离子，具有特殊的稳定性。上述反应可表示为：

$$CuSO_4 + 4NH_3 \rightleftharpoons [Cu(NH_3)_4]SO_4$$

由金属离子或原子与一定数目的中性分子或阴离子以配位键结合形成的复杂离子称为配离子。如$[Cu(NH_3)_4]^{2+}$、$[Ag(CN)_2]^-$等。若形成的是复杂分子,则称为配位分子,如$[Pt(NH_3)_2Cl_2]$、$[Ni(CO)_4]$等。含有配离子的化合物或配位分子称为配位化合物,简称配合物。

难点释疑

配合物和复盐结构相似,但性质却不相同。

因为在配合物中配离子和外界离子间以离子键结合,在溶液中能完全解离,而在配离子中中心原子和配体间以配位键结合,比较稳定,很难解离,所以配合物在溶液中不能完全解离为其组成的简单离子。复盐在水溶液中能完全解离为其组成的简单离子。

二、配合物的组成

配合物一般由内界和外界两部分组成,内界和外界之间以离子键结合。内界又称配离子,写在方括号内,由中心原子与一定数目的中性分子或阴离子以配位键结合形成。外界是与配离子带相反电荷的其他离子,又称外界离子。也有一些配合物只有内界,没有外界,如配位分子$[Pt(NH_3)_2Cl_2]$、$[Fe(CO)_5]$等。

现以$[Cu(NH_3)_4]SO_4$为例说明配合物的组成,其组成可表示为:

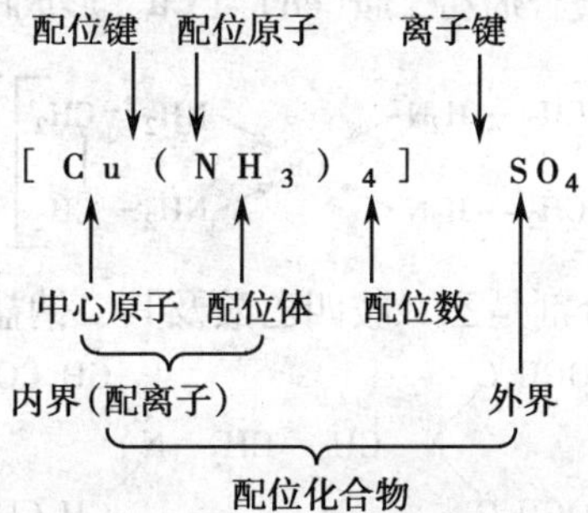

1. 中心原子　在配离子或配位分子中,接受孤对电子的阳离子或原子统称中心原子。中心原子位于配位化合物的中心位置,是配合物的核心部分,也称为配合物的形成体。常见的中心原子多为副族的金属离子或原子。如$[Cu(NH_3)_4]^{2+}$的中心原子为Cu^{2+},$[Fe(CO)_5]$的中心原子为Fe。

2. 配位体和配位原子　配合物中与中心原子以配位键结合的中性分子或阴离子称为配位体,简称配体。配体中提供孤对电子的原子称为配位原子。如$[Cu(NH_3)_4]SO_4$中NH_3为配位体,其中N为配位原子。配位原子的最外电子层中都含有孤对电子,一般是电负性较大的非金属元素的原子或离子,如C、N、P、O、S、Cl^-、Br^-、I^-等。

配体可分为单齿配体和多齿配体两类。1个配位体中只有1个配位原子与中心原子结合的配体称为单齿配体,如NH_3、H_2O、CO、CN^-、OH^-、Cl^-中,其配位原子分别是N、O、C、C、O、Cl。1个配位体中有2个或2个以上的配位原子与中心原子结合的配体称为多齿配体,如有机化合物乙二胺$NH_2CH_2CH_2NH_2$(简写为en)为二齿配体,分子中有2

个 N 为配位原子，乙二胺四乙酸（简称 EDTA）为六齿配体，分子中有 2 个 N、4 个 O 为配位原子。

3. 配位数 直接与中心原子结合成键的配位原子的数目称为配位数。一般常见的是 2、4、6，如 $[Ag(CN)_2]^-$ 中 Ag^+ 的配位数是 2，$[Cu(NH_3)_4]^{2+}$ 中 Cu^{2+} 的配位数是 4，$[Cr(H_2O)_4Cl_2]^+$ 中 Cr^{3+} 的配位数是 6，在 $[Cu(en)_2]^{2+}$ 中 Cu^{2+} 的配位数是 4，因为 1 个 en 分子中有 2 个配位原子，两分子 en 则与 Cu^{2+} 形成 4 个配位键。

4. 配离子的电荷 配离子的电荷等于中心原子与配位体电荷的代数和。例如，在 $[Cu(NH_3)_4]SO_4$ 中，配离子的电荷为 +2，写作 $[Cu(NH_3)_4]^{2+}$；在 $K_4[Fe(CN)_6]$ 中，配离子的电荷为 -4，写作 $[Fe(CN)_6]^{4-}$。

若已知配离子和配体的电荷，也可求出中心原子的电荷，如 $[PtCl_3(NH_3)]^-$ 中，NH_3 为中性分子，Cl^- 的电荷为 -1，可知 Pt 的电荷应为 +2。

由于配合物是电中性的，也可根据外界离子的电荷来确定配离子的电荷，如 $K_3[Fe(CN)_6]$ 和 $K_4[Fe(CN)_6]$ 中，配离子的电荷分别为 -3 和 -4。

三、配合物的类型

1. 简单配合物 由 1 个中心原子与若干个单齿配体所形成的配合物。如 $[Cu(NH_3)_4]SO_4$、$[Ag(NH_3)_2]Cl$ 等均属于简单配合物。简单配合物中无环状结构，在溶液中通常是逐级形成和逐级解离。

2. 螯合物 由中心原子与多齿配体形成的具有环状结构的配合物。能形成螯合物的多齿配体称为螯合剂。如螯合剂乙二胺（en）与 Cu^{2+} 形成的 $[Cu(en)_2]^{2+}$ 的结构式为：

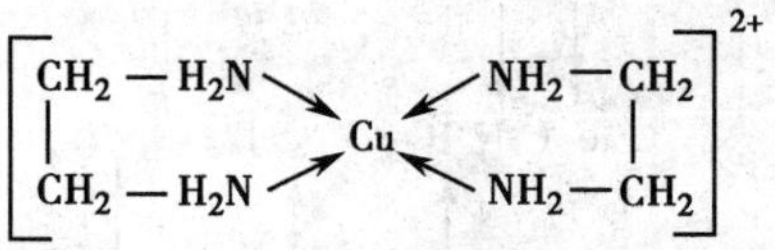

```
┌ CH2 — H2N ↘       ↙ NH2 — CH2 ┐2+
│  |           Cu          |    │
└ CH2 — H2N ↗       ↖ NH2 — CH2 ┘
```

目前，应用最广泛的螯合剂是乙二胺四乙酸及其二钠盐，简称 EDTA，其结构式为：

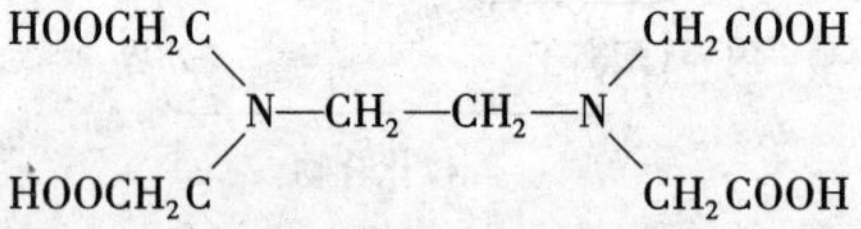

```
HOOCH2C                  CH2COOH
       \                /
        N—CH2—CH2—N
       /                \
HOOCH2C                  CH2COOH
```

EDTA 分子中的 4 个羧基中的氧原子和 2 个氨基中的氮原子都可作为配位原子与中心原子形成配位键，形成多个五元环的螯合物，因此配位能力很强。EDTA 几乎能与所有的金属离子形成稳定的螯合物，如 EDTA 与 Ca^{2+} 形成的 CaY^{2-} 的结构，如图 7-1 所示。

螯合物因为其环状结构的生成而具有特殊稳定性的作用称为螯合效应。一般来说，螯合物中的五元环或六元环越多，其螯合效应越大，螯合物的稳定性也越强。

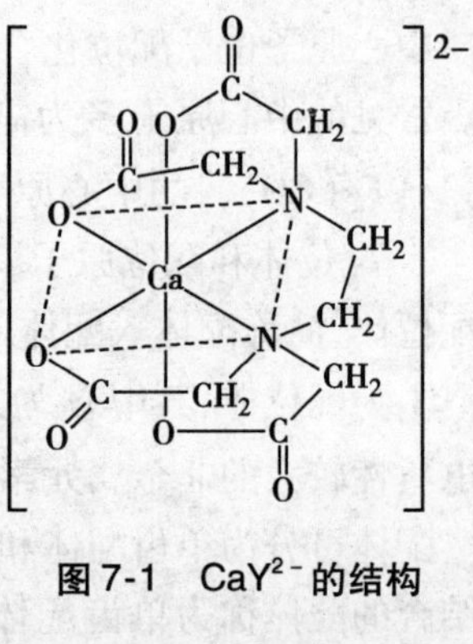

图 7-1 CaY^{2-} 的结构

四、配合物的命名

配合物的命名与一般无机化合物的命名原则相似。

（1）配合物的命名顺序：阴离子名称在前，阳离子名称在后，命名为“某化某”、“某酸”、“氢氧化某”和“某酸某”等。

（2）配离子的命名顺序：配位体数目（中文数字表示）-配位体名称-合-中心原子名称-中心原子氧化数（罗马数字表示）。

（3）配位体命名顺序：若有多种配体时，不同配体用圆点“·”分开。命名时，一般先无机配体，后有机配体（复杂配体写在圆括号内，以免混淆）；先阴离子，后中性分子；同类配体时，按配位原子元素符号的英文字母顺序排列。

例如：

化学式	名称
$[Zn(NH_3)_4]SO_4$	硫酸四氨合锌（Ⅱ）
$K_3[Fe(CN)_6]$	六氰合铁（Ⅲ）酸钾
$H_2[PtCl_6]$	六氯合铂（Ⅳ）酸
$[Cu(NH_3)_4](OH)_2$	氢氧化四氨合铜（Ⅱ）
$[Ni(CO)_4]$	四羰基合镍（0）
$[Ag(NH_3)_2]^+$	二氨合银（Ⅰ）配离子
$[Fe(CN)_6]^{3-}$	六氰合铁（Ⅲ）配离子
$[CrCl_2(H_2O)_4]Cl$	一氯化二氯·四水合铬（Ⅲ）
$[Co(NH_3)_5(H_2O)]Cl_3$	三氯化五氨·一水合钴（Ⅲ）

对于一些常见的配离子和配合物通常还用习惯名称，如$[Cu(NH_3)_2]^{2+}$称铜氨配离子，$K_3[Fe(CN)_6]$称铁氰化钾（赤白盐）、$K_4[Fe(CN)_6]$称亚铁氰化钾（黄血盐）等。

课堂活动

命名配合物$[Co(NH_3)_6]Cl_3$，并指出其内界、外界、中心原子、配位体、配位原子及配位数。

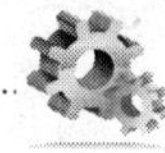

知识链接

铂类抗癌药物

1964年，美国科学家Rosenberg发现铂电极表面形成的少量顺-$[PtCl_2(NH_3)_2]$（简称顺铂）能够抑制细菌的分裂，由此想到能否用于抑制癌细胞的分裂。动物实验证实了这一想法。研究表明，顺铂不仅能抑制实验动物的肿瘤，而且对人体肿瘤也一样，尤其是对人体生殖泌尿系统、头颈部以及其他软组织的恶性肿瘤有显著疗效。顺铂之所以能够抑制癌变，是由于其中的Pt（Ⅱ）能与癌细胞核中的脱氧核糖核酸（DNA）上的碱基结合，从而破坏了遗传信息的复制和转录等过程，抑制了癌细胞的分裂。1969年顺铂开始应用于临床，随后又有毒副作用低、疗效更高的卡铂、奥沙利铂、奈达铂、洛铂等铂类抗癌药物应用于临床。目前，含铂药物联合化疗法是治疗恶性肿瘤的主要手段之一。

五、配合物的稳定性

（一）配合物的稳定性

在配合物中，配离子和外界离子间以离子键结合，在溶液中能完全解离。而在配离子中，中心原子和配体间以配位键结合，比较稳定，很难解离。因此，讨论配合物的稳定性主要是指配离子的稳定性。

如前所述，在$[Cu(NH_3)_4]SO_4$溶液中加入稀 NaOH，无$Cu(OH)_2$沉淀生成，但加入Na_2S溶液时，则有黑色的 CuS 沉淀生成，说明溶液中存在少量的Cu^{2+}。可见，配离子的稳定性是相对的，在生成配离子的同时，也存在着配离子的解离。如$[Cu(NH_3)_4]^{2+}$在溶液中存在下列配位平衡：

$$Cu^{2+} + 4NH_3 \underset{离解}{\overset{配合}{\rightleftharpoons}} [Cu(NH_3)_4]^{2+}$$

该反应的平衡常数表示为：

$$K_{稳} = \frac{[[Cu(NH_3)_4]^{2+}]}{[Cu^{2+}][NH_3]^4}$$

$K_{稳}$称为配离子的稳定常数，用于衡量配离子的稳定性。$K_{稳}$越大，说明生成配离子的倾向越大，而离解的倾向越小，配离子越稳定。如$[Ag(NH_3)_2]^+$和$[Ag(CN)_2]^-$为同种类型的配离子，它们的$K_{稳}$分别为1.1×10^7和1.3×10^{21}，故$[Ag(CN)_2]^-$远比$[Ag(NH_3)_2]^+$更稳定。对于不同类型的配离子，需要通过计算才可比较它们的稳定性。由于$K_{稳}$一般都有较大的数值，常用其对数值$\lg K_{稳}$表示配离子的稳定性。

（二）配位平衡的移动

与其他化学平衡一样，配位平衡也是一种动态平衡。当外界条件改变时，则平衡发生移动，直至建立新的平衡。

1. 溶液酸度的影响

（1）酸效应的影响：根据酸碱质子理论，很多配体都是碱，当溶液中H^+浓度增大时，可生成相应的共轭酸而破坏平衡，使配位平衡向着离解的方向移动，降低了配离子的稳定性。例如，在$[Cu(NH_3)_4]^{2+}$溶液中：

$$[Cu(NH_3)_4]^{2+} \rightleftharpoons Cu^{2+} + 4NH_3$$

平衡移动方向

$$+\ 4H^+ \rightleftharpoons 4NH_4^+$$

这种因为配体与H^+结合而使配离子稳定性降低的作用称为酸效应。

显然，酸效应与溶液的 pH 以及生成的共轭酸的pK_a有关。溶液的 pH 越小，酸效应越强；共轭酸的pK_a越大，酸效应越强。

（2）水解效应：配离子中的中心原子往往是过渡金属离子，在溶液中存在不同程度的水解。溶液的 pH 高，则溶液中的OH^-可与金属离子生成难溶的氢氧化物沉淀而使平衡移动。例如，在$[FeF_6]^{3-}$的溶液中：

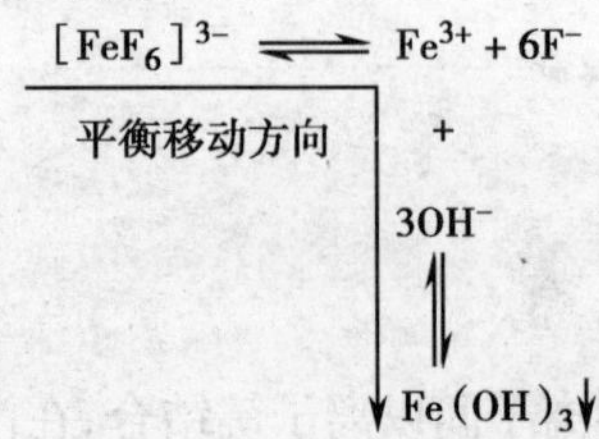

这种因金属离子与溶液中的OH^-结合而使配离子稳定性降低的作用称为水解效应。

溶液的酸度对配位平衡的影响较大。酸度高，酸效应明显，酸度低，水解效应为主。因此，为使配离子稳定存在，必须将溶液的酸度控制在适当的范围内，通常在保证不生成氢氧化物沉淀的前提下，尽可能降低溶液的酸度。

2. 沉淀反应的影响　当配离子解离出的金属离子可与某种试剂生成沉淀时，加入该试剂可使配位平衡移动。如在$[Ag(NH_3)_2]^+$溶液中加入NaBr试剂，有AgBr沉淀生成，配位平衡向$[Ag(NH_3)_2]^+$解离的方向移动。

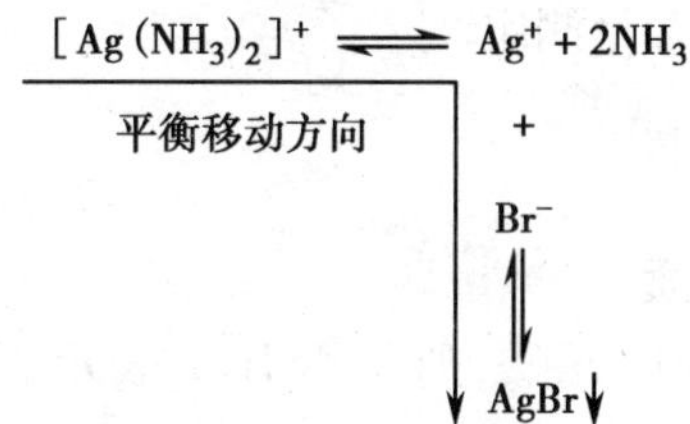

相反，若在沉淀中加入合适的配位剂，可使沉淀溶解，生成更稳定的配离子。如在AgBr沉淀中加入$Na_2S_2O_3$试剂，会有$[Ag(S_2O_3)_2]^{3-}$生成而AgBr沉淀溶解。

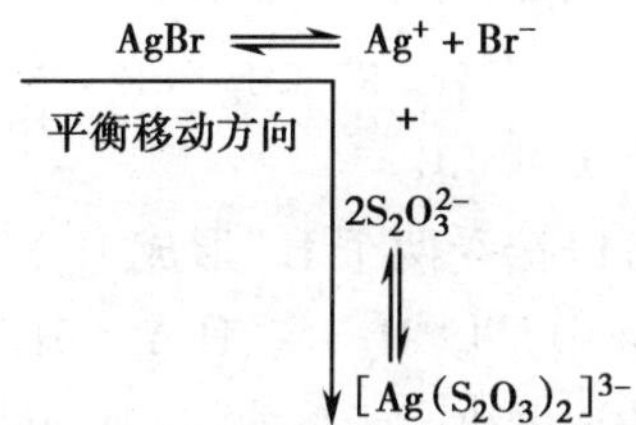

可见，配位平衡与沉淀平衡之间可以相互转化。若配离子的稳定性差，沉淀的溶解度小，则配离子转化为沉淀。反之，若配离子稳定性高，沉淀易溶解，沉淀转化为配离子。总之，反应向生成稳定性较大的物质方向移动。

3. 氧化还原反应的影响　在配位平衡体系中加入能与配体或中心原子发生氧化还原反应的试剂，会使配体或中心原子的浓度减低，导致配位平衡向配离子解离的方向移动。如在$[FeCl_4]^-$溶液中加入KI试剂，因为I^-与Fe^{3+}发生氧化还原反应，则$[FeCl_4]^-$发生离解。

点　滴　积　累

1. 含有配离子的化合物或配位分子称为配位化合物，简称配合物。由中心原子与多齿配体形成的具有环状结构的配合物称为螯合物。

2. 配合物由内界和外界两部分组成（也有一些配合物只有内界），内界和外界之间以离子键结合，内界中的中心原子与配位原子之间以配位键结合。

3. $K_{稳}$越大，配合物越稳定。影响配位平衡移动的因素有溶液的酸度、沉淀反应及氧化还原反应等。

第二节　配位滴定法

配位滴定法是以配位反应为基础的滴定分析法。配位反应虽然很多，可是能满足滴定分析要求的并不多。用于配位滴定的反应必须具备以下条件：

1. 反应必须定量完成，生成的配合物足够稳定，且配位比恒定。

2. 反应速度快，生成的配合物易溶于水。

3. 有适当的方法确定滴定终点。

大多数无机配位剂与金属离子逐级形成简单配合物，各级的稳定常数很相近，定量关系不易确定，并且其稳定性差。因此，大多数无机配位剂不能用于滴定，而应用较多的是有机配位剂。目前最常用的配位滴定是以乙二胺四乙酸（简称 EDTA）为配位剂的滴定分析，常用于金属离子的含量测定。

一、EDTA 及其配位特性

（一）EDTA 的结构与性质

EDTA 从结构上看是一种四元酸，通常用 H_4Y 表示。由于分子中 N 原子的电负性较强，在水溶液中 2 个羧基上的 H^+ 转移到 2 个 N 上形成双偶极离子。其结构式为：

```
HOOCH2C                      CH2COO-
       \+                  +/
        N—CH2—CH2—N
       /H                  H\
-OOCH2C                      CH2COOH
```

在酸性较高的溶液中，还可以接受两个 H^+ 形成 H_6Y^{2+}，因此，它相当于六元酸，有六级解离平衡。EDTA 在水溶液中是以 H_6Y^{2+}、H_5Y^+、H_4Y、H_3Y^-、H_2Y^{2-}、HY^{3-}、Y^{4-} 7 种形式存在的，各种存在形式的浓度决定于溶液的 pH。见表 7-1。

表 7-1　不同 pH 时 EDTA 的主要存在形式

pH	<0.90	0.90~1.60	1.60~2.0	2.0~2.67	2.67~6.16	6.16~10.26	>10.26
主要型体	H_6Y^{2+}	H_5Y^+	H_4Y	H_3Y^-	H_2Y^{2-}	HY^{3-}	Y^{4-}

EDTA 作为配位剂参加反应时，只有 Y^{4-} 才能与金属离子直接配位。因此，溶液的 pH 越高，Y^{4-} 的浓度越大，在 pH>10.26 的溶液中，EDTA 配位能力最强。

EDTA 为白色粉末状结晶，在水中溶解度很小，在室温时，每 100ml 水仅能溶解 0.02g EDTA。因此，在配位滴定中常用其二钠盐——乙二胺四乙酸二钠，简写为 $Na_2H_2Y \cdot 2H_2O$，通常也称为 EDTA。$Na_2H_2Y \cdot 2H_2O$ 为白色结晶状粉末，无臭无毒，溶解度较大，室温时，每 100ml 水可溶解 11.1g$Na_2H_2Y \cdot 2H_2O$，其饱和溶液浓度约为 0.3mol/L，水溶液的 pH 约为 4.7。

（二）EDTA 与金属离子的配位特性

1. 形成 1∶1 的配合物　EDTA 作为多齿配体具有很强的配位能力，几乎可与所有金属离子配位，且无论金属离子带多少电荷，一般都是以 1∶1 的形式配位，其反应可简化为：

$$M + Y \rightleftharpoons MY$$

2. 形成的配合物稳定性高　EDTA 与金属离子生成的配合物是具有多个五元环的螯合物。一些常见金属离子与 EDTA 形成配合物的 $\lg K_{稳}$，见表 7-2。

表 7-2　常见 EDTA 配合物的 $\lg K_{稳}$

离子	$\lg K_{稳}$	离子	$\lg K_{稳}$	离子	$\lg K_{稳}$	离子	$\lg K_{稳}$
Na^{+}	1.7	Mn^{2+}	13.9	Cd^{2+}	16.5	Sn^{2+}	22.1
Ag^{+}	7.3	Fe^{2+}	14.3	Pb^{2+}	18.0	Cr^{3+}	23.0
Ba^{2+}	7.8	Al^{3+}	16.1	Ni^{2+}	18.6	Fe^{3+}	25.1
Mg^{2+}	8.7	Co^{2+}	16.3	Cu^{2+}	18.8	Bi^{3+}	27.9
Ca^{2+}	10.7	Zn^{2+}	16.5	Hg^{2+}	21.8	Co^{3+}	36.0

3. 形成的配合物的颜色　EDTA 与无色的金属离子形成的配合物无色，与有色的金属离子形成的配合物颜色加深，并且形成的配合物多数可溶于水。

（三）配位滴定的条件稳定常数

在配位滴定中，除了有 EDTA 与被测金属离子进行的主反应外，还存在着由于酸度、其他配位剂（L）和干扰离子（N）等所引起的副反应，可表示如下：

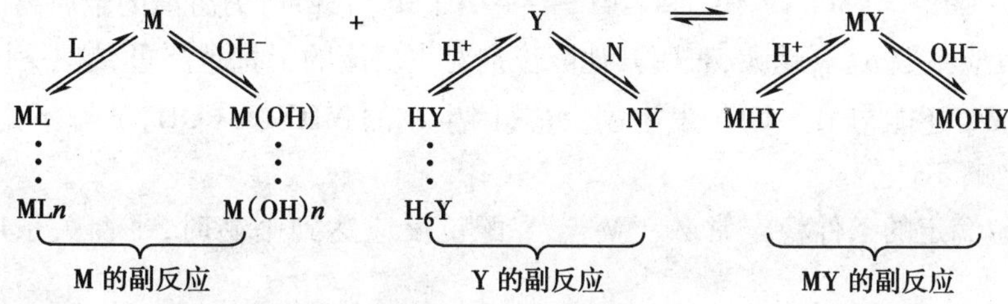

以下主要讨论酸效应和配位效应对主反应的影响。

1. 酸效应系数　M 与 Y 进行配位反应时，溶液中的 H^{+} 也会与 Y 结合，形成 Y 的各级型体。由于这一副反应的发生，使溶液中 Y 的平衡浓度下降，与 M 配位的程度减小，而产生 EDTA 的酸效应。酸效应影响程度的大小，用酸效应系数 $\alpha_{Y(H)}$ 来衡量。

$$\alpha_{Y(H)}=\frac{[Y']}{[Y]} \qquad 式(7\text{-}1)$$

式(7-1)中，[Y]表示溶液中 EDTA 的 Y^{4-} 型体的平衡浓度，[Y′]表示未与 M 配位的 EDTA 各种型体的总浓度。

$$[Y']=[Y^{4-}]+[HY^{3-}]+[H_2Y^{2-}]+[H_3Y^{-}]+[H_4Y]+[H_5Y^{+}]+[H_6Y^{2+}]$$

溶液中$[H^{+}]$越大，[Y]越小，$\alpha_{Y(H)}$越大；而 $\alpha_{Y(H)}$ 越大，说明酸效应对主反应进行的影响程度也越大。不同 pH 时 EDTA 的 $\lg\alpha_{Y(H)}$ 见表 7-3。

表 7-3　EDTA 在各种 pH 时的酸效应系数

pH	$\lg\alpha_{Y(H)}$	pH	$\lg\alpha_{Y(H)}$	pH	$\lg\alpha_{Y(H)}$	pH	$\lg\alpha_{Y(H)}$
1.0	17.13	4.0	8.44	6.5	3.92	10.0	0.45
1.5	15.55	4.5	7.50	7.0	3.32	10.5	0.20
2.0	13.79	5.0	6.45	7.5	2.78	11.0	0.07
2.5	11.11	5.4	5.69	8.0	2.26	11.5	0.02
3.0	10.63	5.5	5.51	8.5	1.77	12.0	0.01
3.4	9.71	6.0	4.65	9.0	1.29		
3.5	9.48	6.4	4.06	9.5	0.83		

难点释疑

$\alpha_{Y(H)}>1$，产生酸效应，而 $\alpha_{Y(H)}=1$，不产生酸效应。

因为 $\alpha_{Y(H)}>1$，说明 $[Y']>[Y]$，所以产生酸效应，$\alpha_{Y(H)}$ 越大，酸效应的影响程度也越大。若 $\alpha_{Y(H)}=1$，即 $[Y']=[Y]$，说明 EDTA 只以 Y 型体存在，所以无酸效应产生。

2. 配位效应系数　由于其他配位剂 L 的存在使金属离子与 EDTA 主反应能力降低的现象称为配位效应。同样，配位效应的大小可用配位效应系数来衡量，用符号 $\alpha_{M(L)}$ 表示。

$$\alpha_{M(L)}=\frac{[M']}{[M]} \qquad \text{式(7-2)}$$

式(7-2)中，$[M']=[M]+[ML]+[ML_2]+\cdots\cdots[ML_n]$，$[M]$为游离的金属离子浓度。

配位效应系数 $\alpha_{M(L)}$ 越大，表明其他配位剂对主反应的干扰越严重，越不利于滴定。

此外，MY 还能与 H^+、OH^- 发生副反应，因生成的 MHY、M(OH)Y 都不稳定，一般计算时可忽略不计。

3. 配位滴定的条件稳定常数　M 与 Y 配位反应达到平衡时，平衡关系可用下式表示：

$$M+Y \rightleftharpoons MY \quad K_{MY}=\frac{[MY]}{[M][Y]}$$

在没有副反应发生时，M 与 Y 配位反应进行的程度可用稳定常数 K_{MY} 表示，K_{MY} 越大，MY 越稳定。但在实际滴定条件下，由于受到副反应的影响，在综合考虑副反应效应对主反应影响的情况下，MY 的稳定性应用条件稳定常数 K'_{MY} 描述。即：

$$K'_{MY}=\frac{[MY']}{[M'][Y']} \qquad \text{式(7-3)}$$

推导得：$\lg K'_{MY}=\lg K_{MY}+\lg\alpha_{MY}-\lg\alpha_{Y(H)}-\lg\alpha_{M(L)}$　　式(7-4)

K'_{MY} 的大小反映了在一定条件下配合物的实际稳定性，是进行配位滴定的重要依据。

实际上，主要是 EDTA 的酸效应和金属离子的配位效应影响主反应，尤其是酸效应。如果不考虑其他副反应，只考虑 EDTA 的酸效应，则式(7-4)简化为：

$$\lg K'_{MY}=\lg K_{MY}-\lg\alpha_{Y(H)} \qquad \text{式(7-5)}$$

上式表明条件稳定常数随溶液的 pH 变化而变化。

例 1　计算 pH = 2.0 和 pH = 5.0 时 ZnY 的 K'_{ZnY}。

解：查表 7-2 可知 $\lg K_{ZnY}=16.5$

查表 7-3，得 pH = 2.0 时，$\lg\alpha_{Y(H)}=13.79$；pH = 5.0 时，$\lg\alpha_{Y(H)}=6.45$

所以：(1) pH = 2.0 时：$\lg K'_{ZnY}=16.5-13.79=2.71$

(2) pH = 5.0 时：$\lg K'_{ZnY}=16.5-6.45=10.05$

以上结果表明，ZnY 在 pH = 5.0 的溶液中比在 pH = 2.0 的溶液中稳定性高得多。在配位滴定中，必须选择适当的酸度条件。

二、滴定条件的选择

EDTA 能与很多金属离子形成稳定的配合物,这说明 EDTA 的配位能力强但选择性差。只有控制好滴定的条件,提高配位滴定的选择性,减少或排除干扰离子的影响,才能得到准确的分析结果。以下主要从两个方面来讨论滴定条件的选择。

(一)酸度的选择

1. 最高酸度 在滴定分析中,一般要求滴定误差≤0.1%,则需要满足 $\lg c_M K'_{MY} \geq 6$。在配位滴定中,被测金属离子和 EDTA 的浓度通常为 10^{-2}数量级,所以得 $\lg K'_{MY} \geq 8$。一般将 $\lg c_M K'_{MY} \geq 6$ 或 $\lg K'_{MY} \geq 8$ 作为判断配位滴定能否进行准确滴定的条件。

根据 $\lg K'_{MY} = \lg K_{MY} - \lg\alpha_{Y(H)} \geq 8$ 得:

$$\lg\alpha_{Y(H)} \leq \lg K_{MY} - 8 \quad \text{式(7-6)}$$

由式(7-6)求得 $\lg\alpha_{Y(H)}$,再从表 7-3 查出对应的 pH,即得滴定某金属离子时所允许的最高酸度,也称最低 pH。不同的金属离子与 EDTA 形成配合物的 K_{MY}不同,从而滴定所允许的最低 pH 也不同。附录六列出了 EDTA 滴定部分金属离子的最低 pH。

2. 最低酸度 当溶液酸度控制在最高酸度以下时,随着酸度的降低,酸效应逐渐减小,有利于滴定。如果酸度过低,会产生水解效应。因此配位反应不能低于酸度的某一限度,即不能低于最低酸度,即最高 pH。配位滴定的最高 pH 可由 $M(OH)_n$对应的 K_{sp}计算得出。

配位滴定应控制在最高酸度和最低酸度之间进行,此酸度范围称为配位滴定的适宜酸度范围。可用控制酸度的办法,使一种离子形成稳定的配合物而其他离子不易生成,从而提高配位滴定的选择性。

(二)掩蔽和解蔽作用

由于 EDTA 的配位能力强,样品溶液中往往有一些共存的干扰离子,若不能通过控制酸度的方法排除干扰时,可加入适当的掩蔽剂,使其与干扰离子反应,从而消除其干扰。常用的掩蔽方法有配位掩蔽法、沉淀掩蔽法和氧化还原掩蔽法。

1. 配位掩蔽法 是利用配位反应消除干扰离子的方法。例如,用 EDTA 滴定水中的 Ca^{2+}、Mg^{2+}时,Fe^{3+}、Al^{3+}等离子的存在会产生干扰。可加入三乙醇胺与 Fe^{3+}、Al^{3+}生成更稳定的配合物,将这些干扰离子掩蔽起来,使主反应顺利进行。配位掩蔽法是应用最为广泛的一种掩蔽法。

2. 沉淀掩蔽法 是利用沉淀反应消除干扰离子的方法。例如,Ca^{2+}、Mg^{2+}共存时只滴定 Ca^{2+},可加入 NaOH 使溶液 pH > 12,此时 Mg^{2+}形成 $Mg(OH)_2$沉淀,然后用 EDTA 直接滴定 Ca^{2+}。

3. 氧化还原掩蔽法 是利用氧化还原反应消除干扰离子的方法。例如,用 EDTA 滴定 Bi^{3+}时,溶液中若有 Fe^{3+}会产生干扰。加入抗坏血酸或盐酸羟胺,可将 Fe^{3+}还原为 Fe^{2+},从而掩蔽了 Fe^{3+}的干扰。

采用掩蔽法对某种离子进行滴定后,再加入一种试剂,将已被掩蔽的离子重新释放出来,这种方法称为解蔽,具有解蔽作用的试剂称为解蔽剂。将掩蔽和解蔽方法联合使用,混合物不需分离可连续分别进行滴定。

三、金属指示剂

在配位滴定中,通常利用一种能与金属离子生成有色配合物的显色剂来指示滴定过程中金属离子浓度的变化，这种显色剂称为金属离子指示剂，简称金属指示剂。

（一）金属指示剂的作用原理

金属指示剂多为有机染料，同时也是配位剂，能与金属离子反应，生成一种与本身颜色有显著差别的配合物，指示滴定终点。

以铬黑T为指示剂，在溶液 pH = 10 时，用 EDTA(H_2Y^{2-})滴定液滴定 Mg^{2+} 溶液为例，说明金属指示剂的变色原理。

滴定前，加入的铬黑 T(NaH_2In)与 Mg^{2+} 形成的配合物呈红色；滴定开始后，加入的 EDTA 与 Mg^{2+} 形成的配合物为无色，故溶液仍呈红色；当 EDTA 将溶液中游离的 Mg^{2+} 作用完后，由于 $MgIn^-$ 的稳定性远小于 MgY^{2-} 的稳定性，再加入的 EDTA 将夺取 $MgIn^-$ 中的 Mg^{2+}，使铬黑 T 游离出来，溶液由红色变为纯蓝色，指示终点到达。有关反应如下：

滴定前：$Mg^{2+} + HIn^{2-}$（蓝色）$\rightleftharpoons MgIn^-$（红色）$+ H^+$

滴定中：$Mg^{2+} + H_2Y^{2-} \rightleftharpoons MgY^{2-}$（无色）$+ 2H^+$

终点时：$MgIn^-$（红色）$+ H_2Y^{2-} \rightleftharpoons MgY^{2-} + HIn^{2-}$（蓝色）$+ H^+$

从上述原理可以看出，金属指示剂应具备以下条件：

1. 金属指示剂与金属离子生成的配合物(MIn)与指示剂(In)本身颜色有明显区别。

2. MIn 要有足够的稳定性($K'_{MIn} > 10^4$)，但又要比 MY 稳定性低($K'_{MY}/K'_{MIn} > 10^2$)。

3. 显色反应灵敏、迅速，有较好的变色可逆性。

使用金属指示剂还应注意指示剂的封闭现象。如果滴定体系中存在的干扰离子与金属指示剂形成稳定的配合物，虽然加入过量的 EDTA，也难以将金属指示剂释放出来，从而观察不到终点颜色的变化，这种现象称为指示剂的封闭现象。可通过加入适当的掩蔽剂来消除。

（二）常用金属指示剂

配位滴定中常用的金属指示剂有铬黑 T、二甲酚橙及钙指示剂等，其有关情况见表 7-4。

表 7-4　常用金属指示剂

指示剂	pH 使用范围	颜色变化		直接滴定离子	配制方法
		In	MIn		
铬黑 T（简称 EBT）	8~10	蓝	红	Mg^{2+}, Zn^{2+}, Cd^{2+} Pb^{2+}, Mn^{2+}，稀土元素离子	EBT : NaCl 为 1 : 100（固体合剂）或 0.5% 三乙醇胺的乙醇溶液
二甲酚橙（简称 XO）	<6.3	黄	红	pH < 1 ZrO^{2+} pH 1~3 Bi^{3+}, Th^{4+} pH 5~6 Zn^{2+}, Pb^{2+}, Cd^{2+}, Hg^{2+}稀土元素离子	0.5% 乙醇溶液或水溶液
钙指示剂（简称 NN）	12~13	蓝	红	Ca^{2+}	NN : NaCl 为 1 : 100（固体合剂）

四、滴定液

（一）EDTA滴定液的配制与标定

1. 配制 EDTA滴定液常用其二钠盐（$Na_2H_2Y \cdot 2H_2O$）配制。纯的EDTA二钠盐可用直接法配制，但因其常含有少量的吸湿水，所以在配制前应先在80℃干燥恒重。如果纯度不够，则可用间接法配制。如配制0.05mol/L的EDTA滴定液1000ml，可称取19g $Na_2H_2Y \cdot 2H_2O$ 溶于300ml温纯化水中，冷却后稀释至1000ml，混匀。

2. 标定 可用于标定EDTA溶液的基准物质有Zn、ZnO、$MgSO_4 \cdot 2H_2O$、$CaCO_3$等。精密称取在800℃灼烧至恒重的基准物质ZnO约0.2g，加稀盐酸3ml使之溶解，加纯化水25ml，甲基红指示剂1滴，滴加稀氨水至溶液呈微黄色，再加纯化水25ml，NH_3-NH_4Cl缓冲溶液10ml，铬黑T指示剂少许。用待标定的EDTA滴定至溶液由红色转为蓝色即为终点。

难点释疑

EDTA滴定法中需加一定量的缓冲溶液控制溶液的酸度。

因为在滴定过程中，不仅要调节滴定前溶液的酸度，同时也要注意控制滴定过程中溶液酸度的变化。如用EDTA滴定Mg^{2+}时，反应如下：

$$Mg^{2+} + H_2Y^{2-} \rightleftharpoons MgY^{2-} + 2H^+$$

反应过程中不断释放出H^+，使溶液的pH降低，为了消除反应中产生的H^+的影响，在滴定中需加一定量的缓冲溶液，维持溶液的pH始终在允许的范围内。因此，进行EDTA滴定时应特别注意控制溶液的酸度。

（二）$ZnSO_4$滴定液的配制与标定

1. 配制 间接法配制浓度为0.05mol/L的$ZnSO_4$滴定液。称取$ZnSO_4$约8g，加稀盐酸10ml与适量纯化水溶解，稀释至1000ml，摇匀。

2. 标定 可用已知准确浓度的EDTA滴定液进行标定。吸取待标定的$ZnSO_4$溶液25.00ml，加甲基红指示剂1滴，滴加稀氨水至溶液呈微黄色，再加纯化水25ml，NH_3-NH_4Cl缓冲溶液10ml，铬黑T指示剂少许，用EDTA滴定液滴定至溶液由红色转为蓝色即为终点。

五、应用示例

配位滴定法有多种滴定方式，其应用非常广泛。在药物分析中如氢氧化铝、明矾、硫酸锌、葡萄糖酸钙、磺胺嘧啶锌等药物含量的测定及水的总硬度测定，均可用配位滴定法。

（一）水的总硬度测定

水的硬度是指溶解于水中的钙盐和镁盐的含量。含量越高，表示硬度越大。水的硬度分为暂时硬度和永久硬度，二者的总和称为总硬度。

水的硬度表示方法：将水中所含Ca^{2+}、Mg^{2+}的量，折算成$CaCO_3$的质量，以每升水中

所含 $CaCO_3$ 的毫克数表示，即 $CaCO_3$ mg/L。

计算公式：

$$水的总硬度(CaCO_3 mg/L)=\frac{c_{EDTA}V_{EDTA}M_{CaCO_3}}{V_s}\times 10^3$$

在水的总硬度测定时，通常吸取一定量（50.00ml 或 100.0ml）的水样，加 NH_3-NH_4Cl 缓冲溶液调节 pH 约为 10，用铬黑 T 作指示剂，EDTA 滴定液滴定至溶液由红色变为纯蓝色即为终点。有关反应式为：

滴定前：$Mg^{2+}+HIn^{2-} \rightleftharpoons MgIn^-+H^+$

终点前：$Ca^{2+}+H_2Y^{2-} \rightleftharpoons CaY^{2-}+2H^+$

$Mg^{2+}+H_2Y^{2-} \rightleftharpoons MgY^{2-}+2H^+$

终点时：$MgIn^-+H_2Y^{2-} \rightleftharpoons MgY^{2-}+HIn^{2-}+H^+$

案例分析

案例：

葡萄糖酸锌（$C_{12}H_{22}O_{14}Zn$）为补锌药，主要用于治疗缺锌引起的营养不良、厌食症、异食癖、口腔溃疡、痤疮、儿童生长发育迟缓等。该药含葡萄糖酸锌（$C_{12}H_{22}O_{14}Zn$）应为 97.0% ~102.0%，否则为不合格产品。质量检查中必须进行 $C_{12}H_{22}O_{14}Zn$ 含量的测定。

分析：

葡萄糖酸锌能与 EDTA 滴定液定量反应，可用配位滴定法直接测定其含量。2010 年版《中国药典》规定：精密称定本品约 0.7g，加纯化水 100ml，微热使其溶解，加 NH_3-NH_4Cl 缓冲溶液（pH = 10.0）5ml 与铬黑 T 指示剂少许，用 EDTA 滴定液（0.05mol/L）滴定至溶液由红色变为蓝色。每 1ml EDTA 滴定液相当于 22.78mg $C_{12}H_{22}O_{14}Zn$。

$$C_{12}H_{22}O_{14}Zn\%=\frac{T_{EDTA/C_{12}H_{22}O_{14}Zn}V_{EDTA}F}{m_S}\times 100\%$$

（二）铝盐的测定

常用的铝盐药物有氢氧化铝、复方氢氧化铝、氢氧化铝凝胶等，药典中多采用配位滴定法测定其含量。但测定铝盐含量时，由于 Al^{3+} 与 EDTA 配位反应速度较慢，并且 Al^{3+} 对指示剂产生封闭作用，因此需采用返滴法。

药典规定，氢氧化铝凝胶中含氢氧化铝的量以 Al_2O_3 标记，不得少于 3.6% ~4.4%。操作步骤如下：

取氢氧化铝凝胶约 8g，精密称定，加稀盐酸、纯化水各 10ml，煮沸 10 分钟使其全部溶解，冷至室温。过滤，滤液转入 250.0ml 容量瓶中，用纯化水稀至标线，摇匀。吸取上述溶液 25.00ml，滴加氨水至恰好刚出现白色沉淀，再滴加稀盐酸使其恰好溶解为止。加 HAc-NH_4Ac 缓冲溶液 10ml，0.05mol/L EDTA 滴定液 25.00ml，煮沸 3 ~5 分钟。冷至室温，适当补充蒸发的水分，加 0.2% 二甲酚橙 1ml，用 0.5mol/L $ZnSO_4$ 滴定液滴定至溶液由黄色变为淡紫红色为终点。

计算公式：

$$Al_2O_3\% = \frac{\frac{1}{2}(c_{EDTA}V_{EDTA} - c_{ZnSO_4}V_{ZnSO_4})M_{Al_2O_3} \times 10^{-3}}{m_s \times \frac{25}{250}} \times 100\%$$

点滴积累

1. 配位滴定法常以 EDTA 的二钠盐($Na_2H_2Y \cdot 2H_2O$)为滴定液,可用于测定绝大多数金属离子的含量。

2. 配位滴定法必须控制在适当的 pH 条件下,并且需加适量的缓冲溶液,维持溶液的 pH 始终在允许的范围内。

3. 配位滴定中常用的金属指示剂有铬黑 T、二甲酚橙、钙指示剂等。金属指示剂需在一定的 pH 范围内使用。

目标检测

一、选择题

(一) 单项选择题

1. 配位化合物中一定含有(　　)

A. 金属键　　B. 离子键　　C. 配位键　　D. 氢键

2. 在$[Co(en)_2Cl_2]Cl$中,中心原子的配位数是(　　)

A. 2　　B. 4　　C. 5　　D. 6

3. $K_4[Fe(CN)_6]$中配离子电荷和中心原子电荷分别为(　　)

A. −2, +4　　B. −4, +2　　C. +3, −3　　D. −3, +3

4. $K_2[HgI_4]$的正确命名是(　　)

A. 碘化汞钾　　B. 四碘汞化钾

C. 四碘合汞(Ⅱ)酸钾　　D. 四碘一汞二钾

5. 配位滴定中为维持溶液的 pH 在一定范围内需加入(　　)

A. 酸　　B. 碱　　C. 盐　　D. 缓冲溶液

6. 下列物质中,能作螯合剂的是(　　)

A. NH_3　　B. HCN　　C. HCl　　D. EDTA

7. EDTA 各型体中,直接与金属离子配位的是(　　)

A. Y^{4-}　　B. H_6Y^{2+}　　C. H_4Y　　D. H_3Y^-

8. 在$Cu^{2+} + 4NH_3 \rightleftharpoons [Cu(NH_3)_4]^{2+}$平衡体系中加稀 HCl,可产生的结果是(　　)

A. 沉淀析出　　B. 配离子解离　　C. 有NH_3放出　　D. 平衡不受影响

9. 在 pH = 10 的溶液中,用 EDTA 滴定液测定Mg^{2+},可选用的指示剂是(　　)

A. 铬黑 T　　B. 二甲酚橙　　C. 酚酞　　D. 甲基橙

10. 在Ca^{2+}、Mg^{2+}混合液中,用 EDTA 滴定Ca^{2+},要消除Mg^{2+}的干扰,宜采用(　　)

A. 控制酸度法　　B. 沉淀掩蔽法　　C. 配位掩蔽法　　D. 氧化还原掩蔽法

（二）多项选择题

1. 对金属指示剂叙述错误的是(　　　　)
   A. MIn 的变色原理与酸碱指示剂相同
   B. 指示剂应在一适宜的 pH 范围内使用
   C. MIn 的稳定性要大于 MY 100 倍
   D. MIn 的稳定性要小于 MY 100 倍
   E. 指示剂本身颜色与其生成的配合物颜色明显不同
2. 有关酸效应的叙述正确的是(　　　　)
   A. pH 越大,酸效应系数越大
   B. pH 越大,酸效应系数越小
   C. 酸效应系数越大,配合物越稳定
   D. 酸效应系数越大,配合物越不稳定
   E. 酸效应系数越大,配位滴定的突跃范围越大
3. 下列说法正确的是(　　　　)
   A. 配位数一定是配位体的数目
   B. 只有金属离子才能作中心原子
   C. 配合物中内界与外界电荷的代数和为零
   D. 配离子电荷数等于中心原子的电荷数
   E. 直接与中心原子结合成键的配位原子的数目称为配位数
4. 下列配位数为 6 的配合物是(　　　　)
   A. $[CaY]^{2-}$　　B. $[FeF_6]^{3-}$　　C. $[Ag(CN)_2]^-$
   D. $[Zn(NH_3)_4]^{2-}$　　E. $[Ni(CN)_4]^{2-}$
5. 标定 EDTA 滴定液常用的基准物是(　　　　)
   A. Zn　　B. $K_2Cr_2O_7$　　C. ZnO
   D. $AgNO_3$　　E. Na_2CO_3

二、简答题

1. EDTA 与金属离子的配位反应有什么特点？
2. 为什么在红色的$[Fe(SCN)_6]^{3-}$溶液中加入 EDTA 后,溶液的红色会消失？
3. 为什么 EDTA 在碱性溶液中配位能力强？
4. 判断配位滴定的可行性为什么要用条件稳定常数？
5. 配位滴定的主反应是什么？有哪些副反应？

三、实例分析

1. 吸取水样 100.0ml,以铬黑 T 为指示剂,用 0.01025mol/L 的 EDTA 滴定,用去 15.02ml,求以 $CaCO_3$mg/L 表示时水的总硬度。

2. 称取葡萄糖酸钙($C_{12}H_{22}O_{14}Ca \cdot H_2O$)样品 0.5416g,溶解后,在 pH = 10 的 NH_3-NH_4Cl 缓冲溶液中,用 0.05002mol/L 的 EDTA 滴定液滴定,用去 24.01ml,求样品中葡萄糖酸钙的含量。

3. 精密称取 Na_2SO_4试样 0.2032g,溶解后加 0.05000mol/L 的 $BaCl_2$滴定液 25.00ml,

再用0.05000mol/L的EDTA滴定液返滴剩余的Ba^{2+}，用去6.30ml，求试样中Na_2SO_4的含量。

实训九　水的总硬度测定

【实训目的】

1. 熟悉水的硬度的表示方法。
2. 掌握配位滴定法测定金属离子含量的原理及方法。
3. 掌握金属指示剂的应用及配位滴定过程中条件的控制。

【实训内容】

1. 实验用品

(1) 仪器：滴定管、锥形瓶、移液管（25ml、100ml）、容量瓶（100ml）、烧杯等。

(2) 试剂：乙二胺四乙酸二钠（$Na_2H_2Y \cdot 2H_2O$，AR）、铬黑T指示剂、NH_3-NH_4Cl缓冲溶液（pH = 10）、1mol/L NaOH。

2. 实验步骤

(1) EDTA滴定液的配制：精密称取干燥的分析纯$Na_2H_2Y \cdot 2H_2O$ 0.38～0.40g于小烧杯中，加约30ml纯化水，微热使之溶解，定量转移至100ml容量瓶中，稀释至刻度，摇匀。按下式计算EDTA滴定液的浓度：

$$c_{EDTA} = \frac{m_{EDTA}}{V_{EDTA}M_{EDTA}} \times 10^3$$

(2) 水的总硬度测定：吸取水样100.0ml置于锥形瓶中，加NH_3-NH_4Cl缓冲溶液10ml，铬黑T指示剂少许，用配制好的EDTA滴定液滴定至溶液由红色变为纯蓝色即为终点。记录所用EDTA滴定液的体积。平行测定3次，计算水的总硬度。

水的总硬度计算公式为：

$$\text{水的总硬度}(CaCO_3\,mg/L) = \frac{c_{EDTA}V_{EDTA}M_{CaCO_3}}{V_s} \times 10^3$$

【实训注意】

1. 市售$Na_2H_2Y \cdot 2H_2O$有粉末状和结晶型两种，粉末状的较易溶解，结晶型的在水中溶解较慢，可加热使其溶解。

2. 滴定时，因反应速率较慢，在接近终点时，滴定液慢慢加入，并充分摇动。

3. 滴定时若有Fe^{3+}、Al^{3+}的干扰，可用三乙醇胺掩蔽，Cu^{2+}、Pb^{2+}等重金属离子可用KCN、Na_2S予以掩蔽。

【实训检测】

1. 在水的总硬度的测定过程中为何需加入NH_3-NH_4Cl缓冲溶液？

2. 若只测定水中的Ca^{2+}，应选择何种指示剂？在什么条件下测定？

【实训记录】

项目 \ 次数	1	2	3
m_{EDTA}			
c_{EDTA}			
V_s			
V_{EDTA}终			
V_{EDTA}初			
V_{EDTA}			
水的总硬度($CaCO_3$ mg/L)			
水的总硬度平均值			
$R\bar{d}$			

（许　标）

第八章　氧化还原反应与氧化还原滴定法

第一节　氧化还原反应

氧化还原反应是一类重要的化学反应，不仅在工农业生产、科学研究和日常生活中具有重要意义，而且与医药卫生、生命活动也密切相关。如药物分析中维生素C含量的测定；卫生检验中化学耗氧量的测定；利用H_2O_2消毒杀菌；饮用水中残留氯的监测等都离不开氧化还原反应。

一、氧化数

氧化数又称为氧化值，是某元素1个原子的形式电荷数。这种电荷数是假设把原子间每个键中的电子指定给电负性较大的原子而求得的。

例如，在H_2O中，由于O的电负性比H大，O原子和H原子之间的两对成键电子都归电负性较大的O原子所有，因此O的氧化数为-2，H的氧化数为+1。又如在NaCl中，Cl的电负性大于Na，所以Cl的氧化数为-1，Na的氧化数为+1。

确定氧化数的一般原则如下：

1. 在单质中，元素的氧化数为零。如O_2，Cu，N_2等物质中，O、Cu、N的氧化数均为零。

2. 单原子离子的氧化数等于离子的电荷数。如在Na^+和Cl^-中，Na的氧化数为+1；Cl的氧化数为-1。

3. 氧在化合物中的氧化数一般为-2。但在过氧化物（如H_2O_2、Na_2O_2）、超氧化物（如KO_2）及氧的氟化物（如OF_2）中氧的氧化数分别为-1、-0.5和+2；氢在化合物中氧化数一般为+1。但在金属氢化物（如NaH）、硼氢化物（如B_2H_6）中氢的氧化数为-1；氟在化合物中的氧化数皆为-1。

4. 在化合物中，各元素原子的氧化数代数和为零；在多原子离子中各元素原子的氧化数代数和等于离子所带的电荷数。

根据以上规则，可以计算出各种化合物中任一元素的氧化数。

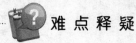

难点释疑

氧化数与化合价不同。

因为氧化数是对原子外层电子偏离原子状态的人为规定值，是一种形式电荷数，氧化数可以是整数、分数或小数。而化合价反映的是原子间形成化学键的能力，只能是整数。

例1　计算$K_2Cr_2O_7$中Cr的氧化数。

解：已知K的氧化数为+1，O的氧化数为-2。

设Cr的氧化数为x，根据化合物中各元素原子的氧化数代数和等于零，可得：

$$2\times(+1)+2x+7\times(-2)=0 \quad x=+6$$

例2　计算H_2SO_4、$S_2O_3^{2-}$、$S_4O_6^{2-}$中S的氧化数。

解：已知H的氧化数为+1，O的氧化数为-2。

设S的氧化数为x，根据化合物分子中各元素原子的氧化数的代数和等于零及多原子离子中各元素原子的氧化数的代数和等于离子所带的电荷数，可得：

H_2SO_4中　$2\times(+1)+x+4\times(-2)=0$　$x=+6$

$S_2O_3^{2-}$中　$2x+3\times(-2)=-2$　$x=+2$

$S_4O_6^{2-}$中　$4x+6\times(-2)=-2$　$x=+2.5$

课堂活动

计算$MnCl_2$、MnO_2、K_2MnO_4、$KMnO_4$中Mn的氧化数。

二、氧化还原反应

反应前后元素的氧化数发生变化的化学反应称为氧化还原反应。元素氧化数升高的过程称为氧化；元素氧化数降低的过程称为还原。氧化过程和还原过程是同时发生、相互依存的。即在同一反应中，一种元素的氧化数升高，必有另一种元素的氧化数降低，且氧化数升高的总数与氧化数降低的总数相等。例如：

氧化数降低，被还原

$$\overset{+2}{Cu}\overset{-2}{O} + \overset{0}{H_2} = \overset{0}{Cu} + \overset{+1}{H_2}\overset{-2}{O}$$

氧化数升高，被氧化

氧化还原反应的本质是电子的得失或电子对的偏移，并引起元素氧化数的变化。即得电子，氧化数降低。失电子，氧化数升高。

（一）氧化剂和还原剂

1. 氧化剂和还原剂的概念　在氧化还原反应中，得到电子氧化数降低的物质，称为氧化剂；失去电子氧化数升高的物质，称为还原剂。氧化剂能使其他物质氧化，而本身被还原；还原剂能使其他物质还原，而本身被氧化。例如下列反应：

$$2K\overset{+7}{Mn}O_4 + 5H_2\overset{-1}{O_2} + 3H_2SO_4 = K_2SO_4 + 2\overset{+2}{Mn}SO_4 + 5\overset{0}{O_2}\uparrow + 8H_2O$$

Mn 的氧化数从 +7 降到 +2，$KMnO_4$是氧化剂，它使 H_2O_2氧化，其本身被还原。O 的氧化数从 -1 升高到 0，H_2O_2是还原剂，它使 $KMnO_4$还原，其本身被氧化。

2. 常见的氧化剂和还原剂

（1）常见的氧化剂：活泼的非金属单质（如 F_2、Cl_2、Br_2、I_2、O_2等）；高价态的金属离子（如 Fe^{3+}、Ce^{4+}、Sn^{4+}等）；某些含高氧化数元素的化合物（如 $K_2Cr_2O_7$、$KMnO_4$、KIO_3、HNO_3、浓 H_2SO_4等）及某些氧化物和过氧化物（如 MnO_2、H_2O_2等）。

（2）常见的还原剂：活泼的金属单质（如 Na、Mg、Zn、Fe 等）；低价态的金属离子（如 Fe^{2+}、Sn^{2+}、Cu^{+}等）；某些含低氧化数元素的化合物或阴离子（如 $H_2C_2O_4$、H_2S、CO、NO_2^-、SO_3^{2-}、I^-等）。

不难理解，氧化数处于最高值的元素的化合物，只能作氧化剂（如 $K_2Cr_2O_7$、$KMnO_4$等）；氧化数处于最低值的元素的化合物，只能作还原剂（如 H_2S、CO 等）；氧化数处于中间值的元素的化合物，既可作氧化剂，又可作还原剂（如 H_2O_2、H_2SO_3等）。

化学与药学

$KMnO_4$在临床及生活中的应用

$KMnO_4$是医药上常用的氧化剂，俗称灰锰氧、PP 粉，为紫黑色晶体，易溶于水，水溶液为紫红色。临床上常用 0.02% ~0.1% $KMnO_4$水溶液洗涤创口、黏膜、膀胱、阴道，痔疮等，有防感染、止痒、止痛等效用。也可用于吗啡、巴比妥类等药物中毒时的洗胃剂，因其能氧化胃中残留的药物或毒物使药物失效。生活中常用浓度为 0.3% $KMnO_4$溶液对浴具、痰盂等进行灭菌消毒。用 0.01% $KMnO_4$水溶液浸洗水果、蔬菜 5 分钟即可达到杀菌目的。

（二）氧化还原电对与半反应

在氧化还原反应中，表示氧化过程和还原过程的方程式分别称为氧化反应和还原反应，统称为半反应。如：

氧化反应：$Zn - 2e \rightleftharpoons Zn^{2+}$

还原反应：$Cu^{2+} + 2e \rightleftharpoons Cu$

在半反应中，氧化数较高的物质称氧化态（如 Zn^{2+}、Cu^{2+}）。可用 Ox 表示。

在半反应中，氧化数较低的物质称还原态（如 Zn、Cu）。可用 Red 表示。

在半反应中，氧化态和还原态彼此依存，相互转化，这种通过电子的转移而相互转化的一对物质称为氧化还原电对。氧化还原电对可用"氧化态／还原态"表示。如 Zn^{2+}/Zn、Cu^{2+}/Cu。1 个电对代表 1 个半反应，半反应可用以下通式表示：

$$氧化态 + ne \rightleftharpoons 还原态 \quad 或 \quad Ox + ne \rightleftharpoons Red$$

而每个氧化还原反应都是由两个半反应组成的。

三、氧化还原反应方程式的配平

对于简单的氧化还原反应方程式，用观察法即可配平。但许多氧化还原反应比较复杂，涉及的物质较多，配平起来较困难，必须采用一定的方法来配平。配平氧化还原反应方程式的方法很多，主要有电子得失法、氧化数法、离子-电子法等。下面只简单介绍氧化数法。

配平原则：在氧化还原反应中，氧化剂中元素氧化数降低的总数和还原剂中元素氧化数升高的总数相等；反应前后原子种类和数目相等。

下面以 $KMnO_4$ 和 $FeSO_4$ 在稀 H_2SO_4 溶液中的反应为例说明其配平步骤。

1. 根据反应事实，写出反应物和生成物的化学式，中间用"——"隔开。

$$KMnO_4 + FeSO_4 + H_2SO_4 —— MnSO_4 + Fe_2(SO_4)_3 + K_2SO_4 + H_2O$$

2. 标出氧化数发生变化的元素，并求出升高值和降低值。

氧化数降低 5

$$K\overset{+7}{Mn}O_4 + \overset{+2}{Fe}SO_4 + H_2SO_4 — \overset{+2}{Mn}SO_4 + \overset{+3}{Fe_2}(SO_4)_3 + K_2SO_4 + H_2O$$

氧化数升高 1×2

3. 根据氧化剂氧化数降低总数等于还原剂氧化数升高总数，按最小公倍数确定氧化剂和还原剂化学式前的系数。

氧化数降低 5×2

$$2K\overset{+7}{Mn}O_4 + 10\overset{+2}{Fe}SO_4 + H_2SO_4 — 2\overset{+2}{Mn}SO_4 + 5\overset{+3}{Fe_2}(SO_4)_3 + K_2SO_4 + H_2O$$

氧化数升高 1×2×5

4. 根据反应前后原子种类和数目相等的原则，用观察法确定其他物质的系数。并把"——"改成"═══"。配平好的方程式如下：

$$2KMnO_4 + 10FeSO_4 + 8H_2SO_4 ═══ 2MnSO_4 + 5Fe_2(SO_4)_3 + K_2SO_4 + 8H_2O$$

点滴积累

1. 氧化数是某元素一个原子的形式电荷数。
2. 氧化剂（有氧化性）→得电子→氧化数降低→被还原→生成还原产物。
3. 还原剂（有还原性）→失电子→氧化数升高→被氧化→生成氧化产物。
4. 在氧化还原反应中，氧化剂氧化数降低总数和还原剂氧化数升高总数相等。

第二节　原电池与电极电势

一、原电池

氧化还原反应实质是电子的转移，可由以下实验来证明。实验装置如图 8-1 所示。

在一个烧杯中加入 $ZnSO_4$ 溶液并插入 Zn 片，在另一个烧杯中加入 $CuSO_4$ 溶液并插入 Cu 片。将两个烧杯中的溶液用一个倒置的 U 形管连接起来。U 形管中装满用饱和 KCl 溶液和琼脂做成的冻胶（称为盐桥）。将 Zn 片和 Cu 片用导线连接起来，并在导线中间接上检流计。检流计的正极和 Cu 片相连，负极和 Zn 片相连，则会看到检流计的指针发生偏转。这说明反应中有电子的转移，而电子定向移动产生的电流即被检流计检测到。这种借助氧化还原反应产生电流的装置，即将化学能转变成电能的装置称为原电池。

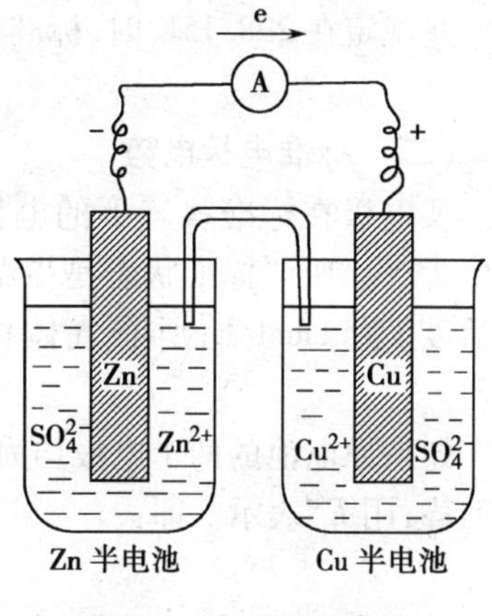

图 8-1　Cu-Zn 原电池

任何一个原电池都由两部分组成。如上述原电池中一部分是 Cu 片和 $CuSO_4$ 溶液；另一部分是 Zn 片和 $ZnSO_4$ 溶液，这两部分分别称为半电池或电极。一般称为 Cu 电极和 Zn 电极，分别对应 Cu^{2+}/Cu 电对和 Zn^{2+}/Zn 电对。在电极的金属和溶液界面上发生的反应称为电极反应或半电池反应。

原电池中输出电子的电极称为负极，发生氧化反应；接受电子的电极称为正极，发生还原反应。两个电极反应之和即为电池反应。在铜锌原电池中：

负极反应：$Zn - 2e \rightleftharpoons Zn^{2+}$

正极反应：$Cu^{2+} + 2e \rightleftharpoons Cu$

电池反应：$Zn + Cu^{2+} \rightleftharpoons Zn^{2+} + Cu$

原电池装置可用简单的符号表示，称为电池符号，如铜锌原电池可表示为：

$$(-)Zn(s)|ZnSO_4(c_1)\|CuSO_4(c_2)|Cu(s)(+)$$

在书写电池符号时，将发生氧化反应的负极写在左边，发生还原反应的正极写在右边，c 为浓度；用单线“|”表示相界面，用“‖”表示盐桥；若电极中没有金属导体时，可选用惰性金属 Pt 或石墨作电极导体。例如：

$$(-)Pt|Sn^{2+}(c_1),Sn^{4+}(c_2)\|Fe^{3+}(c_3),Fe^{2+}(c_4)|Pt(+)$$

二、电极电势

（一）电极电势

两个电极用导线相连有电流产生，说明两个电极之间有电势差。原电池中的电流是由于两个电极的电极电势不同而产生的。在没有电流通过的情况下，正、负两极的电极电势之差称为原电池的电动势。用 E 表示。

$$E = \varphi_+ - \varphi_-$$

式中，φ_+ 为正极的电极电势；φ_- 为负极的电极电势。

单个电极的电极电势无法测量，但是电池的电动势可以准确测定。可选定某一电极作为比较标准，将它与其他电极组成原电池，测出两个电极的电极电势差值。

按照国际纯粹与应用化学联合会的建议，采用标准氢电极作为标准电极。

标准氢电极的结构如图 8-2 所示。将镀有一层多孔铂黑的 Pt 片浸入含有 H^+ 浓度（严格说应为活度）为 1mol/L 的溶液中，并不断地通入压力为 101.325kPa 的纯 H_2，使铂黑电极上吸附的 H_2 达到饱和，即构成了标准氢电极。电极反应如下：

$$2H^+(ag) + 2e \rightleftharpoons H_2(g)$$

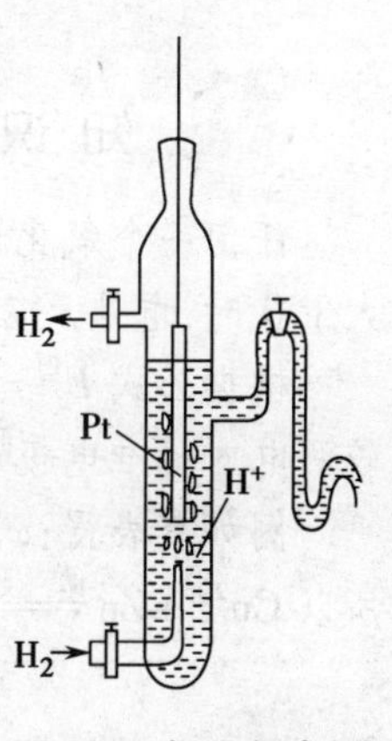

图 8-2　标准氢电极

并规定在298.15K时，标准氢电极的电极电势值为0V。即：

$$\varphi^{\ominus}_{H^+/H_2}=0.0000V$$

（二）标准电极电势

某电极在标准状态下的电极电势，称为该电极的标准电极电势。用$\varphi^{\ominus}$表示，SI单位为V。所谓标准状态是指温度为298.15K，所有溶液态作用物的浓度（严格说应为活度）为1mol/L；所有气体作用物的分压为101.325kPa；液体或固体均为纯净物质。

如果原电池的两个电极均为标准电极，此电池即为标准电池，对应的电动势为标准电动势，用$E^{\ominus}$表示。即：

$$E^{\ominus}=\varphi^{\ominus}_{+}-\varphi^{\ominus}_{-} \qquad 式(8\text{-}1)$$

测定某电极的标准电极电势时，可在标准状态下将待测电极与标准氢电极组成原电池，用电位计测出这个原电池的标准电动势即为该电极的标准电极电势。

如测定Cu电极的标准电极电势时，将标准氢电极与标准Cu电极组成下列原电池：

$$(-)Pt|H_2(101.325kPa)|H^+(1mol/L)\|Cu^{2+}(1mol/L)|Cu(+)$$

298.15K时，测得$E^{\ominus}=0.3419V$

$$E^{\ominus}=\varphi^{\ominus}_{Cu^{2+}/Cu}-\varphi^{\ominus}_{H^+/H_2} \quad \varphi^{\ominus}_{Cu^{2+}/Cu}=0.3419V$$

又如要测定Zn电极的标准电极电势，可将标准Zn电极与标准氢电极组成原电池，由于Zn比H_2更易给出电子，所以Zn极为负极，H_2极为正极。可组成如下电池：

$$(-)Zn|Zn^{2+}(1mol/L)\|H^+(1mol/L)|H_2(101.325kPa)|Pt(+)$$

298.15K时，测得$E^{\ominus}=0.7618V$

根据$E^{\ominus}=\varphi^{\ominus}_{H^+/H_2}-\varphi^{\ominus}_{Zn^{2+}/Zn}$　$\varphi^{\ominus}_{Zn^{2+}/Zn}=-0.7618V$

用同样的方法可以测量并计算其他电极的标准电极电势。附录七列出了一些常用电对在298.15K的标准电极电势值。

电极的标准电极电势的大小是衡量氧化剂的氧化能力或还原剂的还原能力强弱的标度。电对的$\varphi^{\ominus}$值越大，表明电对中氧化态越容易获得电子，氧化能力越强。如$Cr_2O_7^{2-}$、MnO_4^-等都是强的氧化剂；反之，$\varphi^{\ominus}$值越小，表明其还原态越容易失去电子，还原能力越强。如Li、Na、K等都是强的还原剂。

根据标准电极电势，也可判定氧化还原反应进行的方向。

知识链接

任何一个氧化还原反应，原则上都可以设计成原电池。当原电池的电动势$E^{\ominus}$大于0时，电池反应将正向自发进行；反之，则逆向自发进行。

根据公式$E^{\ominus}=\varphi^{\ominus}_{+}-\varphi^{\ominus}_{-}$，只有$\varphi^{\ominus}_{+}>\varphi^{\ominus}_{-}$时，才能满足$E^{\ominus}>0$。所以，通过直接比较两电对标准电极电势的大小可判断氧化还原反应自发进行的方向。

例如查表得：$\varphi^{\ominus}_{Cu^{2+}/Cu}=0.3419V$　$\varphi^{\ominus}_{Zn^{2+}/Zn}=-0.7618V$，可知：$\varphi^{\ominus}_{Cu^{2+}/Cu}>\varphi^{\ominus}_{Zn^{2+}/Zn}$，所以$Cu^{2+}+Zn \rightleftharpoons Cu+Zn^{2+}$，在标准状态时能正向自发进行。

三、能斯特方程式

电极电势的大小决定于电极的本性，并受溶液的浓度、气体的分压和温度等外界因素的影响。

标准电极电势是在标准状态下测定的，而对于绝大多数的氧化还原反应，并非在标准状态下进行，即溶液的浓度（严格说应为活度）往往不一定是 1mol/L、气体的分压也不一定是 101.325kPa，此时电极电势就会发生明显的变化，这种变化可用能斯特方程式来表示。

对于任意一个氧化还原反应来说，均由两个电对 Ox_1/Red_1 和 Ox_2/Red_2 组成。可表示为：

$$Ox_1 + Red_2 \rightleftharpoons Ox_2 + Red_1$$

电对的电极电势计算公式即能斯特方程式为：

$$\varphi = \varphi^{\ominus} + \frac{RT}{nF}\ln\frac{c_{Ox}}{c_{Red}} \qquad 式(8\text{-}2)$$

式(8-2)中，$\varphi^{\ominus}$为电对的标准电极电势；R 为气体常数，8.314J/(k · mol)；F 为法拉第常数，96 487c/mol；n 为电池反应中电子的转移数；T 为热力学温度；c_{Ox}为氧化态的浓度；c_{Red}为还原态的浓度。

当温度 T=298.15K，将各常数值代入公式 8-2，并将自然对数换算成常用对数，可简化为：

$$\varphi = \varphi^{\ominus} + \frac{0.0592}{n}\lg\frac{c_{Ox}}{c_{Red}} \qquad 式(8\text{-}3)$$

应用能斯特方程式时应注意下列问题：

1. 固体、纯液体或稀溶液中的溶剂不出现在能斯特方程式中。例如：

$$Cu^{2+} + 2e \rightleftharpoons Cu$$

$$\varphi_{Cu^{2+}/Cu} = \varphi^{\ominus}_{Cu^{2+}/Cu}\frac{0.0592}{2}\lg c_{Cu^{2+}}$$

2. 如果电极中的氧化态或还原态物质的计量数不是 1 时，则以计量数作其浓度的指数。例如：

$$Br_2 + 2e \rightleftharpoons 2Br^-$$

$$\varphi_{Br_2/Br^-} = \varphi^{\ominus}_{Br_2/Br^-} + \frac{0.0592}{2}\lg\frac{1}{c^2_{Br^-}}$$

3. 除氧化态和还原态物质外，若有 H^+ 或 OH^- 参加电极反应，也应出现在能斯特方程式中。例如：

$$MnO_4^- + 8H^+ + 5e \rightleftharpoons Mn^{2+} + 4H_2O$$

$$\varphi_{MnO_4^-/Mn^{2+}} = \varphi^{\ominus}_{MnO_4^-/Mn^{2+}} + \frac{0.0592}{5}\lg\frac{c_{MnO_4^-}c^8_{H^+}}{c_{Mn^{2+}}}$$

4. 电极中的氧化态或还原态物质是气体时，则用其相对分压。例如：

$$Cl_2 + 2e \rightleftharpoons 2Cl^-$$

$$\varphi_{Cl_2/Cl^-} = \varphi^{\ominus}_{Cl_2/Cl^-} + \frac{0.0592}{2}\lg\frac{P_{Cl_2}}{c^2_{Cl^-}}$$

从能斯特方程式可看出，在温度一定时，改变溶液的浓度，电极电势会发生改变。若增大氧化态物质的浓度或降低还原态物质的浓度，电极电势会增大；反之，减小氧化态物质的浓度或增大还原态物质的浓度，电极电势会减小。对于有 H^+ 或 OH^- 参加的电极反应，电极电势的大小还与溶液的酸度有关。

点滴积累

1. 原电池的负极发生氧化反应，正极发生还原反应。
2. 标准电极电势可判断氧化剂或还原剂氧化、还原能力，也可判断氧化还原反应自发进行的方向。
3. 能斯特方程式：$\varphi=\varphi^{\ominus}+\dfrac{0.0592}{n}\lg\dfrac{c_{Ox}}{c_{Red}}$　($T=298.15K$)

第三节　氧化还原滴定法

一、概述

氧化还原滴定法是以氧化还原反应为基础的滴定分析方法，在药品检验中有着广泛的应用。例如，消毒防腐用的苯酚、消毒灭菌用的过氧化氢、抗菌类药物磺胺嘧啶、抗贫血药物硫酸亚铁、药物制剂中具有抗氧化作用的焦硫酸钠以及维生素 C 等，其含量的测定均可采用氧化还原滴定法。

（一）氧化还原滴定法的分类

氧化还原滴定法根据所用的滴定液不同可分为：

1. 高锰酸钾法　以 $KMnO_4$溶液为滴定液，在强酸性溶液中直接测定还原性物质或间接测定氧化性物质或非氧化还原性物质含量的方法。

2. 碘量法　利用 I_2的氧化性可直接测定还原性物质的含量；或利用 I^- 能被氧化性物质定量氧化成 I_2的性质，用 $Na_2S_2O_3$溶液滴定生成的 I_2，间接测定氧化性物质含量的方法。

3. 亚硝酸钠法　以 $NaNO_2$溶液为滴定液，在酸性溶液中直接测定芳香族伯胺和芳香族仲胺类化合物含量的方法。

4. 其他氧化还原滴定法　除上述方法外还有重铬酸钾法、溴酸钾法、铈量法、高碘酸钾法、钒酸盐法等。

（二）氧化还原滴定法的指示剂

根据指示剂指示终点的原理不同，氧化还原滴定法常用的指示剂有以下几类。

1. 自身指示剂　在氧化还原滴定中，有些滴定液或被滴定组分本身氧化态和还原态颜色明显不同，滴定时无须另加指示剂，可利用滴定液或被滴定组分自身的颜色变化来指示滴定终点。这类指示剂称为自身指示剂。

如 $KMnO_4$溶液本身显紫红色，在酸性溶液中其还原产物 Mn^{2+} 则几乎无色。当用 $KMnO_4$在酸性溶液中滴定无色或浅色的还原剂溶液时，不必另加指示剂，达到化学计量点后，微过量的 $KMnO_4$可使溶液显粉红色，从而指示出滴定终点。

2. 专属指示剂　有些物质本身并不具有氧化还原性，不参与氧化还原反应，但它能与滴定液或被测物质产生特殊的颜色，从而指示出滴定终点，这类指示剂称为专属指示剂或显色指示剂。

如淀粉指示剂在碘量法中应用最多，它是利用 $I_2(I_3^-)$ 与可溶性淀粉生成深蓝色的吸附化合物，根据蓝色的出现或消失来指示终点。反应灵敏且特效。

3. 氧化还原指示剂　氧化还原指示剂本身是一类弱氧化剂或弱还原剂的有机化合物，其氧化态和还原态具有明显不同的颜色。在滴定过程中，因被氧化或被还原而发生颜色变化以指示终点。

如用 $KMnO_4$ 溶液滴定 Fe^{2+} 时，常用二苯胺磺酸钠作指示剂。二苯胺磺酸钠的氧化态呈紫红色，还原态是无色。在酸性介质中二苯胺磺酸钠以还原态存在，当用 $KMnO_4$ 溶液滴定 Fe^{2+} 到化学计量点时，稍过量的 $KMnO_4$ 溶液可把二苯胺磺酸钠由无色的还原态氧化为紫红色的氧化态，从而指示出滴定终点。

因为氧化还原指示剂本身具有氧化还原作用，所以反应过程中也要消耗一定量的滴定液。当滴定液浓度较大时，其影响可以忽略不计。但要进行精确测定或滴定液浓度小于 0.01mol/L 时，则需要做空白试验以校正指示剂误差。

课堂活动

举例说明什么是自身指示剂。

二、高锰酸钾法

（一）基本原理

高锰酸钾法是以 $KMnO_4$ 溶液为滴定液，在强酸性溶液中直接或间接地测定还原性或氧化性物质含量的滴定分析法。

$KMnO_4$ 是强氧化剂，其氧化能力及还原产物都与溶液的酸度有关。

在强酸性溶液中，MnO_4^- 被还原为 Mn^{2+}。

$$MnO_4^- + 8H^+ + 5e \rightleftharpoons Mn^{2+} + 4H_2O \quad \varphi^\ominus = 1.51V$$

在弱酸性、中性、弱碱性溶液中，MnO_4^- 被还原为 MnO_2。

$$MnO_4^- + 2H_2O + 3e \rightleftharpoons MnO_2 \downarrow + 4OH^- \quad \varphi^\ominus = 0.59V$$

在强碱性溶液中，MnO_4^- 被还原为 MnO_4^{2-}。

$$MnO_4^- + e \rightleftharpoons MnO_4^{2-} \quad \varphi^\ominus = 0.56V$$

由于 $KMnO_4$ 在强酸性溶液中氧化能力最强，同时生成几乎无色的 Mn^{2+}，便于终点的观察，因此高锰酸钾法通常在强酸性溶液中进行。调节酸度以硫酸为宜，一般酸度控制在 0.5～1mol/L。

课堂活动

在高锰酸钾法中，能否用盐酸或硝酸来调节溶液的酸度？

用高锰酸钾法滴定无色或浅色溶液时，一般不需要另加指示剂，可利用 $KMnO_4$ 作自身指示剂来指示终点。

有些物质在常温下与 $KMnO_4$ 反应速率较慢，为了加快反应速率，可在滴定前将溶液加热，趁热滴定，或加入 Mn^{2+} 作催化剂来加快反应速率。但在空气中易氧化或加热易分解的物质，如 Fe^{2+}、H_2O_2 等，则不能加热。

高锰酸钾法应用范围很广，可根据被测组分的性质选择不同的滴定方法。

1. 直接滴定法　许多还原性较强的物质，如 Fe^{2+} Sb^{2+}、H_2O_2、$C_2O_4^{2-}$、AsO_3^{3-}、NO_2^- 等均可用 $KMnO_4$ 滴定液直接滴定。

2. 返滴定法　某些氧化性物质不能用 $KMnO_4$ 滴定液直接滴定，可采用返滴定法进行测定。如测定 MnO_2 的含量时，可在 H_2SO_4 溶液存在下，加入准确过量的基准物质 $Na_2C_2O_4$，待 MnO_2 与 $Na_2C_2O_4$ 反应完全后，再用 $KMnO_4$ 滴定液滴定剩余的 $Na_2C_2O_4$，从而求出 MnO_2 的含量。

3. 间接滴定法　某些非氧化还原性物质，不能用直接滴定法或返滴定法进行滴定，但这些物质能与另一氧化剂或还原剂定量反应，可采用间接滴定法进行测定。如测定 Ca^{2+} 含量时，首先将 Ca^{2+} 沉淀为 CaC_2O_4，过滤后用稀 H_2SO_4 将 CaC_2O_4 溶解，然后用 $KMnO_4$ 滴定液滴定溶液中的 $C_2O_4^{2-}$，从而间接求得 Ca^{2+} 含量。

（二）滴定液

1. 配制　因市售的 $KMnO_4$ 试剂中常含有少量的 MnO_2 和其他杂质，纯化水中也常含有微量还原性物质，故要用间接法配制 $KMnO_4$ 滴定液。即先配成近似浓度的溶液，再用基准物质进行标定。为了配制较稳定的 $KMnO_4$ 滴定液，常采取以下措施：

（1）称取固体 $KMnO_4$ 的质量应稍多于理论计算量。

（2）将配好的 $KMnO_4$ 溶液加热至沸腾，并保持微沸约 1 小时，然后放置 2～3 天。

（3）使用前用垂熔玻璃滤器过滤，除去溶液中的沉淀。

（4）过滤后的 $KMnO_4$ 溶液应贮存在棕色瓶中，置于阴凉、干燥处。

2. 标定　常用 $Na_2C_2O_4$、$H_2C_2O_4 \cdot 2H_2O$ 等基准物质标定 $KMnO_4$ 溶液。

在酸性溶液中 $KMnO_4$ 与 $C_2O_4^{2-}$ 的反应如下：

$$2MnO_4^- + 5C_2O_4^{2-} + 16H^+ \xlongequal{\quad} 2Mn^{2+} + 10CO_2\uparrow + 8H_2O$$

标定时应注意：

（1）温度：为了加快反应速率，滴定前可将溶液加热到 75～85℃，趁热滴定。低于 55℃反应速率太慢；温度超过 90℃，会使 $C_2O_4^{2-}$ 部分分解。

（2）酸度：在硫酸酸性溶液中进行，其浓度一般为 0.5～1.0mol/L。酸度不足，易生成 MnO_2 沉淀；酸度太高，$H_2C_2O_4$ 易分解。

（3）滴定速度：因为标定反应开始时较慢，所以滴定刚开始时，滴定速度也要慢。$KMnO_4$ 与 $C_2O_4^{2-}$ 反应生成 Mn^{2+} 后，因为 Mn^{2+} 有自动催化作用，反应速率明显加快，滴定速度可适当加快，但也不宜过快。

（4）终点判断：$KMnO_4$ 可作为自身指示剂，滴定至化学计量点时，$KMnO_4$ 微过量就可使溶液呈粉红色，若 30 秒不褪色即为终点。

注意：标定过的 $KMnO_4$ 滴定液应避光、避热且不宜长期存放；使用久置的 $KMnO_4$ 滴定液时，应将其过滤并重新标定。

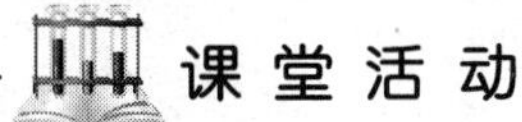

课堂活动

标定 $KMnO_4$ 滴定液为什么要保持一定的酸度？

（三）应用示例

1. H_2O_2 含量的测定（直接滴定法）　在稀 H_2SO_4 溶液中，H_2O_2 能定量被 $KMnO_4$ 氧化生成 O_2 和 H_2O。因此，可用 $KMnO_4$ 溶液直接测定 H_2O_2 的含量。反应式为：

$$2MnO_4^- + 5H_2O_2 + 6H^+ = 2Mn^{2+} + 5O_2\uparrow + 8H_2O$$

反应在室温下于 H_2SO_4 介质中进行。开始滴定时，反应速率较慢，但因 H_2O_2 不稳定，受热易分解，因此不能加热。随着反应的进行，由于生成 Mn^{2+} 的自动催化作用，反应速率逐渐加快，因而能顺利地到达滴定终点。滴定前也可加入 2 滴 $MnSO_4$ 以提高反应速率。用下式计算 H_2O_2 的含量：

$$H_2O_2\% = \frac{\frac{5}{2}c_{KMnO_4}V_{KMnO_4}M_{H_2O_2}\times 10^{-3}}{V_s}\times 100\%$$

2. Ca^{2+} 含量测定（间接滴定法）　先向试样中加过量的 NaC_2O_4 使其中的 Ca^{2+} 沉淀为 CaC_2O_4，沉淀经过滤、洗涤后用适当浓度的 H_2SO_4 溶解，然后用 $KMnO_4$ 滴定液滴定溶液中的 $H_2C_2O_4$，间接求得 Ca^{2+} 的含量。有关反应式为：

$$Ca^{2+} + C_2O_4^{2-} = CaC_2O_4\downarrow$$

$$CaC_2O_4 + 2H^+ = Ca^{2+} + H_2C_2O_4$$

$$2MnO_4^- + 5H_2C_2O_4 + 6H^+ = 2Mn^{2+} + 10CO_2\uparrow + 8H_2O$$

用下式计算 Ca^{2+} 的含量：

$$Ca^{2+}\% = \frac{\frac{5}{2}c_{KMnO_4}V_{KMnO_4}M_{Ca}\times 10^{-3}}{m_s}\times 100\%$$

案例分析

案例：

硫酸亚铁（$FeSO_4\cdot 7H_2O$）为淡蓝绿色柱状结晶或颗粒，俗称绿矾，在医药上常制成片剂或糖浆，用于治疗缺铁性贫血。规定硫酸亚铁中含 $FeSO_4\cdot 7H_2O$ 98.5% ~ 104.0% 为合格品，实际工作中经常需要进行 $FeSO_4\cdot 7H_2O$ 含量的测定。

分析：

$FeSO_4\cdot 7H_2O$ 在强酸性溶液中能与 $KMnO_4$ 溶液定量地发生氧化还原反应，可用 $KMnO_4$ 法直接测定其含量。

2010 年版《中国药典》规定：取本品约 0.5g，精密称定，加稀 H_2SO_4 与新沸过的纯化水各 15ml 溶解后，立即用 $KMnO_4$ 滴定液（0.02mol/L）滴定至溶液显持续的粉红色。每 1ml $KMnO_4$ 滴定液（0.02mol/L）相当于 27.80mg $FeSO_4\cdot 7H_2O$。

$$FeSO_4\cdot 7H_2O\% = \frac{T_{KMnO_4/FeSO_4\cdot 7H_2O}V_{KMnO_4}F}{m_S}\times 100\%$$

三、碘量法

（一）基本原理

碘量法是利用I_2的氧化性或I^-的还原性进行氧化还原滴定的分析方法。其半电池反应为：

$$I_2 + 2e \rightleftharpoons 2I^- \quad \varphi^{\ominus} = +0.5345V$$

I_2在水中溶解度很小，为增大其溶解度，通常将I_2溶解在KI溶液中，使I_2以I_3^-的形式存在。为了简便和强调化学计量关系，习惯上仍将I_3^-写成I_2。

I_2是较弱的氧化剂，可与较强的还原剂作用；而I^-是中等强度的还原剂，能与许多氧化剂反应生成I_2。因此，碘量法又可分为直接碘量法和间接碘量法。

1. 直接碘量法　直接碘量法又称碘滴定法。它是利用I_2溶液作滴定液，在酸性、中性或弱碱性溶液中直接测定电极电势比$\varphi^{\ominus}_{I_2/I^-}$低的还原性物质含量的分析方法。

如果溶液的pH > 9，则会发生下列副反应：

$$3I_2 + 6OH^- \rightleftharpoons IO_3^- + 5I^- + 3H_2O$$

即使是在酸性条件下，也只有少数还原能力强、且不受H^+浓度影响的物质才能与I_2发生定量反应。因此，直接碘量法的应用有一定的局限性。

2. 间接碘量法　间接碘量法是利用I^-的还原性测定氧化性物质含量的方法，又称滴定碘法。测量时先将电极电势比$\varphi^{\ominus}_{I_2/I^-}$高的待测氧化性物质与过量的KI反应，定量析出$I_2$，再用$Na_2S_2O_3$滴定液滴定析出的$I_2$，从而计算出氧化性物质的含量。其反应式为：

$$I_2 + 2S_2O_3^{2-} \rightleftharpoons 2I^- + S_4O_6^{2-}$$

以上反应需在中性或弱酸性溶液中进行。因在强酸性溶液中$Na_2S_2O_3$会分解，I^-也容易被空气中的O_2氧化。其反应为：

$$S_2O_3^{2-} + 2H^+ \rightleftharpoons SO_2\uparrow + S\downarrow + H_2O$$

$$4I^- + 4H^+ + O_2 \rightleftharpoons 2I_2 + 2H_2O$$

在碱性溶液中$Na_2S_2O_3$与I_2会发生如下副反应：

$$S_2O_3^{2-} + 4I_2 + 10OH^- \rightleftharpoons 2SO_4^{2-} + 8I^- + 5H_2O$$

知识链接

碘量法误差主要来源是I_2的挥发和I^-在酸性溶液中被空气中的O_2氧化。因此，在测定时要加入过量的KI以增大I_2的溶解度；在室温下使用碘量瓶滴定；滴定前要密塞、水封和避光放置；滴定时不要剧烈摇动。

碘量法常用淀粉作指示剂，根据蓝色的出现或消失指示滴定终点。在使用时应注意以下几个问题：

1. 淀粉指示剂在室温及有少量I^-存在的弱酸性溶液中最灵敏。

2. 直链淀粉遇I_2显蓝色且显色反应可逆性好、敏锐。

3. 淀粉指示剂不宜久放。配制时加热时间不宜过长并应迅速冷却至室温。

4. 直接碘量法淀粉指示剂可在滴定前加入，根据蓝色的出现确定终点；间接碘量法淀粉指示剂应在近终点时加入，根据蓝色的消失确定终点。

（二）滴定液

1. I_2滴定液

（1）配制：用升华法制得的纯I_2可直接配制滴定液。但由于I_2具有挥发性和腐蚀性，所以通常采用间接法配制。I_2在水中的溶解度很小且易挥发，所以配制时先称取一定量的I_2和KI（I_2 ∶ KI = 1 ∶ 3）置于研钵中加入少量水润湿研磨，待I_2全部溶解后加纯化水稀释到一定体积。将溶液贮于玻璃塞的棕色瓶中，置于阴暗处保存。

（2）标定：常用基准物质As_2O_3标定I_2滴定液。As_2O_3难溶于水，易溶于碱溶液生成亚砷酸盐，故可将准确称取的As_2O_3溶于NaOH溶液中，用盐酸中和过量的NaOH，再加入$NaHCO_3$调节溶液的pH≈8，以淀粉为指示剂，用待标定的I_2滴定液滴定至溶液由无色变为浅蓝色（30秒内不褪色）即为终点。其反应式为：

$$As_2O_3 + 6NaOH = 2Na_3AsO_3 + 3H_2O$$

$$Na_3AsO_3 + I_2 + 2NaHCO_3 = Na_3AsO_4 + 2NaI + 2CO_2\uparrow + H_2O$$

根据As_2O_3的质量及消耗的I_2滴定液体积，即可计算出I_2滴定液的准确浓度。

$$c_{I_2} = \frac{2m_{As_2O_3}}{M_{As_2O_3}V_{I_2}} \times 10^3$$

2. $Na_2S_2O_3$滴定液

（1）配制：硫代硫酸钠晶体（$Na_2S_2O_3 \cdot 5H_2O$）易风化、潮解，且含有少量S、Na_2SO_4、Na_2SO_3、NaCl、Na_2CO_3等杂质，故不能用直接法配制。$Na_2S_2O_3$溶液不稳定易分解，其浓度会随时间的变化而改变，其原因如下：

1）纯化水中的CO_2会促使$Na_2S_2O_3$分解：

$$Na_2S_2O_3 + CO_2 + H_2O = NaHCO_3 + NaHSO_3 + S\downarrow$$

2）空气中的O_2可氧化$Na_2S_2O_3$，使其浓度降低：

$$2Na_2S_2O_3 + O_2 = 2Na_2SO_4 + 2S\downarrow$$

3）纯化水中嗜硫菌等微生物会促使$Na_2S_2O_3$分解：

$$Na_2S_2O_3 = Na_2SO_3 + S\downarrow$$

因此，配制$Na_2S_2O_3$滴定液时，应使用新煮沸放冷的纯化水，以减少溶解在水中的CO_2、O_2，并加入少量的Na_2CO_3，使溶液呈微碱性，以抑制微生物的生长，防止$Na_2S_2O_3$分解。将配好的$Na_2S_2O_3$溶液贮于棕色瓶中，放置7～15天后再进行标定。

（2）标定：常用$K_2Cr_2O_7$、KIO_3、$KBrO_3$等基准物质标定$Na_2S_2O_3$溶液。其中$K_2Cr_2O_7$因性质稳定且易精制，最为常用。

准确称取一定量的$K_2Cr_2O_7$基准物质于碘量瓶中，加纯化水溶解，加H_2SO_4酸化后，加入过量的KI，待反应进行完全后，加纯化水稀释，用待标定的$Na_2S_2O_3$滴定液滴定析出的I_2至近终点（浅黄绿色）时，加淀粉指示剂，继续滴定至溶液由蓝色变为亮绿色即为终点。有关反应式和计算公式如下：

$$Cr_2O_7^{2-} + 6I^- + 14H^+ = 2Cr^{3+} + 3I_2 + 7H_2O$$

$$I_2 + 2S_2O_3^{2-} = 2I^- + S_4O_6^{2-}$$

$$c_{Na_2S_2O_3} = \frac{6m_{K_2Cr_2O_7}}{V_{Na_2S_2O_3}M_{K_2Cr_2O_7}} \times 10^3$$

标定时应注意：

1）$K_2Cr_2O_7$与 KI 溶液反应酸度一般以 0.4mol/L 为宜。酸度过高 I^- 容易被空气中的 O_2氧化；酸度过低，反应较慢。

2）为加快反应速率，需加入过量的 KI，并用水密封碘量瓶，放置暗处 10 分钟，待反应完成后，再用待标定的$Na_2S_2O_3$ 滴定液滴定。

3）用$Na_2S_2O_3$ 滴定液滴定前，应将溶液稀释使酸度降低，减少空气中 O_2对 I^- 的氧化，减少$Na_2S_2O_3$ 的分解，减弱 Cr^{3+} 的绿色对滴定终点的影响。

4）指示剂应在近终点时加入，以防止大量 I_2 被淀粉吸附太牢，而难于很快与 $Na_2S_2O_3$ 反应，使终点滞后，标定结果偏低。

5）滴定结束，若 5 分钟内溶液返蓝，说明 $K_2Cr_2O_7$与 KI 的反应不完全，应重新标定；若 5 分钟后溶液返蓝，则可认为是空气中 O_2氧化 I^- 所致，不影响标定结果。

（三）应用示例

1. 维生素 C 含量测定　维生素 C 又名抗坏血酸，在其分子结构中含有烯二醇基，具有较强的还原性，能被 I_2定量氧化成二酮基。其反应如下：

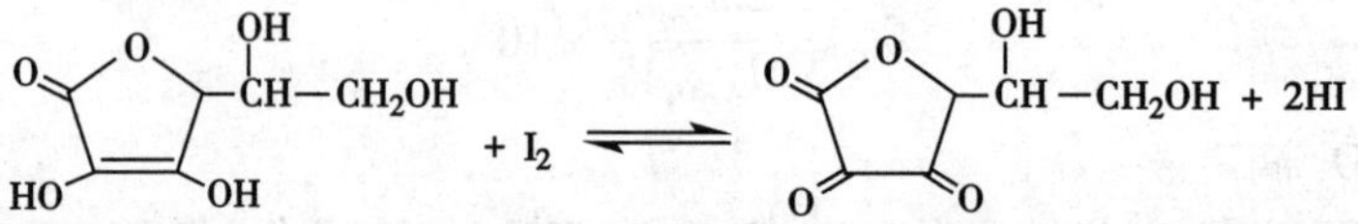

（维生素C结构式：五元内酯环，C=O，环上 HO—C=C—OH，侧链 —CH(OH)—CH₂OH） $+ I_2 \rightleftharpoons$ （脱氢维生素C结构式：五元内酯环，两个相邻 C=O，侧链 —CH(OH)—CH₂OH） $+ 2HI$

从反应式可以看出，在碱性条件下更有利于平衡向右移动，但因维生素 C 的还原性较强，在碱性溶液中更易被空气中的 O_2氧化，所以常在醋酸酸性溶液中进行滴定。使用新煮沸的冷纯化水溶解样品，溶解后立即滴定，减少维生素 C 被空气中的 O_2氧化的机会。操作过程中也应注意避光防热。

用下式计算维生素 C 的含量：

$$Vc\% = \frac{c_{I_2} V_{I_2} M_{C_6H_8O_6} \times 10^{-3}}{m_s} \times 100\%$$

2. 焦亚硫酸钠含量测定　焦亚硫酸钠（$Na_2S_2O_5$）具有较强的还原性，常用作药品制剂的抗氧剂，可用返滴定法测定其含量。先加入准确过量的 I_2液，待 I_2液与 $Na_2S_2O_5$ 完全反应后，再用 $Na_2S_2O_3$溶液回滴定剩余的 I_2，近终点时加入淀粉指示剂，继续滴定至蓝色消失，并将滴定结果用空白试验校正。其反应式和计算公式为：

$$Na_2S_2O_5 + 2I_2(\text{过量}) + 3H_2O = Na_2SO_4 + H_2SO_4 + 4HI$$

$$I_2(\text{剩余}) + 2Na_2S_2O_3 = Na_2S_4O_6 + 2NaI$$

$$Na_2S_2O_5\% = \frac{\frac{1}{4} c_{Na_2S_2O_3} (V_0 - V)_{Na_2S_2O_3} M_{Na_2S_2O_5} \times 10^{-3}}{m_S} \times 100\%$$

四、亚硝酸钠法

（一）基本原理

亚硝酸钠法是以 $NaNO_2$为滴定液，在酸性溶液中测定芳香族伯胺和芳香族仲胺类化合物含量的氧化还原滴定法。

用 $NaNO_2$滴定液滴定芳伯胺类化合物的方法称为重氮化滴定法。其反应为：

$$Ar-NH_2+NaNO_2+2HCl \rightleftharpoons [Ar-N^+\equiv N]Cl^-+NaCl+2H_2O$$

用 $NaNO_2$ 溶液滴定芳仲胺类化合物的方法称为亚硝基化滴定法。其反应为：

$$\mathrm{(Ar)(R)NH}+NaNO_2+HCl \rightleftharpoons \mathrm{(Ar)(R)N{-}NO}+NaCl+H_2O$$

影响亚硝酸钠滴定法的因素有：

1. 酸的种类和浓度　$NaNO_2$ 法的反应速率与酸的种类有关。在 HBr 中比在 HCl 中快，在 H_2SO_4 或 HNO_3 中较慢。因 HBr 价格较贵，故常用 HCl。酸度一般控制在 1mol/L 左右为宜。酸度过高，会引起亚硝酸分解，妨碍芳伯胺的游离；酸度不足，反应速率慢，生成的重氮盐不稳定易分解，而且容易与未反应的芳伯胺发生副反应，使测定结果偏低。

2. 滴定速度与温度　$NaNO_2$ 法的反应速率随温度的升高而加快，但温度升高又会促使亚硝酸的分解。实验证明，温度在 5℃以下测定结果较准确。如果在 30℃以下可采用快速滴定法，即将滴定管尖插入液面下 2/3 处，在不断搅拌下，迅速滴定至临近终点，再将管尖提出液面，继续缓慢滴定至终点。这样开始生成的 HNO_2 在剧烈搅拌下向四方扩散并立即与芳伯胺反应，来不及分解、逸失，即可作用完全。

3. 芳环上取代基的影响　在氨基的对位上，如果有—X、—COOH、—NO_2、—SO_3H 等吸电子基团，可使反应速率加快；有—CH_3、—OH、—OR 等斥电子基团，可使反应速率减慢。对于较慢的反应可加入适量的 KBr 作催化剂，以加快反应速率。

亚硝酸钠法一般采用永停滴定法确定终点（见第九章电化学分析法）。

（二）滴定液

1. 配制　$NaNO_2$ 溶液不稳定，久置时浓度会显著下降。因此要用间接法配制。但 pH 在 10 左右，$NaNO_2$ 溶液的稳定性很高，三个月内其浓度可保持稳定。故配制时常加入少量 Na_2CO_3 作稳定剂。$NaNO_2$ 溶液见光易分解，应贮于玻璃塞的棕色瓶中，密闭保存。

2. 标定　常用基准物质对氨基苯磺酸标定 $NaNO_2$ 滴定液。对氨基苯磺酸为分子内盐，在水中溶解缓慢，需加入氨试液使其溶解，再加盐酸，使其成为对氨基苯磺酸盐。标定反应和计算公式为：

$$HO_3S{-}C_6H_4{-}NH_2+NaNO_2+2HCl \rightleftharpoons [HO_3S{-}C_6H_4{-}\overset{+}{N}\equiv N]Cl^-+NaCl+2H_2O$$

$$c_{NaNO_2}=\frac{m_{C_6H_7O_3NS}}{V_{NaNO_2}M_{C_6H_7O_3NS}}\times 10^3$$

（三）应用示例

重氮化滴定法主要用于测定芳伯胺类药物，如盐酸普鲁卡因、盐酸普鲁卡因胺、氨苯砜和磺胺类药物等。还可测定水解后生成芳伯胺类的药物，如酞磺胺噻唑、对乙酰氨基酚、非那西丁等。亚硝基化法可用于测定芳仲胺类药物，如磷酸伯胺喹等。

例如，盐酸普鲁卡因含量的测定即可用亚硝酸钠法。

盐酸普鲁卡因（$C_{13}H_{21}O_2N_2Cl$）具有芳伯胺结构，在酸性条件下可与 $NaNO_2$ 发生重氮化反应，滴定前加入 KBr，以加快重氮化反应速率。用永停滴定法确定终点。其滴定反应和含量计算公式为：

$$H_2N-C_6H_4-COOCH_2CH_2N-(C_2H_5)_2\cdot HCl+NaNO_2+HCl \rightleftharpoons$$

$$Cl^-\left[N\equiv\overset{+}{N}-C_6H_4-COOCH_2CH_2N-(C_2H_5)_2\right]+NaCl+2H_2O$$

$$C_{13}H_{21}O_2N_2Cl\%=\frac{c_{NaNO_2}V_{NaNO_2}M_{C_{13}H_{21}O_2N_2Cl}\times 10^{-3}}{m_S}\times 100\%$$

点滴积累

1. 高锰酸钾法可分为直接滴定法、返滴定法、间接滴定法。$KMnO_4$滴定液用间接法配制，常用基准物质 $Na_2C_2O_4$标定。

2. 碘量法常用淀粉作指示剂，分为直接碘量法和间接碘量法。直接碘量法 I_2为滴定液，间接碘量法$Na_2S_2O_3$ 为滴定液。

3. 亚硝酸钠法是以 $NaNO_2$为滴定液，在酸性溶液中测定芳伯胺和芳肼胺类化合物含量的氧化还原滴定法。

目标检测

一、选择题

(一) 单项选择题

1. 高锰酸钾法应在下列哪种溶液中进行(　　)
   A. 强酸性溶液　B. 弱酸性溶液　C. 弱碱性溶液　D. 强碱性溶液
2. 不属于氧化还原滴定法的是(　　)
   A. 亚硝酸钠法　B. 高锰酸钾法
   C. 铬酸钾指示剂法　D. 碘量法
3. 高锰酸钾滴定法中，调节溶液酸度使用的是(　　)
   A. H_2SO_4　B. $HClO_4$　C. HNO_3　D. HCl
4. 高锰酸钾滴定法指示终点用的是(　　)
   A. 酸碱指示剂　B. 金属指示剂　C. 吸附指示剂　D. 自身指示剂
5. 用直接碘量法测定维生素 C 的含量，调节溶液酸度的物质是(　　)
   A. 醋酸　B. 盐酸　C. 氢氧化钠　D. 氨水
6. 间接碘量法所用的滴定液是(　　)
   A. I_2　B. $Na_2S_2O_3$　C. I_2和 $Na_2S_2O_3$　D. I_2和 KI
7. 间接碘量法中加入淀粉指示剂的适宜时间是(　　)
   A. 滴定开始时　B. 滴定液滴加到一半时
   C. 滴定至近终点时　D. 滴定到溶液呈无色时

8. 间接碘量法中,滴定至终点后5分钟内溶液变为蓝色的原因是(　　)

A. 空气中 O_2 的作用　　B. 待测物与 KI 反应不完全

C. 溶液中淀粉过多　　D. 反应速率太慢

9. 在亚硝酸钠法中,能用重氮化滴定法测定的物质是(　　)

A. 芳伯胺　　B. 芳仲胺　　C. 生物碱　　D. 季铵盐

10. 配制 $Na_2S_2O_3$ 溶液时,要加入少许 Na_2CO_3,其目的是(　　)

A. 中和 $Na_2S_2O_3$ 溶液的酸性　　B. 除去杂质

C. 增强 $Na_2S_2O_3$ 的还原性　　D. 调节溶液呈微碱性

11. 标定 $KMnO_4$ 滴定液时常用的基准物质是(　　)

A. $K_2Cr_2O_7$　　B. KIO_3　　C. $Na_2C_2O_4$　　D. $Na_2S_2O_3$

12. 下列滴定液在反应中作还原剂的是(　　)

A. 高锰酸钾　　B. 碘　　C. 硫代硫酸钠　　D. 亚硝酸钠

13. 酸性溶液中,用 $KMnO_4$ 溶液滴定 $Na_2C_2O_4$ 反应由慢而快的原因是(　　)

A. 反应物浓度不断降低　　B. 反应温度降低

C. 反应中 $[H^+]$ 增加　　D. 反应中有 Mn^{2+} 生成

14. 在酸性溶液中,下列哪种物质不能使 $KMnO_4$ 溶液褪色(　　)

A. SO_3^{2-}　　B. $C_2O_4^{2-}$　　C. I^-　　D. CO_3^{2-}

15. 直接碘量法应控制的反应条件是(　　)

A. 强酸性　　B. 强碱性　　C. 中性或弱碱性　　D. 任何条件均可

(二) 多项选择题

1. 碘量法中为了防止 I_2 的挥发,应采取的措施是(　　)

A. 加过量 KI　　B. 室温下滴定　　C. 降低溶液的酸度

D. 使用碘量瓶　　E. 滴定时不要剧烈振摇

2. 直接碘量法与间接碘量法的不同之处有(　　)

A. 滴定液不同　　B. 指示剂不同　　C. 加入指示剂的时间不同

D. 终点的颜色不同　　E. 反应的机制不同

3. 可用 $KMnO_4$ 法测定的物质有(　　)

A. $Na_2C_2O_4$　　B. CH_3COOH　　C. H_2O_2

D. $FeSO_4$　　E. NaOH

4. 间接碘量法的酸度条件为(　　)

A. 强酸性　　B. 弱酸性　　C. 强碱性

D. 弱碱性　　E. 中性

5. 碘量法中为了防止 I^- 被空气氧化应(　　)

A. 避免阳光直接照射　　B. 碱性条件下滴定

C. 强酸性条件下滴定　　D. 滴定速度适当快些

E. I_2 完全析出后立即滴定

二、简答题

1. 用 $KMnO_4$ 溶液测定 H_2O_2 含量时,能否用 HNO_3 或 HCl 控制溶液的酸度? 为什么?

2. 标定 $Na_2S_2O_3$滴定液时，在 $K_2Cr_2O_7$溶液中加入过量 KI 和稀 H_2SO_4后，应怎样操作？何时加入淀粉指示剂？为什么？

3. 亚硝酸钠法为什么常用 HCl 控制溶液的酸度？酸度过高或过低对测定结果有何影响？

4. $K_2Cr_2O_7$、$Na_2C_2O_4$、H_2O_2、维生素 C 可用何种方法测定？写出有关化学反应方程式和计算公式。

三、实例分析

1. 精密吸取 H_2O_2溶液 25.00ml，置 250.0ml 容量瓶中，加纯化水稀释至标线，混匀。从上述稀释好的溶液中精密吸出 25.00ml 于锥形瓶中，加 H_2SO_4 酸化，用 0.02700mol/L $KMnO_4$滴定液滴定至终点，消耗了 $KMnO_4$滴定液 35.86ml。计算此样品中 H_2O_2的含量。

2. 精密称取 0.1936g 基准 $K_2Cr_2O_7$，加纯化水溶解后，加酸酸化，加入过量的 KI，待反应完成后，用 $Na_2S_2O_3$ 滴定液滴定至终点，消耗了 $Na_2S_2O_3$ 滴定液 33.61ml，计算 $Na_2S_2O_3$ 溶液的物质的量浓度。

3. 精密称取结晶硫酸亚铁样品 0.6105g，加纯化水溶解后，再加 3mol/L H_2SO_4 10ml，立即用 0.02006mol/L 的 $KMnO_4$ 滴定液滴定至终点，消耗滴定液的体积为 20.03ml。求样品中 $FeSO_4 \cdot 7H_2O$ 的含量。

实训十　$Na_2S_2O_3$滴定液的配制与标定

【实训目的】

1. 掌握 $Na_2S_2O_3$滴定液的配制与标定方法。
2. 熟悉标定 $Na_2S_2O_3$滴定液的反应条件。
3. 熟练掌握碘量瓶的使用方法。
4. 学会用淀粉指示剂指示滴定终点。

【实训内容】

1. 实训用品

（1）仪器：分析天平、称量瓶、碘量瓶、烧杯、滴定管。

（2）试剂：$Na_2S_2O_3 \cdot 5H_2O$、固体 Na_2CO_3、基准 $K_2Cr_2O_7$、固体 KI、6mol/L H_2SO_4、淀粉指示剂。

2. 实训步骤

（1）0.1mol/L $Na_2S_2O_3$滴定液的配制：在托盘天平上称取 $Na_2S_2O_3 \cdot 5H_2O$ 约 13g，$Na_2CO_3$0.1g，置于烧杯中，加新煮沸冷却的纯化水溶解，转移至 500ml 量筒中，加新煮沸冷却的纯化水稀释至 500ml，混匀。贮于试剂瓶中，于暗处放置 7～15 天。

（2）0.1mol/L $Na_2S_2O_3$ 滴定液的标定：精密称取在 120℃ 干燥至恒重的基准 $K_2Cr_2O_7$约 0.15g 于碘量瓶中，加新煮沸冷却的纯化水 50ml 和 KI 2g，轻轻振摇使其全部溶解，加 6mol/L H_2SO_4溶液 15ml，立即密封，摇匀。置暗处 10 分钟后，加纯化水 50ml 稀释，用 $Na_2S_2O_3$ 滴定液滴定至近终点（浅黄绿色）时，加 0.5% 淀粉指示剂 2ml，继续滴定至蓝色消失而呈亮绿色，即为终点。记录消耗的 $Na_2S_2O_3$ 滴定液的体积。平行测定 3 次，按下式计算 $Na_2S_2O_3$ 溶液的浓度：

$$c_{Na_2S_2O_3}=\frac{6m_{K_2Cr_2O_7}\times10^{-3}}{M_{K_2Cr_2O_7}V_{Na_2S_2O_3}}$$

【实训注意】

1. 配制 $Na_2S_2O_3$ 滴定液时要用新煮沸冷却的纯化水溶解，以除去水中的 CO_2 和 O_2 并杀死微生物；加少量的 Na_2CO_3，使溶液呈微碱性，防止 $Na_2S_2O_3$ 的分解；放置 7 ~ 15 天，待其浓度稳定后，滤去沉淀，再标定。

2. 用 $K_2Cr_2O_7$ 标定 $Na_2S_2O_3$ 滴定液的反应为：

$$Cr_2O_7^{2-}+6I^-+14H^+ \xlongequal{} 2Cr^{3+}+3I_2+7H_2O$$

$$I_2+2S_2O_3^{2-} \xlongequal{} 2I^-+S_4O_6^{2-}$$

酸度一般以 0.4mol/L 为宜。酸度过高 I^- 容易被空气中的 O_2 氧化；酸度过低，反应较慢。

3. 淀粉指示剂应在临近终点时加入，否则大量的 I_2 与淀粉结合生成蓝色物质，难以很快与 $Na_2S_2O_3$ 反应，使终点延后。

4. 滴定结束，溶液放置后可能会返蓝。若 5 分钟内返蓝，说明 $K_2Cr_2O_7$ 和 KI 反应不完全，应重做实验。若 5 分钟后返蓝，是空气中 O_2 氧化所致，不影响实验结果。

5. 滴定开始要慢摇，以减少 I_2 的挥发。近终点时，要慢滴，用力旋摇，以减少淀粉对 I_2 的吸附。

【实训检测】

1. 在间接碘量法中，加入过量 KI 的目的是什么？
2. 配制 $Na_2S_2O_3$ 滴定液时为什么要加少量的 Na_2CO_3？
3. 何时加入淀粉指示剂？为什么？终点颜色如何变化？

【实训记录】

项目 \ 次数	1	2	3
$m_{K_2Cr_2O_7}$			
$V_{Na_2S_2O_3}$ 终			
$V_{Na_2S_2O_3}$ 初			
$V_{Na_2S_2O_3}$			
$c_{Na_2S_2O_3}$			
$\bar{c}_{Na_2S_2O_3}$			
$R\bar{d}$			

实训十一　硫酸铜含量的测定

【实训目的】

1. 掌握间接碘量法测定铜盐的原理。
2. 熟练掌握测定硫酸铜含量的操作方法。
3. 熟练掌握碘量瓶的使用方法。
4. 学会用淀粉指示剂指示滴定终点。

【实训内容】

1. 实训用品

（1）仪器：分析天平、称量瓶、碘量瓶、移液管、滴定管。

（2）试剂：$CuSO_4 \cdot 5H_2O$ 固体、6mol/L CH_3COOH 溶液、20% KI 溶液、$Na_2S_2O_3$滴定液、淀粉指示剂。

2. 实训步骤　准确称取 $CuSO_4 \cdot 5H_2O$ 约 0.5g，置于碘量瓶中，加纯化水 50ml 溶解，加 6mol/L CH_3COOH 溶液 4ml，20% KI 溶液 10ml。用 0.1mol/L $Na_2S_2O_3$滴定液滴定至近终点时，加淀粉指示剂 2ml，继续用 $Na_2S_2O_3$滴定液滴定至蓝色消失呈米色悬浊液即为终点。记录消耗的 $Na_2S_2O_3$滴定液的体积。平行测定 3 次，按下式计算 $CuSO_4 \cdot 5H_2O$ 的含量：

$$CuSO_4 \cdot 5H_2O\% = \frac{c_{Na_2S_2O_3} V_{Na_2S_2O_3} M_{CuSO_4 \cdot 5H_2O} \times 10^{-3}}{m_S} \times 100\%$$

【实训注意】

1. 滴定反应要在弱酸性溶液中进行。有关的反应式为：

$$2Cu^{2+} + 4I^- = 2CuI \downarrow + I_2$$

$$I_2 + 2S_2O_3^{2-} = 2I^- + S_4O_6^{2-}$$

2. 为了防止 I_2挥发，应先将滴定管装好 $Na_2S_2O_3$滴定液，再准备样品。KI 溶液应在滴定前加入，切忌 3 份同时加入 KI 溶液后再进行滴定。

3. 加液体的顺序应为纯化水→CH_3COOH→KI。

4. 滴定时，溶液由棕红色变为土黄色，再变为淡黄色表示已接近终点。

【实训检测】

1. 用碘量法测定铜盐为什么要在弱酸性溶液中进行？能否在强酸性或强碱性溶液中进行？

2. 实训中为什么要加入过量的 KI？

3. 实训中为什么要在近终点时加入淀粉指示剂？

4. 终点后溶液放置 5 分钟以上为什么会变蓝？对测定结果有无影响？

【实训记录】

项目 \ 次数	1	2	3
m_s			
$c_{Na_2S_2O_3}$			
$V_{Na_2S_2O_3}$终			
$V_{Na_2S_2O_3}$初			
$V_{Na_2S_2O_3}$			
$CuSO_4 \cdot 5H_2O\%$			
$CuSO_4 \cdot 5H_2O\%$平均值			
$R\bar{d}$			

（接明军）

第九章　电化学分析法

依据物质在溶液中的电化学性质及其变化进行物质成分分析的方法称为电化学分析法。该方法具有仪器设备简单、分析速度快、灵敏度高、选择性高、便于自动化等优点。因此,在生产、科研、医药卫生各个领域有着广泛的应用。

电势法和永停滴定法均属于应用电化学原理进行物质分析的电化学分析法。电势法是利用测量原电池的电动势以求出被测物质含量的分析方法,分为直接电势法和电势滴定法两种类型。永停滴定法是根据滴定过程中双铂电极的电流的变化以确定滴定终点的电流滴定法。

知识链接

电化学分析法是由德国化学家 C. 温克勒尔在 19 世纪首先引入分析领域的仪器分析法,根据溶液的电化学性质(如电极电势、电流、电导、电量等)与被测物质的化学或物理性质(如电解质溶液的化学组成、浓度、氧化态与还原态的比率等)之间的关系,将被测物质的浓度转化为一种电学参量进行测量。在实际分析中,通常将试液作为化学电池的一个组成部分,根据该电池的某种电参数(如电阻、电导、电势、电流、电量或电流-电压曲线等)与被测物质的浓度之间存在一定的关系而进行测定的方法。

第一节　基 本 原 理

一、化学电池

化学电池是一种电化学反应器,由两个电极插入适当的电解质溶液中组成。电化学反应是发生在电极和电解质溶液界面间的氧化还原反应。两个电极插入同一电解质溶液中组成的化学电池称为无液接界电池,如本章将要讨论的永停滴定法是利用无液接界电池进行测量的。而两个电极分别插入两种组成不同,但能相互连通的溶液中组成的电池称为有液接界电池,在电势法测量中常利用有液接界化学电池进行。

根据电极反应是否自发进行,又可将化学电池分为原电池和电解池两类。原电池的电极反应可自发进行,是一种将化学能转变为电能的装置。电解池的电极反应不能自发进行,必须有外加电压的情况下,电极反应才能进行,是一种将电能转变为化学能的装置。同一结构的电池，由于实验条件不同，既可作为原电池，又可作为电解池使用。

二、参比电极和指示电极

电势法使用的化学电池，通常由两种性能不同的电极组成。其中电极电势随溶液中被测离子浓度（或活度）的变化而改变的电极称为指示电极；电极电势不随溶液中被测离子浓度（或活度）的变化而改变的电极称为参比电极。指示电极和参比电极与被测物质的溶液组成原电池，通过测定该原电池的电动势，可以确定被测离子的浓度。

（一）参比电极

标准氢电极（SHE）是作为测量其他电极电势基准的参比电极，其装配麻烦，使用不便，一般只作校准时用。常用的参比电极是甘汞电极和银-氯化银电极。

1. 甘汞电极　甘汞电极是由汞、甘汞（Hg_2Cl_2）和 KCl 溶液组成的电极。其构造如图 9-1 所示。

电极反应：$Hg_2Cl_2 + 2e \rightleftharpoons 2Hg + 2Cl^-$

298.15K 时电极电势：$\varphi_{甘汞} = \varphi^{\ominus}_{甘汞} + \frac{0.0592}{2}\lg\frac{1}{c^2_{Cl^-}}$

$$\varphi_{甘汞} = \varphi^{\ominus}_{甘汞} - 0.0592\lg c_{Cl^-}$$

由此可见，甘汞电极的电势决定于 Cl^- 的浓度，当 Cl^- 的浓度一定时，其电极电势是一个定值。如在 298.15K 时，不同浓度的 KCl 溶液的甘汞电极的电极电势分别为：

KCl 溶液浓度	0.1mol/L	1mol/L	饱和
电极电势 φ	0.3337V	0.2801V	0.2412V

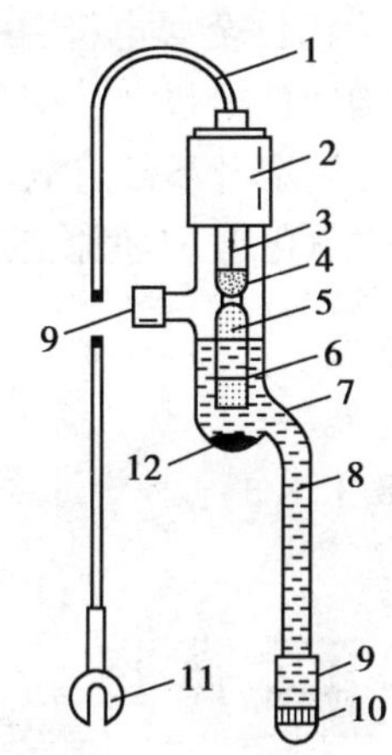

图 9-1　饱和甘汞电极

1. 导线；2. 电极帽；3. 铂丝；4. 汞；5. 汞与甘汞糊；6. 棉絮塞；7. 外玻璃管；8. KCl 饱合液；9. 橡皮塞；10. 石棉丝或素磁芯等；11. 接头；12. KCl 结晶

最常用的是饱和甘汞电极（SCE），其电势稳定，构造简单，保存和使用非常方便。

2. 银-氯化银电极　Ag-AgCl 电极是由涂镀一层 AgCl 的 Ag 丝浸入一定浓度的 KCl 溶液中组成。该电极装置简单，性能可靠，常作离子选择电极的内参比电极。其电极反应：

$$AgCl + e \rightleftharpoons Ag + Cl^-$$

298.15K 时电极电势：$\varphi_{AgCl/Ag} = \varphi^{\ominus}_{AgCl/Ag} - 0.0592\lg c_{Cl^-}$

同理，当 Cl^- 的浓度一定时，Ag-AgCl 电极的电极电势也是一个定值。如在 298.15K 时，不同浓度的 KCl 溶液的 Ag-AgCl 电极的电极电势分别为：

KCl 溶液浓度	0.1mol/L	1mol/L	饱和
电极电势 φ	0.2880V	0.2230V	0.2000V

（二）指示电极

电势法所用的指示电极有多种，通常分为以下两大类：

1. 金属基电极　以金属为基体的电极。这类电极的共同特点是电极电势的建立基于电子转移反应。

（1）金属-金属离子电极：由能发生氧化还原反应的金属和该金属离子的溶液构成的电极，可用通式 $M|M^{n+}$ 表示。因为只有一个相界面，又称为第一类电极。如银与银离

子组成的电极，表示为 $Ag|Ag^+$，其电极反应和电极电势分别为：

$$Ag^+ + e \rightleftharpoons Ag$$

298.15K 时：
$$\varphi = \varphi^\ominus + 0.0592\lg c_{Ag^+}$$

由上式可知，银电极的电极电势与溶液中 Ag^+ 浓度的对数值呈线性关系。

（2）金属-金属难溶盐电极：金属表面涂镀其难溶盐，并与该难溶盐具有相同阴离子的可溶性盐组成的电极，可用通式 $M|M_mX_n, X^{m-}$ 表示。因含有两个相界面，又称为第二类电极。如银-氯化银电极，可表示为 $Ag|AgCl, Cl^-$，电极反应与电极电势分别为：

$$AgCl + e \rightleftharpoons Ag + Cl^-$$

298.15K 时：
$$\varphi = \varphi^\ominus - 0.0592\lg c_{Cl^-}$$

（3）惰性金属电极：由惰性金属（铂或金）浸入含有某氧化态和还原态电对的溶液中所构成的电极，可用通式 $Pt|M^{m+}, M^{n+}$ 表示，也称为氧化还原电极或零类电极。其中惰性金属本身不参与电极反应，仅在电极反应中起传递电子的作用，其电极电势决定于溶液中氧化态和还原态浓度的比值。如 $Pt|Fe^{3+}, Fe^{2+}$，其电极反应和电极电势分别为：

$$Fe^{3+} + e^- \rightleftharpoons Fe^{2+}$$

298.15K 时：
$$\varphi = \varphi^\ominus + 0.0592\lg \frac{c_{Fe^{3+}}}{c_{Fe^{2+}}}$$

课堂活动

甘汞电极属于金属基电极中的哪一类电极？甘汞电极中为何常以饱和甘汞电极为参比电极？

2. 离子选择电极　离子选择电极（ISE）又称膜电极，是一种利用选择性电极膜对溶液中待测离子产生选择性响应，而指示待测离子浓度（活度）的电极。离子选择电极具有选择性好，灵敏度高等特点，是电势分析法中发展最快、应用最广的一类指示电极。

指示电极的种类很多。本章主要介绍的指示电极是测定溶液 pH 的玻璃电极，也是使用最早的一种离子选择电极。

知识链接

自 1956 年弗朗德（Flander）和罗斯（Rose）用氟离子选择电极，提供了氟离子的快速分析方法以来，迄今已有 50 多种测量特定离子的选择电极。

离子选择电极，除了用于测定溶液中特定离子的浓度外，还可用某些电极来检测生命体内发生的生理变化过程。例如，心电图就是将引导电极置于肢体或躯体一定部位记录心电变化的波形，从而判断心脏工作是否正常；脑电图是应用双极或单极观察头皮层的电势变化，从而可以了解大脑神经细胞的电活性；微型 pH 玻璃电极可用于了解肾脏内部所发生的酸碱变化过程等。

点 滴 积 累

1. 电势法使用的化学电池通常由参比电极和指示电极两种性能不同的电极组成。
2. 最常用的参比电极为饱和甘汞电极(SCE)。298.15K 时 $\varphi_{饱和甘汞}=0.2412V$。
3. 指示电极包括金属基电极、离子选择电极两大类。

第二节　直接电势法

直接电势法是选择合适的参比电极和指示电极，浸入待测溶液中组成原电池，测量原电池的电动势，利用原电池的电动势与待测离子浓度之间的函数关系，直接确定待测离子浓度的方法。直接电势法可用于溶液 pH 的测定和其他离子浓度的测定。

一、溶液 pH 的测定

直接电势法测定溶液的 pH 时，常用玻璃电极作指示电极，饱和甘汞电极作参比电极。

（一）玻璃电极

1. 玻璃电极的构造　玻璃电极(GE)属于膜电极，其构造如图 9-2 所示。电极的下端由特殊玻璃制成的厚度为 0.05～0.1mm 的球形玻璃膜，这是电极的关键部分。在玻璃球膜中装有一定浓度的 KCl 溶液和一定 pH 的缓冲溶液，在此溶液中插入一支 Ag-AgCl 内参比电极，构成玻璃电极。因玻璃电极的内阻太高(50～100MΩ)，故导线及电极引出线都要高度绝缘，并装有屏蔽罩，以免产生漏电和静电干扰。

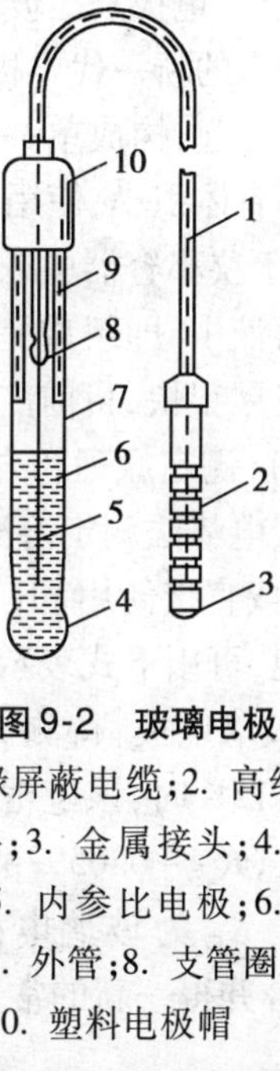

图 9-2　玻璃电极

1. 绝缘屏蔽电缆；2. 高绝缘电极插头；3. 金属接头；4. 玻璃薄膜；5. 内参比电极；6. 参比溶液；7. 外管；8. 支管圈；9. 屏蔽层；10. 塑料电极帽

2. 玻璃电极的原理　玻璃电极之所以能指示 H^+浓度的大小，是因为 H^+在膜上进行交换和扩散的结果。

298.15K 时，玻璃电极的电极电势为：

$$\varphi_{玻}=K_{玻}-0.0592\text{pH} \qquad 式(9\text{-}1)$$

可以看出，玻璃电极的电极电势 $\varphi_{玻}$与待测溶液的 pH 呈线性关系，只要测出 $\varphi_{玻}$，即可求出溶液的 pH。因此，式(9-1)是玻璃电极测定溶液 pH 的理论依据。

3. 玻璃电极的性能

(1) 电极斜率：当溶液的 pH 改变一个单位时，引起玻璃电极电势的变化值称为电极斜率，用 S 表示。即：

$$S=-\frac{\Delta\varphi}{\Delta\text{pH}}$$

S 的理论值为 $2.303RT/F$，称为能斯特斜率。由于玻璃电极长期使用会老化，因此其实际斜率值小于理论值。298.15K 时，实际斜率若低于 52mV/pH，玻璃电极不宜再用。

（2）碱差和酸差：一般玻璃电极的 φ-pH 关系曲线只有在一定的 pH 范围内呈线性关系。在 pH >9 的溶液中，普通玻璃电极对 Na^+ 也有响应，因此 pH 测定值低于真实值，产生负误差，称为碱差或钠差。在 pH <1 的溶液中，产生正误差，称为酸差。

（3）不对称电势：从理论上讲，当玻璃膜内、外两侧溶液的 H^+ 浓度相等时，膜电势应等于零。但实际上，在膜两侧总存在 1 ~30mV 的电势差，这一电势差称为玻璃膜的不对称电势。它是由于制造工艺等原因，使玻璃膜内外两个表面的性能不完全一致造成的。玻璃电极在使用前充分浸泡一定时间（一般 24 小时）后，不对称电势可降至最低，且趋于恒定，同时也使玻璃膜表面充分活化，有利于对 H^+ 产生响应。

（4）使用温度：玻璃电极一般在 5 ~50℃ 使用。在较低温度使用时，内阻增大，测定困难；温度过高，使用寿命下降。并且测定时，标准溶液和被测溶液的温度必需相同。

（二）pH 复合电极

pH 复合电极是在玻璃电极和甘汞电极的原理上研制开发出来的新一代电极，是将玻璃电极和饱和甘汞电极组合在一起，构成单一电极体，如图 9-3 所示。pH 复合电极具有体积小，使用方便，坚固耐用，被测试样用量少，可用于狭小容器中测试等优点。将 pH 复合电极插入试样溶液中，即组成一个完整的原电池体系。pH 复合电极发展很快，目前广泛应用于溶液 pH 的测定。

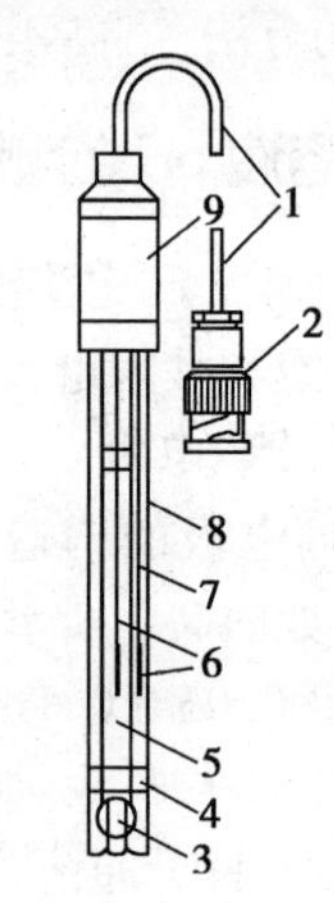

图 9-3　201 型塑壳 pH 复合电极

1. 导线；2. Q9 型插口；3. 玻璃球膜；4. 液体通道；5. 凝胶化电解质；6. Ag-AgCl 电极；7. 饱合 KCl 液；8. 聚酯外壳；9. 电极帽

（三）测定原理和方法

直接电势法测定溶液 pH 时，将玻璃电极和饱和甘汞电极（或直接使用 pH 复合电极）浸入被测溶液中组成原电池，可用下式表示：

（－）玻璃电极|待测 pH 溶液|饱和甘汞电极（＋）

298.15K 时，该电池的电动势为：$E = \varphi_{甘汞} - \varphi_{玻} = 0.2412 - (K_{玻} - 0.0592\text{pH})$

由于 $K_{玻}$ 为玻璃电极的性质常数，因此将 $K_{玻}$ 和 0.2412 合并得一新的常数 K，故：

$$E = K + 0.0592\text{pH} \qquad 式(9\text{-}2)$$

式(9-2)表明，原电池的电动势和溶液的 pH 呈线性关系。在 298.15K 时，溶液 pH 改变一个单位，原电池的电动势随之变化 59.2mV，故通过测定原电池的电动势即可求得溶液的 pH。

由于公式中的常数 K 很难确定，并且每支玻璃电极的不对称电势也不相同。在具体测定时常采用两次测定法，以消除玻璃电极的不对称电势和公式中的常数项。其测定步骤为：

先测定一标准溶液（pH_S）构成的原电池的电动势（E_S）：

$$E_S = K + 0.0592\text{pH}_S$$

然后再测定待测溶液（pH_x）构成的原电池的电动势（E_x）：

$$E_x = K + 0.0592\text{pH}_x$$

将两式相减并整理得：

$$pH_x = pH_S + \frac{E_x - E_S}{0.0592}$$　式(9-3)

测量时选用的标准缓冲溶液的 pH_S，应该尽可能地与待测溶液的 pH_x 接近，一般要求 $\Delta pH < 3$。附录八列出了不同温度时常用的标准缓冲溶液的 pH，供选用时参考。

在实际测定中，使用 pH 计不必单独测定原电池的电动势，可直接测出溶液的 pH。

课堂活动

葡萄糖氯化钠注射液为无色澄清液体，主要用于补充热能和体液，用于各种原因引起的进食不足或大量体液丢失，pH 应为 3.5～5.5。如用电势分析法测量其 pH 时，试分析应做哪些准备？

（四）pH 计

pH 计又称酸度计，是用来测量溶液 pH 的仪器，也可测量原电池的电动势。pH 计因测量用途和精度不同而有多种不同的类型，但其结构均由测量电池和主机两部分组成，玻璃电极、饱和甘汞电极（或直接使用 pH 复合电极）与待测溶液组成测量电池，将待测溶液的 pH 转换为电动势，然后主机内部的电子线路将其电动势转换成 pH，在酸度计的显示屏上直接标示出来。

目前常用的 pH 计类型很多，其测量原理相同，结构略有差别。下面主要介绍pHS-3C型酸度计。

pHS-3C 型酸度计是一种数字显示的酸度计，如图 9-4 所示，用于测定溶液的 pH 和电势值（mV）。还可配上离子选择电极，测出该电极的电极电势，仪器最小显示单位为 0.01pH 和 1mV。

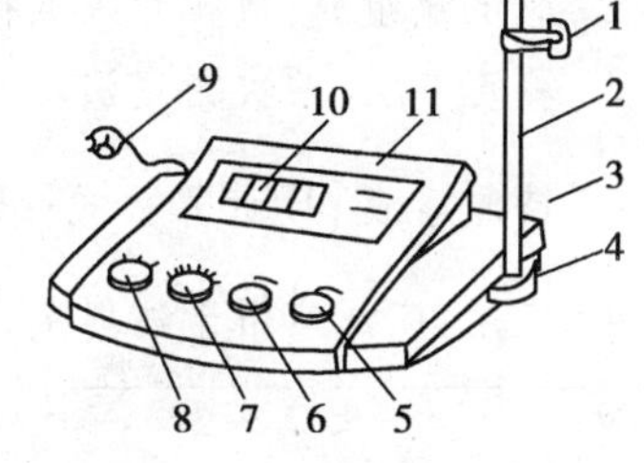

图 9-4　pHS-3C 型酸度计

1. 电极夹；2. 电极杆；3. 电极插口（背面）；4. 电极杆插座；5. 定位调节钮；6. 斜率补偿钮；7. 温度补偿钮；8. 选择开关钮；9. 电源插头；10. 显示屏；11. 面板

（五）应用

用 pH 计测定溶液的 pH，不受氧化剂、还原剂及其他活性物质的影响，可用于有色物质、胶体溶液或混浊溶液 pH 的测定。并且测定前不用对待测液作预处理，测定后不破坏、污染溶液，因此应用非常广泛。在卫生理化检验中，常用于水质 pH 的检查；在药物分析中广泛应用于注射剂、大输液、滴眼液等制剂及原料药物的酸碱度检查。

例如盐酸普鲁卡因注射液 pH 测定：盐酸普鲁卡因注射液系局部麻醉药，常加稀盐酸调节 pH 为 3.5～5.0，可抑制分解，使本品稳定。若 pH 过低，其麻醉力降低，稳定性差；pH 过高则易分解。其 pH 检查时，常以邻苯二甲酸氢钾标准缓冲液定位，用草酸三氢钾或磷酸盐（pH6.86）标准缓冲液核对后再测定。

二、其他离子浓度的测定

测定其他离子浓度时，目前多采用离子选择电极作指示电极。在一定条件下，各类离子选择电极的膜电势与待测离子浓度的对数成线性关系：

298.15K 时：

$$\varphi_{膜} = K \pm \frac{0.0592}{n}\lg c_x \qquad 式(9\text{-}4)$$

式(9-4)中的正负号由离子的电荷性质决定，“+”号表示阳离子电极，“-”号表示阴离子电极，K 为常数。

离子选择电极的电势不能直接测出，通常是以离子选择电极作为指示电极，饱和甘汞电极作为参比电极，插入被测溶液中构成原电池，通过测量原电池的电动势以求得被测离子的浓度。离子选择电极根据测定的情况不同，可作正极，也可作负极，在一定条件下，原电池的电动势与被测离子浓度的对数呈线性关系。

$$E = K' \pm \frac{0.0592}{n}\lg c_x \qquad 式(9\text{-}5)$$

当离子选择电极作正极时，对阳离子响应的电极，公式取“+”号，对阴离子响应的电极，公式取“-”号。若离子选择电极作负极，则恰好相反。

因此，测量原电池的电动势，便可对被测离子进行定量测定。实际工作中常用标准比较法、标准曲线法、标准加入法等方法测定被测离子浓度。

点滴积累

直接电势法测定溶液的 pH

1. 原电池组成：饱和甘汞电极(SCE)为正极，玻璃电极(GE)为负极。
2. 测定方法：两次测定法。
3. 待测溶液 pH 计算公式：$pH_x = pH_S + \frac{E_x - E_S}{0.0592}$。
4. 应用：广泛应用于注射剂、大输液等制剂及原料药物的酸碱度检查。

第三节　电势滴定法

电势滴定法是根据滴定过程中指示电极电势的突变确定滴定终点的方法。与普通滴定分析法一样，也是将一种滴定液滴加到被测物质的溶液中，只是确定终点的方法不同。由于电势滴定法是借助指示电极电势的突变确定滴定终点，因此不受溶液颜色、浑浊等限制。当滴定突跃不明显或试液有色，用指示剂指示终点有困难或无合适指示剂时，可采用电势滴定法。

一、基本原理

进行电势滴定时，在被测离子的溶液中插入合适的指示电极和参比电极组成原电池。装置如图9-5所示。随着滴定液的加入，滴定液与被测离子发生化学反应，被测离子浓度不断降低，指示电极的电势也发生相应的变化。在化学计量点附近，被测离

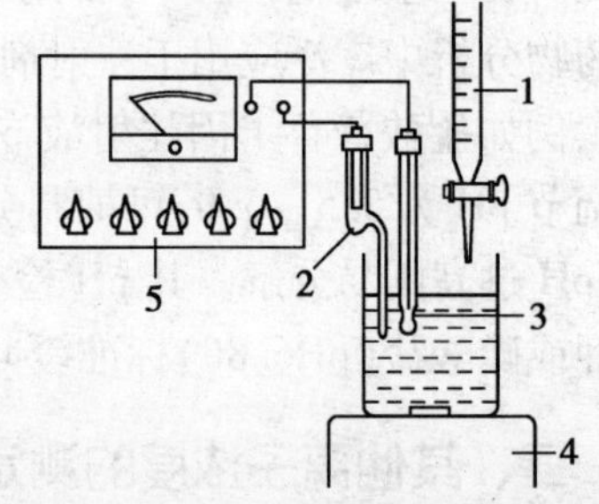

图9-5　电势滴定装置图

1. 滴定管；2. 参比电极；3. 指示电极；4. 磁力搅拌器；5. pH-mV 计

子的浓度发生突变，引起电势的突变，指示滴定终点到达。

电势滴定法中，滴定终点是以电讯号显示的。因此，很容易用此电讯号来控制滴定系统，达到滴定自动化的目的，测定结果的烦琐计算还可用计算机进行处理。

二、确定滴定终点的方法

将盛有样品溶液的烧杯置于电磁搅拌器上，插入指示电极和参比电极，搅拌。自滴定管中分次滴入滴定液，并边滴定边记录滴入滴定液的体积 V 和相应的电势计读数 E。在化学计量点附近，每加 0.05～0.10ml 滴定液，记录一次数据。典型的电势滴定计量点附近数据记录及数据处理，见表 9-1。

表 9-1　典型的电势滴定部分数据

V(ml)	E(mV)	ΔE	ΔV	$\Delta E/\Delta V$	$\overline{V}$	$\Delta(\Delta E/\Delta V)$	$\Delta^2 E/\Delta V^2$
23.80	161						
		13	0.20	65	23.90		
24.00	174						
		9	0.10	90	24.05		
24.10	183						
		11	0.10	110	24.15		
24.20	194					280	2800
		39	0.10	390	24.25		
24.30	233					440	4400
		83	0.10	830	24.35		
24.40	316					-590	-5900
		24	0.10	240	24.45		
24.50	340					-130	-1300
		11	0.10	110	24.55		
24.60	351						
		7	0.10	70	24.65		
24.70	358						
		15	0.30	50	24.85		
25.00	373						

（一）E-V 曲线法

以加入的滴定液的体积 V 为横坐标，电势计读数 E 为纵坐标作图，得如图 9-6(a)所示的 E-V 曲线。曲线转折点（拐点）所对应的体积，即为滴定终点所消耗滴定液的体积。此法应用方便，适用于滴定突跃明显的体系。

（二）$\Delta E/\Delta V$-$\overline{V}$ 曲线法

$\Delta E/\Delta V$-$\overline{V}$ 曲线法又称一级微商法，$\Delta E/\Delta V$ 表示滴定液单位体积变化引起电动势的变化值。以 $\Delta E/\Delta V$ 为纵坐标，滴定液平均体积 $\overline{V}$（计算 ΔE 时，前、后两体积的平均值）为横坐标作图，得到如图 9-6(b)所示的 $\Delta E/\Delta V$-$\overline{V}$ 曲线。曲线最高点所对应的体积，即为滴定终点所消耗滴定液的体积。此法较为准确，但方法烦琐。

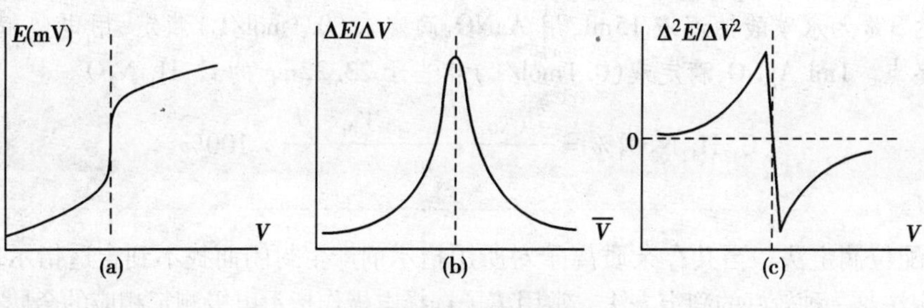

图 9-6　电势滴定曲线

（三）$\Delta^2E/\Delta V^2$-V曲线法

$\Delta^2E/\Delta V^2$-V曲线法又称二级微商法。$\Delta^2E/\Delta V^2$-V表示滴定液单位体积变化引起的$\Delta E/\Delta V$的变化值，即$\Delta(\Delta E/\Delta V)/\Delta V$。以$\Delta^2E/\Delta V^2$为纵坐标，滴定液体积$V$为横坐标作图，得到如图9-6(c)所示的$\Delta^2E/\Delta V^2$-$V$曲线。曲线与纵坐标0线交点（$\Delta^2E/\Delta V^2=0$时）所对应的体积，即为滴定终点所消耗滴定液的体积。

除以上方法外，还常用二级导数内插法计算终点时滴定液的体积。

目前自动电势滴定仪的广泛应用，不仅使测定更为简便快速，还提高了分析的准确度和精密度。

三、电势滴定法的应用

电势滴定法在滴定分析中应用较为广泛，可应用于酸碱滴定、氧化还原滴定、沉淀滴定、配位滴定等各类滴定分析中。

1. 酸碱滴定法　在酸碱滴定法中，通常选用pH玻璃电极作指示电极，饱和甘汞电极作参比电极。确定终点的方法比指示剂法灵敏，一般指示剂法要求滴定突跃范围在两个pH单位以上，才可辨别出颜色变化，而电势滴定即使有零点几个pH单位变化也可确定滴定终点。此法常用于有色或混浊溶液的测定，尤其是对弱酸、弱碱、混合酸（碱）的测定。

2. 氧化还原滴定法　在氧化还原滴定中，一般使用铂电极或金电极为指示电极，以甘汞电极为参比电极。在计量点附近，氧化态和还原态的浓度发生突变，引起电极电势突跃，以此确定滴定终点。

3. 沉淀滴定法　在沉淀滴定中，应根据具体反应确定指示电极和参比电极。例如测卤素离子时，采用银电极作指示电极，饱和甘汞电极或玻璃电极为参比电极。

案例分析

案例：

苯巴比妥为白色有光泽的结晶性粉末，镇静催眠药、抗惊厥药，主要用于治疗焦虑、失眠、癫痫及运动障碍等。按干燥品计算$C_{12}H_{12}N_2O_3$不得少于98.5%，否则为不合格产品。质量检查中必须进行$C_{12}H_{12}N_2O_3$含量的测定。

分析：

在一定条件下，苯巴比妥能与$AgNO_3$滴定液定量地发生反应，可用Ag电极为指示电极，饱和甘汞电极为参比电极，用电势滴定法测定其含量。

2010年版《中国药典》规定：精密称定本品约0.2g，加甲醇40ml使之溶解，再加新制的3%无水碳酸钠溶液15ml，用$AgNO_3$滴定液（0.1mol/L）滴定，用电势滴定法确定终点。1ml $AgNO_3$滴定液（0.1mol/L）相当于23.22mg的$C_{12}H_{12}N_2O_3$。

$$C_{12}H_{12}N_2O_3\% = \frac{T_{AgNO_3/C_{12}H_{12}N_2O_3}V_{AgNO_3}F}{m_S}\times100\%$$

4. 配位滴定法　当共存杂质离子对所用指示剂产生封闭而找不到合适指示剂时，用电势滴定法是一种较好的滴定方法。常用离子选择电极作指示电极测定相应的金属离子。

点 滴 积 累

电势滴定法是根据滴定过程中指示电极电势的突变确定滴定终点的方法。

1. E-V 曲线法：曲线转折点(拐点)所对应的体积。
2. $\Delta E/\Delta V$-$\overline{V}$ 曲线法：曲线最高点所对应的体积。
3. $\Delta^2 E/\Delta V^2$-V 曲线法：曲线与纵坐标0线交点所对应的体积。

第四节　永停滴定法

永停滴定法是根据滴定过程中双铂电极电流的变化来确定滴定终点的电流滴定法，又称为双电流或双安培滴定法。测定时将两个相同的铂电极插入被测溶液中，在两电极间外加一低电压，并联一只电流计，然后进行滴定，通过观察滴定过程中电流计指针的变化确定化学计量点。

一、基本原理

(一) 可逆电对和不可逆电对

将两个铂电极插入溶液中与溶液中的电对组成电池，当外加一低电压时，电对的性质不同，发生的电极反应也不同。

如溶液中含有 I_2/I^- 电对时：

在阳极发生氧化反应：$2I^- - 2e \rightleftharpoons I_2$

在阴极发生还原反应：$I_2 + 2e \rightleftharpoons 2I^-$

两个电极上均发生了反应，在两个电极间有电流通过。在滴定过程中，通过电流的大小是由溶液中氧化型或还原型的浓度决定，当氧化型和还原型物质的浓度相等时，通过的电流最大，这样的电对称为可逆电对。

若溶液中含有 $S_4O_6^{2-}/S_2O_3^{2-}$ 电对时，只能在阳极发生下列氧化反应：

$$2S_2O_3^{2-} - 2e \longrightarrow S_4O_6^{2-}$$

而在阴极 $S_4O_6^{2-}$ 不能发生还原反应。由于在阳极和阴极上不能同时发生反应，所以无电流通过，这样的电对称为不可逆电对。

(二) 永停滴定法的类型

根据在电极上发生的电极反应的不同，永停滴定法常分为下列三种类型。

1. 滴定液为不可逆电对，样品溶液为可逆电对　以 $Na_2S_2O_3$ 滴定液滴定 I_2 溶液为例。滴定反应为：

$$2S_2O_3^{2-} + I_2 \rightleftharpoons S_4O_6^{2-} + 2I^-$$

将两个铂电极插入 I_2 溶液中，外加约15mV的电压，用灵敏电流计测量通过两个铂电极间的电流。化学计量点前，溶液中含有 I_2/I^- 可逆电对，电流计中有电流通过。化学计量点时，$Na_2S_2O_3$ 与 I_2 完全反应，不存在可逆电对，无电流通过。化学计量点后，溶液中只有 $S_4O_6^{2-}/S_2O_3^{2-}$ 不可逆电对和 I^-，无电流通过。即电流计指针在滴定过程中偏转后又静止不动时为滴定终点，如图9-7(a)所示。

2. 滴定液为可逆电对，样品溶液为不可逆电对　如 I_2 滴定液滴定 $Na_2S_2O_3$ 溶液。滴定反应为：

$$I_2 + 2S_2O_3^{2-} \rightleftharpoons 2I^- + S_4O_6^{2-}$$

化学计量点前，溶液中只有 $S_4O_6^{2-}/S_2O_3^{2-}$ 不可逆电对和 I^-，无电流通过。一旦到达化学计量点，并有稍过量 I_2 溶液滴入后，溶液中会产生 I_2/I^- 可逆电对，两极间有电流通过。即电流计指针在滴定过程中由静止开始偏转时为滴定终点。如图 9-7(b)所示。

3. 滴定液和样品溶液均为可逆电对　以 $Ce(SO_4)_2$ 滴定液滴定 $FeSO_4$ 溶液为例。滴定反应为：

$$Ce^{4+} + Fe^{2+} \rightleftharpoons Ce^{3+} + Fe^{3+}$$

化学计量点前，溶液中有 Fe^{3+}/Fe^{2+} 可逆电对和 Ce^{4+}，电流计中有电流通过。化学计量点时，溶液中只有 Ce^{3+} 和 Fe^{3+}，无可逆电对存在，无电流通过。化学计量点以后，溶液中有 Ce^{4+}/Ce^{3+} 可逆电对和 Fe^{3+}，又有电流通过。即电流计指针在滴定过程中偏转后回到零处又开始偏转时为滴定终点，如图 9-7(c)所示。

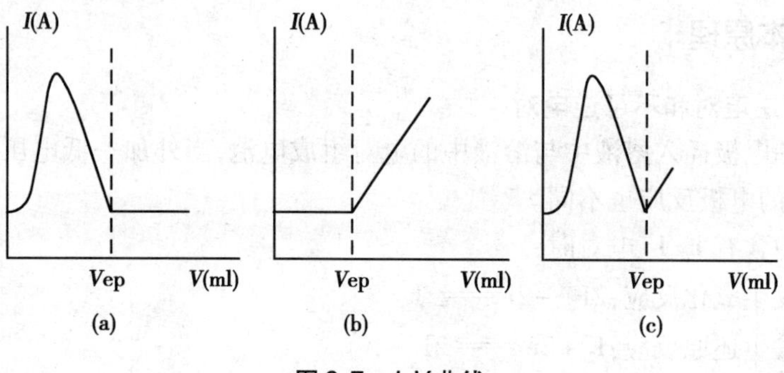

图 9-7　*I-V* 曲线

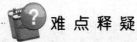

难 点 释 疑

永停滴定法（亚硝酸钠为滴定液）测定磺胺嘧啶的含量，在滴定过程中，电流计指针由静止开始偏转时为滴定终点。

因为亚硝酸钠滴定液为可逆电对，磺胺嘧啶样品溶液为不可逆电对。化学计量点前溶液中不存在可逆电对，即电流计指针停止在“0”位。当到达化学计量点后，则溶液中稍过量的 HNO_2 及其分解产物 NO 作为可逆电对同时存在，此时电路中有电流通过，电流计指针发生偏转，并不再回到“0”位，即为滴定终点。因此，电流计指针在滴定过程中由静止开始偏转时为滴定终点。

（三）仪器装置

永停滴定法的仪器简单，操作简便。一般仪器装置如图 9-8 所示。图中 E_1 和 E_2 为两个铂电极；R_1 是 2KΩ 的线绕电阻，通过调节 R_1 可得到适当的外加电压；R_2 为 60～70Ω 的固定电阻；R 为电流计的分流电阻，作调节电流计的灵敏度之用；G 为灵敏电流计；B 为 1.5V 干电池，作为供给外加低电压的电源。与电势滴定一样，滴定过程中用电磁搅拌器对溶液进行搅拌。

通常只需在滴定时仔细观察电流计的指针变化情况，当指针位置突变时即为滴定终点。

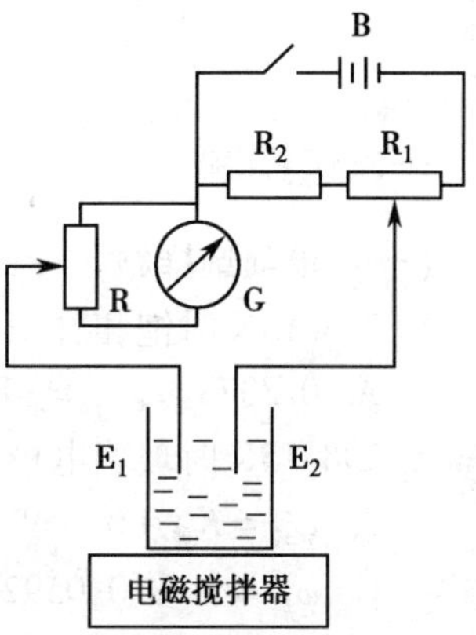

B
R₂ R₁
R G
E₁ E₂
电磁搅拌器

图 9-8 永停滴定仪装置示意图

课堂活动

与使用指示剂指示终点比较，永停滴定法有哪些优点和局限性？

二、应用示例

永停滴定法确定化学计量点比指示剂法更为准确、客观，比电势滴定法更简便。因此，广泛应用于药物分析中。

例如《中国药典》(2010 年版)规定重氮化滴定法的终点确定方法为：

调节 R_1 使加于电极上的电压约为 50mV。取样品适量，精密称定，置烧杯中，加水 40ml 与 1～2mol/L 盐酸溶液 15ml，置于电磁搅拌器上，搅拌使溶解，再加 KBr 2g。插入 Pt-Pt 电极，将滴定管的尖端插入液面下约 2/3 处，用 $NaNO_2$ 滴定液(0.05～0.1mol/L)迅速滴定，随滴随搅拌，至近终点时，将滴定管的尖端提出液面，用少量水淋洗尖端，洗液并入溶液中，继续缓缓滴定。

化学计量点前溶液中不存在可逆电对，即电流计指针停止在“0”位(或接近“0”位)。当到达化学计量点后，则溶液中稍过量的 HNO_2 及其分解产物 NO 作为可逆电对同时存在，两个电极上的电解反应为：

阳极：$NO + H_2O - e \rightleftharpoons HNO_2 + H^+$

阴极：$HNO_2 + H^+ + e \rightleftharpoons NO + H_2O$

此时电路中有电流通过，电流计指针发生偏转，并不再回到“0”位，即为滴定终点。

化学与药学

永停滴定法广泛用于芳胺类药物含量的测定。如：局麻药盐酸普鲁卡因、盐酸普鲁卡因胺等；抗菌药磺胺多辛、磺胺嘧啶等；抗疟药磷酸伯氨喹等。

点滴积累

1. 永停滴定的化学电池为电解池，根据双铂电极电流的变化来确定滴定终点。
2. 永停滴定法有三种类型：①滴定液为不可逆电对，样品溶液为可逆电对；②滴定液为可逆电对，样品溶液为不可逆电对；③滴定液和样品溶液均为可逆电对。

目标检测

一、选择题

（一）单项选择题

1. 298.15K 时饱和甘汞电极的电极电势为(　　)
A. 0.337V　B. 0.2412V　C. 0.2801V　D. 0.2000V
2. 298.15K 时玻璃电极电势与待测溶液酸度的关系式为(　　)
A. $\varphi_{玻} = K_{玻} + 0.0592\text{pH}$　B. $\varphi_{玻} = K_{玻} - 0.0592\text{pH}$
C. $\varphi_{玻} = K_{玻} - 0.0592[H^+]$　D. $\varphi_{玻} = K_{玻} + 0.0592\ln[H^+]$
3. 玻璃电极使用前应在纯化水中浸泡多少小时以上(　　)
A. 3　B. 6　C. 12　D. 24
4. 甘汞电极属于下列何种电极(　　)
A. 膜电极　B. 金属-金属离子电极
C. 惰性金属电极　D. 金属-金属难溶盐电极
5. 电势法测定溶液的 pH 时,用标准缓冲溶液进行校正的主要目的是消除(　　)
A. 温度的影响　B. 不对称电势和公式中的常数
C. 浓度的影响　D. 酸度的影响
6. 电势滴定法指示终点的方法是(　　)
A. 内指示剂　B. 外指示剂
C. 自身指示剂　D. 电动势的突变
7. 电势法常用的参比电极是(　　)
A. 0.1mol/L 甘汞电极　B. 1mol/L 甘汞电极
C. 饱和甘汞电极　D. 饱和银-氯化银电极
8. 永停滴定法常用的电极是(　　)
A. 铂电极　B. 银-氯化银电极　C. 饱和甘汞电极　D. 玻璃电极
9. 电势滴定中的 E-V 曲线法,滴定终点所消耗滴定液的体积为(　　)
A. 曲线转折点(拐点)所对应的体积
B. 曲线最高点所对应的体积
C. 曲线与纵坐标 0 线交点所对应的体积
D. 曲线最低点所对应的体积
10. 电势滴定中的 $\Delta E/\Delta V$-$\bar{V}$ 曲线法,滴定终点所消耗滴定液的体积为(　　)
A. 曲线转折点(拐点)所对应的体积
B. 曲线最高点所对应的体积
C. 曲线最低点所对应的体积
D. 曲线与纵坐标 0 线交点所对应的体积
11. 永停滴定法指示终点的方法是(　　)
A. 内指示剂　B. 外指示剂　C. 自身指示剂　D. 电流的突变
12. 在永停滴定法中,当滴定液和被测溶液均为可逆电对,化学计量点时的电流

为(　　)

A. 0　　B. <0　　C. >0　　D. 无法确定

(二) 多项选择题

1. 永停滴定法的类型有(　　)

A. 滴定液为不可逆电对,样品溶液为可逆电对

B. 滴定液和样品溶液具有相同的电对

C. 滴定液和样品溶液均为可逆电对

D. 滴定液和样品溶液均为不可逆电对

E. 滴定液为可逆电对,样品溶液为不可逆电对

2. 下列属于电势滴定法确定滴定终点方法的是(　　)

A. $\Delta^2E/\Delta V^2$-V 曲线法　　B. $\Delta E/\Delta V$-$\bar{V}$ 曲线法　　C. E-V 曲线法

D. I-V 曲线法　　E. A-C 标准曲线法

3. 下列属于电势法测定溶液 pH 所用电极的是(　　)

A. 饱和甘汞电极　　B. 铂电极　　C. F 电极

D. 玻璃电极　　E. 银-氯化银电极

4. 用电势法测定饮用水的 pH 时,下列说法正确的是(　　)

A. 属于直接电势法　　B. 利用原电池的原理　　C. 用酸度计测定

D. 饱和甘汞电极作负极　　E. 玻璃电极作正极

5. 下列属于可逆电对的是(　　)

A. I_2/I^-　　B. $S_4O_6^{2-}/S_2O_3^{2-}$　　C. Fe^{3+}/Fe^{2+}

D. Ce^{4+}/Ce^{3+}　　E. HNO_2/NO

6. 下列可用永停滴定法指示终点进行定量测定的是(　　)

A. 用碘滴定液测定硫代硫酸钠的含量

B. 用基准碳酸钠标定盐酸溶液的浓度

C. 用 EDTA 滴定液测定药用氢氧化铝的含量

D. 用亚硝酸钠滴定液测定芳伯胺类药物的含量

E. 用盐酸滴定液测定药用硼砂的含量

二、简答题

1. 举例说明可逆电对和不可逆电对。

2. 比较电势滴定法和永停滴定法的异同点。

3. 试述直接电势法测定盐酸普鲁卡因注射液 pH 的原理和方法。

4. 试写出重氮化滴定法测定磺胺嘧啶的反应式和终点时的电解反应式,其滴定曲线属于永停滴定法中的哪一类?

5. 试举例说明永停滴定法的三种类型,并分别指出滴定终点时所消耗滴定液的体积在其 $I-V$ 曲线图中的位置。

三、实例分析

1. 苯巴比妥含量测定时,称得本品 0.2235g,用电势滴定法测定,终点时用去 0.09502mol/L 硝酸银滴定液 10.01ml,已知每 1ml 0.1000mol/L 硝酸银溶液相当于

23.22mg 的 $C_{12}H_{12}N_2O_3$，试问本品是否符合含 $C_{12}H_{12}N_2O_3$不得少于98.5%的规定。

2. 标定亚硝酸钠溶液时，称取对氨基苯磺酸0.5008g，用永停滴定法确定滴定终点，终点时用去亚硝酸钠溶液27.95ml。每1ml 0.1000mol/L的亚硝酸钠溶液相当于17.32mg对氨基苯磺酸，计算亚硝酸钠溶液的浓度。

3. 磺胺嘧啶（$C_{10}H_{10}O_2N_4S$）含量测定时，称得本品0.5016g，用永停滴定法确定滴定终点，终点时用去0.1001mol/L硝酸银滴定液12.00ml，已知每1ml 0.1000mol/L硝酸银溶液相当于25.08mg的 $C_{10}H_{10}O_2N_4S$，试计算本品中 $C_{10}H_{10}O_2N_4S$ 的含量。

实训十二　直接电势法测定溶液的pH

【实训目的】

1. 学会用pH计测定溶液pH的操作。
2. 通过实训，加深对溶液pH测定原理和方法的理解。

【实训内容】

1. 实训用品

（1）仪器：pH计（如pHS-3C型酸度计）、pH复合电极、50ml小烧杯等。

（2）试剂：0.025mol/L KH_2PO_4 和 Na_2HPO_4 标准缓冲溶液（25℃时 pH = 6.86）、0.05mol/L 邻苯二甲酸氢钾（25℃时 pH = 4.00）、0.01mol/L 硼砂标准缓冲溶液（25℃时 pH = 9.18）、葡萄糖氯化钠注射液、碳酸氢钠注射液。

2. 实训步骤

（1）仪器使用前准备：将浸泡好的玻璃电极和饱和甘汞电极（或pH复合电极）夹在电极夹上，接上电极导线。用纯化水清洗两电极需要插入溶液的部分，并用滤纸吸干电极外壁上的水分。

（2）仪器的预热：打开仪器电源开关预热20分钟。

（3）仪器的校正：①将仪器功能选择按钮置“pH”位置。②将两个电极插入一pH接近7的标准缓冲溶液（如298.15K，pH = 6.86）中。③调节“温度”调节器使所指示的温度为标准缓冲溶液的温度值。④将“斜率”调节器顺时针转到底（最大）。⑤轻摇装有标准缓冲溶液的烧杯，待电极反应达到平衡后，调节“定位”调节器，使仪器读数和标准缓冲溶液在该温度下的pH相同。⑥取出电极，移去标准缓冲溶液，用纯化水清洗电极后，再插入另一pH接近被测溶液pH的标准缓冲溶液中（如298.15K，pH = 4.00或pH = 9.18），轻摇烧杯，旋动“斜率”调节器，使仪器显示该标准缓冲溶液的pH，此时“定位”调节器不可动。调好后，“定位”和“斜率”调节器都不能再动。

（4）测量待测溶液的pH：移去标准缓冲溶液，用纯化水清洗电极后，插入待测溶液中，同样轻摇烧杯，待电极反应平衡后，读取被测溶液的pH。

（5）测量完毕，取出电极，用纯化水清洗。用滤纸吸干甘汞电极上的水，塞上橡皮塞后放回电极盒中，将玻璃电极浸泡在纯化水中。

【实训注意】

1. 玻璃电极不能在含氟较高的溶液中使用。

2. 饱和甘汞电极在使用时，要注意电极内是否充满饱和 KCl 溶液，电极内应无气泡，防止断路。必须保证饱和甘汞电极下端毛细管畅通，在使用时应将电极下端的橡皮帽取下，并拔去电极上部的小橡皮塞，让极少量的 KCl 溶液从毛细管中渗出，使测定结果更可靠。

3. 测量时选用的标准缓冲溶液与待测溶液的 pH 接近，一般要求 $\Delta pH < 3$。

【实训检测】

1. 为何"定位"调节器要与标准缓冲溶液配合使用？其作用是什么？
2. "温度"调节器具有什么作用？
3. 为什么玻璃电极不能在含氟较高的溶液中使用？

【实训记录】

待测液	规定 pH	测定 pH
葡萄糖氯化钠注射液	3.5～5.5	
碳酸氢钠注射液	7.5～8.5	

实训十三　永停滴定法测定磺胺嘧啶的含量

【实训目的】

1. 掌握重氮化滴定法的原理和操作。
2. 熟悉用永停滴定法确定滴定终点的方法。

【实训内容】

1. 实训用品

（1）仪器：永停滴定仪、电磁搅拌器、铂电极、分析天平、滴定管、烧杯等。

（2）试剂：0.1mol/L $NaNO_2$滴定液、磺胺嘧啶、6mol/L HCl、溴化钾。

2. 实训步骤　精密称取磺胺嘧啶约 0.5g，加盐酸（6mol/L）10ml，使其溶解，再加纯化水 50ml 及溴化钾 1g，在电磁搅拌器搅拌下，用 $NaNO_2$滴定液迅速滴定。将滴定管尖端插入液面下约 2/3 处，滴定至接近终点时，将滴定管尖端提出液面，用少量纯化水洗涤尖端，洗液并入溶液中，继续缓缓滴定，至装置中的灵敏电流计指针发生明显偏转不再恢复，即达终点。记录消耗 $NaNO_2$滴定液的体积。平行测定 3 次。用下式计算磺胺嘧啶的含量：

$$C_{10}H_{10}O_2N_4S\% = \frac{c_{NaNO_2} V_{NaNO_2} M_{C_{10}H_{10}O_2N_4S} \times 10^{-3}}{m_s} \times 100\%$$

【实训注意】

1. 磺胺嘧啶是具有芳伯胺基结构的药物，在盐酸酸性条件下可与 $NaNO_2$滴定液定量反应生成重氮盐。其反应如下：

$$\text{(2-pyrimidinyl)-NHSO}_2\text{-C}_6\text{H}_4\text{-NH}_2 + NaNO_2 + 2HCl = \left[\text{(2-pyrimidinyl)-NHSO}_2\text{-C}_6\text{H}_4\text{-}\overset{+}{N}\equiv N\right]Cl^- + NaCl + 2H_2O$$

2. 磺胺嘧啶样品用盐酸溶解后，再加纯化水和溴化钾。
3. 滴定时温度不宜超过30℃。
4. 采用快速滴定法。

【实训检测】

1. 磺胺嘧啶含量测定中，加溴化钾的作用是什么？
2. 为什么采用快速滴定法？

【实训记录】

测定次数	1	2	3
V_{AgNO_3}终(ml)			

（秦　华）

第十章　紫外-可见分光光度法

根据物质发射的电磁辐射或物质与辐射的相互作用建立起来的分析方法称为光学分析法。根据物质与辐射能间作用的性质不同，光学分析法分为光谱法和非光谱法。

当物质与辐射能作用时，物质内部发生能级跃迁，记录由能级跃迁所产生的辐射能强度随波长（或相应单位）的变化，所得的图谱称为光谱，利用物质的光谱特征进行定性、定量和结构分析的方法称为光谱分析法，简称光谱法。光谱法按电磁辐射作用对象不同，分为原子光谱法和分子光谱法；按物质与辐射能间的能级跃迁方向不同，分为吸收光谱法和发射光谱法；按电磁辐射源的波长不同，分为紫外光谱法、可见光谱法和红外光谱法等。本章主要介绍紫外-可见吸收光谱法。

第一节　概　　述

研究物质在紫外（200～400nm）-可见光（400～760nm）区分子吸收光谱的分析方法称为紫外-可见吸收光谱法，也称紫外-可见分光光度法（UV-Vis）。

紫外-可见分光光度法具有以下特点：

1. 灵敏度高　紫外-可见分光光度法适用于测定微量物质，一般可以测到每毫升溶液中含有 10^{-7}g 的物质。

2. 精密度和准确度较高　相对误差通常为1%～3%。

3. 仪器设备简单　费用少、分析速度快、易于掌握和推广。

4. 选择性较好　一般可在多种组分共存的溶液中，对某一物质进行测定。

5. 应用范围广　几乎所有的无机离子和许多有机化合物均可直接或间接地用紫外-可见分光光度法测定。因此分光光度法在工农业生产和科学研究中得到广泛应用。

一、电磁辐射与电磁波谱

电磁辐射是一种以电磁波的形式在空间不需任何物质作为传播媒介的高速传播的粒子流。它既具有波动性，又具有粒子性，即波粒二象性。光是电磁辐射的一部分，其波动性表现为光按波动形式传播，并能够产生反射、折射、偏振、干涉和衍射等现象；其粒子性表现为光是具有一定质量、能量和动量的粒子流，可产生光的吸收、发射以及可以产生光电效应等。

（一）波动性

光的波动性用波长 λ、频率 ν 或波数 σ 等主要参数描述。

1. 波长（λ）　是光波在传播方向上具有相同振动相位的相邻两点间的直线距离

(即光波传动一个周期的距离)。在紫外-可见光区常用纳米(nm)作单位,在红外光区常用微米(μm)表示。

2. 频率(ν) 光波的频率 ν 是指每秒钟光波的振动次数,单位用赫兹(Hz)表示。频率决定于辐射源,不随传播介质而改变。光波的频率很高,为了方便,常用波长的倒数—波数 σ 代替,是指每厘米长度中光波的数目,单位是 cm^{-1}。在真空中波长、频率的相互关系为:

$$\nu = \frac{c}{\lambda} \qquad \text{式(10-1)}$$

(二) 粒子性

电磁辐射是由一颗颗不连续的粒子构成的粒子流,该粒子称为光子,光子是光的最小单位。当物质吸收或发射一定波长的电磁辐射时,是以吸收或发射一颗颗量子化的光子的形式进行的。光子都有一定的能量,光的能量与频率成正比。

$$E = h\nu = h\frac{c}{\lambda} \qquad \text{式(10-2)}$$

式(10-2)中,h 为普朗克常数($6.626 \times 10^{-34} J \cdot s$),$c$ 为光的传播速率($3 \times 10^{8} m/s$),E 为光子的能量(电子伏特,eV)。

此关系式将光的波粒二象性有机地联系起来。从中可以得知光的波长与其能量或频率成反比关系。光的波长越短,频率或能量越高;反之亦然。

所有的电磁辐射在本质上是完全相同的,从 γ 射线一直到无线电波,它们之间的区别仅在波长或频率不同,习惯上常用波长来表示各种不同的电磁辐射。电磁波的波长范围非常广阔,长至1000m,短至 10^{-12}m,把电磁辐射按波长的长短顺序排列起来就称为电磁波谱。电磁波谱各区域的名称、波长范围以及能级跃迁类型如表10-1所示。

表10-1 电磁波谱

波谱区名称	波长范围	能级跃迁类型
γ 射线	5×10^{-3} ~ 0.14nm	核能级
X 射线	10^{-3} ~ 10nm	内层电子能级
远紫外区	10 ~ 200nm	内层电子能级
近紫外区	200 ~ 400nm	原子及分子价电子或成键电子
可见区	400 ~ 760nm	原子及分子价电子或成键电子
近红外区	0.76 ~ 2.5μm	分子振动能级
中红外区	2.5 ~ 50μm	分子振动能级
远红外区	50 ~ 1000μm	分子转动能级
微波区	0.1 ~ 1m	电子自旋及核自旋
无线电波区	1 ~ 1000m	电子自旋及核自旋

二、物质对光的选择性吸收

如果把不同颜色的物体放置在黑暗处,则什么颜色也看不到。可见物质呈现的颜色与光有着密切的关系,物质呈现何种颜色,与光的组成和物质本身的结构有关。从光本身来说,有些波长的光线,作用于眼睛引起了颜色的感觉,人的视觉所能感觉到的光称为可见光,波长范围在400 ~ 760nm。人们日常所看到的日光、白炽灯光等是由各种不同颜色的光按一定的强度比例混合而成的。如果让一束白光通过棱镜，可分解为红、橙、黄、绿、青、蓝、紫七种颜色的光，这种现象称为光的色散。每种颜色的光具有一定的波长范围，如表 10-2 所示。理论上将具有同一波长的光称为单色光，包含不同波长的光称为复合光。白光就是由不同波长的光混合而成的复合光。

表 10-2　各种色光的近似波长范围

光的颜色	波长(nm)	光的颜色	波长(nm)
红色	650 ~ 760	青色	480 ~ 500
橙色	610 ~ 650	蓝色	450 ~ 480
黄色	560 ~ 610	紫色	400 ~ 450
绿色	500 ~ 560		

研究证明，不仅七种单色光可以混合成白光，而且把适当颜色的两种单色光按一定的强度比例混合，也可以成为白光。这两种单色光就称为互补色光。如图 10-1 所示，直线相连的两种色光互为互补色光，如红光和青光互补，蓝光和黄光互补等。

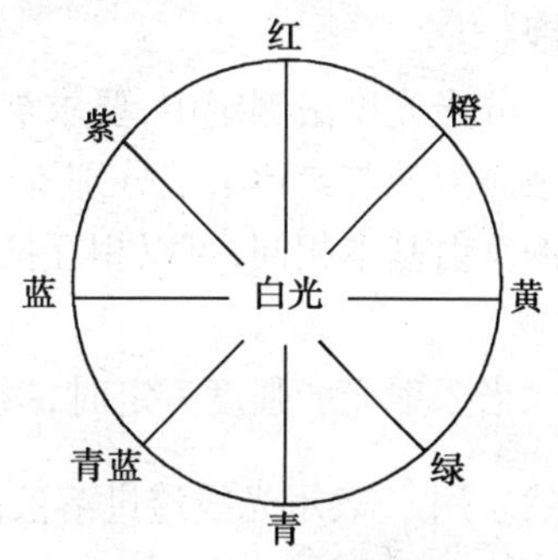

图 10-1　光的互补色示意图

不同物质对各种波长光的吸收程度是不相等的，物质对于不同波长的光线吸收、透过、反射、折射的程度不同而使物质呈现出不同的颜色。如果物质选择性地吸收了某些波长的光，这种物质的颜色就由它所反射或透过光的颜色来决定，即物质呈现的颜色是其吸收光颜色的互补色。

当白光通过溶液时，某些波长的光被溶液吸收，而另一些波长的光则透过，溶液的颜色由透射光的波长决定。透射光与吸收光为互补色光，即溶液呈现的颜色是与其吸收光成互补色的颜色。例如白光通过 NaCl 溶液时，全部透过，所以 NaCl 溶液是无色透明的；硫酸铜溶液则吸收了白光中的黄色光而呈蓝色；高锰酸钾溶液因吸收了白光中的绿色光而呈现紫色。

课堂活动

重铬酸钾、三氯化铁溶液吸收光的颜色是什么色？

点滴积累

1. 根据物质发射的电磁辐射或物质与辐射的相互作用建立起来的分析方法称为光学分析法。紫外-可见分光光度法(UV-Vis)是研究物质在紫外(200 ~ 400nm)-可见光(400 ~ 760nm)区分子吸收光谱的分析方法。

2. 由不同波长的光混合而成的光称为复合光；单一波长的光称为单色光。物质的颜色由其所反射或透过光的颜色决定。即物质呈现的颜色是与其吸收光成互补色的颜色。

第二节　紫外-可见分光光度法的基本原理

一、朗伯-比尔定律

朗伯-比尔定律是分光光度法的基本定律,是吸收光谱分析法定量分析的依据。

(一) 透光率(*T*)与吸光度(*A*)

当一束平行的单色光垂直通过任何一种均匀、无散射现象的体系,如真溶液时,光的一部分被溶液吸收,一部分被器皿表面反射,其余部分透过溶液,即

$$I_0 = I_a + I_t + I_r$$

式中,I_0 为入射光的强度,I_a 为溶液吸收光的强度,I_t 为透过光的强度,I_r 为反射光的强度。

分光光度法测定中,要求被测溶液与参比溶液在完全相同的条件下进行对照分析,即被测溶液与参比溶液分别置于材料和厚度完全相同的吸收池中进行测量,吸收池对光的反射基本相同,可以相互抵消,因此,上式可简化为:

$$I_0 = I_a + I_t$$

当入射光的强度一定时,透过光的强度 I_t 越大,则溶液吸收光的强度 I_a 就越小,反之亦然。用 $\frac{I_t}{I_0}$ 表示光线透过溶液的强度,其数值常用百分数表示,称为百分透光率或透光率,用 T 表示。即

$$T = \frac{I_t}{I_0} \times 100\% \qquad 式(10\text{-}3)$$

溶液的透光率越大,表示它对光的吸收越小;反之,透光率越小,表示对光的吸收程度越大。透光率的倒数反映了物质对光的吸收程度,应用时取它的对数 $\lg\frac{1}{T}$ 作为吸光度,用 A 表示,即

$$A = \lg\frac{1}{T} = -\lg T = \lg\frac{I_o}{I_t} \qquad 式(10\text{-}4)$$

(二) 朗伯-比尔定律

1. 朗伯定律　朗伯在1760年研究了有色溶液的液层厚度(L)与吸光度的关系,其结论是:当一束平行的单色光通过浓度一定的某一含有吸光物质的溶液时,在入射光的波长、强度、溶液的温度等条件不变的情况下,溶液对光的吸光度与溶液的液层厚度(L)成正比。其数学表达式为:

$$A = K_1 L \qquad 式(10\text{-}5)$$

2. 比尔定律　比尔在1852年研究了有色溶液的浓度与吸光度的关系,结论是:当一束平行的单色光通过液层厚度一定的某一含有吸光物质的溶液时,在入射光的波长、强度及溶液的温度等条件不变的情况下,溶液对光的吸光度与溶液的浓度(c)成正比。其数学表达式为:

$$A = K_2 c \qquad 式(10\text{-}6)$$

与朗伯定律不同的是,比尔定律不是对所有的吸光溶液均适用,很多因素都可导致

吸光度不能严格地与溶液的浓度成正比,因为在浓度较高时,吸光物质会发生解离或聚合,影响光的吸收而产生误差。因此,比尔定律只能在一定的浓度范围和适宜的条件下才能使用。

3. 朗伯-比尔定律 如果同时考虑溶液的浓度 c 和液层厚度 L 对光吸收的影响,则可将朗伯定律、比尔定律合并为朗伯-比尔定律,即光的吸收定律。其数学表达式为:

$$A = KcL \qquad 式(10\text{-}7)$$

朗伯-比尔定律表明:当一束平行的单色光通过均匀、无散射现象的某一含有吸光物质的溶液时,在入射光的波长、强度、溶液温度等条件不变的情况下,溶液的吸光度与溶液的浓度和液层厚度的乘积成正比。

实验证明,朗伯-比尔定律不仅适用于可见光区的单色光,也适用于紫外和红外光区的单色光;不仅适用于有色溶液,也适用于无色溶液及气体和固体的非散射均匀体系。但应注意,朗伯-比尔定律仅适用于单色光和一定范围的低浓度溶液。

朗伯-比尔定律是各类分光光度法进行定量分析的理论依据。

在多组分体系中,如果各种吸光物质之间不互相影响,则朗伯-比尔定律仍然适用,此时体系总的吸光度是各组分吸光度之和,即各组分在同一波长下的吸光度具有加和性。例如,溶液中同时存在有 a、b、c……等吸光物质,则体系总的吸光度为:

$$\begin{aligned} A_{总} &= A_a + A_b + A_c + \cdots \qquad 式(10\text{-}8) \\ &= K_a c_a L_a + K_b c_b L_b + K_c c_c L_c + \cdots \end{aligned}$$

利用此性质可进行多组分的测定。

(三)吸光系数

朗伯-比尔定律中的常数 K 称为吸光系数,其物理意义是吸光物质在单位浓度及单位厚度时的吸光度。它表示了物质对光的吸收能力,与物质的性质、入射光的波长及温度等因素有关。吸光系数越大,表示吸光物质对此波长光的吸收程度越大,测定的灵敏度越高。在一定条件(单色光波长、溶剂、温度等)下,吸光系数是物质的特征性常数之一,可作为定性鉴别的重要依据。

吸光系数随溶液浓度所用单位不同有两种表示方法。

1. 摩尔吸光系数 当溶液浓度 c 的单位用 mol/L 表示,液层厚度 L 的单位用 cm 表示时,K 称为摩尔吸光系数,用 ε 表示,单位为 L/(mol·cm)。

2. 百分吸光系数 在化合物组分不明的情况下,物质的分子量无从知晓,摩尔浓度无法确定,无法使用摩尔吸光系数时,常采用百分吸光系数。百分吸光系数又称比吸光系数,是指浓度为 1g/100ml、液层厚度为 1cm 时的吸光度,用 $E_{1cm}^{1\%}$ 表示,单位为 ml/(g·cm)。

$E_{1cm}^{1\%}$ 与 ε 间的关系为:

$$\varepsilon = \frac{M}{10} E_{1cm}^{1\%} \qquad 式(10\text{-}9)$$

式(10-9)中,M 为吸光物质的摩尔质量。

摩尔吸光系数 ε 或百分吸光系数 $E_{1cm}^{1\%}$ 不能直接测得,需用已知准确浓度的稀溶液测得吸光度换算而得到。

例 1 维生素 D_2 在 264nm 处有最大吸收,其摩尔质量为 396.66g/mol。设用纯品配制100ml含维生素D_2 1.05mg的溶液，用1cm的吸收池，在264nm处测得吸光度为0.48，试求其ε和$E_{1cm}^{1\%}$。

解：
$$E_{1cm}^{1\%}=\frac{A}{cL}=\frac{0.48}{1.05\times10^{-3}\times1}=457.14\text{ml/(g}\cdot\text{cm)}$$
$$\varepsilon=\frac{M}{10}E_{1cm}^{1\%}=\frac{396.66}{10}\times457.14=18\ 133\text{L/(mol}\cdot\text{cm)}$$

例2　有一浓度为10μg/ml的Fe^{2+}溶液，以邻二氮菲显色后，在波长510nm处，用厚度为2cm的吸收池，测得吸光度A为0.380，计算：(1)透光率T；(2)百分吸光系数$E_{1cm}^{1\%}$；(3)摩尔吸光系数ε。

解：
$$T=10^{-A}=10^{-0.380}=0.417$$
$$E_{1cm}^{1\%}=\frac{A}{cL}=\frac{0.380}{2.0\times1.0\times10^{-3}}=190\text{ml/(g}\cdot\text{cm)}$$
$$\varepsilon=E_{1cm}^{1\%}\times\frac{M}{10}=190\times\frac{56}{10}=1064\text{L/(mol}\cdot\text{cm)}$$

课堂活动

现测得氯霉素($M=323.15$g/mol)的水溶液在278nm处有最大吸收，设用纯品配制100ml含氯霉素2.00mg的溶液，用1cm的吸收池，在278nm处测得吸光度为0.614，试求其ε和$E_{1cm}^{1\%}$。

二、吸收光谱

紫外-可见吸收光谱是由于分子中价电子的跃迁而产生的。在溶液浓度和液层厚度一定时，测定物质在不同波长下的吸光度，以波长λ为横坐标，吸光度A为纵坐标所绘制的曲线，称为吸收光谱曲线，又称吸收光谱、吸收曲线，如图10-2所示。

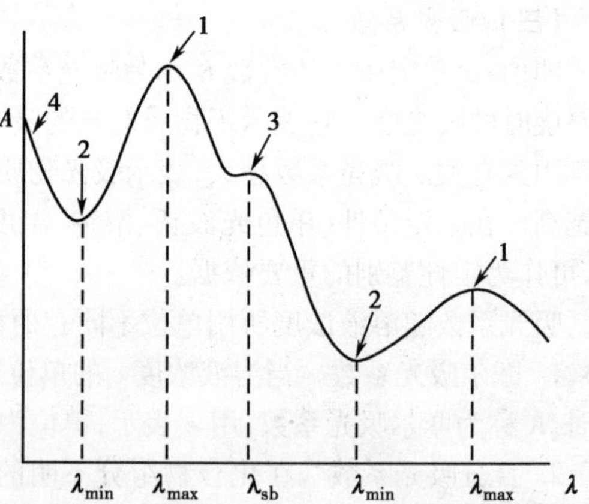

图10-2　物质的紫外-可见吸收光谱示意图

1. 吸收峰；2. 吸收谷；3. 肩峰；4. 末端吸收

在吸收曲线上，吸收最大且比左右相邻都高之处称为吸收峰，吸收峰对应的波长称为最大吸收波长，用λ_{max}表示；比左右相邻都低之处称为吸收谷，吸收谷对应的波长称为最小吸收波长，用λ_{min}表示；在吸收峰旁形状像肩的小曲折称为肩峰，对应的波长用λ_{sh}表示；吸收曲线上波长最短的一端，呈现较强吸收但不成峰形的部分称为末端吸收。

不同的物质有不同的吸收峰。同一物质的吸收光谱有相同的λ_{max}、λ_{min}、λ_{sh}；而且同一物质相同浓度的吸收光谱应相互重合。因此，吸收光谱上的λ_{max}、λ_{min}、λ_{sh}及整个吸收光谱的形状取决于物质的分子结构，通常情况下，选用几种不同浓度的同一溶液所测得的吸收光谱的图形是完全相似的，λ_{max}值也是固定不变的。如图10-3所示，四条曲线是

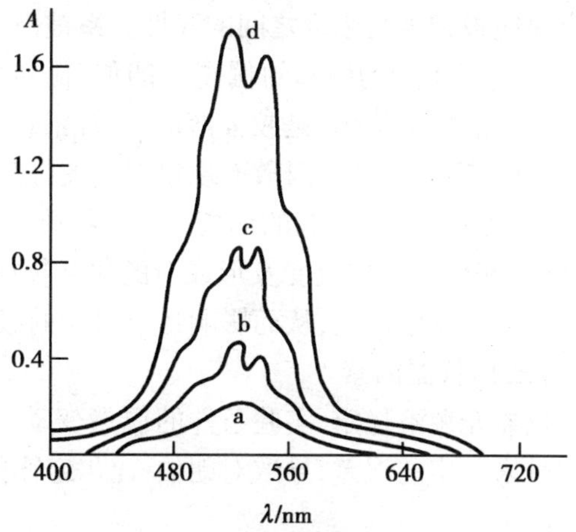

图 10-3 $KMnO_4$溶液的吸收光谱曲线

四种不同浓度的 $KMnO_4$ 溶液的吸收光谱。从图中看出，四条曲线的图形完全相似，λ_{max}值相同，这说明物质吸收不同波长光的特性，只与溶液中物质的结构有关，而与浓度无关。同一物质不同浓度的溶液，其吸光度不同。分子结构不同的物质，则吸收光谱也不相同。因此，在吸收光谱法中，可以将吸收光谱曲线作为定性、定量的依据。

如图 10-3 所示，$KMnO_4$溶液的 λ_{max} 为 525nm，说明 $KMnO_4$ 溶液对波长 525nm 附近的绿色光有最大吸收，而对紫色光则吸收很少，故 $KMnO_4$溶液呈现绿色光的补色——紫色。准确地说，在可见光区内，溶液显示的颜色就是其 λ_{max} 光的补色。

三、偏离朗伯-比尔定律的主要因素

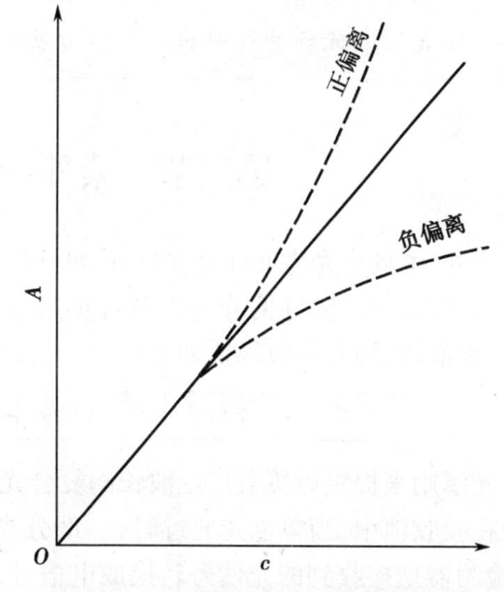

图 10-4 朗伯-比尔定律的偏离情况

根据朗伯-比尔定律，以吸光度 A 对浓度 c 作图时，应得到一条通过坐标原点的直线。但在实际测量中，常常遇到偏离线性关系的现象，即曲线向下或向上发生弯曲，产生负偏离或正偏离，这种情况称为偏离朗伯-比尔定律，如图 10-4 所示。若在曲线弯曲部分进行定量分析，将会引起较大的误差。

偏离朗伯-比尔定律的现象是多方面原因引起的，主要由以下原因造成。

（一）光学因素

1. 非单色光的影响　理论上，朗伯-比尔定律只适用于单色光，但在实际工作中纯粹的单色光是难以得到的，目前用各种方法得到的入射光并非纯的单色光，而是波长范围较窄的复合光，由于吸光物质对不同波长光的吸收能力不同，导致对朗伯-比尔定律的偏离。在所使用的波长范围内，吸光物质的吸收能力变化越大，这种偏离就越显著。

2. 非平行入射光、反射、散射等也会引起对朗伯-比尔定律的偏离。

（二）化学因素

1. 溶液浓度过高引起的偏离　朗伯-比尔定律只适用于稀溶液，当溶液浓度较高时，吸光物质的分子或离子间的平均距离减小，从而改变物质对光的吸收能力，即改变物质的摩尔吸光系数。浓度增加，相互作用增强，导致在高浓度范围内摩尔吸光系数不恒定而使吸光度与浓度之间的线性关系被破坏。

2. 介质不均匀引起的偏离　朗伯-比尔定律要求含有吸光物质的溶液是均匀的。如果被测溶液不均匀，是胶体溶液、乳浊液或悬浮液时，当入射光通过溶液后，除一部分被吸收外，还有一部分因散射现象而损失，使实测吸光度增加而造成偏离。

3. 化学变化所引起的偏离　吸光物质常因浓度或其他因素变化而产生解离、缔合、溶剂化、配合物组成改变及形成新的化合物或在光照射下发生互变异构等，使吸光物质的存在形式发生改变，从而影响物质对光的吸收能力，导致对比尔定律的偏离。

（三）仪器因素

仪器光源不稳定、实验条件的偶然变动、吸收池厚度不一致等仪器的问题，都会给测定带来一定的误差，导致对朗伯-比尔定律的偏离。

点滴积累

1. 吸光度(A)与透光率(T)的关系：$A=\lg\frac{1}{T}$。
2. 朗伯-比尔定律 $A=KcL$ 是分光光度法进行定量分析的依据。
3. 吸光系数常用摩尔吸光系数 ε 和百分吸光系数 $E_{1cm}^{1\%}$ 表示。
4. A-λ 吸收光谱曲线是进行定性分析的依据。

第三节　紫外-可见分光光度计

紫外-可见分光光度计是在紫外-可见光区选择任意波长的光测定溶液吸光度或透光率的仪器。紫外-可见分光光度计型号很多，价格、质量差别悬殊，但其基本原理相似，组成部件雷同，一般构造如下：

光源 → 单色器 → 吸收池 → 检测器 → 信号处理与显示器

光源用来提供可覆盖广泛波长的复合光，复合光经过单色器转变为单色光，待测溶液放在吸收池中，当单色光通过时，一部分光被吸收，一部分光透过溶液照射到检测器上，检测器把接收到的光信号转换成电信号，经信号处理系统后在显示器上读出相应的吸光度或透光率等数值。

一、主要部件

（一）光源

光源是提供入射光的装置，其作用是发射一定强度的光。分光光度计对光源的要求是能发射足够强度而且稳定的连续光谱，发光面积小，稳定性好，使用寿命长。紫外-可见光区常用的光源有以下两类。

1. 钨灯或卤钨灯　钨灯是固体炽热发光，又称白炽灯，是最常用的可见光源，其可用波长范围为320～2500nm，通常使用360～800nm的光。在可见光区，该灯的能量输出随工作电压的四次方而变化，电压对其影响较大。为了使光源稳定，必须严格控制光源电压。卤钨灯是在钨灯内填充卤元素的低压蒸气，减少钨原子的蒸发，发光效率高，使用寿命长。目前，分光光度计多已采用碘钨灯作为可见光区光源。

2. 氘灯或氢灯　是气体放电发光，为最常用的紫外光源，可发射 150 ~ 400nm 的紫外连续光谱。氘灯的发光强度和使用寿命是氢灯的 3 ~ 5 倍，故现在紫外分光光度计多用氘灯作为紫外光区的光源。气体放电发光需先激发，所以为了控制光源强度稳定不变，需配用稳流电源。

（二）单色器

紫外-可见分光光度计的单色器通常置于吸收池之前，它的作用是将光源发射的复合光变成所需波长的单色光。单色器由狭缝、准直镜及色散元件等组成。来自光源并聚焦于进光狭缝的光，经准直镜变成平行光，投射于色散元件上，色散元件使各种不同波长的平行光有不同的投射方向（或偏转角度），形成按波长顺序排列的光谱。再经过准直镜将色散后的平行光经聚焦元件聚焦于出光狭缝上。转动色散元件的方位，可使所需波长的光从出光狭缝射出。

单色器最重要的部件是色散元件，色散元件的作用是使各种不同波长的混合光分解成单色光，其性能直接影响仪器的工作波长范围和单色光纯度。常用的色散元件有棱镜和光栅，早期的仪器大多用棱镜，近年来大多用光栅。

光栅是根据光的衍射原理，使光发生色散而产生一系列光谱的色散元件。是一种在高度抛光的玻璃或金属表面上刻有大量等宽、等间距的平行条痕的光学元件。紫外-可见光区用的光栅一般每毫米刻有约 1200 条条痕。它是利用复合光通过条痕狭缝反射后，产生衍射和干涉作用，使不同波长的光有不同的投射方向而起到色散作用。光栅的分辨率较高，应用的波长范围广，色散和波长读数都是线性的。

狭缝为光的进出口，包括进光狭缝和出光狭缝。进光狭缝起着限制杂散光进入的作用；出光狭缝的作用是将选定波长的光射出单色器。狭缝是影响仪器分辨率的重要元件，狭缝的宽度直接影响分光质量。狭缝过宽，单色光不纯，将使吸光度值发生变化；狭缝太窄，通过光的强度也越小，将降低灵敏度。所以测定时狭缝宽度要适当，一般以减小狭缝宽度时，溶液的吸光度不再改变为适宜的狭缝宽度。

（三）吸收池

吸收池是盛放样品溶液和参比溶液的容器，又称比色皿或比色杯。吸收池必须选择在测定波长范围内无吸收的材质制成，常用的有玻璃和石英两种，玻璃吸收池只适用于可见光区，石英吸收池适用于紫外光区和可见光区。吸收池的光径可在 0.1 ~ 10cm 之间，其中以 1cm 光径吸收池最为常用。盛参比溶液和样品溶液的吸收池应匹配，即有相同的厚度和透光性。在盛同一溶液时 ΔT 应小于 0.5%。在测定吸光系数或利用吸光系数进行定量时，要求吸收池有准确的厚度（光程），或使用同一只吸收池。吸收池的光滑面易损蚀，应注意保护。

（四）检测器

检测器是一种光电换能器，是将接收到的光信息转变成电信息的部件。常用的有光电管和光电倍增管，后者较前者更灵敏，它具有响应速度快、放大倍数高、频率响应范围广的优点，特别适用于检测较弱的辐射。近年来使用光多道检测器，具有快速扫描的特点。

（五）信号处理与显示器

信号处理与显示器的作用是将检测器检测到的电信号经过放大以某种方式将测量

结果显示出来。显示器常用的有电表指示、数字显示、荧光屏显示、曲线扫描及结果打印等。显示方式主要有透光率、吸光度、浓度及吸光系数等。高性能仪器带有数据站，可进行多功能操作。既可以用于仪器自动控制，实现自动分析；又可用于记录样品的吸收曲线，进行数据处理。

二、仪器类型

紫外-可见分光光度计按其光学系统大致可分为单光束、双光束、双波长、光多道二极管阵列检测分光光度计以及光导纤维探头式分光光度计等几种。

（一）单光束分光光度计

单光束分光光度计是以氘灯或氢灯为紫外光源，钨灯为可见光源，棱镜或光栅为色散元件，光电管或光电倍增管为检测器。其特点是结构简单，价格较便宜。单光束分光光度计要求光源和检测器的供电电压有高稳定性，测定结果受光源强度波动的影响较大，往往给定量分析带来较大的误差，但单光束仪器只有一束单色光，光路简单，能量损失小，适用于物质的定量分析，可用于吸光系数的测定。

（二）双光束分光光度计

双光束分光光度计是目前应用较为普遍的一种。从单色器发射出来的单色光，用斩光器将它分成两束光，分别通过参比溶液和样品溶液后，再用一同步的扇面镜将两束光交替地投射于光电倍增管，使光电倍增管产生一个交变脉冲信号，经比较放大后，由显示器显示出透光率、吸光度、浓度或进行波长扫描，记录吸收光谱。

双光束分光光度计的两束光几乎是同时通过参比溶液和样品溶液，因此可以消除光源强度的变化以及检测系统波动的影响，测量准确度高。双光束型仪器一般都采用自动记录仪直接扫描出组分的吸收光谱，既可直接读数，又可扫描图谱。测量中不需移动吸收池，可在随意改变波长的同时记录吸光度。操作简单，测量快速，自动化程度高。

（三）双波长分光光度计

双波长分光光度计具有两个并列的单色器，光源发出的光分成两束，分别进入各自的单色器，获得两束可任意调节波长的单色光，然后交替照射同一吸收池，到达同一检测器，测得在两个波长处的吸光度差值 ΔA，利用 ΔA 与浓度的正比关系测定被测组分的含量。双波长分光光度计的特点是不需要参比溶液，只用一个样品溶液，可以消除参比溶液和样品溶液组成不一致和吸收池不匹配带来的误差，提高了测定的准确度。仪器可以固定一个单色光波长作参比，用另一个单色光扫描，得到吸光度差值的光谱；也可固定两束单色光的波长差扫描，得到一阶导数光谱。

双波长分光光度计主要用于干扰组分、浑浊样品和混合组分的测定。

（四）光多道二极管阵列检测分光光度计

光多道二极管阵列检测分光光度计是一种具有全新光路系统的仪器，具有光谱响应宽、数字化扫描准确、性能稳定等优点。由光源发出经聚光镜聚焦的复合光通过吸收池，再聚焦于单色器的进光狭缝上，透过光经全息光栅色散并投射到二极管阵列检测器上。由于全部波长同时被检测，而且光二极管的响应很快，一般可在1/10秒的极短时间内获得190～820nm范围的全光光谱，故此类仪器已成为追踪化学反应，进行科学研究的重要工具。

（五）光导纤维探头式分光光度计

光导纤维探头式分光光度计的探头是由两根相互隔离的光导纤维组成，钨灯发射的光由其中一根光纤传导至样品溶液，再经镀铝反射镜反射后，由另一根光纤传导，通过干涉滤光片后，由光敏器件接收为电信号。此类仪器不需吸收池，直接将探头插入样品溶液中，在原位进行测定，简单、快速。

三、测量条件的选择

（一）入射波长的选择

为了使测定结果有较高的灵敏度和准确度，应选择被测成分吸收最大，干扰成分吸收最小的波长作为测定波长，若无干扰，应选择被测成分最大吸收波长（λ_{max}）作为入射光，这称为"最大吸收原则"。选用 λ_{max} 的光进行分析，能够减少或消除由非单色光引起的对朗伯-比尔定律的偏离，得到最大的测量灵敏度。

当有干扰物质存在，或最强吸收峰的峰形比较尖锐时，不能选择被测物质的最大吸收波长 λ_{max} 作为入射光，此时可选用吸收较低、峰形稍平坦的次强峰或肩峰进行测定，根据"吸收最大、干扰最小"的原则来选择。例如测定 $KMnO_4$ 时如有 $K_2Cr_2O_7$ 存在，通常不是选择 $\lambda_{max}=525nm$ 作为入射光，而是选择 $\lambda=545nm$ 作为测定波长，因为在此波长下进行测定，$K_2Cr_2O_7$ 不再有干扰。

（二）吸光度范围的选择

在分光光度法中，仪器误差主要是透光率测量误差，称为光度误差。为减小光度误差，应控制适当的吸光度读数范围，可通过控制溶液的浓度或选择不同厚度的吸收池来达到目的。一般应控制被测溶液和标准溶液的吸光度值在 0.20～0.80，透光率为 15%～65%，在此范围内，仪器的测量误差较小，测定结果的准确度较高。

（三）参比溶液的选择

参比溶液也叫空白溶液，是用来调节仪器零点的。作为测量的相对标准，以消除溶液中其他成分以及吸收池或试剂对光的吸收或反射带来的误差；消除显色后溶液中其他有色物质的干扰。参比溶液的组成可根据试样溶液的性质而定，其选择的基本原则是参比溶液的吸收能扣除非待测组分的吸收。合理地选择参比溶液对提高分析结果的准确度起着重要的作用。

常用的参比溶液有以下几种，如表 10-3 所示，可根据具体情况进行选择。

表 10-3　参比溶液的选择

参比溶液	适应情况	操作方法	可消除影响
纯化水	试液、溶剂、显色剂均无色	用纯化水调零	吸收池 + 杂散光
溶剂空白	溶剂有色，其他无色	用溶剂调零	吸收池 + 杂散光 + 溶剂
试剂空白	显色剂有色，其他无色	不加试样，其他均加	吸收池 + 杂散光 + 显色剂
试液空白	试液含干扰离子有色，其他无色	不加显色剂，其他均加	吸收池 + 杂散光 + 干扰离子
试样空白	试液含干扰离子有色，显色剂有色	掩蔽试液中的被测物，其他均加	吸收池 + 杂散光 + 显色剂 + 干扰离子

点 滴 积 累

1. 紫外-可见分光光度计一般由光源、单色器、吸收池、检测器、信号处理与显示器等部件组成。

2. 测量条件的选择包括入射波长的选择、吸光度范围的选择、参比溶液的选择。

第四节　定性和定量分析方法

紫外-可见分光光度法在药学领域中主要用于有机化合物的分析。有些有机药物分子中含有在紫外-可见光区能产生吸收的基团,因而能显示吸收光谱。不同的化合物有不同的吸收光谱。利用吸收光谱的特征可以进行药品和制剂的定量分析、纯物质的鉴定及杂质的检测;有时还可与红外吸收光谱、质谱、磁共振谱一起用于解析物质的分子结构。利用光的吸收定律可以对物质进行定量分析。

溶剂种类及溶液的酸碱度等条件以及单色光的纯度都对吸收光谱的形状与特征数据有影响。所以在定性、定量分析中,应控制溶液的测定条件和选定有足够纯度的单色光的仪器进行测试。

一、定性分析方法

利用紫外-可见吸收光谱对物质进行定性分析时,主要是根据光谱上的一些特征吸收,包括最大吸收波长、吸收光谱形状、吸收峰数目、各吸收峰的波长位置、肩峰、吸光系数及吸光度比等,这些数据称为物质的特征性常数,特别是最大吸收波长和吸光系数是鉴定物质最常用的参数。鉴定时将样品与标准品的特征性常数进行严格地对照比较,根据二者的一致性,可作初步定性分析。结构完全相同的物质吸收光谱应完全相同,但吸收光谱完全相同的物质却不一定是同一物质。因为有机分子的主要官能团相同的两种物质可产生相类似的吸收光谱,所以必须再进一步确证才能得出较为肯定的结论。通常可用以下几种方法进行定性分析。

(一) 比较吸收光谱的一致性

如前所述,若两个化合物相同,其吸收光谱应完全一致。利用这一特性,鉴别时,将样品与标准品用同一溶剂配制成相同浓度的溶液,在同一条件下,分别测定它们的吸收光谱,核对其一致性。若没有标准品,也可利用文献所载的标准图谱进行对照比较,只有在吸收光谱完全一致的情况下,才可初步认为是同一种物质。但为了进一步确证,还需用其他光谱法证实后,才能得出较为肯定的结论。若吸收光谱有差异,则样品与标准品并非同一物质。

例如,三种甾体激素醋酸泼尼松、醋酸氢化可的松、醋酸可的松三者有几乎完全相同的 λ_{max}(240nm)、$E_{1cm}^{1\%}$(390)、ε(1.57×10^4),如图 10-5 所示可看出它们的吸收曲线有某些差别,据此可以鉴别。

用紫外吸收光谱进行定性分析时,由于曲线的形状变化不多,在成千上万种有机化合物中,不同的化合物可以有很类似甚至雷同的吸收光谱,所以在得到相同的吸收光谱时,应考虑有并非是同一物质的可能性。而在两种纯化合物的吸收光谱有明显差别时,

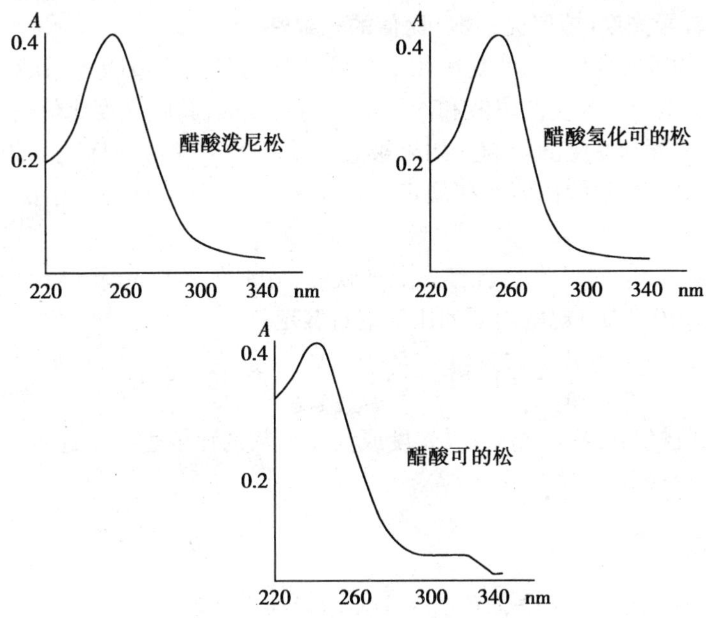

图 10-5　三种甾体激素的紫外吸收光谱

可以肯定不是同一种物质。

（二）比较吸收光谱特征性常数的一致性

λ_{max}和峰值吸光系数 $E_{1cm}^{1\%}$或 ε_{max}是最常用于定性鉴别的吸收光谱特征性常数，这是因为峰值吸光系数大，测定灵敏度高，且吸收峰处与相邻波长处吸光系数值的变化较小，测量吸光度时受波长变动影响较小，可减少误差。若一个化合物有几个吸收峰，并存在谷和肩峰，应该同时作为鉴定依据，从而显示光谱特征的全面性。

已知吸收光谱是由分子中的发色基团所决定的，若两种不同的化合物有相同的发色基团，可有相同的 λ_{max}值，使定性困难，但是它们的 $E_{1cm}^{1\%}$和 ε_{max}常有明显差异，因此在比较 λ_{max}的同时，再比较 $E_{1cm}^{1\%}$和 ε_{max}则可加以区分。

例如，丙酸睾酮和甲睾酮在无水乙醇中的最大吸收波长 λ_{max}相同，都是 240nm，但在该波长处的 $E_{1cm}^{1\%}$不同，前者为 460，后者为 540，据此可加以区别。

知识链接

紫外吸收光谱在有机化合物结构分析中的应用

1. 推断官能团　如某化合物在 220～800nm 范围内无吸收（$\varepsilon<1$），它可能是脂肪族饱和碳氢化合物、胺、腈、醇、醚、羧酸、氯代烃和氟代烃，不含直链或环状共轭体系，没有醛、酮等基团。如果在 210～250nm 有吸收带，可能含有两个共轭单位；在 260～300nm 有强吸收带，可能含有 3～5 个共轭单位；250～300nm 有弱吸收带，表示有羰基存在；在 250～300nm 有中等强度吸收带，而且含有振动结构，表示有苯环存在；如果化合物有颜色，分子中含有的共轭生色团一般在 5 个以上。

2. 推断异构体　利用紫外吸收光谱还可推断异构体的主要存在形式。可利用双键的位置不同推断异构体的结构。

（三）比较吸光度（或吸光系数）比值的一致性

如果物质的吸收峰较多，可取在几个吸收峰处的吸光度或吸光系数的比值作为鉴别的依据，由于是同一浓度的溶液和同一厚度的吸收池，其吸光度比值也就是吸光系数的比值可消除浓度和厚度的影响。如果被鉴定物质的吸收峰和标准品相同，且吸收峰处的吸光度或吸光系数的比值又在规定的范围内，则可认为样品与标准品分子结构基本相同。

例如，维生素 B_{12} 的吸收光谱有三个吸收峰，分别在 278nm、361nm、550nm 波长处。《中国药典》（2010 年版）规定用下列比值进行鉴定：

$$\frac{A_{361}}{A_{278}}=1.70\sim1.88 \quad \frac{A_{361}}{A_{550}}=3.15\sim3.45$$

若样品吸收峰与标准品相同，吸光度或吸光系数的比值也在上述范围之内，则可认为样品即为维生素 B_{12}。

二、纯度检查

化合物的纯度检查包括杂质检查和杂质限量检查。

（一）杂质检查

在药物分析中，经常利用紫外-可见吸收光谱进行杂质检查，一般有以下两种情况：

1. 如果化合物在一定的波长范围内没有明显的吸收，而所含杂质有较强的吸收，那么含有少量杂质就可用光谱检查出来。例如，乙醇中可能含有杂质苯，苯在 256nm 处有吸收峰，而乙醇在此波长处无吸收，只需测定相应范围内的吸收光谱，若在 256nm 附近光谱平坦，表明不存在苯杂质；反之，若在 256nm 附近出现吸收峰，说明样品中存在杂质苯。乙醇中含苯量低达 0.001%（质量分数为 10^{-5}），也能从光谱中检查出来。

2. 若化合物本身有较强的吸收峰，而所含杂质在此波长处无吸收峰或吸收很弱，杂质的存在将使化合物的吸光系数值降低；若杂质在此吸收峰处有比化合物更强的吸收，则将使吸光系数值增大，并使化合物的吸收光谱变形。

（二）杂质限量检查

药品中的杂质，常需规定一个允许其存在的最大量，即杂质限量。通常可利用紫外-可见分光光度法对杂质的限量进行控制。一般用两种方式表示杂质限量。

1. 以某波长的吸光度值表示　例如，肾上腺素在合成过程中有一中间体肾上腺酮，当它还原成肾上腺素时，反应不够完全而带入产品中，成为杂质，影响肾上腺素的疗效。因此，肾上腺酮的量必须规定在某一限量之下。在 0.05mol/L HCl 溶液中肾上腺素与肾上腺酮的紫外吸收光谱明显不同，如图 10-6 所示，在 310nm 处，肾上腺酮有吸收峰，而肾上腺素没有吸收。可利用 $\lambda_{max}=310nm$ 检测肾上腺酮的混入量。该法是将肾上腺素样品，用 0.05mol/L HCl 溶液制成每 1ml 含 2mg 的溶液，在 1cm 吸收池中，于

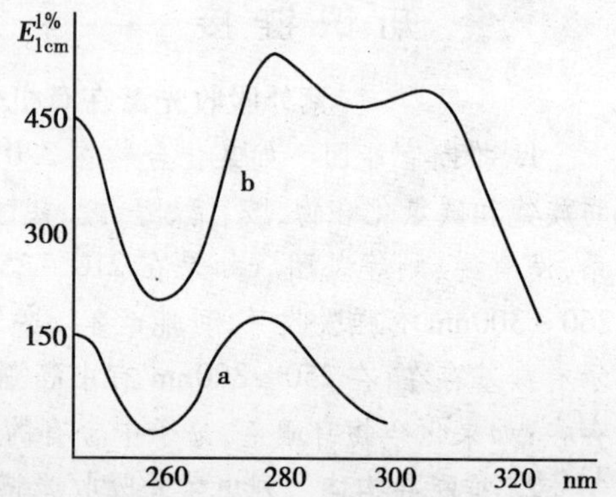

图 10-6　肾上腺素（a）与肾上腺酮（b）的紫外吸收光谱

310nm 处测其吸光度 A 值。规定 A 值不得超过 0.05，以肾上腺酮的 $E_{1cm}^{1\%}$ 值（435）计算，相当于肾上腺酮不超过 0.06%。

2. 用峰谷吸光度的比值表示 例如有机磷中毒的解毒剂碘解磷定中有很多杂质，如顺式异构体、中间体等。碘解磷定 λ_{max} 为 294nm，λ_{min} 为 262nm。在吸收峰 294nm 处这些杂质几乎没有吸收，但在 262nm 处有一些吸收，因此可利用碘解磷定的峰谷吸光度比值作为杂质限量的检查指标。已知纯品碘解磷定的 $A_{294}/A_{262}=3.39$，如果含有杂质，则在 262nm 处吸光度增加，使峰谷吸光度之比小于 3.39。为了限制杂质的含量，可规定一个峰谷吸光度的最小允许值。一般规定比值不小于 3.0。

案例分析

案例：

青霉素钠，是临床治疗中常用的抗生素类药物。青霉素钠在生产过程中可能引入过敏性杂质，如果不加以检查控制，在治疗使用时，就有可能导致患者过敏性休克，甚至造成心衰死亡。因此，在青霉素钠的生产过程中必须对其中的杂质进行限量和纯度检查。

分析：

2010 年版《中国药典》对青霉素钠的杂质限量作了如下规定：

取本品，加水制成每 1ml 中含 1.80mg 的溶液，照分光光度法（附录ⅣA），在 280nm 的波长处测定吸光度，不得大于 0.10。在 264nm 波长的最大吸收处测定，其吸光度应为 0.80～0.88。

该方法具有准确、灵敏、操作方便等优点。

三、定量分析方法

紫外-可见分光光度法定量分析的理论依据是朗伯-比尔定律。定量方法分单组分和多组分的含量测定。本章主要介绍微量单组分的定量方法。

根据比尔定律，物质在一定波长处的吸光度与浓度之间有线性关系。因此，只要选择合适的波长测量溶液的吸光度，即可求出浓度。

（一）吸光系数法

吸光系数是物质的特征性常数。只要测量条件里溶液浓度、单色光纯度等不会引起比尔定律的偏离，即可根据吸光度求出样品的浓度。定量时吸光系数常用 $E_{1cm}^{1\%}$ 表示，其数值可从相关手册或文献中查到。

$$c=\frac{A}{E_{1cm}^{1\%}L} \qquad 式(10\text{-}10)$$

例 3 维生素 B_{12} 的水溶液在 361nm 处的 $E_{1cm}^{1\%}$ 为 207，现将其盛于 2cm 的吸收池中，测得溶液的吸光度是 0.621，计算溶液的浓度。

解：
$$c=\frac{A}{E_{1cm}^{1\%}L}=\frac{0.621}{207\times 2}=0.0015(g/100ml)$$

在实际工作中，常将样品的吸光度换算吸光系数，用样品溶液的吸光系数与标准品的吸光系数之比计算被测组分的含量。

课堂活动

精密称取维生素 C 0.05g，溶于 100ml 的 0.01mol/L 的硫酸溶液中，再准确量取此溶液 2.0ml 稀释至 100.0ml，取此溶液盛于 1cm 的吸收池中，在 λ_{max} = 254nm 处测得 A 值为 0.551，求维生素 C 的百分含量。（$E_{1cm}^{1\%}$254nm = 560）

（二）标准对照法

标准对照法简称对照法，又称比较法。在测定时，按照各品种项下规定的方法，在相同条件下配制样品溶液和标准品溶液，在规定波长处测其吸光度 $A_{样}$ 和 $A_{标}$，根据朗伯-比尔定律：

$$A_{样} = \varepsilon_{样}\, c_{样}\, L_{样}$$
$$A_{标} = \varepsilon_{标}\, c_{标}\, L_{标}$$

因为是同种物质，在同一波长下，用同一厚度的吸收池在同一台仪器上进行测量，所以吸光系数相同，即 $\varepsilon_{样} = \varepsilon_{标}$；液层厚度相同，即 $L_{样} = L_{标}$。因此：

$$\frac{A_{样}}{A_{标}} = \frac{c_{样}}{c_{标}}$$

$$c_{样} = \frac{A_{样}}{A_{标}} \times c_{标} \qquad 式(10\text{-}11)$$

然后根据样品的称量和稀释倍数计算样品的含量。

标准对照法比较简单，但误差较大，只有在测定的浓度区间内溶液完全遵守朗伯-比尔定律，并且标准品溶液浓度和样品溶液浓度很接近时，才能得到较为准确的结果。

知识链接

微量多组分的定量方法

当溶液中有两种或多种组分共存时，可根据各组分吸收光谱相互重叠的程度考虑测定方法。最简单的情况是各组分的吸收峰所在波长处，其他组分没有吸收，两组分互不干扰，可按单组分的测量方法分别在最大吸收波长处测定。

在混合物测定中，遇到更多的情况是各组分的吸收光谱相互重叠，互相干扰，这种复杂情况需根据测定要求和光谱状态，选择合适的方法加以解决。线性方程组法和双波长法是最常用的微量多组分的定量方法，除此之外还有导数分光光度法、示差分光光度法、系数倍率法等。

（三）标准曲线法

标准曲线法又称工作曲线法、校正曲线法，是紫外-可见分光光度法中最经典的方法。测定时，先取与被测物质含有相同组分的标准品，配制成一系列不同浓度的标准溶液，以不含被测组分的空白溶液作参比，在被测组分的最大吸收波长处，测定标准系列的吸光度，以浓度为横坐标，相应的吸光度为纵坐标绘制 A-c 曲线，如图 10-7 所示。然后在完全相同的条件下测量样品溶液的吸光度，从标准曲线上查出与此吸光度相对应的样品溶液的浓度。

从理论上说，当溶液对光的吸收服从朗伯-比尔定律时，所绘制的 A-c 曲线是一条通过原点的直线。但在实际测定中，常常出现标准曲线在高浓度端发生弯曲的现象，即溶液偏离了朗伯-比尔定律，其主要原因是单色光不纯，溶液的浓度过高和吸光物质性质不稳定。

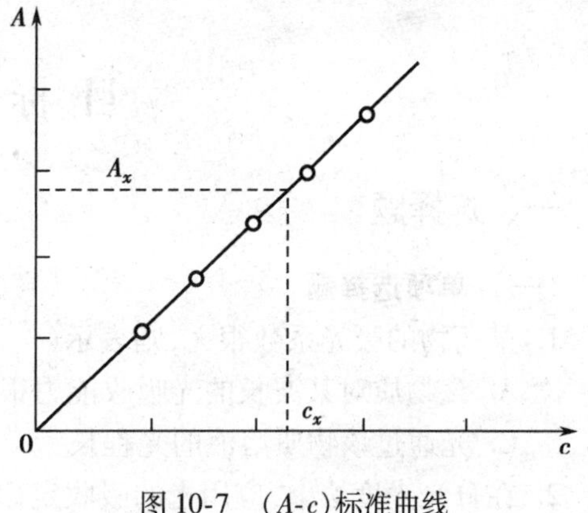

图 10-7　(A-c)标准曲线

标准曲线法对仪器的要求不高，是一种简单易行的方法。此法在大量样品分析时显得尤其方便，在测定条件固定的情况下，标准曲线可以反复使用。但仪器搬动或经维修后应重新校正波长，更换新仪器、试剂重新配制、测定时温度改变较大等情况时，标准曲线必须重新绘制。

难点释疑

吸收光谱曲线可进行定性、定量分析，而标准曲线只能进行定量分析。

因为吸收光谱曲线是将不同波长的单色光依次通过一定浓度的待测溶液，测出该溶液对各种单色光的吸光度。然后以波长 λ 为横坐标，以吸光度 A 为纵坐标，所绘制的曲线。不同种物质的吸收曲线形状和最大吸收波长不同。

不同的物质吸收光谱不同，同一物质不同浓度的溶液，其吸光度不同。分子结构不同的物质，则吸收光谱也不相同。因此，在吸收光谱法中，可以将吸收光谱曲线作为定性、定量的依据。

标准曲线是以浓度为横坐标，相应的吸光度为纵坐标绘制的 A-c 曲线，随后在完全相同的条件下测定样品溶液的吸光度，从标准曲线上查出与此吸光度相对应的样品溶液的浓度。标准曲线和结构无关，所以只能进行定量分析。

点滴积累

1. 紫外-可见分光光度法进行定性分析的主要方法有三种：比较吸收光谱的一致性、比较吸收光谱特征性常数的一致性、比较吸光度（或吸光系数）比值的一致性。
2. 化合物的纯度检查包括杂质检查和杂质限量检查。
3. 单组分的定量分析方法有吸光系数法、标准对照法以及标准曲线法。

目标检测

一、选择题

(一) 单项选择题

1. 某药物的吸光系数很大,则表示(　　)
   A. 该物质对某波长的光吸收能力很强　　B. 该物质溶液的浓度很大
   C. 光通过该物质溶液的光程长　　D. 该物质对某波长的光透光率很高
2. 在分光光度法中,应用光的吸收定律进行定量分析,采用的入射光为(　　)
   A. 白光　　B. 单色光　　C. 可见光　　D. 复合光
3. 朗伯-比尔定律 $A = -\lg T = KcL$ 中,A、T、K、L 分别代表(　　)
   A. A—吸光度;T—光源;K—吸光系数;L—液层厚度
   B. A—吸光度;T—透光率;K—平衡常数;L—液层厚度
   C. A—吸光度;T—温度;K—吸光系数;L—液层厚度
   D. A—吸光度;T—透光率;K—吸光系数;L—液层厚度
4. 紫外-可见分光光度法检测的波长范围是(　　)
   A. 400 ~ 760nm　　B. 200 ~ 400nm
   C. 200 ~ 760nm　　D. 200 ~ 1000nm
5. 紫外-可见分光光度法中,用标准对照法测定药物含量时(　　)
   A. 需已知药物的吸光系数
   B. 样品溶液和标准品溶液的浓度应接近
   C. 样品溶液和标准品溶液应在相同的条件下测定
   D. 可以在任何波长处测定
6. 紫外分光光度计常用的光源是(　　)
   A. 氘灯　　B. 钨灯　　C. 卤钨灯　　D. 硅炭棒
7. 朗伯-比尔定律说明,一定条件下(　　)
   A. 透光率与溶液浓度、光路长度成正比关系
   B. 透光率的对数与溶液浓度、液层厚度成正比关系
   C. 吸光度与溶液浓度、液层厚度的乘积成正比关系
   D. 吸光度与溶液浓度成正比,透光率的负对数与浓度成反比
8. 紫外-可见分光光度法用于药物的杂质检查是(　　)
   A. 利用药物与杂质的等吸收点进行检测
   B. 采用计算分光光度法求得杂质限量
   C. 利用药物与杂质吸收光谱的差异,选择合适波长进行检测
   D. 测定某一波长处杂质的百分吸光系数
9. 分光光度法中,透过光强度与溶液入射光强度之比称为(　　)
   A. 透光率　　B. 吸光度　　C. 吸收波长　　D. 吸光系数
10. 《中国药典》规定紫外测定中,溶液的吸光度范围应控制在(　　)
    A. 0.00 ~ 2.00　　B. 0.3 ~ 1.0

C. 0.2~0.8　　D. 0.1~1.0

11. 入射光波长选择的原则是(　　)

A. 吸收最大　　B. 干扰最小

C. 吸收最大干扰最小　　D. 吸光系数最大

12. 符合比尔定律的溶液稀释时,其最大吸收峰波长位置(　　)

A. 向长波方向移动　　B. 向短波方向移动

C. 不移动但峰值降低　　D. 不移动但峰值增大

13. 在300nm处进行分光光度测定时,应选用的比色皿是(　　)

A. 硬质玻璃　B. 软质玻璃　C. 石英　D. 透明塑料

14. 透光率与吸光度的关系是(　　)

A. $1/T=A$　B. $\lg 1/T=A$　C. $\lg T=A$　D. $T=\lg 1/A$

15. 与分光光度法的吸光度无关的是(　　)

A. 入射光波长　B. 液层高度　C. 液层厚度　D. 溶液浓度

（二）多项选择题

1. 下列会引起偏离朗伯-比尔定律的因素有(　　)

A. 单色光不纯　B. 溶液浓度太高　C. 比色皿的厚度

D. 介质不均匀　E. 平行的入射光

2. 紫外分光光度计应定期检查(　　)

A. 波长精度　B. 吸光度准确性　C. 狭缝宽度

D. 溶剂吸收　E. 杂散光

3. 分光光度法中判断出测得的吸光度有问题,可能的原因包括(　　)

A. 比色皿没有放正位置　　B. 比色皿配套性不好

C. 比色皿毛面放于透光位置　　D. 比色皿润洗不到位

E. 比色皿在盛同一溶液时 ΔT 大于0.5%

4. 紫外分光光度法在药物分析中的应用(　　)

A. 标准对照　B. 鉴别　C. 含量测定

D. 空白分析　E. 杂质检查

5. 吸收光谱包括的特征参数有(　　)

A. 最大吸收波长　B. 最小吸收波长　C. 肩峰

D. 末端吸收　E. 吸光度比值

6. 下列分析方法遵循朗伯-比尔定律的有(　　)

A. 原子吸收光谱法　　B. 原子发射光谱法

C. 紫外-可见光分光光度法　　D. 气相色谱法

E. 红外分光光度法

二、简答题

1. 紫外-可见分光光度法的特点有哪些?
2. 什么是单色光?什么是复合光?决定溶液颜色的主要因素是什么?
3. 简述朗伯-比尔定律及其应用条件。
4. 什么是吸收光谱曲线?决定吸收光谱曲线形状的主要因素是什么?

5. 在紫外-可见分光光度法中，误差的来源有几个方面？如何减免？

三、实例分析

1. 精密称取维生素 B_{12} 样品 25.0mg，用水溶液配成 100ml。精密吸取 10.00ml，又置 100ml 容量瓶中，加水至刻度。取此溶液在 1cm 的吸收池中，于 361nm（$E_{1cm}^{1\%}=207$）处测定吸光度为 0.507，求维生素 B_{12} 的百分含量。

2. 将 0.1mg 的 Fe^{3+} 在酸性溶液中用 KSCN 显色稀释至 500ml，盛于 1cm 的吸收池中，在波长 480nm 处测得吸光度为 0.240，计算摩尔吸光系数和百分吸光系数。

3. 精密称取 $KMnO_4$ 样品和 $KMnO_4$ 纯品各 0.1500g，分别溶于纯化水中并稀释至 1000ml。再各取 10ml 用纯化水稀释至 50ml，摇匀，用 1cm 的吸收池，在 525nm 处，测得样品溶液和标准溶液的吸光度分别为 0.310 和 0.325。求样品中 $KMnO_4$ 的含量。

实训十四　高锰酸钾含量的测定

【实训目的】

1. 学会紫外-可见分光光度计的正确使用方法。
2. 熟悉吸收光谱曲线的绘制方法并能找出最大吸收波长。
3. 掌握测绘标准曲线的方法及应用。
4. 学会紫外-可见分光光度法测定物质含量的方法。

【实训内容】

1. 实训用品

（1）仪器：紫外-可见分光光度计、容量瓶（100ml，50ml）、吸量管（10ml）、比色管（25ml）、分析天平、称量瓶、小烧杯、吸耳球。

（2）试剂：$KMnO_4$。

2. 实训步骤

（1）标准溶液的配制：精密称取基准物质 $KMnO_4$ 0.0125g，置小烧杯中，溶解后定量转入 100ml 容量瓶中，用纯化水稀释至刻度线，摇匀，此 $KMnO_4$ 溶液的浓度为 0.125mg/ml。

（2）吸收曲线的绘制：精密吸取上述 $KMnO_4$ 溶液 20.00ml 置于 50ml 容量瓶中，用纯化水稀释至刻度线，摇匀。将此溶液与空白液（纯化水）分别盛于 1cm 厚的吸收池中，并将其放在分光光度计的吸收池架上，调节透光率为 100% 后，再进行测量。设定波长从 420nm 开始到 700nm，每隔 5nm 测量一次吸光度，绘制吸收光谱曲线并找出最大吸收波长。

（3）标准曲线的绘制：取 6 支 25ml 的比色管，编号为 1～6 号，分别精密加入 $KMnO_4$ 标准液体积为 0.00、1.00、2.00、3.00、4.00 和 5.00ml，用纯化水稀释至刻度线，摇匀。以 1 号为空白液，在测得的最大吸收波长处，依次测定 2～6 号标准系列溶液的吸光度 A，绘制标准曲线。标准系列溶液的浓度依次为每 1ml 含 $KMnO_4$ 0.0、5.0、10.0、15.0、20.0 和 25.0μg。

（4）样品的测定：用1支25ml的比色管，加样品液5ml（约含 $KMnO_4$ 0.5mg），用纯化水稀释至刻度线，摇匀。在与标准系列溶液完全相同的测定条件下，测量稀释后样品液的吸光度 A，从标准曲线上查出对应的稀释后样品液的浓度。稀释前样品液的浓度为：稀释后样品液浓度×稀释倍数。

【实训注意】

1. 仪器应安放在干燥、远离震源的房间，安置在坚固平稳的工作台上，不要经常搬动。

2. 使用的石英吸收池必须洁净。用于盛装样品、参比溶液的吸收池，当装入同一溶剂时，在规定波长处测定吸收池的透光率，如透光率相差在±0.3%以下者可配对使用，否则必须加以校正。

3. 取吸收池时，手指拿毛玻璃面的两侧。盛放溶液以池体积的4/5为度，使用挥发性溶液时应加盖，透光面要用擦镜纸由上而下擦拭干净，检视应无残留溶剂，为防止溶剂挥发后溶质残留在池子的透光面，可先用蘸有空白溶剂的擦镜纸擦拭，然后再用干擦镜纸擦拭干净。吸收池放入样品室时应注意每次放入方向相同。使用后用溶剂及水冲洗干净，晾干防尘保存，吸收池如污染不易洗净时可用硫酸发烟硝酸（3∶1）（V/V）混合液稍加浸泡后，洗净备用。如用铬酸钾清洁液清洗时，吸收池不宜在清洁液中长时间浸泡，否则清洁液中的铬酸钾结晶会损坏吸收池的光学表面，并应用水充分冲洗，以防铬酸钾吸附于吸收池表面。

【实训检测】

1. 最大吸收波长的位置与浓度是否有关？为什么定量分析时波长一般应选择在最大吸收波长处？

2. 吸收曲线与标准曲线有何区别？

3. 为什么绘制标准曲线和测定样品应在相同条件下进行？

【实训记录】

最大吸收波长：λ_{max} =

稀释后样品液浓度（μg/ml）：c =

实训十五　维生素 B_{12} 注射液含量的测定

【实训目的】

1. 进一步熟悉紫外-可见分光光度计的使用。

2. 掌握用吸光系数法进行定量测定的原理和方法。

【实训内容】

1. 实训用品

（1）仪器：紫外-可见分光光度计、容量瓶、吸量管、小烧杯、吸耳球。

（2）试剂：维生素 B_{12}注射液。

2. 实训步骤

精密量取维生素 B_{12}注射液适量，加水定量稀释成 1ml 约含维生素 B_{12} 25μg 的溶液，在 361nm 波长处，用 1cm 厚的比色皿，以纯化水作空白液，测定维生素 B_{12}的吸光度，按 $C_{63}H_{88}CoN_{14}O_{14}P$ 的吸光系数 $E_{1cm}^{1\%}$为 207，计算维生素 B_{12}的含量。

【实训注意】

1. 维生素 B_{12}是含钴的有机药物，其注射液为粉红色至红色的澄明液体。维生素 B_{12}在吸收光谱曲线上有三个吸收峰：278nm、361nm、550nm，其中在 361nm 的吸收峰干扰因素少，吸收又强，所以《中国药典》规定以 361nm 波长处的吸光系数 $E_{1cm}^{1\%}$（207）来计算维生素 B_{12}的含量。

2. 在 361nm 波长处测量样品的吸光度。据下式计算样品吸光系数（$E_{1cm}^{1\%}$）。

$$E_{1cm}^{1\%}=\frac{A}{cL}$$

实测吸光系数（$E_{1cm}^{1\%}$）与规定数值 207 之百分比，即为供试品的百分含量。维生素 B_{12}（$C_{63}H_{88}CoN_{14}O_{14}P$）的正常含量应为标示量的 90.0% ~110.0%。

3. 测定之前应先检查其吸收峰是否在 361nm ±1nm 左右，用实际找出的吸收峰进行测定。

4. 采用吸光系数法应对仪器进行校正后测定。

5. 本实验操作过程中应避光进行。

6. 维生素 B_{12}注射液有不同的规格，稀释倍数根据实际含量而定。

【实训检测】

1. 吸光系数法的适用范围是什么？

2.《中国药典》规定，维生素 B_{12}（$C_{63}H_{88}CoN_{14}O_{14}P$）注射液的正常含量应为标示量的 90.0% ~110.0%，据此判断实验结果是否符合要求。

【实训记录】

吸光度：A =

（黄月君）

第十一章　红外吸收光谱法

红外吸收光谱法(IR)是利用物质对红外线的特征吸收而建立起来的分析方法,简称红外光谱。红外光谱的突出特点是具有高度的特征性,除光学异构体外,每种化合物都有其红外吸收光谱。对气、液、固态样品均可进行分析,且分析速度快,样品用量少,广泛应用于有机化合物的定性鉴别和结构分析,亦可用于定量分析。

第一节　概　　述

一、红外线及红外吸收光谱

1. 红外线光谱区域　在电磁波谱中,波长位于 0.76 ~ 1000μm 范围内的电磁辐射称为红外线。通常将红外线划分为三个区域,0.76 ~ 2.5μm 为近红外区,2.5 ~ 50μm 为中红外区,50 ~ 1000μm 为远红外区。

红外吸收光谱主要是由于分子中原子的振动能级跃迁产生的,跃迁时吸收的辐射能为 0.05 ~ 1.0eV,位于电磁波谱的中红外区。因此,中红外区是红外吸收光谱研究及应用最多的区域。

2. 红外光谱图的表示方法　常采用 $T\%$-σ 或 $T\%$-λ 曲线表示红外光谱图,即以波长 λ(μm)或波数 σ(cm^{-1})为横坐标,表示吸收峰的位置,以百分透光率 $T\%$ 为纵坐标,表示吸收峰的强度。目前,红外光谱图最常采用的是等距绘制的 $T\%$-σ 曲线,其吸收峰是曲线上向下的"谷",吸收峰多而尖锐,谱图比紫外吸收光谱复杂得多,如图 11-1 阿司匹林的红外吸收光谱图所示。

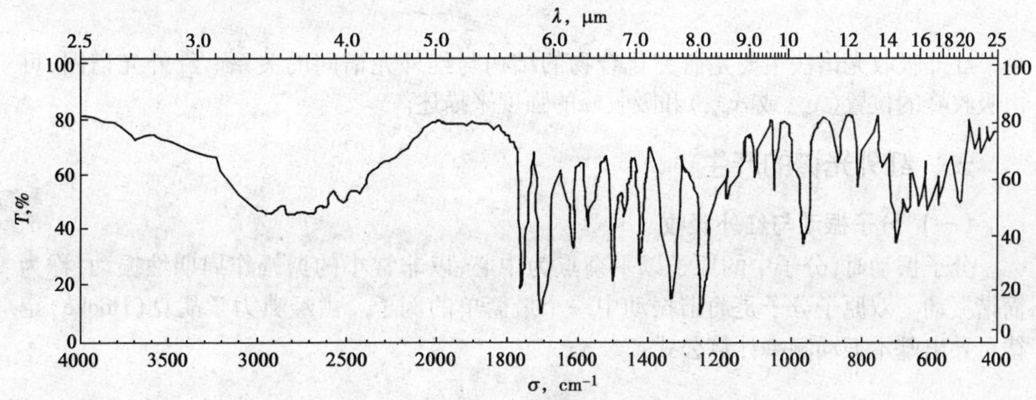

图 11-1　阿司匹林的红外吸收光谱图(KBr 压片)

波数 σ 为波长λ的倒数，单位为 cm^{-1}。波数与波长之间的换算关系为：

$$\sigma(cm^{-1})=\frac{10^4}{\lambda(\mu m)} \quad 式(11\text{-}1)$$

例如：$\lambda=4\mu m$ 时，其波数 $\sigma=\frac{10^4}{4}=2500cm^{-1}$。

因为 $\nu=c\sigma$，光速 c 为常数，因此，在红外光谱中常用波数 σ 描述频率 ν。

二、红外光谱与紫外光谱的区别

1. 形成原因不同　红外光谱和紫外光谱均属于分子吸收光谱，但二者形成的原因不同。紫外线波长短、光子能量大，可引起分子外层价电子能级的跃迁，故属于电子光谱；而红外线波长长、光子能量小，只能引起分子振动能级及转动能级的跃迁，因此称为振动-转动光谱。

2. 特征性不同　多数物质的紫外光谱吸收峰较少，反映的是少数官能团的特性。而红外光谱形状复杂，峰密集，信息量大，特征性强，与分子结构密切相关。如2010年版《中国药典》收录了大量典型药物的红外光谱图。

3. 应用范围不同　紫外光谱吸收峰的峰形平缓且缺少细节，所提供的信息量少，只适用于研究不饱和化合物，特别是分子中具有共轭体系的化合物，常用于定量分析。红外光谱提供的信息量多，凡能产生红外吸收的物质，均具有其特征红外光谱，对药物的定性鉴别和结构分析具有重要意义。

点滴积累

1. 红外线是波长位于0.76～1000μm的电磁辐射，常分为三个区，研究最多应用最广的是波长2.5～50μm的中红外区。

2. 红外光谱的产生原因是分子的振动和转动能级的跃迁，属于分子振动-转动光谱，常采用 $T\%$-σ 或 $T\%$～λ曲线表示红外光谱图。

3. 红外光谱与紫外光谱的主要区别是形成原因不同、特征性不同及应用范围不同。

第二节　基本原理

红外吸收光谱法主要是研究化合物的结构与红外光谱间的关系。红外光谱图，可由吸收峰的位置（λ_{max}或σ_{max}）和吸收峰的强度来描述。

一、红外光谱的产生

（一）分子振动与红外吸收

分子振动时，分子中的原子以平衡点为中心，以非常小的振幅作周期性振动，称为简谐振动。双原子分子是简谐振动中一个最简单的例子。由经典力学胡克（Hooke）定律可导出基本振动频率计算公式：

$$\sigma=1302\sqrt{\frac{k}{\mu'}} \quad 式(11\text{-}2)$$

式(11-2)中,k 为化学键力常数,是两原子由平衡位置伸长单位长度时的恢复力(单位为 N/cm)。化学键力常数 k 大,表明化学键的强度大。单键、双键和叁键的键力常数 k 分别近似为 5N/cm、10N/cm 和 15N/cm;μ'为两个成键原子的折合相对原子质量。

$$\mu' = \frac{M_1 M_2}{M_1 + M_2} \qquad \text{式(11-3)}$$

例如:C—H 键

$$\mu' = \frac{12 \times 1}{12 + 1} = 0.923$$

$$\sigma = 1302\sqrt{\frac{5}{0.923}} = 3030(\text{cm}^{-1})$$

大多数有机化合物中 C—H 键,吸收峰出现在 3000cm^{-1}左右,与计算值基本一致。

由此可见,分子振动频率大小决定于化学键的强度和原子质量,化学键越牢固,原子质量越小,振动频率越高。不同的物质,分子结构不同,化学键力常数和原子质量各不相同,分子振动频率各不相同,振动所吸收的红外辐射频率也不相同。因此,不同分子形成自身特征的红外吸收光谱,这是红外吸收光谱用于定性鉴定和结构分析的基础。

(二) 振动形式

双原子分子是最简单的分子,只有一种振动形式,即沿着键轴方向作相对的伸缩振动。对于多原子分子,随着原子数目增加,其振动形式变得复杂,但基本上可分为两类。

1. 伸缩振动　指原子沿着键轴方向周期性伸长和缩短,键长发生变化,键角不变的振动,用 ν 表示。可按其对称性的不同分为对称伸缩振动和不对称伸缩振动。

(1) 对称伸缩振动:指振动时各个键同时伸长或同时缩短,用 ν_s表示。

(2) 不对称伸缩振动:指振动时有的键伸长,有的键缩短,用 ν_{as}表示。

一般来说,同一基团不对称伸缩振动频率比对称伸缩振动频率要高一些。由于伸缩振动吸收的能量高,同一基团伸缩振动吸收峰常出现在高波数端,周围环境改变对其影响不大。

2. 弯曲振动　指基团键角发生周期性变化而键长不变的振动。这类振动可分为面内弯曲振动和面外弯曲振动。

(1) 面内弯曲振动:指振动方向位于键角平面内的振动,用 β 表示。此类振动可分为剪式振动和面内摇摆振动。

1) 剪式振动:两个原子在同一平面内彼此相向弯曲,键角发生周期性变化的振动,用 δ 表示。振动时键角的变化如同剪刀的开、合一样而得名。

2) 面内摇摆振动:振动时基团键角不发生变化,基团作为一个整体在键角平面内左右摇摆,用 ρ 表示。

(2) 面外弯曲振动:指垂直于键角平面的弯曲振动,用 γ 表示。此类振动可分为面外摇摆振动和扭曲振动。

1) 面外摇摆振动:基团作为一个整体作垂直于键角平面的前后摇摆,而键角不发生变化的振动,用 ω 表示。

2) 扭曲振动:振动时原子离开键角平面,向相反方向来回扭动,用 τ 表示。

分子的各种振动形式以分子中的亚甲基—CH_2—为例，如图 11-2 所示。

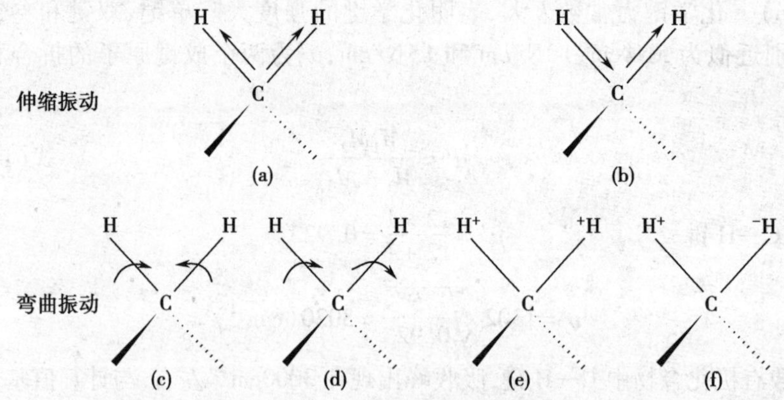

图 11-2　亚甲基的六种振动形式

(a)$\nu_s=2850cm^{-1}$；(b)$\nu_{as}=2925cm^{-1}$；(c)$\delta=1465cm^{-1}$；
(d)$\rho=720cm^{-1}$；(e)$\omega=1300cm^{-1}$；(f)$\tau=1250cm^{-1}$

多于 3 个原子的分子则存在更多振动形式，存在更多振动能级。从理论上来说，每种振动形式都有其特定的振动频率，每种振动能级跃迁都吸收相应波数的红外光，产生相应的吸收峰。但实际上红外吸收光谱图吸收峰数目往往少于振动方式数目。其原因除了非红外活性振动外，还有振动频率相同的吸收峰重合，称为简并现象；吸收峰太弱仪器分辨不出或吸收峰在仪器检测范围外。

（三）红外光谱产生的条件

分子中的原子以平衡点为中心，作周期性的相对运动，称之为振动。红外光谱是由于分子振动和转动能级的跃迁而产生的，但分子不是任意吸收某一频率的电磁辐射都可产生振动-转动能级的跃迁。分子吸收红外线而产生红外光谱，必须满足以下两个条件：

1. 红外辐射的能量恰好等于分子振动-转动能级跃迁所需的能量，即红外光的频率要与分子振动-转动频率匹配。如水分子中羟基的对称伸缩振动频率为 $3652cm^{-1}$，不对称伸缩振动频率为 $3765cm^{-1}$，剪式弯曲振动频率为 $1595cm^{-1}$，因此，水分子吸收相应三种频率的红外辐射时，在中红外光区产生三个对应波数的吸收峰。

2. 分子在振动过程中，必须有偶极矩的变化。分子的偶极矩是分子中正、负电荷的大小与正、负电荷中心的距离的乘积。分子中原子在平衡位置不断振动过程中，正、负电荷的大小不变，而正、负电荷中心的距离则呈现周期性变化，从而使偶极矩呈现周期性变化。红外吸收是由于振动过程中偶极矩的变化和交变电磁场（红外辐射）相互作用的结果。

只有在振动过程中偶极矩发生变化的振动，才能吸收能量相当的红外辐射，而在红外光谱上方可观测到吸收峰，能引起偶极矩发生变化的振动称为红外活性振动；反之，不能引起偶极矩发生变化的振动称为非红外活性振动。另外，振动频率相同的不同振动形式只能产生一个吸收峰，这种现象称为简并。

难点释疑

CO_2分子有$\nu^{s}_{C=O}$、$\nu^{as}_{C=O}$、$\beta_{C=O}$、$\gamma_{C=O}$四种基本振动，但在其吸收光谱上只能看到667cm^{-1}及2349cm^{-1}两个峰。

因为CO_2分子的$\nu^{s}_{C=O}$为1388cm^{-1}，由于对称伸缩过程极性相互抵消，分子没有发生偶极矩的变化，不吸收红外辐射，谱图上没有相应的吸收峰；$\beta_{C=O}$与$\gamma_{C=O}$的吸收峰在同一位置667cm^{-1}处出现，产生简并现象，故只能观察到一个峰；$\nu^{as}_{C=O}$的吸收峰在2349cm^{-1}处出现。

二、红外吸收峰的类型、峰位及强度

（一）吸收峰的类型

1. 基频峰与泛频峰

（1）基频峰：分子吸收一定频率的红外线，振动能级由基态跃迁至第一振动激发态时所产生的吸收峰。基频峰的强度一般都比较大，其峰位置的规律性也比较强，所以在红外光谱图上最容易识别，为红外吸收光谱中最重要的一类吸收峰。

（2）泛频峰：分子的振动能级由基态跃迁至第二、第三振动激发态等高能级时所产生的吸收峰称为倍频峰。此外，还有两个或多个振动类型组合而成的合频峰、差频峰。倍频峰、合频峰和差频峰统称为泛频峰。泛频峰多数为弱峰，在谱图上一般不易辨认。泛频峰的存在，使红外光谱变得复杂，但却增加了红外光谱的特征性。例如，取代苯的泛频峰出现在2000～1667cm^{-1}的区间，主要是苯环上碳氢面外弯曲振动的倍频峰，代表其取代基类型，对于确定苯环上的取代基位置有特别的意义。

2. 特征峰与相关峰

（1）特征峰：凡能鉴别官能团存在并具有较高强度的吸收峰称为特征吸收峰，简称特征峰，特征峰频率称特征频率。例如，在1850～1650cm^{-1}区间出现的最强的吸收峰，一般是羰基的伸缩振动（$\nu_{C=O}$）峰，可用其鉴定化合物结构中存在的羰基，$\nu_{C=O}$峰称为特征峰。

（2）相关峰：实际上一个官能团有多种振动方式，每一种红外活性振动从理论上来说都有相应的吸收峰，习惯上把同一基团出现的相互依存又能相互佐证的吸收峰称为相关吸收峰，简称相关峰。例如，亚甲基的相关峰有$\nu_s=2850$cm^{-1}、$\nu_{as}=2925$cm^{-1}、$\delta=1465$cm^{-1}、$\rho=720\sim790$cm^{-1}。由一组相关峰来确定某基团的存在是解析红外吸收光谱的一条重要原则。

案例分析

案例：

2006年4月，某制药厂生产的消炎、利胆药亮菌甲素注射液，导致多名患者因肾衰竭而死亡。造成此事件的原因，系该制药厂用低价、有毒的二甘醇代替丙二醇作为辅料，生产亮菌甲素注射液。如何鉴别丙二醇与二甘醇？

分析：

《中国药典》2010 年版规定用红外光谱法对丙二醇进行定性鉴别。

二甘醇（$HOCH_2CH_2OCH_2CH_2OH$）、丙二醇（$HOCH_2CH_2CH_2OH$）的结构不同，红外光谱图不同，通过比较二者的标准光谱图可进行鉴别。由于其分子结构中都含有—OH，则在 ~3400cm^{-1} 均有一宽峰，1080cm^{-1} 有 ν_{C-O} 峰；但二甘醇中有—O—基团，丙二醇中没有，因此二甘醇的光谱图中 1150cm^{-1} 处的 ν^{as}_{C-O-C} 峰是区别丙二醇与二甘醇的特征峰。

（二）吸收峰的峰位及影响因素

1. 吸收峰的峰位　吸收峰的位置简称峰位，一般以振动能级跃迁时所吸收红外线的 λ_{max}、σ_{max} 或 ν_{max} 表示。即使同一种基团的同一种振动形式，因处于不同的分子和不同的化学环境中，其振动频率有所不同，所产生的吸收峰的峰位也不同，但其大体位置可相对稳定地出现在某一段区间内。因此，某一段区间内有无吸收带，可用以鉴别某些化学键或基团的存在与否。

2. 影响吸收峰峰位的因素　基团吸收峰的峰位主要取决于化学键力常数和成键原子质量，但基团峰位并不是绝对不变，还要受到分子中其他部分，特别是邻近基团的影响，同时还受到测量环境等因素的影响。同一基团同一振动形式在不同分子结构中或在不同测量条件下基团峰位和吸收强度会发生一定程度的变化，这对于解析红外吸收光谱推断分子结构尤其重要。

（1）内部因素

1）诱导效应：基团所连的取代基电负性不同，通过静电诱导效应使分子电子云发生变化，改变化学键力常数，使吸收峰位移。取代基电负性大，吸收峰向高波数端位移；反之，则向低波数端位移。

课堂活动

把 RCOR、RCOCl、RCHO、RCOF 的 $\nu_{C=O}$ 按波数从高到低的顺序排列。

2）共轭效应：共轭效应使共轭体系电子云密度趋于平均化，键长平均化，双键有所伸长，单键有所缩短，结果使双键吸收峰向低波数端位移，单键向高波数端位移。

难点释疑

液体丙酮、酰氯、苯乙酮的 $\nu_{C=O}$ 分别为 1715cm^{-1}、1800cm^{-1}、1685cm^{-1}。

因为酰氯中氯的电负性大，而产生吸电子诱导效应，使吸收峰向高波数端位移；苯乙酮中的苯环和羰基存在共轭效应，使双键吸收频率向低波数端位移。

3）氢键效应：氢键的形成，可使形成氢键基团的吸收峰明显地向低波数端方向位移。羰基与羟基或羟基之间很容易形成氢键，使电子云密度平均化，体系能量下降，基团伸缩振动频率降低，吸收峰向低波数端移动，同时吸收强度增加，峰形变宽。例如，游离态羟基之间无氢键,其伸缩振动吸收峰在 3700～3500cm^{-1},属于中等强度,且峰比较尖锐;而存在氢键的羟基吸收峰下降至 3450～3200cm^{-1},强吸收且峰变宽许多。在羧酸或醇酚的红外吸收光谱中,氢键效应显而易见。

分子内氢键效应引起的吸收峰位的移动不受浓度的影响,而分子间氢键效应引起的吸收峰位的移动受浓度的影响较大。因此,可用以判断是分子间氢键还是分子内氢键。

另外,空间效应、杂化效应、互变异构等内部因素也对峰位有影响。

(2) 外部因素

1) 物质的聚集状态:同一物质,聚集状态不同,其吸收峰频率也有所不同。如丙酮在液态时,$\nu_{C=O}$为 1715cm^{-1},气态时 $\nu_{C=O}$则为 1738cm^{-1};羧酸液态时 $\nu_{C=O}$为 1760cm^{-1},气态时 $\nu_{C=O}$则为 1780cm^{-1}。

2) 溶剂的影响:极性基团的伸缩振动频率通常随溶剂极性的增加而降低,这是因为极性基团与极性溶剂之间可形成氢键,形成氢键的能力越强,振动频率降低得越多。因此,红外光谱通常在非极性溶剂中测量。

因此,在查阅标准红外图谱时,应注意试样状态、制样方法和测量条件。

课 堂 活 动

丙酮分别在 CCl_4、$CHCl_3$溶剂中,$\nu_{C=O}$是否相同?并解释原因。

(三) 吸收峰的强度及影响因素

红外光谱中,吸收曲线上吸收峰的相对强度称为吸收峰的强度,简称峰强。吸收峰强度可用摩尔吸光系数 ε 大小表示,为了便于比较吸收峰的强弱,一般大致划分为以下五个等级。

极强峰(vs)	强峰(s)	中强峰(m)	弱峰(w)	极弱峰(vw)
$\varepsilon>100$	$20<\varepsilon<100$	$10<\varepsilon<20$	$1<\varepsilon<10$	$\varepsilon<1$

分子振动时,偶极矩变化不仅决定了该分子能否吸收红外辐射,而且还影响吸收峰的强度。分子振动时偶极矩变化越大,吸收谱带则越强。分子振动时偶极矩变化大小取决于分子或化学键的极性、分子结构的对称性。一般极性越大的分子、基团、化学键,分子振动时偶极矩变化则越大,吸收峰越强;分子结构对称性越高,振动中分子偶极矩变化越小,吸收峰强度越弱,完全对称时,偶极矩无变化,不产生吸收。

极性较强的基团,如 C═O、C—O、C—X、O—H、N—H 等,吸收谱带较强;极性较弱的基团,如 C—H、C═C、C—C、N═N 等,吸收谱带较弱;非极性分子,如 H_2、Cl_2等,没有红外吸收。

此外,尖锐吸收峰用 sh 表示,宽吸收峰用 b 表示,强度可变吸收峰用 v 表示。

三、红外吸收光谱的重要区域

红外光谱按官能团所对应的吸收峰,在中红外吸收光谱上,有不同的区域划分。一般将红外光谱划分为特征区和指纹区两大区域。

(一) 特征区

波数在 4000～1250cm^{-1}的区间称为特征频率区,简称特征区。由于分子中基团的伸缩振动所产生的特征吸收频率区，吸收谱带比较稀疏，容易辨认。在光谱解析中，通过在该区域内查找特征峰存在与否，常用于鉴定官能团的存在，又称为官能团区。此区间主要包含：

1. X—H 伸缩振动区　X 代表 C、O、N 等原子，频率范围为 4000～2500cm^{-1}，主要包括 O—H、N—H、C—H 等的伸缩振动。如 O—H 伸缩振动位于 3650～3200cm^{-1}，在非极性溶剂中，浓度较小（稀溶液）时，峰形尖锐，强吸收；当浓度较大时，发生缔合作用，峰形较宽，用以确定醇、酚、酸。

2. 双键伸缩振动区　频率范围在 2000～1500cm^{-1}。该区主要包括 C═C、C═O、C═N、N═O 等的伸缩振动以及苯环的骨架振动、芳香族化合物的倍频谱带。如 C═O 伸缩振动位于 1900～1600cm^{-1}，是红外光谱上最强的吸收峰，是判断羰基化合物存在与否的主要依据。

3. 叁键和累积双键区　频率范围在 2500～2000cm^{-1}。该区谱带较少，主要包括 C≡C、C≡N 等的伸缩振动和 C═C═C、C═C═O 等累积双键的不对称伸缩振动。

特征区在光谱解析中的作用：通过在该区域内查找特征峰，来确定官能团的存在与否，以确定化合物的类别。

（二）指纹区

波数在 1250～400cm^{-1}的区间称为指纹区，主要是 C—H、N—H、O—H 弯曲振动，C—O、C—N、C—X（卤素）等伸缩振动，以及 C—C 单键骨架振动等产生。在该区域内吸收峰密集、复杂多变，反映了分子内部的细微结构，犹如人的指纹一般，故称为指纹区。

指纹区在光谱解析中的作用：查找相关吸收峰，以进一步确定官能团的存在；其次，可用于确定化合物的细微结构。

点　滴　积　累

1. 分子振动频率大小决定于化学键的强度和原子质量，化学键越牢固，原子质量越小，振动频率越高。

2. 分子的振动形式包括伸缩振动和弯曲振动两大类。

3. 红外光的频率与分子振动-转动频率匹配，并且振动过程中有偶极矩的变化是红外光谱产生的必要条件。

4. 红外光谱划分为特征区和指纹区两大区域，吸收峰的类型主要分为基频峰、泛频峰、特征峰和相关峰。

第三节　红外光谱仪和样品制备方法

一、红外光谱仪

目前，常用的红外光谱仪有光栅型和傅里叶（Fourier）变换红外光谱仪（FT-IR）两大类。

（一）光栅型红外光谱仪

1. 主要部件　光栅型红外光谱仪主要部件与紫外分光光度计相似，由光源、吸收池、单色器、检测器、放大记录系统等组成,但各部件材料、性能和顺序与紫外分光光度计不同。

(1) 光源:能够发射高强度的连续红外光的部件,常用红外光源有能斯特灯和硅碳棒两种,使用波数范围均为 5000~400cm^{-1}。

(2) 吸收池:有气体池和液体池两种。气体池主要用于气体及易挥发的液体样品的分析;液体池用于常温下不易挥发的液体样品及固体样品的分析,有可拆卸式液体池、固定式液体池和可变层厚液体池等,可根据待分析试样的性质与需要选择。

(3) 单色器:将通过样品池和参比池后的复合光分解为单色光,由色散元件、准直镜和狭缝构成。色散元件多采用反射光栅。

(4) 检测器:其作用是将接收到的红外光转变成电信号,有热电偶、测辐射热计和高莱池等。真空热电偶是光栅红外光谱仪最常用的检测器,用半导体热电材料制成,利用不同导体构成回路时的温差电现象,将温差转变为电位差的装置。为保证热电偶的高灵敏度及减少热传导的损失,热电偶安装在一个高真空的玻璃管中。

(5) 放大记录系统:为确保绘图的快捷与准确,红外光谱仪配有微处理机或小型计算机,能自动完成对各种参数的处理、记录及吸收光谱图的绘制等。

2. 工作原理　光栅型红外光谱仪工作原理如图 11-3 所示,光源发出连续红外光,分为两束,一束通过参比池,另一束通过样品池。由扇形镜斩光器周期性地切割两束光,使两束光交替性地进入单色器中的光栅和检测器。随着斩光器的转动,检测器也随之交替地接受这两束光。不进样时,这两束光的强度相等,信号无变化,仪表指示为零。进样后,测试光路有吸收,致使两边的辐射强度发生变化,在检测器上产生与光强差成正比的交流信号,再经放大器放大,驱动记录笔伺服马达,记录样品吸收情况的变化。同时,光楔也按一定速度运转,使到达检测器上的红外入射光的波数也随之改变。由于记录笔与光楔同步移动,故记录笔在波数扫描过程中可绘制出样品的红外光谱图。

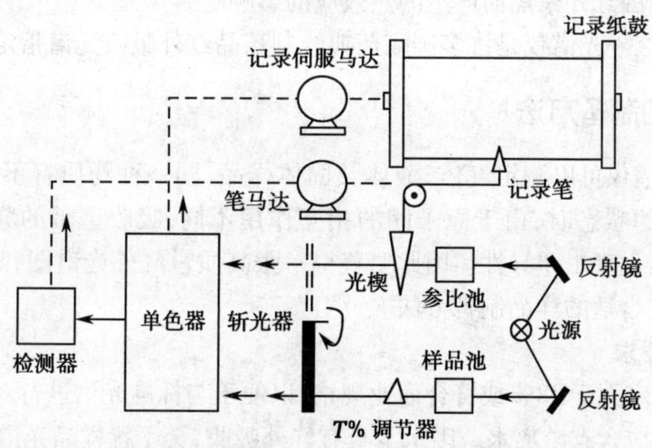

图 11-3　光栅型双光束红外光谱仪的工作原理示意图

(二) 傅里叶变换红外光谱仪

傅里叶变换红外光谱仪是利用光的干涉方法,经过傅里叶变换而获得物质红外光谱信号的仪器。主要由光源、迈克耳逊(Michelson)干涉仪(相当于单色器)、样品插入装置、检测器、电子计算机和记录仪等部件组成。与光栅型红外光谱仪的主要区别在于干涉仪和电子计算机两部分。

傅里叶变换红外光谱仪工作原理如图 11-4 所示。由光源发出的红外辐射，通过迈克耳逊干涉仪产生两束相干光，以给出干涉图，通过样品后，样品吸收部分光，即得到带有样品信息的干涉图，经放大滤光等处理，通过计算机进行傅里叶变换后得到红外光谱图。

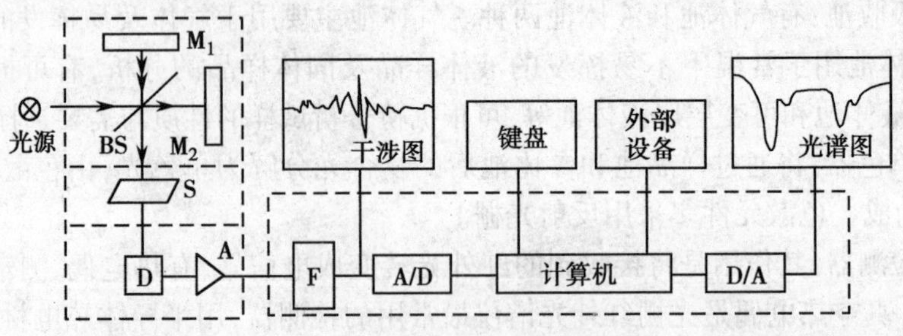

图 11-4 傅里叶变换红外光谱仪工作原理示意图

M_1：固定镜；M_2：可动镜；BS：光束分裂器；S：样品；D：检测器；A：放大器；F：滤光器；A/D：模拟/数字转换器；D/A：数字/模拟转换器

傅里叶变换红外光谱仪的特点：

（1）扫描速度极快：在整扫描时间内同时测定所有频率的信息，一般只要 1 秒左右即可。因此，可用于测定不稳定物质的红外光谱，并且可与色谱仪联用。

（2）具有很高的分辨率：分辨率可达 $0.01cm^{-1}$，而光栅红外光谱仪分辨率只有 $0.2cm^{-1}$。

（3）灵敏度高：不用狭缝和单色器，反射镜面大，故能量损失小，到达检测器的能量大，检出限可达 $10^{-9} \sim 10^{-12}g$，可用于痕量分析。

此外，还有光谱范围宽（$10\,000 \sim 10cm^{-1}$）；测量精度高，重复性可达 0.1%；杂散光干扰小；样品不受因红外聚焦而产生的热效应的影响。

傅里叶变换红外光谱仪是许多国家药典绘制药品红外吸收光谱指定仪器。

二、样品的制备方法

利用红外光谱仪可以测定气体、液体及固体样品，同一种物质有不同的存在形式，当物质处于不同的状态时，由于原子间的相互作用不同，吸收谱带的频率也会随之改变，致使红外光谱呈现出差异性。因此要获得一张高质量红外光谱图，除了仪器本身的因素外，还必须有合适的样品制备方法。

（一）试样要求

1. 试样纯度应大于98%或符合商业规格，以便于与标准光谱进行对照。

2. 试样中不应含有游离水。因水本身有红外吸收，会干扰样品光谱，也易侵蚀吸收池的盐窗。

3. 试样的浓度和测试厚度应适当，确保光谱图中的大多数吸收峰的透光率处于10% ~80%范围内。

（二）制样方法

1. 液体试样

（1）液体池法：低沸点易挥发的试样需注入封闭的液体吸收池内测定，但需要选用在测定波段区域无强吸收的溶剂，最常用的溶剂有 CCl_4、CS_2 等。

（2）夹片法及涂片法：对于挥发性不大的液体试样可采用夹片法，即将液体试样滴在一片 KBr 窗片上，用另一片 KBr 窗片夹住后测定，方法简便实用。对于黏度大的液体样品可采用涂片法，即将液体试样直接涂在一片 KBr 窗片上测定。

2. 固体试样

（1）压片法：KBr 为最常用的固体分散介质，若测定试样为盐酸盐时，应采用 KCl 压片。试样在固体分散介质中的比例量约为 1∶100～2∶100。要求 KBr 为光谱纯、粒度约 200 目，并且为干燥品。将试样和 KBr 粉末置入玛瑙研钵中研匀，装入压片模具制备 KBr 样片。为防止吸潮，整个操作应在红外灯下进行。压片法是最常用的固体试样制备方法，2010 年版《中国药典》的红外光谱图主要是用压片法录制的。

（2）糊剂法：将干燥处理后的试样研细，与液状石蜡或全氟代烃混合，调成糊状，夹在盐片中测定。石蜡是高碳数饱和烷烃，所以此法不适于测定饱和烷烃。

（3）薄膜法：可将试样直接加热熔融后涂制或压制成膜；也可将试样溶解在低沸点的易挥发溶剂中，涂在盐片上，待溶剂挥发后成膜。此法主要用于测定能够成膜的高分子化合物。

3. 气体试样　气态试样可灌入气体槽内进行测定。气体槽的主体是玻璃筒，直径 40mm，长度 100～500mm，两端粘有红外透光的 NaCl 或 KBr 窗片，红外光从此窗片透过。先将气体槽内抽成真空，再将试样注入，槽内压力一般为 6.7kPa。

点滴积累

1. 常用的红外光谱仪有光栅型和傅里叶变换型两大类。
2. 利用红外光谱仪可以测定气体、液体及固体样品，但不同物态的样品其制备及处理方法有所不同。

第四节　红外吸收光谱法的应用

红外吸收光谱法应用广泛，不仅可用于已知化合物定性鉴定和未知化合物结构分析，还可用于定量分析和化学反应机制研究等。

一、定性分析和结构分析

有机化合物的红外光谱具有非常强的特征性，其吸收峰的数目、位置、形状及强度都随化合物的不同而各不相同。因此，红外光谱法是对物质进行定性鉴别和结构分析的主要手段之一。

（一）已知化合物定性鉴定

在药物分析中，各国药典均将红外光谱法列为药物的常用鉴别方法。药物的红外鉴别常用以下两种方法。

1. 与对照品比较法　在相同的条件下，分别绘制供试品与其对照品的吸收光谱，比较二者的光谱图，如完全相同，供试品与对照品为同一化合物。如果二者谱图不一样，或峰位不一致，则说明两者不是同一化合物或样品有杂质。

2. 与标准谱图对比法　在与标准谱图相同的条件下，测定样品的红外光谱，然后进行比较，如完全一致，且其他物理常数（熔点、沸点、比旋光度等）、元素分析结果也一致，则可确证为同一化合物。2010 年版《中国药典》中药物的红外光谱鉴别大多采用此方法，标准图谱为与药典配套出版的《药品红外光谱》。

另外，许多带有计算机的红外光谱仪都储存有相当数量的标准图谱，计算机可以根据样品谱图检索出几个与之最接近的标准物质供定性鉴定参考。

（二）未知化合物结构分析

利用红外光谱法对未知化合物进行结构分析，一般步骤如下：

1. 试样的纯化　通过各种分离手段，如分馏、萃取、重结晶、色谱等提纯试样，并加以干燥，得到干燥的纯物质。

2. 了解试样的来源、性质及其他实验资料　根据试样元素分析和相对分子质量推测出分子式，计算不饱和度，估计分子中是否含有双键、叁键或芳香环。此外，熔点、沸点、折光率及旋光度等也可作为分析的旁证。

不饱和度的计算公式：

$$U = 1 + n_4 + \frac{n_3 - n_1}{2} \qquad 式(11\text{-}4)$$

式(11-4)中，n_1、n_3、n_4 分别为一价、三价和四价元素的原子数目。

$U = 0$ 时，可能是链状烷烃或其不含双键的衍生物；

$U = 1$ 时，可能含有一个双键或脂环；

$U = 2$ 时，可能含有两个双键或脂环，也可能含有一个叁键；

$U \geq 4$ 时，可能含有一个苯环。

因此，根据化合物的分子式计算出不饱和度，可初步判断有机化合物的类型。

课堂活动

计算药用辅料山梨酸（$C_6H_8O_2$）、三氯叔丁醇（$C_4H_7Cl_3O$）、L-苹果酸（$C_4H_6O_5$）的不饱和度 U。

3. 根据试样性质和仪器，选择合适的制样方法、试验条件，测定绘制红外吸收光谱图。

4. 谱图解析程序

（1）根据分子式计算不饱和度，初步判断化合物的类型。

（2）解析红外光谱可供参考的经验：先特征，后指纹；先最强峰，后次强峰；先粗查，后细找；先否定，后肯定。

（3）解析红外光谱的三要素：峰位、峰强及峰形。首先要识别峰位，其次看峰强，最后分析峰形，三者缺一不可。例如 $\nu_{C=O}$ 强峰一般在 1870～1540cm^{-1} 区间，若在此区间出现一个强度弱的吸收峰，并不能肯定试样结构中一定含有单独的羰基，而可能是某个含有羰基的其他物质。

（4）用一组相关峰确认一个官能团，防止片面利用某个特征峰确认官能团，而出现“误诊”。例如谱图中在 2962cm^{-1} ± 10cm^{-1}、1450cm^{-1} ± 20cm^{-1}、2872cm^{-1} ± 10cm^{-1}、

1380～1370cm^{-1}处同时都出现吸收峰时，才能断定待测结构中含有甲基。若特征频率区内未发现特征吸收峰，则可否定相应官能团的存在。

（5）采用已知物对照法和查对标准光谱法，进一步确认未知物的结构。

（6）新发现待定结构的未知物结构的确定，需要配合紫外、质谱、核磁共振等方法进行综合分析判断。

二、定量分析

紫外-可见分光光度法定量分析的原理和方法，也适用于红外光谱的定量分析。红外光谱中有许多谱带可供选择，可不用分离，而直接进行含量测定。如利用红外光谱中1793cm^{-1}的吸收峰，测定牛骨髓中脂肪酸酯的含量。另外，红外光谱定量分析可不受样品状态的限制。

但由于红外光谱复杂，红外吸收谱带较窄，光的散射现象和吸收谱带重叠严重，实验条件严格，定量分析灵敏性和准确性均低于紫外-可见分光光度法。因此，红外吸收光谱在定量分析中的应用，远不如紫外-可见分光光度法广泛，一般只在特殊情况下使用。例如，混合物中待测组分与其他组分在物理和化学性质上极其相似，特别是同分异构体，紫外光谱几乎相同，但红外光谱的指纹区差别很大，可用红外光谱进行定量分析。

点滴积累

1. 红外光谱法可对物质进行定性鉴别、结构分析和定量分析。
2. 解析红外光谱可供参考的经验是先特征，后指纹；先最强峰，后次强峰；先粗查，后细找；先否定，后肯定。
3. 解析红外光谱的三要素是峰位、峰强及峰形。首先识别峰位，其次看峰强，最后分析峰形，三者缺一不可。

目标检测

一、选择题

（一）单项选择题

1. 红外光谱属于（　）

A. 电子光谱　　B. 振动-转动光谱　　C. 原子光谱　　D. 转动光谱

2. 红外光谱谱图上的“谷”是红外光谱的（　　）

A. 吸收峰　　B. 肩峰　　C. 末端吸收　　D. 谷

3. 中药成分黄酮化合物（$C_{16}H_{10}O_2$）的不饱和度为（　　）

A. 9　　B. 10　　C. 11　　D. 12

4. 分子吸收一定频率的红外线，振动能级由基态跃迁至哪一振动激发态时，产生的吸收峰为基频峰（　）

A. 1　　B. 2　　C. 3　　D. 4

5. 鉴定乙醇和丙酮最可靠的方法是(　　)
A. 气相色谱　B. 红外光谱　C. 高效液相色谱　D. 紫外光谱
6. 在下列溶剂中,丙酮的羰基伸展振动 $\nu_{C=O}$ 最低的是(　　)
A. 苯　B. 环己烷　C. $CHCl_3$　D. CCl_4
7. 酮、醛、酰氯的红外光谱谱图比较,谱图上均具有的特征峰是(　　)
A. ν_{C-N}　B. $\nu_{C=O}$　C. ν_{C-O}　D. ν_{O-H}
8. 振动时偶极距无变化的振动称为(　　)
A. 非红外活性振动　B. 红外活性振动　C. 简正振动　D. 简并现象
9. 下列属于特征区波数范围的是(　　)
A. $4000 \sim 1250cm^{-1}$　B. $1250 \sim 400cm^{-1}$
C. $125 \sim 4000cm^{-1}$　D. $360 \sim 760nm$
10. 下列属于指纹区波数范围的是(　　)
A. $4000 \sim 1250cm^{-1}$　B. $1250 \sim 400cm^{-1}$
C. $25 \sim 1000cm^{-1}$　D. $4000 \sim 400cm^{-1}$
11. 红外图谱解析程序正确的是(　　)
A. 先特征后指纹;先最强后次强;先粗查后细找;先否定后肯定。
B. 先指纹后特征;先最强后次强;先粗查后细找;先否定后肯定。
C. 先特征后指纹;先最强后次强;先细查后粗找;先否定后肯定。
D. 先指纹后特征;先最强后次强;先粗查后细找;先肯定后否定。
12. C_7H_9N 的不饱和度为(　　)
A. 1　B. 2　C. 3　D. 4
13. 中红外线的波数为(　　)
A. $400 \sim 200cm^{-1}$　B. $2.5 \sim 50cm^{-1}$
C. $4000 \sim 200cm^{-1}$　D. $200 \sim 400nm$
14. 在红外吸收光谱法中,共轭效应使双键吸收频率(　　)
A. 向低波数端位移　B. 向高波数端位移
C. 向低波长端位移　D. 不发生位移
15. 共轭效应使单键吸收频率(　　)
A. 向低波数端位移　B. 向高波数端位移
C. 向高波长端位移　D. 不发生位移

(二) 多项选择题

1. 并不是所有分子振动形式相应的红外谱带都能观察到是因为(　　)
A. 分子振动太复杂　B. 简并　C. 红外非活性振动
D. 分子中含有的原子太多　E. 分子既有振动又有转动
2. 解析红外光谱的三要素(　　)
A. 峰位　B. 峰强　C. 峰形
D. 简谐振动　E. 伸缩振动
3. 分子振动频率的大小决定于下列(　　)
A. 化学键的强度　B. 原子质量　C. 吸收光子的数目
D. 吸收光子的波长　E. 吸收光子的波数

4. 分子的伸缩振动包括( )

A. 对称伸缩振动 B. 不对称伸缩振动 C. 剪式振动

D. 面内摇摆振动 E. 面外摇摆振动

5. 下列统称为泛频峰的是( )

A. 倍频峰 B. 合频峰 C. 差频峰

D. 基频峰 E. 简并

二、简答题

1. 红外吸收光谱与紫外-可见吸收光谱在谱图的描述有何差异?
2. 红外吸收光谱产生的条件是什么?
3. 红外光谱仪由哪几部分构成?与紫外-可见分光光度计的主要部件有何区别?
4. 特征区和指纹区各有何特点?分别在图谱解析中主要解决哪些问题?

三、实例分析

试计算下列基频峰的频率。

(1)$\nu_{C=C}$($k\approx10N/cm$) (2)ν_{C-H}($k\approx5N/cm$) (3)ν_{C-C}($k\approx5N/cm$)

实训十六 阿司匹林红外吸收光谱的绘制和识别

【实训目的】

1. 学会 KBr 压片制样方法。
2. 学会用红外光谱仪绘制红外光谱的方法。
3. 能用标准谱图对比法鉴别药物真伪。

【实训内容】

1. 实训用品

(1) 仪器:红外光谱仪、红外光灯、玛瑙研钵、模具、油压机。

(2) 试剂:阿司匹林(药用)、KBr(光谱纯)、95%乙醇(AR)。

2. 操作步骤

(1) 样品制备:取干燥样品 1~2mg 和 100~200mg 光谱纯 KBr(干燥后过 200 目筛)粉末置于玛瑙研钵中,在红外光灯照射下,研磨均匀后倒入模具中铺匀,连接真空机,置于油压机上,先抽气 5 分钟除去混合物中的空气和湿气,再边抽气边加压至 8t,并维持 5 分钟。除去真空机,取下模具,即得一均匀透明的 KBr 样品压片。同样方法压一片 KBr 空白片。

(2) 绘制谱图:打开红外光谱仪(以岛津 FTIR-8400S 型傅里叶变换红外光谱仪为例)前部面板开关和计算机,启动 IRsolution 软件,点击菜单栏测定键,点击初始化键,初始化后仪器有两只绿灯亮起,即可测定。

1) 点击菜单栏测定键,在数据窗口设置测定参数:测定模式,选择透光率 $T\%$;变迹函数,选择哈-根函数;扫描次数,设置 10~40;分辨率,设置 $4cm^{-1}$;波数范围,设置

4000 ~ 400cm^{-1}。

2）光谱测定：将空白片插入样品舱，点击 BKG 键，进行背景扫描；将空白片取出，插入样品片，点击 Sample 键，即可进行样品扫描；自动保存或换保存方式保存谱图文件。

3）选择 File 中 Exit，退出程序，关闭电脑和仪器。

（3）图谱识别：从图谱中找出羟基、羰基（两个）、苯环 C＝C、苯环邻二取代、甲基、C—O 等有关的吸收峰，也可以与 2010 年版《中国药典》阿司匹林标准图谱对照。

【实训注意】

1. 压片前，模具应该用酒精清洗干净，样品研磨时用红外光灯照射，以防样品吸水。

2. KBr 压片要求制作要均匀，加压压力不能过大，以免损坏模具，抽气时间也不宜过长。

3. 红外光谱仪实验室应该保持安静、整洁，温度 18 ~ 25℃，湿度小于 60%，不得在实验室内进行样品化学处理。

4. 实验完毕立即取出样品舱内样品，样品舱内放置盛满干燥剂的培养皿，将模具、KBr、吸收池及其窗片放在干燥器内干燥备用。

5. 由于仪器型号和分辨率、样品纯度和制样条件等都会影响吸收光谱形状，比较样品光谱和标准光谱可能不完全相同，但特征基团吸收峰数据不会有太大变化。

【实训检测】

1. KBr 压片法制样操作要点是什么？

2. 阿司匹林的红外光谱特征吸收峰有哪些？并叙述其位置、形状和相对强弱。

【实训记录】

基团	羟基	羰基 1	羰基 2	苯环 C＝C	甲基	C—O
吸收峰位置（σ）						

（傅春华）

第十二章　经典液相色谱法

色谱法又称层析法，是一种依据物质的物理或物理化学性质的不同而进行分离分析的方法，其分析原理是利用不同物质的物理化学性质差异在两相中具有不同分配系数进行分离分析的方法。随着气相色谱和高效液相色谱的发展与完善，超临界色谱等新的分离方法的不断涌现，特别是多谱联用技术的日趋成熟，色谱法已经成为生产科研中分离和分析混合物的重要方法之一。

第一节　概　　述

经典液相色谱法是以液体为流动相的色谱方法。具有设备简单、操作方便、分析速度快等特点。常用于药物分离及定性鉴别、含量测定，在化学研究、药物研究等领域有着广泛应用。本章主要介绍柱色谱法、薄层色谱法和纸色谱法。

一、色谱法的发展概况

色谱法创始于20世纪初。1903年俄国植物学家茨维特（Tsweet）将用石油醚提取后的植物色素溶液从顶端倒入装有碳酸钙的玻璃柱中，然后用石油醚由上而下冲洗，由于植物色素提取液中各成分的理化性质不同，结果在柱的不同部位呈现出与光谱相似的不同的色带，1906年他在德国《植物学》杂志上的论文将其命名为色谱。玻璃柱内的填充物碳酸钙称为固定相，洗脱剂石油醚称为流动相。其后色谱法不仅用于有色物质的分离，而且还大量用于无色物质的分离。但色谱法一词仍被沿用。

20世纪色谱法迅速发展。30年代与40年代相继出现了薄层色谱法和纸色谱法，与原有的柱色谱法统称为经典液相色谱法，使色谱法成为一门分离技术。1941年马丁（Martin）和辛格（Synge）提出以气体代替液体作为流动相的可能性，其后二人又发明了在蒸汽饱和环境下进行的纸色谱法。1952年马丁和詹姆斯（James）提出用气体作为流动相进行色谱分离，他们采用硅藻土吸附的硅酮油作为固定相，用氮气作为流动相分离了若干种小分子量挥发性有机酸。1956年范第姆特（Van Deemter）等提出速率理论，定量描述分离效率与流速的关系，并将其应用于气相色谱。20世纪60年代，为了分离蛋白质、核酸等不易气化的大分子物质，气相色谱的理论和方法被重新引入经典液相色谱。20世纪70年代高效液相色谱法的推出克服了气相色谱不能直接用于分析难挥发、对热不稳定及高分子样品的分析；扩大了色谱法的应用范围。20世纪80年代初期出现了超临界流体色谱（SFC），它兼有气相色谱（GC）与高效液相色谱（HPLC）的优点。后期毛细管电泳法（CE）飞速发展，兼有CE和HPLC的优点。20世纪90年代相继出现了色谱-质谱联用仪、色谱-红外光谱联用仪、色谱-核磁共振联用仪。现代色谱分析的理论和技术日趋成熟,已成为对复杂体系中组成进行分离分析的重要手段。

知识链接

1922 年,美国的 L. S. Palmer 利用色谱技术分离纯化有机物。

1937 年 P. Karrer、1938 年 R. Khun 以及 1939 年 L. Ruzicka 分别利用色谱法成功分离得到了维生素 A 和维生素 B_2 以及一系列的多烯类化合物,都获得了诺贝尔化学奖。

1948 年瑞典科学家 Tiselins 因为电泳和吸附分析的研究而获诺贝尔奖,1952 年英国的 Martin 和 Synge 因发展了分配色谱而获诺贝尔奖。

二、色谱法的分类

色谱法发展至今已有多种方法,可从不同的角度进行分类。

(一) 按两相所处的物态分类

1. 液相色谱法　流动相为液体的色谱法。根据固定相的状态分类,又可分为液-固色谱法(LSC)和液-液色谱法(LLC)。

2. 气相色谱法　流动相为气体的色谱法。若根据固定相的状态分类,又可分为气-固色谱法(GSC)和气-液色谱法(GLC)。

3. 超临界流体色谱法　以超临界流体作为流动相的一种色谱法。所谓超临界流体是介于气体和液体之间的一些物质,既不是气体也不是液体的物质。

(二) 按操作形式分类

1. 柱色谱法　是将固定相装于柱管内构成色谱柱,色谱过程在色谱柱内进行的色谱方法。包括气相色谱法、高效液相色谱法和超临界流体色谱法。据色谱柱的粗细又可分为填充柱色谱法和毛细管柱色谱法。

2. 薄层色谱法　是将固定相涂铺在平板上形成薄层,点样后,用流动相(展开剂)展开使混合物分离的方法。

3. 纸色谱法　用滤纸作载体,一般以滤纸上吸附的水为固定相,点样后,用流动相(展开剂)展开使混合物相互分离的方法。

(三) 按色谱过程的分离机制分类

1. 吸附色谱法　是利用吸附剂表面或吸附剂的某些基团对不同组分吸附性能的差异进行物质分离的方法。

2. 分配色谱法　是利用不同组分在互不相溶的两相中的分配系数(或溶解度)差异进行物质分离的方法。

3. 离子交换色谱法　固定相为离子交换树脂。利用离子交换树脂对溶液中不同离子的交换能力的差异进行物质分离的方法。

4. 凝胶色谱法　又称空间排阻色谱法或分子排阻色谱法,固定相为凝胶。利用凝胶对大小不同的分子具有不同的阻滞差异进行物质分离的方法。

此外,还有其他分离机制的色谱方法。如毛细管电泳法,手性色谱法,分子印迹色谱法等。色谱法的各种分类方法不是绝对的、孤立的，而是相互渗透、兼容的。

三、色谱法的基本原理

（一）色谱过程

色谱操作的基本条件是具备相对运动的两相，即一相是固定不动的固定相，另一相是携带试样向前移动的流动相。色谱过程是物质在相对运动的两相间达到分配平衡的过程。现以吸附色谱法分离顺式偶氮苯与反式偶氮苯为例来说明色谱过程。将适量的含有顺式和反式偶氮苯的石油醚提取液加入到以氧化铝为固定相的色谱柱中，如图12-1(a)所示，两组分都被吸附在柱上端的吸附剂上，然后用含20%乙醚的石油醚为流动相进行洗脱，在洗脱剂的洗脱过程中，组分不断从吸附剂上解吸下来，遇到新的吸附剂而又被吸附，随着洗脱剂不断地向前移行，两组分在色谱柱中不断地进行着吸附、解吸附、再吸附、再解吸附……的过程，由于两组分存在的微小差异，逐渐积累成了大的差异，其结果是两组分彼此分离，在柱中形成两个色带，如图12-1(b)所示，继续用流动相进行洗脱，两组分依次流出色谱柱，如图12-1(c)，从而使各组分得到分离。

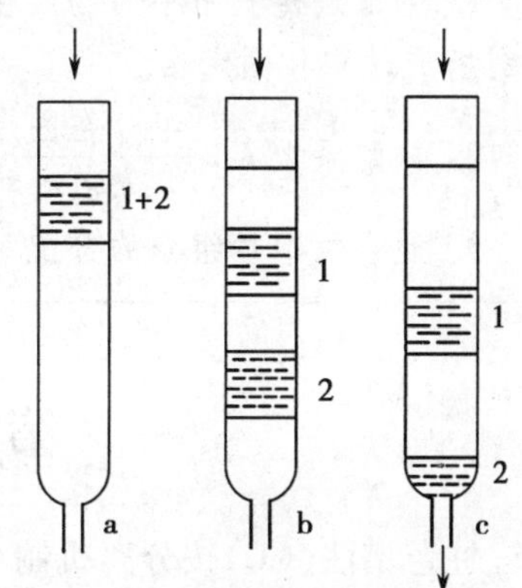

图12-1　吸附柱色谱洗脱示意图

在上述实验中，“相”是指一个均匀体系，相与相之间都有一定的界面分开。固定相是固定在一定支持物上的相，可以是固体，也可以是附着在某种载体上的液体。流动相是色谱分离中的流动部分，是与固定相互不相溶的液体或气体。当流动相携带样品流经固定相时，由于样品中各组分的理化性质不同而达到分离、分析的目的。

课堂活动

色谱法分离顺式偶氮苯与反式偶氮苯中，固定相和流动相分别是什么？

（二）分配系数

色谱过程的实质是被分离物质的组分在相对运动的两相间，不断进行分配平衡的过程。每次达到分配平衡时，各组分被分离的程度，可用分配系数K表示。

$$K=\frac{\text{组分在固定相中的浓度}(c_s)}{\text{组分在流动相中的浓度}(c_m)} \qquad \text{式(12-1)}$$

分配系数K是指在一定的温度和压力下，达到分配平衡时，某组分在两相间的浓度（或溶解度）之比。它还与分离组分、固定相、流动相的性质有关。

分配系数K在色谱分离原理不同时，含义也不相同。在分配色谱中，K为分配平衡常数；在吸附色谱中，K为吸附平衡常数；在离子交换色谱中，K为交换系数；在凝胶色谱中，K为渗透系数。

（三）保留时间

某一组分由进样开始到色谱峰顶点的时间间隔，称为该组分的保留时间，用符号t_R

表示。

（四）分配系数与保留时间的关系

不同组分有不同的分配系数。K 值越大，平衡时该组分在固定相中的浓度越大，移动速度越慢，t_R 越长，即后流出色谱柱；K 值越小，平衡时该组分在固定相中的浓度越小，移动速度越快，t_R 越短，即先流出色谱柱。由此可见，混合物中各组分在两相间的分配系数不同时，就能实现差速迁移，分配系数相差越大，越容易分离。

点滴积累

1. 色谱法是利用不同物质在两相中具有不同分配系数进行分离分析的方法，两相分别指流动相和固定相。
2. 分配系数 $K=\dfrac{\text{组分在固定相中的浓度}(c_s)}{\text{组分在流动相中的浓度}(c_m)}$
3. 混合物中各组分的分配系数 K 值相差越大，各组分越易分离。

第二节　柱色谱法

柱色谱法（CC）按分离机制可分为吸附柱色谱法、分配柱色谱法、离子交换柱色谱法和凝胶柱色谱法。

一、液-固吸附柱色谱法

（一）原理

液-固吸附柱色谱是以固体吸附剂为固定相，液体溶剂为流动相，利用吸附剂对不同组分的吸附能力的差异而进行物质分离的方法。分离时，样品中的组分分子与流动相分子竞争占据吸附剂表面活性中心，在一定条件下，这种竞争吸附达到平衡。吸附平衡常数用 K 表示：

$$K=\frac{c_s}{c_m} \qquad \text{式(12-2)}$$

K 与温度、吸附剂的吸附能力、组分的性质及流动相的性质有关。

（二）吸附剂

常用的吸附剂有硅胶、氧化铝、聚酰胺和大孔吸附树脂等。吸附剂是一些多孔性微粒物质，应具有较大的吸附表面和吸附中心；与样品、溶剂和洗脱剂均不发生化学反应；不能被溶剂或洗脱剂溶解；粒度均匀，且有一定的粒度。

1. 氧化铝　色谱用氧化铝按制备方法不同分为酸性、碱性和中性三种，以中性氧化铝应用最多。

酸性氧化铝（pH4.0～5.0）适用于分离酸性和中性化合物，如氨基酸、有机酸等。

碱性氧化铝（pH9.0～10.0）适用于分离碱性或中性化合物，如生物碱等。

中性氧化铝（pH7.5）适用于分离酸性、中性和碱性化合物，如生物碱、挥发油、萜类、甾体以及在酸、碱中不稳定的酯、苷类等化合物；另外，凡是酸性、碱性氧化铝能分离的化合物，中性氧化铝均适用。

吸附剂的吸附能力常用活性级数来表示。吸附剂的活性与含水量有关，见表 12-1。吸附活性的强弱用活性级别（Ⅰ~Ⅴ）表示。含水量越低，活性级数越小，活性越高，吸附能力越强。

表 12-1　氧化铝、硅胶的含水量与活性的关系

硅胶含水量（%）	氧化铝含水量（%）	活性级数	活性
0	0	Ⅰ	高 ↑
5	3	Ⅱ	
15	6	Ⅲ	
25	10	Ⅳ	
38	15	Ⅴ	低

在适当的温度下加热，可除去水分使氧化铝的吸附能力增强，这一过程称为活化；反之，加入一定量的水分可使活性降低，称为脱活。

2. 硅胶　常用 $SiO_2 \cdot XH_2O$ 表示。具有多孔性硅氧—Si—O—Si—交联结构，其微粒表面有许多硅醇基—Si—OH 能与极性化合物或不饱和化合物形成氢键，是硅胶的吸附活性中心。

色谱用硅胶具有微酸性，适用于分离酸性或中性物质，如有机酸、氨基酸、萜类等。硅胶的吸附能力比氧化铝稍弱，是常见的吸附剂。

3. 聚酰胺　是一类由酰胺聚合而成的高分子化合物。由于分子中的酰胺基与化合物形成氢键的能力不同，吸附能力也不相同，从而使各类化合物得以分离。

聚酰胺难溶于水和一般有机溶剂，易溶于浓盐酸、酚、甲酸等。主要用于酚类、酸类、硝基类等化合物的分离，在天然药物有效成分的分离中应用广泛。

4. 大孔吸附树脂　是一种不含交换基团并具有大孔网状结构的高分子化合物。主要通过产生氢键或范德华引力而吸附被分离物质。主要用于水溶性化合物的分离和提纯，多用于皂苷及其他苷类化合物的分离。

此外，如硅藻土、硅酸镁、活性炭、天然纤维素等也可作为吸附剂。

（三）流动相

流动相具有洗脱作用。其洗脱能力决定于流动相占据吸附剂表面活性中心的能力。极性较强的流动相分子占据吸附剂表面活性中心的能力强，具有较强的洗脱作用，反之洗脱作用弱。因此，为了使样品中吸附能力稍有差异的各组分分离，需同时考虑被分离物质的性质、吸附剂的活性和流动相的极性三方面的因素。

1. 被分离物质的结构与性质　被分离物质的结构不同，其极性也不相同，在吸附剂表面的被吸附力也各不同。极性大的物质易被吸附剂较强地吸附，需要极性较大的流动相才能洗脱。

常见化合物的极性由小到大的顺序是：

烷烃＜烯烃＜醚＜硝基化合物＜酯类＜酮类＜醛类＜硫醇＜胺类＜酰胺＜醇类＜酚类＜羧酸类。

2. 吸附剂的选择　分离极性小的物质，一般选择吸附活性大的吸附剂，以免组分流出太快，难以分离。分离极性强的组分，选用吸附活性小的吸附剂，以免吸附过牢，不易洗脱。

3. 流动相的选择　根据“相似相溶”原理进行选择。通常分离极性较小的物质，选择极性较小的洗脱剂。分离极性较大的物质，选择极性较大的洗脱剂。

常用的流动相洗脱剂极性由小到大的顺序是：石油醚 < 环己烷 < 四氯化碳 < 苯 < 甲苯 < 乙醚 < 氯仿 < 乙酸乙酯 < 正丁醇 < 丙酮 < 乙醇 < 甲醇 < 水 < 醋酸

总之，在选择色谱分离条件时，需综合考虑被分离物质、吸附剂和流动相三方面的因素。一般的原则是若分离极性较大的组分，应选用吸附活性较小的吸附剂和极性较大的流动相；若分离极性较小的组分，应选用吸附活性较大的吸附剂和极性较小的流动相。选择规律如图 12-2 所示。

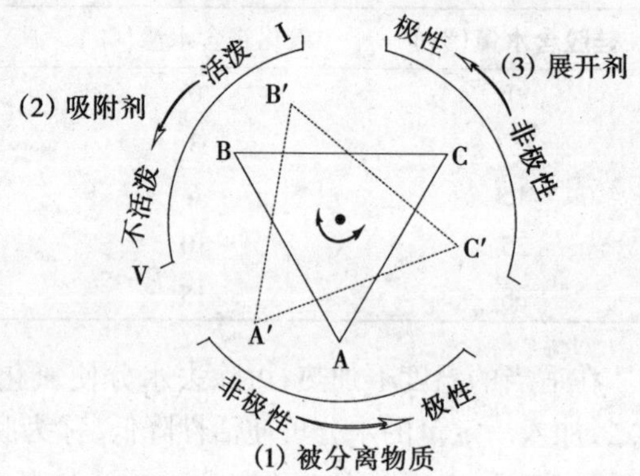

图 12-2　被测物质的极性、吸附剂活性和展开剂极性之间的关系

在实际应用时，更多的是通过实验来寻找最合适的分离条件；为得到极性适当的流动相，可采用混合溶剂作流动相。

（四）操作方法

1. 装柱　根据被分离组分的性质、量的多少以及分离要求选择合适的洁净色谱柱（直径与长度比一般为 1∶10 ~ 1∶20）。柱的下端垫少许脱脂棉或玻璃棉，在上面最好加 5mm 左右洗过而干燥的沙子后再装柱。柱装得要均匀，不能有缝隙或气泡，以免影响分离效果。

装柱的方法有两种：

（1）干法装柱：选用 80 ~ 120 目活化后的吸附剂经过玻璃漏斗不间断地倒入柱内，边装边轻轻敲打色谱柱，使其填充均匀，并在吸附剂顶端加少许脱脂棉。然后沿管壁滴加洗脱剂，使吸附剂湿润。

（2）湿法装柱：将一定量的吸附剂与适当的洗脱剂调成浆状，然后慢慢地倒入柱内，不能有气泡产生。从顶端再加入一定量的洗脱剂，使其保持一定液面。待吸附剂自由沉降而填实，在柱顶端上加少许脱脂棉。湿法装柱效果较好，是目前经常使用的方法。

2. 加样　将样品溶液小心加到柱的顶部，加样完毕，打开柱子下端活塞，使溶液缓缓流下至液面与吸附剂顶面平齐，然后用少量洗脱剂冲洗盛装样品溶液的容器 2 ~ 3 次，一并轻轻加入色谱柱内。

3. 洗脱　洗脱剂可以是单一溶剂或混合溶剂。在洗脱过程中应不断加入洗脱剂，保持色谱柱顶有一定高度的液面，控制好洗脱剂的流速，流速过快，柱中不易达到吸附平衡，影响分离效果。随着洗脱的进行，各组分被吸附和解吸附的能力不同而逐渐被分离，先后流出色谱柱。可采用分段定量地方法收集洗脱液，对其进行定性分析，将同一组分的洗脱液合并，即可对单一组分进行定量分析。

二、液-液分配柱色谱法

（一）原理

分配色谱是利用样品中各组分在两相间分配系数不同而实现分离的方法。液-液分配柱色谱法的固定相和流动相都是液体，固定相的液体吸附在载体（支持剂）的表面而被固定。当流动相携带样品流经固定相时，各组分在互不相溶的两种液体中不断进行溶解、萃取，再溶解、再萃取，即连续萃取。因各组分分配系数略有差异，经过无数次萃取之后相互得到分离。

分配色谱有正相色谱和反相色谱。其中固定相的极性比流动相的极性强时，称为正相色谱；反之，称为反相色谱。

（二）载体和固定相

载体又称担体，是一种惰性物质。在分配色谱中起支撑固定相的作用，吸附着大量的固定相液体。常用的载体有硅胶、多孔硅藻土、纤维素以及微孔聚乙烯小球等。

正相色谱的固定相常用水、酸等强极性溶剂，反相色谱的固定相为石蜡油等非极性或弱极性液体。

（三）流动相

正相色谱流动相极性小于固定相，常用的流动相有石油醚、醇类、酮类、酯类或其混合物。反相色谱常用的流动相有水、稀醇等极性溶剂。

（四）操作方法

1. 装柱　分配色谱装柱的要求与吸附柱色谱基本相似。不同的是在装柱前将固定相液体与载体充分混合后再装柱。为防止流动相流经色谱柱时将固定相破坏，将二种溶剂加到分液漏斗中用力振摇，使二种溶剂互相饱和，待静止分层后，再分别取出使用。

2. 加样与洗脱　分配色谱的加样方法有三种。①将被分离样品配成浓溶液，用吸管沿着管壁轻轻加到含有固定相载体的上端，然后用洗脱剂洗脱；②样品溶液先用少量含有固定相的载体吸收，待溶剂挥发后，加到色谱柱上，然后用洗脱剂洗脱；③用一块比色谱柱直径略小的滤纸吸附样品溶液，待溶剂挥发以后，放在色谱柱载体表面，然后用洗脱剂洗脱。

洗脱剂的收集和处理与吸附柱色谱相同。

三、离子交换柱色谱法

（一）基本原理

离子交换色谱法（IEC）是利用被分离组分对离子交换树脂的交换能力的差异而达到分离和提纯的色谱方法。

离子交换反应为：

$$R^-B^+ + A^+ \rightleftharpoons R^-A^+ + B^+$$

选择性系数 $K_{A/B}$ 与分配系数的关系表示如下：

$$K_{A/B} = \frac{[A^+]_S[B^+]_m}{[B^+]_S[A^+]_m} = \frac{[A^+]_S/[A^+]_m}{[B^+]_S/[B^+]_m} = \frac{K_A}{K_B} \qquad \text{式(12-3)}$$

式(12-3)中，$[A^+]_s$、$[B^+]_s$ 分别代表树脂（固定相）中 A^+、B^+ 的浓度；$[A^+]_m$、$[B^+]_m$ 分别代表流动相中 A^+、B^+ 浓度。

（二）固定相

离子交换柱色谱常以离子交换树脂作为固定相。当流动相携带被分离的离子型化合物溶液通过离子交换柱时，样品中的各种离子被交换树脂交换吸附，从而实现分离。当用洗脱剂洗脱时，与离子交换树脂亲和力大的离子在柱中移动速度慢，保留时间长，与树脂亲和力小的离子，在柱中移动速度快，保留时间短，因此达到相互分离的目的。

1. 离子交换树脂的分类　离子交换树脂是一类高分子多元酸或多元碱的聚合物，具有网状结构的稳定骨架，与酸、碱及某些有机溶剂都不起作用，对热也比较稳定。在其网状结构的骨架上有许多可以与溶液中的离子起交换作用的活性基团。根据活性基团的不同，离子交换树脂可分为阳离子交换树脂和阴离子交换树脂两类。

（1）阳离子交换树脂：这类树脂的活性交换基团为酸性，其阳离子可被溶液中的阳离子交换。

常用苯乙烯和二乙烯苯聚合成球形网状结构的聚苯乙烯型离子交换树脂。其中二乙烯苯是交联剂。经浓硫酸磺化后得到聚苯乙烯型—SO_3H阳离子树脂和一系列—COOH、—OH阳离子交换树脂，根据交换基团的酸性强弱，阳离子交换树脂可分为强酸性如磺酸型和弱酸性如羧酸型、酚型两种类型。

现以强酸性磺酸型离子变换树脂为例说明其交换原理，交换反应为：

$$R—SO_3^-H^+ + Na^+Cl^- \rightleftharpoons R—SO_3^-Na^+ + H^+Cl^-$$

（2）阴离子交换树脂：在聚苯乙烯的母体上引入可解离的碱性基团，如—N^+R_3、—NR_2、—NHR、—NH_2等，则成为阴离子交换树脂，用NaOH溶液转型后，则成为—OH型阴离子交换树脂。其交换反应为：

$$RN^+(CH_3)_3OH^- + X^- \rightleftharpoons RN^+(CH_3)_3X^- + OH^-$$

阴离子交换树脂不如阳离子交换树脂稳定。

2. 离子交换树脂的性能

（1）交联度：离子交换树脂中聚合时加入交联剂的含量称为交联度。常以质量百分比表示，交联度大，形成网状结构紧密，网眼小，选择性高。但交联度也不宜过大，否则会使交换容量降低。一般选8%交联度的阳离子交换树脂或4%交联度的阴离子交换树脂为宜。

（2）交换容量：理论交换容量是指每克干树脂中所含有的酸性或碱性活性基团的数目。实际交换容量是指在实验条件下，每克干树脂真正参加交换的活性基团的数目。表示离子交换树脂的交换能力，单位为mmol/g。一般树脂的交换容量为1～10mmol/g。

离子交换柱色谱法的流动相多数为一定pH和离子强度的缓冲溶液。

四、凝胶柱色谱法

凝胶柱色谱法又称分子排阻柱色谱法（MEC）或空间排阻柱色谱法（SEC），是利用被分离组分分子的大小或渗透系数的大小进行分离的方法。广泛应用于天然药物化学和生物化学的研究及水溶性高分子化合物如蛋白制剂等的分析。

（一）固定相

凝胶柱色谱法的固定相为多孔性凝胶，常用的有葡聚糖凝胶和聚丙烯酰胺凝胶。选择凝胶时应使试样的相对分子量落入凝胶的相对分子量质量范围中。某高分子化合物的相对分子量质量达到某一数值后就不能渗透进入凝胶的任何孔穴，此数值称为凝胶的排斥极限；若小于某一数值后就能进入凝胶的所有孔穴，则该数值称为该凝胶的全渗透点；将排斥极限与全渗透点之间的相对分子量范围，称为凝胶的相对分子质量范围。

（二）流动相

凝胶柱色谱法的流动相应满足如下条件：能溶解试样，并能使凝胶润湿。黏度低，否则会影响到分离效果，因为分子扩散受阻。

各组分在流经凝胶表面时，由于小分子能完全渗透进入凝胶内部孔穴而被滞留，中等分子可以部分进入较大的一些孔穴，大分子则完全不能进入孔穴而只能沿凝胶颗粒之间的空隙随流动相流动。于是样品中各组分按大分子、中等大小的分子、小分子的先后顺序流出色谱柱，从而得以分离。

点 滴 积 累

经典柱色谱法包括：

1. 液-固吸附柱色谱法：固定相常用硅胶、氧化铝、聚酰胺和大孔吸附树脂，流动相根据“相似相溶”原则进行选择。
2. 液-液分配柱色谱法：固定相由吸附着大量固定液的载体组成，常用的正相色谱中流动相多用醇类、酮类、酯类、苯或其混合物。
3. 离子交换柱色谱法：固定相是离子交换树脂，流动相是由水为溶剂的缓冲溶液。
4. 凝胶柱色谱法：固定相为多孔性凝胶，水溶性试样流动相选择水溶液。

第三节　薄层色谱法

薄层色谱法（TLC）和纸色谱法（PC）与柱色谱法不同，因其在平面上进行分离，因此，又被称为平面色谱法。在药物分析上应用广泛，现已成为一种极有价值的物质分离分析方法，并可作为柱色谱选择条件的预备方法。

一、基本原理

薄层色谱法（TLC）按分离原理可分为吸附薄层、分配薄层、离子交换薄层和凝胶薄层。其中应用最为广泛的是吸附薄层色谱法。

（一）分离原理

吸附薄层色谱法是将固定相吸附剂均匀地涂铺在光洁的玻璃板、塑料板或金属板上，各组分在此薄层上进行色谱分离的方法。若样品中含有 A、B 两个组分的混合溶液点在薄层板的一端，在密闭容器中用适当的溶剂（展开剂）展开，吸附系数大的组分在薄层板上的迁移速度慢，而吸附系数小的组分在薄层板上的迁移速度快，经过一段时间后被完全分离，在薄层板上形成两个斑点。

（二）比移值与相对比移值

1. 比移值 R_f　样品展开后各组分斑点在薄板上的位置可用比移值 R_f来表示，如图 12-3 所示。R_f的表达式为：

$$R_f=\frac{\text{原点到斑点中心的距离}}{\text{原点到溶剂前沿的距离}} \qquad \text{式(12-4)}$$

上述 A、B 两个组分的样品溶液经展开后，R_f值分别为：

$$R_{f(A)}=\frac{a}{c}\quad R_{f(B)}=\frac{b}{c}$$

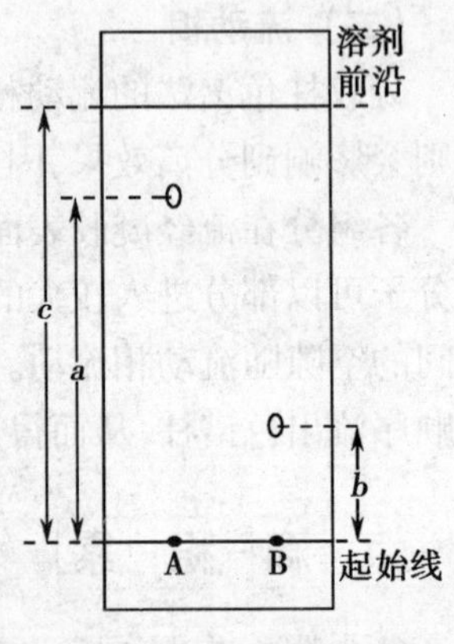

图 12-3　R_f值的测量示意图

当色谱条件一定时，组分的 R_f为一常数，利用 R_f可以对物质进行定性鉴别。但影响 R_f的因素很多，主要有流动相和固定相的种类和性质、展开剂的组成、展开时的温度、展开剂的饱和程度以及薄层板的性能等。要提高 R_f的重现性，必须严格控制色谱条件。R_f值在 0～1 之间。R_f与分配系数 K 有关，K 愈小，R_f愈大，反之亦然。组分之间的分配系数相差越大，R_f相差也越大，越易分离。

2. 相对比移值 R_s　由于 R_f受许多因素的影响，定性分析时常采用相对比移值 R_s代替 R_f，可用于消除一些实验过程中的系统误差，使定性结果更可靠。相对比移值是指样品中某组分移动的距离与对照品移动距离之比。R_s的表达式为：

$$R_s=\frac{\text{原点到样品组分斑点中心的距离}}{\text{原点到对照品斑点中心的距离}}\qquad \text{式(12-5)}$$

测定 R_f时对照品可以另外加入，也可用样品中某一已知组分。$R_s=1$，表示样品与对照品一致。

课堂活动

已知样品 A 和对照品 B 经过薄层色谱展开后，A 样品斑点中心到原点 9.0cm，B 对照品斑点中心到原点 6.0cm，溶剂前沿到原点的距离 12cm，试分析(1)A、B 两物质的 R_f值为多少？(2)A、B 两物质的 R_s值为多少？

二、吸附剂的选择

吸附薄层色谱中所用的吸附剂和吸附柱色谱中所用的吸附剂基本相似。但在薄层色谱中要求吸附剂的颗粒更细。颗粒太大，展开速度快，展开后斑点宽，分离效果差；颗粒太小，展开速度慢，容易产生拖尾现象。吸附剂颗粒的大小可用筛子单位面积的孔数(目数)表示。

硅胶、氧化铝、硅藻土、聚酰胺等都可作薄层色谱的吸附剂。

三、展开剂的选择

薄层色谱中展开剂的选择原则和柱色谱中洗脱剂的选择原则相似，都遵循“相似相溶”原则。分离极性大的组分时，选用活性低的薄层板，选用极性大的展开剂展开，反之亦然。

在薄层色谱中，常根据被分离组分的极性，首先用单一溶剂展开，再根据分离效果考虑改变展开剂的极性或改用混合展开剂。例如物质 A 用苯展开时，若 R_f太小，则可在苯中加入适量极性大的溶剂(如乙醇)，不断地调整苯和乙醇的比例，直至获得满意的 R_f为止；若 R_f太大，可在苯中加入适量极性小的溶剂(如石油醚)以降低展开剂的极性，使 R_f值符合要求。

一般各斑点的 R_f 要求在 0.2～0.8 之间，不同组分的 R_f 之间应相差 0.05 以上，否则容易造成斑点重叠。

课堂活动

在薄层色谱中，以硅胶为固定相，氯仿为展开剂，组分 A 的 R_f 值太大，若改用氯仿-甲醇(3:1)作展开剂，分析：(1) 组分 A 的 R_f 值将如何变化，为什么？(2) 在氯仿-甲醇的混合展开剂中，氯仿、甲醇各起何作用？

四、操作方法

(一) 铺板

将吸附剂或载体涂铺于薄板上成为厚度一致的薄层的过程称为铺板或制板。常采用玻璃板涂铺固定相，玻璃板的大小根据操作需要而定，使用前应洗涤干净，烘干备用。

薄板有两种：不加黏合剂的软板和加黏合剂的硬板。

软板采用干法铺板，如图 12-4 所示。是将吸附剂用玻璃棒从玻璃板一端推移至另一端(套上乳胶管或塑料环)。干法铺板具有简单、快速，展开速度快等特点，但分离效果较差。

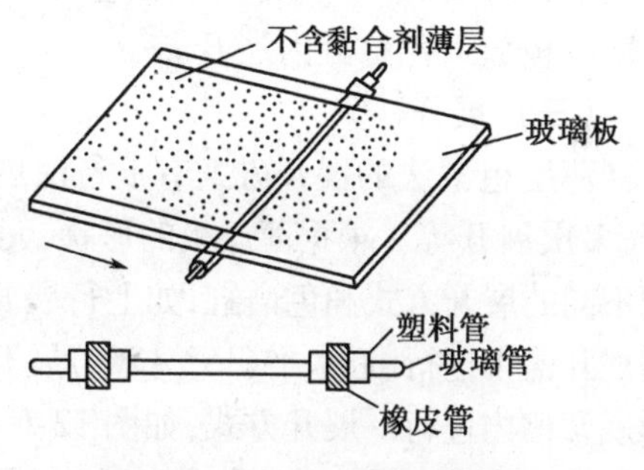

图 12-4　干法铺板示意图

硬板采用湿法铺板，此方法是在吸附剂中加入黏合剂，与吸附剂调成糊状物进行铺板。黏合剂的作用是使薄层固定在玻璃板上。

常用的黏合剂有羧甲基纤维素钠(CMC-Na)和煅石膏(G)等。CMC-Na 常配成 0.5%～1% 的溶液使用，煅石膏(G)常配成 5%～15% 的溶液使用。羧甲基纤维素钠作黏合剂制成的硬板，机械性能强，但不耐腐蚀性。煅石膏(G)作黏合剂制成的硬板，机械性能较差、易脱落，但耐腐蚀，可用浓硫酸试液显色。

铺板方法有倾注法、平铺法和机械涂铺法。

(1) 倾注法：取适量调制好的吸附剂糊状物，倾倒在玻璃板上，轻轻振动玻璃板使薄层均匀，放在平台上晾干，然后置于烘箱内加热活化。

(2) 平铺法又称刮板法：将玻璃板置于平台上，然后用两条稍厚的玻璃作框边，框边高出中间玻璃板的厚度即薄层的厚度。将调制均匀的糊状吸附剂倾倒在玻璃板的一端，再用一块边缘平整的玻璃片或塑料板，从吸附剂的一端刮向另一端，轻轻振动薄板，晾干，如图 12-5 所示，然后置于烘箱内加热活化。

(3) 机械涂铺法：用涂铺器制板，操作简单，板的厚度可按需要调节，制得的薄板厚度一致，质量高、分离效果好，是目前应用广泛的制板方法，适用于定量分析。

硅胶板应在 105～110℃ 活化 0.5～1 小时，冷却后保存于干燥器中备用。

(二) 点样

取制好的薄层板，在距薄板的一端 1.5～2cm 处用铅笔轻轻划一条起始线，在线的中间画一"×"号标记点样位置。然后用内径为 0.5mm 的管口平整的毛细管或微量注

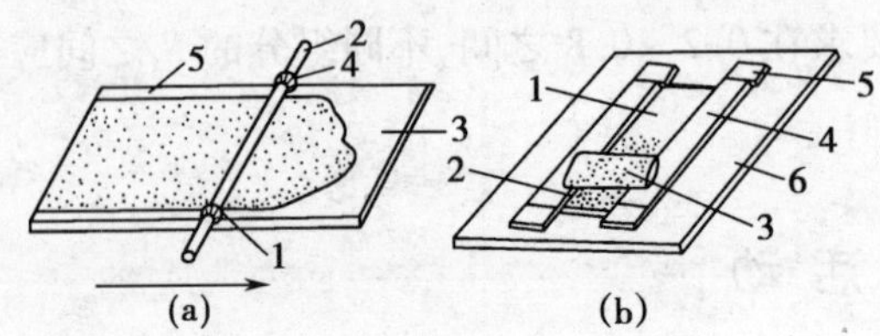

图 12-5　湿法铺板示意图

(a)1. 调节薄层厚度的塑料环(厚度 0.3～1.0mm);2. 均匀直径的玻璃棒;3. 玻璃板;4. 防止玻璃滑动的环;5. 薄层吸附剂

(b)1. 涂层用的玻璃板;2. 薄层糊浆;3. 推刮薄层用的玻璃片或刀片;4. 调节涂层厚度的薄玻璃板;5. 垫薄玻璃用的长玻璃;6. 台面玻璃

射器点样。

将 1～2μl 的样品溶液点在已做好标记的起始线上(点样点称为原点),点样后原点直径不超过 2～3mm。为避免在空气中吸湿而降低活性,可用电吹风机吹干。然后立即将薄层板放入色谱缸内展开。

(三) 展开

薄层色谱法的展开方式有上行法展开、下行法展开、近水平展开、径向展开、双向展开、多次展开等。根据薄层板的形状、大小、性质选用不同的展开方式和色谱缸,如上行展开是在直立型展开槽中进行,近水平(15°～30°)展开是在长方形展开槽内进行。展开方式,如图 12-6 所示。

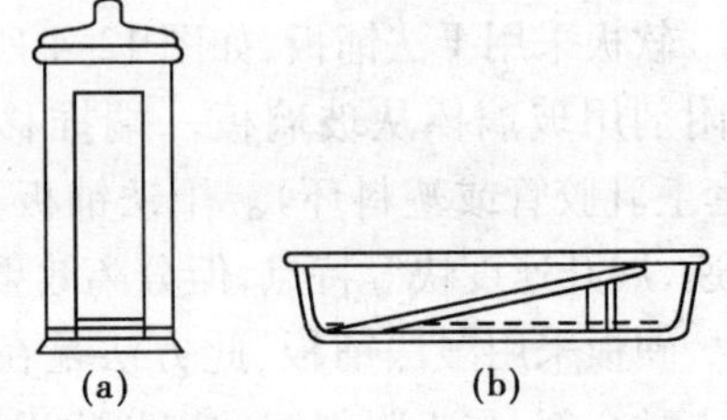

图 12-6　薄层展开示意图

(a)上行单向展开;(b) 近水平展开

展开时应注意:一是色谱缸的密封性能要好,使色谱缸中展开剂蒸气维持为饱和状态不变。二是在展开前,色谱缸空间应为展开剂蒸气饱和,以防止中间部分的 R_f 比边缘部分 R_f 小的现象即边缘效应的产生。

一般情况下,当展开剂展开到薄板约 3/4 处,取出薄板,做好溶剂前沿标记,软板在空气中晾干,硬板可用电热风吹干或烘箱中烘干。

(四) 显色

对于有色物质的分离,展开后直接观察斑点颜色,测算 R_f 值。对于有荧光及少数具有紫外吸收的物质,可在紫外灯下观察有无暗斑或荧光斑点,并划出斑点位置,记录其颜色、强弱,再进行定性或定量分析。具有紫外吸收的物质也可采用荧光薄层板检测,根据被测物质吸收紫外光产生各种颜色的暗斑确定其组分的位置。对于既无色又无紫外吸收的物质,可采用显色剂显色。

案 例 分 析

案例:

近年来,老年性心脑血管疾病发病率明显上升。临床常用丹参治疗冠心病,并取得满意疗效。丹参作为目前广泛应用于临床各科的中药,越来越值得关注,目前市场伪品较多,如何鉴别丹参很重要。

分析：

2010年版《中国药典》一部规定采用薄层色谱法鉴别丹参。

具体方法如下：配制丹参供试品溶液、丹参对照药材溶液和丹参酮Ⅱ$_A$对照品溶液，照薄层色谱法实验，吸取上述三种溶液各5μl，分别点于同一硅胶G薄层板上，以石油醚(60～90℃)-乙酸乙酯(4∶1)为展开剂，展开，取出，晾干。供试品色谱与对照药材色谱和对照品色谱相应的位置上，分别显现相同颜色的斑点。

五、定性分析与定量分析

1. 定性分析　依据在一定的色谱条件下，相同物质的R_f值或R_s值相同。当薄层板上斑点位置确定后，便可测算出组分的R_f值。将该R_f值与文献记载的R_f值相比较即可进行各组分定性鉴定。因为，影响R_f值的因素较多，所以，常采用相对比移值R_s进行定性鉴别。

2. 定量分析　薄层色谱法的定量分析方法包括目视定量法、洗脱定量法和薄层扫描法。

(1) 目视定量法：将对照品配成已知浓度的标准系列溶液，将标准溶液和样品溶液点在同一薄层板上，展开、显色后，以目视法直接比较样品斑点与对照品斑点的颜色深浅或面积大小，进而判断样品中待测组分的近似含量。

(2) 洗脱定量法：将样品和对照品在同一块薄层板上展开后，从薄层板上将样品和吸附剂一起刮下，用溶剂将斑点中的组分洗脱下来，再用适当方法如紫外分光光度法、荧光分光光度法等进行定量测定。

(3) 薄层扫描法：选用一定波长、强度的光束照射到薄层板被分离组分的斑点上，用仪器进行扫描后，求出色斑中组分的含量。

薄层扫描仪是为适应薄层色谱的要求而专门对斑点进行扫描的一种分光光度计。较为常用的是双波长薄层扫描仪。它可直接测量薄层板上斑点的光密度和荧光强度。测量荧光强度不仅选择性好，而且灵敏度高。测量方式可同时采用反射和透射两种方法，其中反射法应用较多。

化学与药学

薄层色谱法广泛用于中药制剂的鉴别及应用。如中药材人参、大青叶和甘草的薄层鉴别；中成药三黄片中盐酸小檗碱和葛根芩连片中黄芩的鉴别等。

点滴积累

1. 吸附薄层色谱法分离原理：利用吸附剂对不同组分的吸附能力差异进行分离，吸附系数大的组分在薄层板上的迁移速度慢，反之吸附系数小的组分迁移速度快。
2. 薄层色谱法的操作步骤：铺板、点样、展开、显色及定性分析与定量分析。
3. 比移值R_f与相对比移值R_s均作为物质定性鉴定的依据。

第四节　纸色谱法

纸色谱法(PC)是以滤纸为载体的色谱法。此方法仪器简单、操作方便、所需样品量少、分离效能高、样品分离后各组分的定性、定量都比较方便,因此,在药学方面应用十分广泛。

一、基本原理

纸色谱法依据分离原理属于分配色谱法。其分离原理与液-液分配柱色谱法相似,都是利用样品中各组分在两相互不相溶的溶剂间分配系数不同实现分离的方法。

纸色谱法以滤纸为载体,滤纸纤维上吸附的水为固定相,展开剂是与水互不相溶的有机溶剂。在实际应用中,也选用与水相溶的溶剂作展开剂。

纸色谱法的固定相除用水以外,也可以用吸留在滤纸上的其他物质,如各种缓冲溶液。以水为固定相的纸色谱称为正相色谱,用于分离极性物质,在其他条件一定时,被分离组分的极性越大,组分 R_f越小,反之亦然。分离非极性物质,采用反相色谱法进行分离。反相纸色谱的固定相是极性很小的有机溶剂,水或极性有机溶剂作展开剂。

二、操作方法

(一) 点样

取滤纸条一张,在距纸一端 2 ~ 3cm 处点样,点样后用红外灯或电吹风迅速干燥。其他与薄层色谱法相似。

(二) 展开

选择展开剂主要根据样品组分在两相中的溶解度,即分配系数来考虑。被测组分用该展开剂展开后,R_f应在 0.05 ~ 0.85 之间。分离两个以上组分时,其 R_f 相差至少要大于 0.05。常用的展开剂有用水饱和的正丁醇、正戊醇、酚等。展开剂预先要用水饱和,否则展开过程中会把固定相中的水夺去。

(三) 斑点的定位

纸色谱的斑点定位方法与薄层色谱法相似,如果某些组分不显示斑点,可根据被分离物质的性质,喷洒合适显色剂显色,如氨基酸,可喷洒茚三酮显色剂。但不能使用带有腐蚀性的显色剂如浓硫酸等。

(四) 定性与定量分析

纸色谱定性方法与薄层色谱法相同,都是依据 R_f值鉴定物质。但是影响 R_f值的因素较多,而使 R_f值不易重现,因此常将样品与对照品同时在同一滤纸上随行展开,进行比较。或测量斑点的 R_s值后进行定性。

纸色谱常用下列方法进行定量分析:

(1) 目测法:将标准系列溶液和样品溶液同时点在一张滤纸上,展开和显色后,经过目视比较,求出样品的近似含量。

(2) 剪洗法:先将确定部位的色斑剪下,经溶剂浸泡、洗脱,然后用比色法或分光光度法定量。

(3) 光密度测定法:用色谱斑点扫描仪直接测定斑点的光密度称为光密度法。可直接测定斑点颜色浓度,将样品与标准品比较即可求算含量。

难点释疑

同属六碳糖的葡萄糖、鼠李糖、洋地黄毒糖，在相同的纸色谱法条件下，其比移值由小到大的顺序为 $R_{f(葡萄糖)} < R_{f(鼠李糖)} < R_{f(洋地黄毒糖)}$。

因为这三种糖所含的羟基数目不同，所以其极性不同，含羟基数目越多，极性越强。由以下结构可知，三种的糖极性大小顺序为：

葡萄糖 > 鼠李糖 > 洋地黄毒糖

纸色谱属于分配色谱，其固定相为纸上吸着的水。被分离组分的极性越大，组分的 R_f 越小，因此 $R_{f(葡萄糖)} < R_{f(鼠李糖)} < R_{f(洋地黄毒糖)}$。

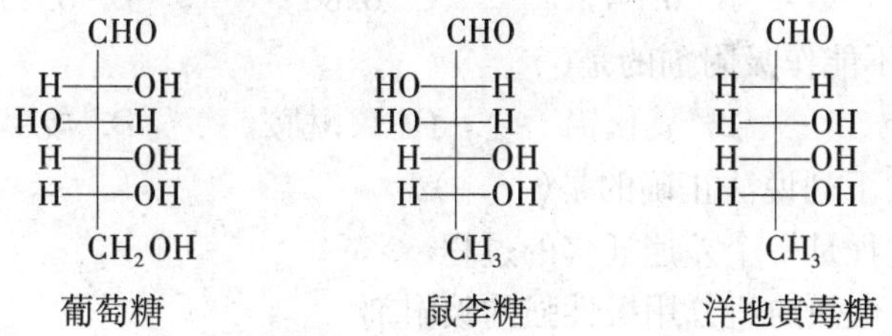

点滴积累

1. 纸色谱法　以滤纸作为载体的色谱，固定相为滤纸上吸附的水，流动相为有机溶剂或与水相溶的溶剂。
2. 纸色谱法的操作步骤　滤纸的选择、点样、展开、斑点的定位及定性与定量分析。

目标检测

一、选择题

（一）单项选择题

1. 俄国植物学家茨维特在研究植物色素成分时，所采用的色谱方法是（　　）
   A. 液-液分配柱色谱法　　B. 液-固吸附柱色谱法
   C. 离子交换柱色谱法　　D. 空间排阻柱色谱法
2. 吸附平衡常数 K 值大，则（　　）
   A. 组分被吸附得牢固　　B. 组分被吸附得不牢固
   C. 组分移动速度快　　D. 组分吸附得牢固与否与 K 值无关
3. 吸附柱色谱与分配柱色谱的主要区别是（　　）
   A. 玻璃柱不同　　B. 洗脱剂不同　　C. 操作方式不同　　D. 分离原理不同
4. 在吸附色谱中，分离极性大的物质应选用（　　）
   A. 活性高的吸附剂和极性大的洗脱剂
   B. 活性高的吸附剂和极性小的洗脱剂
   C. 活性低的吸附剂和极性小的洗脱剂

D. 活性低的吸附剂和极性大的洗脱剂

5. 下列哪种色谱方法的流动相对色谱的选择性无影响(　　)

A. 液-固吸附色谱　　B. 液-液分配色谱

C. 离子交换色谱　　D. 空间排阻色谱

6. 纸色谱法属于下列哪一个范畴(　　)

A. 吸附色谱　　B. 分配色谱

C. 离子交换色谱　　D. 空间排阻色谱

7. 某样品在薄层色谱中,原点到溶剂前沿的距离为6.3cm,原点到斑点中心的距离为4.2cm,其R_f值为(　　)

A. 0.67　　B. 0.54　　C. 0.80　　D. 0.15

8. 下列物质不能作吸附剂的是(　　)

A. 硅胶　　B. 氧化铝　　C. 聚酰胺　　D. 羧甲基纤维素钠

9. 关于色谱,下列说法正确的是(　　)

A. 色谱过程是一个差速迁移的过程

B. 分离极性强的组分用极性强的吸附剂

C. 各组分之间分配系数相差越小,越易分离

D. 纸色谱中滤纸是固定相

10. 色谱法中下列说法正确的是(　　)

A. 洗脱剂和展开剂的作用不同

B. 分离极性大的物质应选用活性大的吸附剂

C. 分配系数K越大,组分在柱中滞留的时间越长

D. 吸附剂含水量越高则活性越高

11. 薄层色谱中,软板与硬板的主要区别是(　　)

A. 吸附剂不同　　B. 是否加黏合剂

C. 玻璃板不同　　D. 黏合剂不同

12. 经典液相色谱法分离离子型化合物应选用(　　)

A. 吸附色谱　　B. 分配色谱

C. 离子交换色谱　　D. 凝胶色谱

13. 在薄层色谱中,一般要求R_f值的范围在(　　)

A. 0.1~0.2　　B. 0.2~0.8　　C. 0.8~1.0　　D. 1.0~1.5

14. A、B、C三组分的分配系数$K_A > K_B > K_C$,其保留时间t_R大小顺序为(　　)

A. C>B>A　　B. B>C>A　　C. A>B>C　　D. A=B=C

(二) 多项选择题

1. 色谱法中常用的吸附剂有(　　)

A. 氧化铝　　B. 氧化钙　　C. 硅胶

D. 聚酰胺　　E. 羧甲基纤维素钠

2. 纸色谱对滤纸的一般要求(　　)

A. 纸质均匀、平整无折痕　　B. 滤纸应有一定的机械强度

C. 边缘整齐　　D. 纸质的松紧适宜　　E. 只能用方形滤纸

3. 薄层色谱制备硬板的常用黏合剂是(　　)

A. 煅石膏　　B. 聚酰胺　　C. 羧甲基纤维素钠

D. 硅胶　　E. 氧化铝

4. 下面哪些因素影响 R_f(　　)

A. 温度　　B. 厚度　　C. 点样量

D. 展开距离　　E. 边缘效应

5. 阳离子交换树脂常引入的酸性交换基团为(　　)

A. —COOH　　B. $—NR_2$　　C. —OH

D. $—SO_3H$　　E. —NHR

6. 阴离子交换树脂,在其分子中引入的交换基团可能是(　　)

A. $—SO_3H$　　B. $—N^+R_3$　　C. —NHR

D. $—NR_2$　　E. —COOH

二、简答题

1. 说明吸附色谱法中被分离组分、吸附剂和流动相三者之间的关系。

2. 离子交换树脂分几类?各有什么特点?什么是交联度和交换容量?

3. 在分析工作中为何常采用离子交换法制备去离子水?

4. 何为正相色谱、反相色谱,各有何特点?

5. 在同一薄层色谱中,已知混合物中 A、B、C 三组分的分配系数分别为 440、480、520,问 A、B、C 三组分的 R_f 如何?

三、实例分析

1. 某样品采用纸色谱法展开后,原点距斑点中心的距离 8.5cm,原点距溶剂前沿的距离 14.5cm。求其 R_f。

2. 在同一薄层板上将某样品和标准品展开后,原点距样品斑点中心的距离 9.5cm,原点距标准品斑点中心的距离 8.0cm,原点距溶剂前沿的距离 16cm,试求样品及标准品的 R_f 和 R_s。

实训十七　两种混合染料的薄层色谱

【实训目的】

1. 熟悉薄层硬板的制备。

2. 掌握薄层色谱法的操作技术。

3. 掌握测定和计算 R_f 值的方法。

【实训内容】

1. 实训用品

(1) 仪器:色谱缸、玻璃片(5cm×10cm)、研钵、毛细管、电吹风、烘箱。

(2) 试剂:薄层用色谱硅胶、0.5%羧甲基纤维素钠(CMC-Na)、罗丹明 B 与二甲基黄混合液、95%乙醇。

2. 实训步骤

（1）铺板：将硅胶20g、加入0.5% CMC-Na溶液20ml和30ml水，在研钵中研磨均匀后，倾倒在洁净的玻璃板上，用手轻轻振动玻璃板，使糊状物均匀分布在玻璃板上。将板置于水平台上。在室温下干燥放进110℃烘箱活化30分钟，取出制备好的硅胶硬板，放干燥器中备用 。

（2）点样：在硬板上距一端1.5cm处用铅笔轻轻划一条起始线，起始线中间打一个“×”作为原点。用毛细管吸取罗丹明B与二甲基黄混合液，在原点处点混合液（不超过2~3次），原点扩散直径不能超过2~3mm。

（3）展开：将点样板放入盛有95%乙醇的密闭色谱缸内，饱和10分钟，然后近水平展开。展开剂浸没下端的高度不宜超过0.5cm。展开到板的3/4高度后取出，用铅笔在溶剂前沿划一条前沿线，晾干。

（4）定性：用铅笔将各斑点框出，并找出斑点中心，用尺量出原点到各斑点中心的距离以及起始线到溶剂前沿的距离，计算各斑点的R_f，进行定性分析。

$$R_f=\frac{\text{原点到斑点中心的距离}}{\text{原点到溶剂前沿的距离}}$$

【实训注意】

1. 制备硬板时，硅胶和CMC-Na溶液置于研钵中必须朝同一方向均匀研磨。
2. 在硬板上涂铺糊状物时要求厚度均匀，不带气泡。
3. 点样时，不能损坏薄层表面。
4. 展开剂必须事先倒入色谱缸或大试管，使其蒸气达到饱和。
5. 展开时，色谱缸必须密闭，以免因缸内蒸气末饱和而影响分离效果。

【实训检测】

1. 硬板为什么在室温下干燥后，还要置于110℃烘箱活化？
2. 活化后的薄板为什么要贮存于干燥器内？

【实训记录】

	斑点A	斑点B
原点至斑点中心的距离		
原点至溶剂前沿的距离		
R_f		
结果	$R_{f(\text{罗丹明B})}$	$R_{f(\text{二甲基黄})}$

实训十八 几种氨基酸的纸色谱

【实训目的】

1. 掌握纸色谱法的操作技术。
2. 熟悉纸色谱法分离氨基酸的原理。
3. 掌握测定和计算R_f。

【实训内容】

1. 实训用品

(1) 仪器:色谱缸或大试管、色谱滤纸(17cm×1.5cm)、毛细管、显色用喷雾器、电吹风。

(2) 试剂:几种氨基酸的甲醇混合溶液、0.2%的茚三酮醋酸丙酮溶液(0.2g茚三酮、40ml醋酸、60ml丙酮)、正丁醇-醋酸-水(4:1:5)。

2. 实训步骤

(1) 取配比为4:1:5的正丁醇-醋酸-水混合溶液20ml展开剂置于色谱缸或大试管中。

(2) 准备:取色谱滤纸(17cm×1.5cm)一张,距离一端2cm处用铅笔划一条起始线,在起始线的中点做一标记"×",以备点样时作为原点。

(3) 点样:用毛细管吸取几种氨基酸的混合液,在原点处轻轻点样(不超过2~3次),点样后原点扩散直径不能超过2~3mm。待干后,将滤纸悬挂于盛有正丁醇-醋酸-水为4:1:5的混合液的色谱缸或大试管中,饱和10分钟。

(4) 展开:将点有样品的一端浸入展开剂约1cm处(勿使样品浸入展开剂),上行展开,当展开剂扩散到距离纸顶端2cm处时,取出滤纸条,用铅笔在展开剂前沿划一条前沿线,晾干。

(5) 显色:用喷雾器将0.2%茚三酮试液均匀地喷到滤纸条上,置于烘箱(60~80℃)中烘10分钟左右取出即可看见各种氨基酸斑点(也可用电吹风加热显色)。

(6) 定性:分别测量并计算斑点的R_f值,作出定性结论。

$$R_f=\frac{\text{原点到斑点中心的距离}}{\text{原点到溶剂前沿的距离}}$$

【实训注意】

1. 色谱滤纸应平整、干净、边缘整齐。

2. 点样次数由样品液的浓度而定。重复点样,必须要等前次样点干后方可再次点样,以防原点扩散。

3. 展开剂必须事先倒入色谱缸或大试管,使其蒸气达到饱和。

【实训检测】

1. 展开时为什么勿使样品浸入展开剂?

2. 为什么展开剂必须事先倒入色谱缸或大试管?

【实训记录】

	斑点 A	斑点 B	斑点 C
原点至斑点中心的距离			
原点至溶剂前沿的距离			
R_f			
结果	$R_{f(甘氨酸)}$	$R_{f(色氨酸)}$	$R_{f(亮氨酸)}$

R_f参考值:$R_{f(甘氨酸)标准}=0.30$、$R_{f(色氨酸)标准}=0.64$、$R_{f(亮氨酸)标准}=0.79$

(姜　斌)

第十三章　气相色谱法

用气体作流动相的色谱法称为气相色谱法(GC)。气相色谱法可用于分离、鉴别和定量测定挥发性化合物。广泛应用于石油化工、环境科学、医药卫生、生命科学、国防工业、天体气相研究等领域。在药物分析中,气相色谱法已成为原料药和制剂的含量测定、杂质检查、药物的纯化与制备、中草药成分分析等方面不可缺少的分离分析手段。

知识链接

1952 年 James 和 Martin 提出气相色谱法,同时也发明了第一台气相色谱检测器。这是一个接在填充柱出口的滴定装置,用来检测脂肪酸的分离。1958 年 Gloay 首次提出毛细管色谱柱(峰),同年,Mcwillian 和 Harley 同时发明了氢火焰离子化检测器(FID),20 世纪 60 和 70 年代,随着对痕量分析的要求,陆续出现了一些高灵敏度、高选择性的检测器,如电子俘获检测器 ECD、火焰光度检测器 FPD 等。20 世纪 80 年代,由于弹性石英毛细管柱的快速广泛应用,特别是计算机和软件的发展,使上述检测器的灵敏度和稳定性均有很大提高,另外,快速和全二维等快速分离技术的迅猛发展,促使快速气相色谱检测方法逐渐成熟。

第一节　概　　述

一、气相色谱法的分类及特点

(一) 气相色谱法的分类

1. 按固定相的物态　分为气-固色谱法、气-液色谱法。

2. 按色谱柱管径大小、固定相填充方式的不同　分为填充柱色谱法、毛细管柱色谱法。

3. 按色谱原理　分为吸附色谱法、分配色谱法。气-固色谱法属于吸附色谱法;气-液色谱法属于分配色谱法。其中最常用的是气-液分配色谱法。

(二) 气相色谱法的特点

1. 分离效能高　在气相色谱法中,一般可以选用不同的固定相,同时柱阻力较小,可用细而长的分离柱,所以分离效能高。

2. 分析速度快　由于气态试样的传递速度快,试样中各组分在两相间建立平衡所需时间短。另外,用气体作流动相比用液体作流动相时,柱阻力小得多。因此,气相色谱分析时间一般在几十分钟甚至几秒即可完成。

3. 灵敏度高　由于使用了高灵敏度的检测器,检测限量可达10^{-13}g,适用于微量和痕量物质分析。

4. 样品用量少。

5. 应用范围广　据统计,能用气相色谱法直接分析的有机物约占全部有机物的20%。

二、气相色谱仪的基本组成及工作流程

气相色谱仪是实现气相色谱分离分析的装置,一般由五部分组成,如图 13-1 所示。

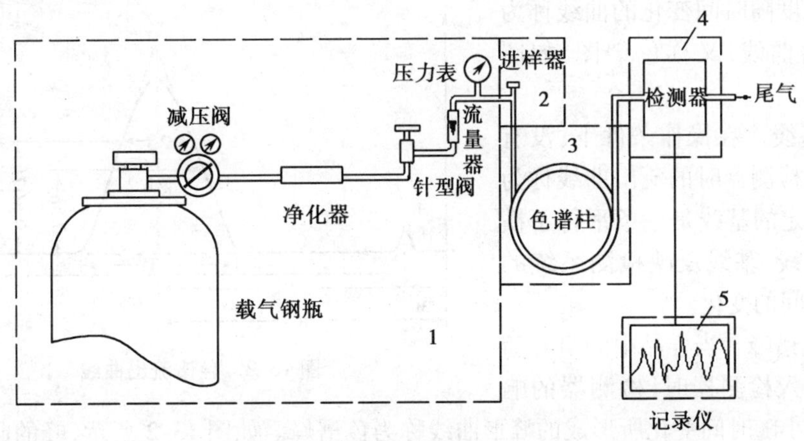

图 13-1　气相色谱仪示意图

1. 载气系统;2. 进样系统;3. 分离系统;4. 检测系统;5. 记录系统

1. 载气系统　包括气源、气体净化器、气体流速控制和测量装置。
2. 进样系统　包括进样器、气化室和控温装置。
3. 分离系统　包括色谱柱、柱箱。分离系统是气相色谱仪的心脏部分。
4. 检测系统　包括检测器、控温装置。
5. 记录系统　包括放大器、记录仪或数据处理装置。

在气相色谱法中,载气是用来载送试样的惰性气体,如氢气、氮气等。气相色谱法进行色谱分离分析的工作流程,如图13-1 所示。载气从高压钢瓶输出后,经减压、稳压、稳流和净化处理,流经气化室,将气态试样带入色谱柱,分离后的组分随载气依次流出色谱柱,进入检测器,检测器将载气中各组分浓度或质量的变化转换为强弱不同的电信号,放大后得到色谱流出曲线,经色谱工作站进行数据处理和分析。

课堂活动

气相色谱仪由哪几部分组成,各组成部分的作用是什么?

点滴积累

1. 气相色谱法是用气体作流动相。
2. 气相色谱仪包括载气系统、进样系统、分离系统、检测系统和记录系统。

第二节　基本理论

一、基本概念

（一）色谱流出曲线

试样中各组分经色谱柱分离后，随流动相依次流出色谱柱进入检测器，检测器的响应信号强度随时间变化的曲线称为色谱流出曲线，又称色谱图，如图13-2所示。

1. 基线　在操作条件下，没有组分进入检测器时的流出曲线称为基线。稳定的基线是一条平行于横坐标的直线，基线反映检测系统的噪声随时间的变化。

2. 色谱峰　当样品中的组分随流动相进入检测器时，检测器的响应信号大小随时间变化所形成的峰形曲线称为色谱峰。如图13-2所示，峰的起点和终点的连接直线称为峰底。

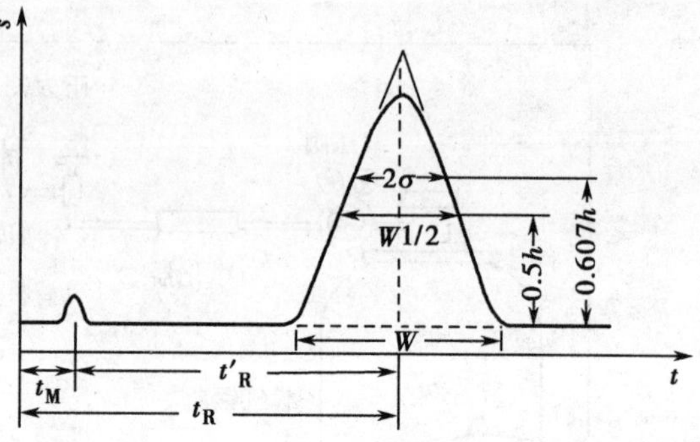

图13-2　色谱流出曲线

在色谱流出曲线上，一个组分的色谱峰可用峰位（用保留值表示）、峰高或峰面积及色谱峰的区域宽度等三项参数描述，分别可作为定性、定量及衡量柱效的依据。

3. 峰面积和峰高

（1）峰面积：峰与峰底之间的面积，用 A 表示。

（2）峰高：色谱峰最高点到峰底的垂直距离，用 h 表示。

4. 区域宽度　包括峰宽、半峰宽和标准偏差。用于衡量色谱柱效能。

（1）峰宽：色谱峰两侧拐点处的切线在基线上截取的距离，用 W 表示。

（2）半峰宽：色谱峰高一半处的峰宽，用 $W_{1/2}$ 表示。

（3）标准偏差：0.607倍峰高处峰宽的一半，用 σ 表示。

W、$W_{1/2}$ 和 σ 表示正态分布色谱峰不同峰高处的区域宽度，是衡量色谱柱效能的3种指标，其中 $W_{1/2}$ 值最容易测量，常用 $W_{1/2}$ 评价柱效。W、$W_{1/2}$ 和 σ 之间存在以下数学关系：

$$W=4\sigma \quad 或\ W=1.699W_{1/2} \qquad 式(13\text{-}1)$$

$$W_{1/2}=2.355\sigma \qquad 式(13\text{-}2)$$

（二）保留值

1. 保留时间　组分从进样到色谱峰顶点所用的时间，用 t_R 表示。

2. 保留体积　组分从进样到出现信号最大值所通过流动相的体积，用 V_R 表示。

$$V_R=t_RF_c \qquad 式(13\text{-}3)$$

式（13-3）中，F_c 为载气流速，单位为ml/min。

3. 死时间　不被固定相滞留组分的保留时间，用 t_M 或 t_0 表示，t_M 反映流动相通过色谱柱所需要的时间。

4. 死体积　不被固定相滞留组分的保留体积，用 V_M 或 V_0 表示。

$$V_M = t_M F_c \qquad \text{式(13-4)}$$

5. 调整保留时间　指组分的保留时间与死时间之差，用 t'_R 表示。t'_R 是固定相滞留组分的时间。

$$t'_R = t_R - t_M \qquad \text{式(13-5)}$$

6. 调整保留体积　组分的保留体积与死体积之差，用 V'_R 表示。

$$V'_R = V_R - V_M = t'_R F_c \qquad \text{式(13-6)}$$

课堂活动

说出色谱法用于定性、定量及衡量柱效的参数。

（三）分配系数比

1. 容量因子　在一定温度和压力下，组分在两相间达到分配平衡时的质量比。

$$k = \frac{m_s}{m_m} = \frac{c_s V_s}{c_m V_m} = K\frac{V_s}{V_m} \qquad \text{式(13-7)}$$

式(13-7)中，K、V_s、V_m 分别为分配系数、固定相体积和流动相体积。

2. 分配系数比　分配系数比是指混合物中相邻两组分的分配系数或容量因子或调整保留值之比。

$$\alpha = \frac{K_2}{K_1} = \frac{k_2}{k_1} = \frac{t'_{R_2}}{t'_{R_1}} \qquad \text{式(13-8)}$$

由上式可知，两组分通过色谱柱后能够分离，其保留时间必然不同。因此，容量因子或分配系数不等是混合试样分离的前提条件。

课堂活动

为何容量因子或分配系数不等是混合试样分离的前提条件？

二、基本理论

试样在色谱柱中的分离过程可用塔板理论和速率理论来讨论。

（一）塔板理论

1941 年，马丁（Martin）和辛格（Synge）提出塔板理论。塔板理论把气相色谱柱比拟为一个分馏塔，设想柱内存在许多块塔板，各组分在每块塔板的气相和液相之间进行分配。由于流动相（气相）在不断地移动，而固定相保持不动，经过多次分配平衡后，分配系数小的组分先流出色谱柱，分配系数大的后流出。由于色谱柱的塔板数相当多，因而即使待测组分间的分配系数只有微小的差别，也可获得很好的分离效果。

根据塔板理论基本假设，色谱柱的柱效可用理论塔板数和理论塔板高度来衡量，由塔板理论可以导出塔板数和峰宽的关系：

$$n = 5.54\left(\frac{t_R}{W_{1/2}}\right)^2 = 16\left(\frac{t_R}{W}\right)^2 \qquad \text{式(13-9)}$$

理论塔板高度(H)可由色谱柱长(L)和理论塔板数(n)来计算：

$$H=\frac{L}{n} \qquad 式(13\text{-}10)$$

在实际应用中，常用扣除 t_M 后的有效塔板数 n_{eff} 来代表色谱柱的柱效率指标：

$$n_{eff}=5.54\left(\frac{t'_R}{W_{1/2}}\right)^2=16\left(\frac{t'_R}{W}\right)^2 \qquad 式(13\text{-}11)$$

色谱柱有效塔板数越大，有效塔板高度越小，对组分的分离越有利。

（二）速率理论

1956 年，荷兰学者范第姆特(Vandeomer)等在塔板理论基础上，研究了影响塔板高度的因素，提出了描述色谱柱分离过程中，复杂因素使色谱峰变宽而致柱效降低的关系，即范第姆特方程式：

$$H=A+\frac{B}{u}+Cu \qquad 式(13\text{-}12)$$

式(13-12)中，A、B、C 为常数，其中 A 为涡流扩散项、B/u 为纵向扩散项、Cu 为传质阻力项；u 为流动相的线速度。当 u 一定时，只有 A、B、C 三个常数越小，塔板高度 H 才越小，色谱峰越尖锐，柱效越高。

1. 涡流扩散项(A)　在填充色谱柱中，当组分随流动相向柱口流动时，流动相由于受到固定相颗粒的阻碍，不断改变流动方向，从而使同组分的分子经过不同长度的途径流出色谱柱，引起色谱峰的扩展，即涡流扩散。因此，操作中可以通过选择具有适当粒度，且粒度均匀的填料，将固定相尽量填充均匀，从而有效地减少涡流扩散，提高柱效。对于空心毛细管柱，涡流扩散项为零。

2. 纵向扩散项(B/u)　色谱过程中，待测组分是以“塞式”被流动相带入色谱柱，在“塞子”前后存在浓度梯度，从而使运动着的分子产生纵向扩散，色谱峰变宽。为了缩短组分分子在载气中的停留时间，可采用较高的载气流速、选择分子量大的载气(如 N_2)，以减小纵向扩散，增加柱效。当然，组分在载气中的扩散也受柱温和柱压的影响。

3. 传质阻力项(Cu)　样品混合物被载气带入色谱柱后，组分在两相间溶解、扩散、平衡及转移的整个过程称为传质过程。影响传质过程进行的阻力称为传质阻力。降低固定相液膜厚度，并增加组分在固定相中的扩散系数，可以减少传质阻力，提高柱效。

（三）分离度

气相色谱的分离效果，可直接表现在色谱峰的峰间距离和峰宽上，只有相邻两个色谱峰的距离较大、峰宽较窄时，两个组分才能得到良好的分离效果。综合考虑峰间距离和峰宽两方面的因素，常用分离度作为色谱柱的总分离效能指标。分离度 R 可按下式计算：

$$R=\frac{t_{R2}-t_{R1}}{(W_1+W_2)/2}=\frac{2(t_{R2}-t_{R1})}{W_1+W_2} \qquad 式(13\text{-}13)$$

式(13-13)中，t_{R1}、t_{R2} 分别为组分 1、2 的保留时间；W_1、W_2 分别为组分 1、2 色谱峰的峰宽。

当 $R=1$ 时，两峰的分离程度达到 98%；当 $R=1.5$ 时，两峰完全分开，分离程度达到 99.7%。定量分析时，常以 $R=1.5$ 作为相邻两组分色谱峰完全分离的标志。

点 滴 积 累

1. 色谱流出曲线上，一个组分的色谱峰可用峰位、峰高或峰面积及色谱峰的区域宽度等三项参数描述，分别作为定性、定量及衡量柱效的依据。

2. 气相色谱法依据塔板理论和速率理论。

第三节　色谱柱和检测器

一、色谱柱

色谱柱是色谱仪的核心部分，根据色谱柱管径大小、固定相填充方式的不同，气相色谱柱通常可分为填充柱和毛细管柱两大类。填充柱常用的管材是不锈钢、铜渡镍、玻璃或聚四氟乙烯，可供使用的固定相种类繁多，可解决各种分离分析问题。毛细管色谱柱常用的管材是熔融石英或不锈钢，柱内没有填充固体颗粒物，固定液被直接涂渍在柱管的内壁上。

（一）气-液色谱填充柱

气-液色谱填充柱的固定相是涂渍在载体上的固定液，故分固定液和载体两部分，液体固定相因具有较高可选择性而受到普遍重视。

1. 对固定液的要求　固定液一般都是高沸点液体，在操作温度下为液态，室温时为固态或液态，要求：①选择性高；②热稳定性好；③对样品中各组分有足够的溶解能力；④蒸气压低；⑤对载体有湿润性。

2. 固定液的选择　固定液的选择遵循“相似相溶”原则。

3. 载体　气-液色谱法中所用载体分为硅藻土型和非硅藻土型。硅藻土型载体是由天然硅藻土煅烧等处理后获得的具有一定粒度的多孔性颗粒。按照制造方法不同分为红色载体和白色载体，红色载体常与非极性固定液配合使用，用于分析非极性或弱极性物质。白色载体常与极性固定液配合使用，用于分析极性物质。非硅藻土型载体常用的有聚四氟乙烯、有机玻璃微球、高分子多孔微球等，这类载体常用于极性样品和强腐蚀性物质的分析，但由于表面非浸润性，柱效较低。

值得注意的是，载体在使用过程中，需要通过酸洗法、碱洗法或硅烷化法进行钝化，以除去或降低载体表面的吸附性能，防止色谱峰的拖尾现象。

课 堂 活 动

试述“相似相溶”原理应用于固定液选择的合理性。

（二）气-固色谱填充柱

固体固定相一般是表面具有一定活性的固体颗粒，如硅胶、氧化铝、石墨化炭黑、分子筛、高分子多孔微球及化学键合相等都可作为气-固色谱填充柱的固定相。它们的共同特点是具有一定的吸附活性。

（三）毛细管色谱柱

毛细管气相色谱法是利用高分离效能的毛细管柱来分离复杂组分的气相色谱法。

1957年,戈雷用一根长1m、内径0.8mm、内涂固定液的柱子进行实验,从而发明了一种效能极高的色谱柱,这标志着毛细管气相色谱法的诞生。

毛细管柱分为开管型和填充型,开管型毛细管柱主要有两种:一种是涂壁毛细管柱(WCOT),是将固定液直接涂在毛细管内壁制成;另一种是载体涂层毛细管柱(SCOT)。载体涂层毛细管柱应用最为广泛,与一般填充柱相比较,具有以下特点:

1. 柱效高　理论塔板数可高达10^6,适宜复杂混合物样品的分析。

2. 柱渗透性好　毛细管柱通常是开口柱或空心柱。由于是空心,对载气的阻力小,故可用高载气流速进行快速分析。

3. 柱容量小　由于固定液含量只有几十毫克,进样量小。

4. 定量重现性差　由于进样量小,实现定量重现难。因此,毛细管柱多用于分离与定性。

二、检测器

检测系统主要指检测器,检测器的作用是将流出色谱柱的各组分的浓度(或质量)转变成相应的电信号(电压、电流等)。电信号经放大器放大后经色谱工作站处理得出分析结果。

(一)检测器的分类

根据检测原理不同,可将检测器分为浓度型检测器和质量型检测器两大类。浓度型检测器测量载气中组分浓度的瞬间变化,即检测器的响应值与组分在载气中的浓度成正比,例如热导检测器、电子捕获检测器等。质量型检测器测量载气中组分进入检测器的质量流速的变化,即检测器的响应值与单位时间内某组分进入检测器的质量成正比,如氢焰离子化检测器、火焰光度检测器等。

(二)检测器的性能指标

一个性能优良的检测器要求:灵敏度高,稳定性好,线性范围宽,噪声低、漂移小,死体积小,响应迅速。

1. 噪声和漂移　在无样品通过检测器时,由仪器本身及工作条件等偶然因素引起的基线起伏波动称为噪声。噪声的大小用噪声带(峰-峰值)的宽度来衡量。基线随时间朝某一方向缓慢变化称为漂移,通常用一小时内基线水平的变化来表示。

2. 灵敏度　又称响应值或应答值。它是指单位物质的含量(质量或浓度)通过检测器时产生的信号变化率。浓度型检测器用S_c表示,质量型检测器用S_m表示。

3. 检测限　又称敏感度。信号被放大器放大时,使灵敏度增加,但噪声也同时放大,弱信号难以辨认。因此评价检测器性能不能只看灵敏度,还要考虑噪声的大小。检测限综合灵敏度与噪声来评价检测器的性能。其定义为某组分峰高为噪声的两倍时,单位时间内载气引入检测器中该组分的质量(或浓度)。

(三)常用的检测器

1. 热导检测器(TCD)　热导检测器是利用被测组分与载气的热导率不同,检测组分的浓度变化。其特点是:结构简单、稳定性好、线性范围宽、测定范围广,且样品不被破坏,易与其他仪器联用;但灵敏度较低,噪声较大。

2. 电子捕获检测器(ECD)　利用电负性物质捕获电子的能力,通过测定电子流进行检测的浓度型检测器。具有选择性高、灵敏度高的特点。现已广泛用于分析含有卤素、硫、磷、氮、氧等元素的化合物以及金属有机化合物、金属螯合物等。

3. 氢焰离子化检测器(FID)　利用样品组分在氢焰的作用下,燃烧而变成离子,并在电场作用下形成离子流(电流),通过测定离子流强度进行检测的检测器。其特点是:灵敏度高,噪声小,死体积小,线性范围宽,但一般只能测定有机物,检测时样品被破坏。

4. 火焰光度检测器(FPD)　火焰光度检测器是对含硫、含磷化合物具有高选择性和高灵敏度的检测器,又称硫磷检测器。火焰光度检测器与氢焰检测器联用,可以同时测定硫、磷和含碳有机物。

三、分离条件的选择

(一) 色谱柱的选择

根据不同的分析试样和分析要求可选择填充柱和毛细管柱。填充柱柱容量大,毛细管柱分离效能高,难分离的试样常选择毛细管柱,在保证分离的条件下,应采用尽可能短的色谱柱。

(二) 载气及其流速的选择

根据范第姆特方程,载气及其流速对柱效和分析时间有明显的影响,通过计算可得到一个最佳的载气流速,此时塔板高度最小,柱效最高。研究表明,当载气流速较小时,纵向扩散是色谱峰扩张的主要因素,此时应采用分子量较大的载气,如氮气;当载气流速较大时,传质阻抗为主要因素,则宜采用分子量较小的载气,如氢气或氦气。但在实际工作中,为缩短分析时间,常使载气流速稍高于最佳载气流速。当然,选择载气时还要考虑不同检测器的适应性。

(三) 柱温的选择

柱温是一个重要的操作变数,直接影响分离效能和分析时间。提高柱温可缩短分析时间;降低柱温可使色谱柱选择性增大,有利于组分的分离和稳定性的提高。但是,柱温过高,会使固定液挥发或流失,柱寿命缩短;柱温过低,液相传质阻抗增强,导致色谱峰扩张甚至发生拖尾现象。因此,选择柱温的基本原则是:在使最难分离的组分有较好分离度的前提下,尽量采取低柱温,并应以保留时间适宜且色谱峰不拖尾为度。

(四) 进样条件的选择

1. 进样速度　进样速度要快,一般在很短时间(1 秒)内完成进样,否则,样品原始宽度增大,使色谱峰扩张甚至变形。

2. 进样量　进样量应控制在峰面积或峰高与进样量呈线性关系的范围内。对于填充柱,液体进样量一般小于 5μl,气体进样量为 0.1～1ml。

3. 气化温度　气化温度取决于样品的挥发性、稳定性、沸点及进样量。适当提高气化温度对样品的分离及定量有利。一般可高于柱温 30～50℃。

点 滴 积 累

1. 气相色谱法常用填充柱和毛细管色谱柱。

2. 气相色谱法常用热导检测器(TCD)和氢焰离子化检测器(FID)。

3. 气相色谱法分离条件的选择包括色谱柱、载气及其流速、柱温、进样条件等的选择。

第四节　定性与定量分析方法

一、定性分析方法

色谱法定性分析的目的是确定每个色谱峰代表的是何种物质。

（一）根据色谱保留值进行定性分析

1. 利用保留时间定性　在相同的色谱条件下，将标准品与样品分别进样，两者保留时间相同，可能为同一物质。

2. 利用相对保留值定性　相对保留值是任一组分（i）与标准物（s）的调整保留值之比，用 r_{is} 表示：

$$r_{is}=\frac{t'_{Ri}}{t'_{Rs}}=\frac{V'_{Ri}}{V'_{Rs}}=\frac{k_i}{k_s} \qquad \text{式(13-14)}$$

相对保留值只与组分性质、柱温和固定相性质有关。因此，依据色谱手册或文献收载的实验条件和标准物进行实验，然后将测得的相对保留值与手册或文献提供的相对保留值对比，完成对色谱的定性判断。

3. 利用峰高增量　若样品复杂，流出峰距离太近或操作条件不易控制，可将已知物加到样品中，混合进样，若被测组分峰高增加了，则可能含有该物质。

（二）利用联用仪器进行定性分析

由于色谱法定性有其局限性，目前更多的是采用色谱与质谱、红外光谱等联用进行组分的结构鉴定，如气相色谱-质谱联用（GC-MS）和气相色谱-傅里叶变换红外光谱联用（GC-IR）最为成功。

二、定量分析方法

（一）定量校正因子

在一定的操作条件下，被测组分的质量（m_i）与检测器产生的响应信号（A_i）成正比。即：

$$m_i=f'_iA_i \qquad \text{式(13-15)}$$

式（13-15）中，f'_i为绝对校正因子。

在气相色谱分析中，由于同一检测器对不同物质具有不同的响应值，若用峰面积进行定性分析，需引入相对校正因子 f_i：

$$f_i=\frac{f'_i}{f'_s} \qquad \text{式(13-16)}$$

式（13-16）中，f'_i、f'_s分别为组分 i 和标准物质 s 的绝对校正因子。按照被测组分使用的计量单位不同，相对校正因子可分为相对质量校正因子、相对摩尔校正因子和相对体积校正因子。其中最常用的是相对质量校正因子。

（二）定量方法

1. 归一化法　归一化法要求：①所有组分都能从色谱柱中流出、并被检测器检出，且在线性范围内；②能测出或查出所有组分的相对校正因子。各组分含量计算公式为：

$$c_i\% = \frac{f_iA_i}{\sum f_iA_i} \times 100\% \qquad 式(13\text{-}17)$$

式(13-17)中,$c_i\%$、f_i、A_i 分别代表样品中被测组分的百分含量、相对质量校正因子和色谱峰面积。

归一化法的特点是操作简便、分析结果准确;操作条件变化对分析结果影响较小,定量分析结果与进样量无关;适于分析多组分试样中各组分的含量。

2. 外标法　先将被测组分的纯物质配制一系列浓度的标准溶液,取同量进行色谱分析,做出峰面积或峰高对浓度的标准曲线。然后,在相同条件下,对相同量的样品进行色谱分析,由所得的样品峰面积或峰高从标准曲线上查出组分的含量。

如果标准曲线通过原点,可用外标一点法(单点校正法)定量。即用一种浓度的某组分标准溶液,同量进样多次,测得峰面积平均值。然后,取样品溶液在相同条件下进行色谱分析,测得峰面积,按下式计算含量:

$$c_i = \frac{A_ic_s}{A_s} \qquad 式(13\text{-}18)$$

式(13-18)中,c_i、A_i 分别代表样品溶液中被测组分的浓度及峰面积。c_s、A_s 分别代表标准溶液的浓度和峰面积。

外标法操作简单、计算方便。但此法要求进样量准确、实验条件稳定。2010 年版《中国药典》规定,可用外标(一点)法测定药品中某杂质或主要成分的含量。

3. 内标法　将一种纯物质(内标物)作为标准物加到待测样品中,进行色谱定量的方法称为内标法。按下式计算含量:

$$c_i\% = \frac{f_iA_i}{f_sA_s} \times \frac{m_s}{m} \times 100\% \qquad 式(13\text{-}19)$$

式(13-19)中,m 代表样品的质量,m_s 代表加入内标物的质量;f_i、A_i 分别代表被测组分的相对质量校正因子和峰面积;f_s、A_s 分别代表加入内标物的相对质量校正因子和峰面积。

内标法的优点是测定的结果较准确,由于通过测量内标物及被测组分的峰面积的相对值来进行计算,因而在一定程度上消除了操作条件等的变化所引起的误差,适宜于复杂试样及微量组分的定量分析。内标法的缺点是每次均需准确计量试样和内标物的量,有时不易找到合适的内标物。

4. 内标对比法　将被测组分的纯物质配制成标准溶液,再取一定量的标准溶液加入定量的内标物;将内标物按相同量加入到同体积的样品溶液中。将两种溶液分别进样相同体积。按下式计算含量:

$$(c_i\%)_{样品} = \frac{(A_i/A_s)_{样品}(c_i\%)_{标准}}{(A_i/A_s)_{标准}} \qquad 式(13\text{-}20)$$

在校正因子未知的情况下可采用此法。2010 年版《中国药典》规定,可用此法测定药品中某个杂质或主成分的含量。对于正常峰,可用峰高 h 代替峰面积 A 计算含量。

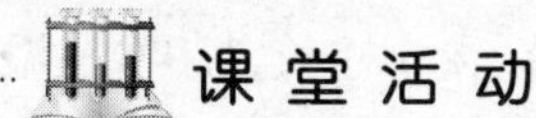

气相色谱法有哪些定量的方法,其优缺点各是什么?

难点释疑

气相色谱法定量分析中，要引入定量校正因子，但有些情况下可以不使用校正因子。

因为气相色谱法是利用色谱峰的面积或峰高进行定量，而相同质量或浓度的不同组分，在检测器中的响应信号大小并不相等，即检测器对不同组分的灵敏度不同，所以进行定量分析时，必须对峰面积或峰高进行校正，使单位质量或单位浓度的不同组分产生的峰面积或峰高一致。

利用内标标准曲线法定量时，因为校正因子已并入常数项中，不需要校正因子。

三、色谱系统适用性试验

2010 年版《中国药典》规定，在应用气相色谱法或高效液相色谱法（下一章讨论）进行定性、定量分析前，需按各品种项下要求对仪器进行适用性试验，即用规定的对照品对仪器进行试验与调整，使其达到规定的要求。适用性试验包括分析状态下色谱柱的最小理论塔板数、分离度、重复性和拖尾因子。

1. 色谱柱的理论塔板数（n）　在选定条件下，注入样品溶液或各品种项下规定的内标物溶液，记录色谱图。测出样品主要成分或内标物的保留时间和半峰宽，计算色谱柱的理论塔板数。如果测得的理论塔板数低于各品种项下规定的最小理论塔板数，应改变色谱柱的某些条件（如柱长、载体性能、色谱柱充填的优劣等），使理论塔板数达到要求。

2. 分离度（R）　为保证定量分析的准确性，要求定量峰与其他峰或内标峰之间有较好的分离度。除另有规定外，分离度应大于 1.5。

3. 重复性　取各品种项下的对照溶液，连续进样 5 次，除另有规定外，其峰面积测量值的相对标准偏差应小于 2.0%。也可按各品种校正因子测定项下，配制相当于 80%、100% 和 120% 的对照品溶液，加入规定量的内标溶液，配成三种不同浓度的溶液，分别进样 3 次，计算平均校正因子，其相对标准偏差也应小于 2.0%。

4. 拖尾因子（T）　为保证测量精度，在采用峰高法测量时，应检查待测峰的拖尾因子是否符合各品种项下的规定；或不同浓度进样的校正因子误差是否符合要求。除另有规定外，T 应在 0.95～1.05 之间。

四、应用示例

气相色谱法在药学领域中应用十分广泛，包括药物的含量测定、杂质检查及微量水分和有机溶剂残留量的测定、中药挥发性成分测定以及体内药物代谢分析等方面。

例 1　无水乙醇中微量水分的测定（内标法）

样品配制　准确量取被检无水乙醇 100ml，称重 79.37g。用减重法加入无水甲醇（内标物）约 0.25g，精确称定为 0.2572g，混匀待用。

色谱条件　色谱柱：上试 401 有机载体（或 GDX-203）。2m 柱长，120℃柱温，160℃气化室温，TCD 检测器，H_2作载气，40～50ml/min 流速。实验所得图谱如图 13-3 所示。

测得数据　水：$h=4.60\text{cm}$，$W_{1/2}=0.13\text{cm}$。甲醇：$h=4.30\text{cm}$，$W_{1/2}=0.187\text{cm}$。

解:(1)质量百分含量(W/W)

1) 用以峰面积表示的相对质量校正因子$f_{H_2O}=0.55$、$f_{甲醇}=0.58$,计算:

$$H_2O\%=\frac{1.065\times4.60\times0.13\times0.55}{1.065\times4.30\times0.187\times0.58}\times\frac{0.2572}{79.37}\times100\%=0.23\%$$

2) 用以峰高表示的相对质量校正因子$f_{H_2O}=0.224$、$f_{甲醇}=0.340$,计算:

$$H_2O\%=\frac{4.60\times0.224}{4.30\times0.340}\times\frac{0.2572}{79.37}\times100\%=0.23\%$$

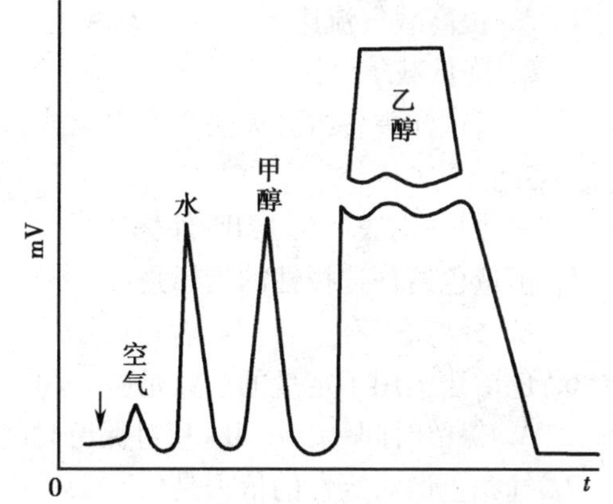

图 13-3　无水乙醇中的微量水分测定

空气 22 秒　水 59 秒　甲醇(内标物)92 秒

(2) 体积百分含量(W/V)

$$H_2O\%=\frac{4.60\times0.224}{4.30\times0.340}\times\frac{0.2572}{100}\times100\%=0.18\%$$

例 2　曼陀罗酊剂含醇量的测定(内标对比法)

对照品溶液的配制:准确量取无水乙醇 5ml,丙醇(内标物)5ml,置 100ml 量瓶中,加水稀释至刻度。

样品溶液的配制:准确量取样品 10ml,丙醇(内标物)5ml,置 100ml 量瓶中,加水稀释至刻度。

测峰高比平均值:将对照溶液与样品溶液分别进样 3 次,每次 2μl。色谱条件与上例相似。测得它们的峰高比平均值分别为 13.3/6.1 和 11.4/6.3。

解:
$$CH_3CH_2OH\%=\frac{(11.4/6.3)\times10}{13.3/6.1}\times5.00=41.5\%\,(V/V)$$

点 滴 积 累

1. 气相色谱法常利用保留值和联用仪器进行定性分析。
2. 气相色谱法的定量分析方法有归一化法、外标法、内标法和内标对比法等。

目 标 检 测

一、选择题

(一) 单项选择题

1. 理论塔板数反映了(　　)
   A. 分离度　　B. 分配系数　　C. 保留值　　D. 柱的效能
2. 根据范第姆特方程,在低流速情况下,影响柱效的主要因素是(　　)
   A. 传质阻力　　B. 纵向扩散
   C. 溶解能力小的涡流扩散　　D. 固定液膜的厚度
3. 根据范第姆特方程式,可提高柱效的途径是(　　)

A. 提高载气流速　　B. 提高固定相液膜厚度
C. 降低载气流速　　D. 降低流动相的黏度

4. 如果试样中各组分无法全部出峰或只需定量测定试样中某几个组分，应采用的定量方法是(　　)
A. 归一化法　B. 外标法　C. 标准曲线法　D. 内标法

5. 衡量色谱柱选择性的指标是(　　)
A. 分离度　B. 容量因子　C. 相对保留值　D. 分配系数

6. 色谱法中用于定量的参数是(　　)
A. 保留时间　B. 相对保留时间　C. 半峰宽　D. 峰面积

7. 气相色谱法定性的依据是(　　)
A. 物质的密度　B. 保留时间　C. 物质的沸点　D. 物质的熔点

8. FID 主要检测的对象是(　　)
A. 无机物　B. 有机物　C. 小分子化合物　D. 无机气体

9. 下列常用作相邻两组分色谱峰完全分离的标志的是(　　)
A. $R=1$　B. $R=0.5$　C. $R=1.5$　D. $R=3$

10. 气相色谱仪进样器需要加热、恒温的原因是(　　)
A. 使样品瞬间气化　　B. 使气化样品与载气均匀混合
C. 使进入样品溶剂与测定组分分离　　D. 使各组分按沸点预分离

11. 气相色谱法中一般只能测定有机物的检测器是(　　)
A. FID　B. ECD　C. FPD　D. TCD

12. 色谱法分离不同组分的先决条件是(　　)
A. 色谱柱要长　　B. 流动相流速要大
C. 各组分的分配系数不等　　D. 有效塔板数要多

13. 根据速率理论，下列不一定使色谱柱效能增高的是(　　)
A. 减小色谱柱填料粒度　　B. 降低固定液膜厚度
C. 减小载气流速　　D. 尽可能降低色谱柱室温度

14. 在气相色谱分析中，常使用比最佳载气流速稍高的流速作为实际载气操作流速的原因是(　　)
A. 有利于提高色谱柱效能　　B. 可以缩短分析时间
C. 能改善色谱峰的峰形　　D. 能提高分离度

15. 在色谱分析中，欲使两组分完全分离，分离度 R 应(　　)
A. 0.5　B. 0.75　C. 1.0　D. ≥1.5

(二) 多项选择题

1. 下列属于气相色谱法中浓度型检测器的是(　　　)
A. 热导检测器　B. 电子捕获检测器　C. 氢焰离子化检测器
D. 火焰光度检测器　E. 光电倍增管

2. 测得两色谱峰的保留时间 $t_{R1}=6.5\text{min}$，$t_{R2}=8.3\text{min}$，峰宽 $W_1=1.0\text{min}$，$W_2=1.4\text{min}$，则两峰分离度不正确的为(　　　)
A. 0.22　B. 1.2　C. 2.5
D. 1.5　E. 0.75

3. 气相色谱法中，与含量成正比的是色谱峰的(　　)
A. 保留体积　B. 保留时间　C. 相对保留值
D. 峰高　E. 峰面积

4. 混合样品分离的先决条件是(　　)
A. 保留时间必须不等　B. 峰面积不等　C. 容量因子不等
D. 分配系数不等　E. 峰高不等

5. 下列属于2010年版《中国药典》规定的色谱系统适用性试验的是(　　)
A. 色谱柱的理论塔板数　B. 分离度(R)　C. 容量因子
D. 重复性　E. 拖尾因子

二、简答题

1. 一个组分的色谱峰可用哪些参数描述？这些参数各有何意义？
2. 为什么可用分离度 R 作为色谱柱的总分离效能指标。

三、实例分析

1. 在2m，5%的阿皮松柱，柱温100℃，记录纸速为2.0cm/min的实验条件下，测得苯的保留时间为1.5min，半峰宽为0.20cm。求理论塔板数及塔板高度。

2. 在冰醋酸的含水量测定中，内标物为AR甲醇，0.4896g，冰醋酸52.16g，水峰高16.30cm，半峰宽为0.159cm，甲醇峰高14.40cm，半峰宽为0.239cm。已知，用峰高表示的相对质量校正因子 $f_{H_2O}=0.224$，$f_{CH_3OH}=0.340$；用峰面积表示的相对质量校正因子 $f_{H_2O}=0.55$，$f_{CH_3OH}=0.58$。用内标法分别以峰高、峰面积表示的相对质量校正因子计算该冰醋酸中的含水量。

（王　蓓）

第十四章　高效液相色谱法

高效液相色谱法(HPLC)是在20世纪60年代末,以经典液相色谱为基础,引入了气相色谱的理论与实验方法,流动相改为高压输送,采用新型高效固定相及高灵敏度检测器,发展起来的现代液相色谱法。

第一节　高效液相色谱法的基本原理

一、概述

高效液相色谱法具有分离效率高、选择性好、分析速度快、灵敏度高、流动相可选择范围宽、色谱柱可反复使用、流出组分容易收集、操作自动化和应用范围广的特点。

高效液相色谱法的分类方法与经典液相色谱法相同,按固定相的聚集状态可分为液-液色谱及液-固色谱两大类,按分离机制可分为分配色谱法、吸附色谱法、离子交换色谱法和凝胶色谱法四种主要类型。

知识链接

在三鹿婴幼儿奶粉事件发生后,国家质量监督检验检疫总局、国家标准化管理委员会批准发布了《原料乳与乳制品中三聚氰胺检测方法》(GB/T22388—2008)国家标准,规定了三聚氰胺的检测方法的检测定量限。标准规定了高效液相色谱法、气相色谱-质谱联用法、液相色谱-质谱/质谱法三种方法为三聚氰胺的检测方法,检测定量限分别为2mg/kg、0.05mg/kg和0.01mg/kg。标准适用于原料乳、乳制品以及含乳制品中三聚氰胺的定量测定。

与经典的液相色谱法比较,高效液相色谱法具有以下优点:

1. 应用了颗粒细小(直径10μm以下)、规则均匀的固定相,传质阻力小、柱效高、分离效率高。

2. 采用高压输液泵输送流动相,流速快,分析时间短,一般试样数分钟即可分析完成,复杂试样在数十分钟内也可分析完成。

3. 广泛使用了高灵敏度的检测器,提高了分析的灵敏度:紫外检测器最小检测限可达10^{-9}g,荧光检测器最小检测限可达10^{-12}g。

与气相色谱法比较,高效液相色谱法具有以下优点:

1. 不受试样的挥发性和热稳定性的限制，应用范围广。

2. 可选用不同性质的溶剂作为流动相，是控制柱效和分离效率的重要因素之一。

3. 一般在室温条件下进行分离，不需要高柱温。

高效液相色谱法已广泛应用于各种药物及制剂的分析测定，尤其是在生物样品、中药等复杂体系的成分分离分析中发挥着极其重要的作用。随着与质谱、核磁共振波谱等联用技术的发展，高效液相色谱法的应用将更加广泛。

二、基本原理

高效液相色谱法是在气相色谱法的理论基础上发展起来的，因此气相色谱法所用的术语、基本理论、定性定量方法等都适用于高效液相色谱法。所不同的是高效液相色谱法的流动相为液体，气相色谱的流动相为气体，由于气体与液体的性质不同，因而在应用基本理论时，必须考虑方法本身的特点。按照速率理论，这种影响分为柱内因素和柱外因素两类。

（一）柱内展宽

柱内展宽是由色谱柱内各种因素所引起的色谱峰扩展，可依据范第姆特方程 $H = A + B/u + Cu$ 进行讨论。

1. 涡流扩散项(A)　其含义与气相色谱法完全相同，指组分分子在色谱柱中运动路径不同而引起的色谱峰扩展。但是，由于高效液相色谱法中使用的固定相颗粒直径更小，且采取匀浆法装柱，因此，涡流扩散项比气相色谱法更低。

2. 纵向扩散项(B/u)　指组分分子自身的运动所产生的纵向扩散而引起的色谱峰扩展。扩展的大小与组分分子在流动相中的扩散系数成正比，与流动相的线速率(u)成反比。在液相色谱中，由于液体的扩散系数小，因此，当流动相的线速率大于0.5cm/s时，纵向扩散对色谱峰扩展的影响可以忽略。

3. 传质阻力项(Cu)　指组分分子在两相间的传质过程不能瞬间达到平衡所引起的色谱峰扩展。高效液相色谱法中，传质阻力项包括：固定相传质阻力项、流动相传质阻力项和滞留流动相中的传质阻力项。

在高效液相色谱法中，由于纵向扩散项可以忽略不计，故高效液相色谱的速率方程可简写为：

$$H = A + Cu \qquad \text{式 (14-1)}$$

因为高效液相色谱法中的涡流扩散项较小，所以，其影响柱效的主要因素是传质项。保证固定相装填的均匀性，减小粒度，可以加快传质速度，提高柱效。选用低黏度流动相，适当升高柱温，增大扩散系数，可以减小传质阻力，也使柱效提高。但是各种因素又是相互联系、相互制约的，实际应用时，应综合考虑。

（二）柱外展宽

因色谱柱外各种因素引起的色谱峰展宽称柱外展宽。主要包括进样系统、连接管路、接头、检测器等色谱柱之外的各种因素。

为减小柱外展宽，应尽可能减小柱外死空间，即减小除柱子本身外，从进样器到检测池之间的死体积，例如可使用“零死体积接头”连接各部件。

点 滴 积 累

1. 高效液相色谱法以高压输送流动相,采用高效固定相及高灵敏度检测器。
2. 高效液相色谱法中,对色谱过程产生的影响分为柱内因素和柱外因素。

第二节　高效液相色谱法的主要类型

高效液相色谱法,根据分离原理不同可分为液-固吸附色谱法、液-液分配色谱法、化学键合相色谱法、离子交换色谱法、分子排阻色谱法等。以下主要介绍液-固吸附色谱法和化学键合相色谱法。

一、液-固吸附色谱法

液-固吸附色谱法是利用固定相对不同组分的吸附能力的差别而实现分离的分析方法。

(一) 固定相

液-固吸附色谱法的固定相多是具有吸附活性的吸附剂,常用的有硅胶、氧化铝、氧化镁、硅酸镁、高分子多孔微球及分子筛等,其中硅胶应用最广泛。此外高分子多孔微球在药物和生化方面的应用也日益增多。

1. 硅胶　常制备成表孔硅胶、无定形全多孔硅胶、球形全多孔硅胶及堆积硅珠等类型。如图 14-1 所示。

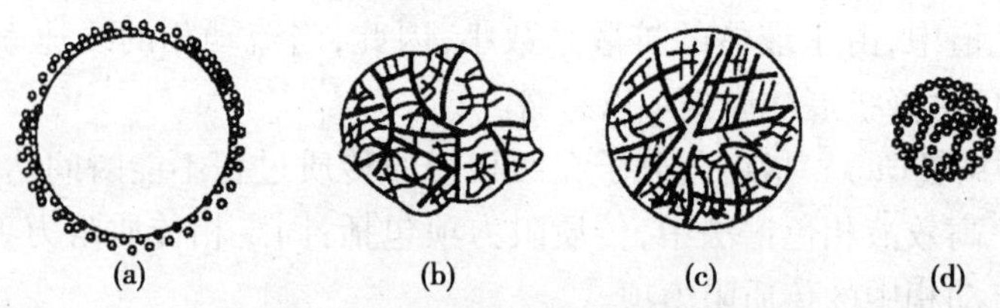

图 14-1　硅胶类型示意图
(a)表孔硅胶;(b)定形全多孔硅胶;(c)球形全多孔硅胶;(d)堆积硅珠

(1) 表孔硅胶因粒度大、柱容量小。现已很少应用。

(2) 全多孔硅胶具有表面积大,柱容量大,孔径深,传质阻力大等特点。分无定形全多孔硅胶(代号 YWG))和球形全多孔硅胶(代号 YQG)。无定形全多孔硅胶的粒径一般为 5 ~ 10μm,柱效高。它不仅可作为吸附色谱的固定相,还可作为分配色谱的载体。

(3) 球形全多孔硅胶的粒度一般为 3 ~ 10μm,柱效高,除具有无定形全多孔硅胶的优点外,还具有涡流扩散项小和渗透性好等优点。

(4) 堆积硅珠是由二氧化硅溶胶加凝结剂聚结而成(代号 YQG),粒径一般为 3 ~ 5μm。具有传质阻力小、柱容量大等特点,是一种较为理想的高效填料。

2. 高分子多孔微球　也称有机胶,国内产品代号为 YSG,如国产的 YSG-13、进口产品如日立 3010 胶。具有选择性好、峰形好等特点。广泛应用于芳烃、杂环化合物、解热镇痛药、脂溶性维生素、甾体、芳胺、酚、酯、醛、醚等物质的分析，还可以分离分子量较小的高分子化合物。有机胶的表面为芳烃官能团，流动相为极性溶剂，相当于反相洗脱。

目前较常使用的是粒度为5～10μm的全多孔微粒硅胶。在选择硅胶固定相时，应主要考虑硅胶的比表面积、平均孔径和含水量。一般分析分子量较大的样品应选择大孔硅胶。另外，为保证分离的重复性，硅胶的含水量必须保持恒定。

（二）流动相

在液-固吸附色谱法中，流动相的选择原则与经典液相色谱法基本相同。为了选择适宜的溶剂强度、保持溶剂的低黏度和提高分离的选择性，常采用二元或多元组合的混合溶剂系统作流动相。通过实验，找到适宜溶剂强度的溶剂系统。常采用混合溶剂作流动相。

二、化学键合相色谱法

化学键合相色谱法是由液-液分配色谱法发展起来的，现已逐渐取代液-液分配色谱法。它是将有机固定液键合在载体表面而生成化学键合固定相，适用于分离几乎所有类型的化合物，是应用最为广泛的色谱法。

化学键合固定相的形成必须具备两个条件：一是载体表面应有某种活性基团（如硅胶表面的硅醇基）；二是固定液应有能与载体表面发生化学反应的官能团。固定液的官能团不同，所生成的键合相的类型不同，主要有两种类型。

（1）酯化型（≡Si—O—C≡）键合相：醇与硅胶表面的硅醇基直接进行酯化反应，生成具有≡Si—O—C≡键的固定相，反应如下：

$$\equiv Si—OH + HO—R \longrightarrow \equiv Si—R + H_2O$$

这是应用最早的固定相。这类固定相的缺点是易水解、醇解、热稳定性差，因此只适用于极性小的流动相，分离极性化合物。

（2）硅烷化型（≡Si—O—Si—C≡）键合相：氯硅烷与硅胶表面的硅醇基进行硅烷化反应，生成具有≡Si—O—Si—C≡键的固定相。

这类键合相具有良好的热稳定性和化学稳定性，不易吸水，能在70℃以下，pH 2～8的范围内正常工作。由于发生键合反应的氯硅烷含十八个碳原子，所以该固定相又称为十八烷基键合相，简称ODS或C18。

根据键合固定相与流动相之间相对极性的强弱，键合相色谱法分为正相键合相色谱法和反相键合相色谱法。

（一）正相键合相色谱法

流动相的极性小于固定相的极性时，该系统可称为正相色谱法。正相色谱法常用的固定相是极性较大的氨基、氰基、二醇基等化学键合相。而流动相则是疏水性的非极性或弱极性溶剂，如正戊烷、正己烷、环己烷等。该法适合于分析氨基酸类、胺类、酚类及羟基类等极性或中等极性的组分。正相色谱主要是依据组分的极性差别来实现分离，待测组分流出顺序与其极性大小有关，极性小的先流出色谱柱，极性大的后流出色谱柱。

（二）反相键合相色谱法

流动相的极性大于固定相的极性时，该系统可称为反相色谱法。反相色谱法常用的固定相是非极性的十八烷基（C18）、辛烷基（C8）以及二甲基硅烷等化学键合相。流动相则是水、甲醇、乙腈、四氢呋喃等极性较大的溶剂。其中最典型的色谱系统是以十八烷基硅烷键合硅胶作固定相，以甲醇-水（或乙腈-水）作流动相。

反相色谱法待测组分的流出顺序与正相色谱法相反，即样品中极性大的组分先流出色谱柱，极性小的组分后流出色谱柱。反相色谱法具有以下特点：

（1）柱子使用寿命较长：由于反相色谱化学键合相为≡Si—O—Si—C≡键，该键结合牢固，热稳定性好，耐各种溶剂冲洗。因此固定相不易流失，使用寿命大大延长。

（2）流动相可灵活选择：流动相多以水作基本溶剂，然后再适当加入能与水互溶的有机溶剂，可使流动相的极性灵活多变，这对更换溶剂或梯度洗脱非常方便。

（3）应用范围特别广泛：反相色谱既可分离非极性至中等极性的各类分子型化物，又可分离有机酸、碱、盐等离子型化合物。

课堂活动

正相色谱法和反相色谱法的区别是什么，各适合分析哪类物质？

三、流动相的要求和洗脱方式

（一）流动相的要求

高效液相色谱流动相的作用与气相色谱流动相的作用不同。在气相色谱法中，流动相为化学惰性气体，可供选择的流动相（载气）只有三四种，且其性质差别不大，对固定相和样品的影响很小。而在液相色谱法中，流动相有两方面的作用，一是携带样品，二是给样品提供一个在两相中进行分配的场所，使混合物顺利地实现分离。流动相可供选择的种类很多，如水、有机溶剂、缓冲溶液等。流动相可以是单一溶剂，也可以是混合溶剂。分离度的好坏、分析速度的快慢在很大程度上取决于流动相的种类和配比，因此流动相的选择十分重要。

1. 流动相的基本要求

（1）与固定相不互溶，也不发生化学反应。

（2）对试样有适宜的溶解度。

（3）纯度高，黏度小。

（4）与所用检测器相匹配。例如用紫外检测器时，不能选用在检测波长有紫外吸收的溶剂。

2. 流动相的处理和贮存　流动相在使用前要经过一定的处理，以满足分析的需要。

（1）纯化：为满足检测器的要求，获得重复性好的数据，流动相在使用前必须经过0.45μm滤膜过滤，以除去溶剂中的微小机械杂质，防止输液管道和进样阀堵塞。

（2）脱气：流动相中常溶解有一些气体，会给检测过程带来不良影响，使用前必须进行脱气处理。溶剂若没有充分脱气，气体在输液过程中进入泵体，会妨碍柱塞和单向阀的正常工作，导致输液不准，脉流及压力波动，影响组分保留时间和峰面积的重现性。气体如果进入检测器，则会引起光吸收和电信号的变化，造成基线波动及漂移。出现有规律、不正常的尖峰或平顶大峰。使用荧光检测器时，溶解氧会导致荧光淬灭，本底荧光的淬灭会造成基线漂移，样品荧光的淬灭会影响结果及测定的重现性。溶解的气体还可能引起pH的变化。

流动相溶剂脱气的方法有抽真空脱气法，加热回流脱气法、超声波震荡脱气法等。多组分的流动相，通常采用超声波震荡脱气 15～20 分钟。

(3) 贮存：流动相最好现配现用，一般贮存于玻璃、不锈钢或氟塑料容器内。必须密闭贮存，防止流动相蒸发及空气中的氧气及二氧化碳溶入流动相。

（二）洗脱方式

1. 恒定组成溶剂洗脱　最常用的洗脱方式是采用恒定组成及配比的溶剂洗脱。但对于成分复杂的样品，往往难以获得理想的分离效果。

2. 梯度洗脱　在同一个分析周期中，按一定程序不断改变流动相的配比。在梯度洗脱过程中由于使用多种溶剂混合，因此要求所用溶剂互溶性好、纯度要高，以保证重现性好。混合溶剂的黏度往往随流动相组成的变化而变化，因此在梯度洗脱过程中应防止压力超出输液泵或色谱柱的最大承受压力。每次梯度洗脱结束必须对色谱柱进行再生处理，使其回复到初始状态。

梯度洗脱法在分离复杂样品时，获得了广泛的应用，其优点是：①缩短分析周期；②提高分离效能；③改善色谱峰形；④增加灵敏度。缺点是有时易引起基线漂移。

梯度洗脱可以由一台高压泵，通过比例调节阀，将两种或多种不同极性的溶剂按一定的比例抽入高压泵中混合，然后送入色谱柱，这种方式称为高压梯度或内梯度；也可以利用两台高压输液泵，将两种不同极性的溶剂按一定的比例送入梯度混合室，混合后进入色谱柱，这种方式称为低压梯度或外梯度。

点　滴　积　累

1. 化学键合相色谱法分为正相键合相色谱法和反相键合相色谱法。
2. 流动相的洗脱方式有恒定组成溶剂洗脱和梯度洗脱。

第三节　高效液相色谱仪及高效液相色谱法的应用

一、高效液相色谱仪

高效液相色谱仪主要包括输液系统、进样系统、色谱柱系统、检测系统和数据处理系统。如图 14-2 所示。

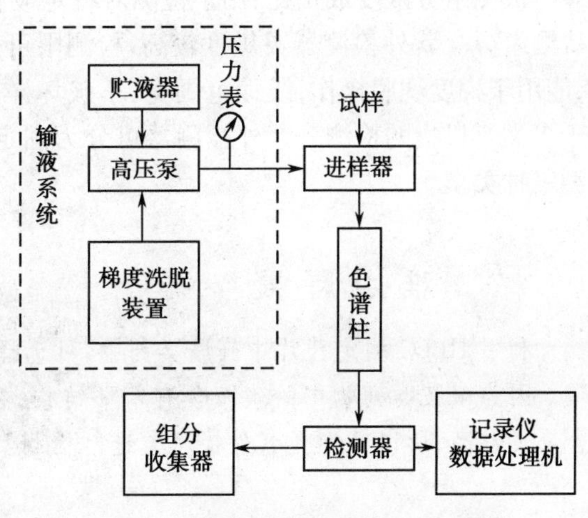

图 14-2　高效液相色谱仪结构示意图

（一）高压输液系统

高压输液系统由储液罐、高压输液泵、过滤器、梯度洗脱装置和压力脉动阻滞器等组成。

1. 高压输液泵　高压输液泵是高效液相色谱仪中关键部件之一，其作用是将流动相在高压下连续不断地送入色谱系统，保证流动相能正常工作。

2. 梯度洗脱装置　按多元流动相的加压与混合方式，可分为高压与低压梯度两种洗脱装置。高压二元梯度洗脱是由两个输液泵分别各吸入一种溶剂，加压后再混合，混合比由两个泵的速度决定。低压梯度洗脱是用比例阀将多种溶剂按比例混合后，再由输液泵加压输送至色谱柱。低压梯度仪器便宜，且易实施多元梯度洗脱，但重复性不如高压梯度洗脱装置好。现代高效液相色谱仪，均由微机控制，可以指定任意形状（阶梯形、直线、曲线）的洗脱曲线进行多样灵活的梯度洗脱。

（二）进样系统

进样系统是将被分析试样导入色谱柱的装置，主要由进样器构成，安装在色谱柱的入口处。进样器通常有隔膜进样器及高压进样阀两种，其中高压进样阀应用更广泛，目前常用的是六通阀，其结构及原理与气相色谱中所介绍的相同。用六通阀进样具有进样量准确、重复性好等优点。

（三）分离系统

分离系统包括色谱柱、连接管、恒温器等。色谱柱是高效液相色谱仪的最重要部件之一，对色谱柱的要求是分离效率高、柱容量大、分析速度快。色谱柱的使用和维护非常重要，应注意以下几点：①一般色谱柱不能反冲，除非特别注明时才可以反冲以除去留在柱头上的杂质。②避免压力和温度的急剧变化和机械震荡。③正确使用流动相，尤其要注意 pH 的影响，避免破坏固定相。④为了保护色谱柱，可以在柱前安装一个预柱，预柱内所填固定相与色谱柱相同。预柱可以防止流动相的 pH 变化、温度、复杂样品等因素对色谱柱的损坏。⑤色谱柱在使用结束时应用纯溶剂冲洗，清除柱内的样品和杂质。在保存色谱柱时应将柱内充满甲醇或乙腈，拧紧柱塞。

（四）检测系统

检测器是高效液相色谱仪的关键部件，应具有高灵敏度、低噪音、线性范围宽、重复性好、适应性广等特点。以下只介绍常用的紫外检测器（UVD），荧光检测器（FLD）、电化学检测器（ECD）和示差折光检测器（RID）。

1. 紫外检测器（UVD）　紫外检测器是液相色谱最广泛使用的检测器，当检测波长包括可见光时，又称为紫外、可见检测器。其工作原理是基于朗伯-比尔定律，仪器输出信号与被测组分浓度成正比，用于检测对特定波长的紫外光（或可见光）有选择性吸收的待测组分。紫外检测器灵敏度较高，检测限可达 10^{-9}g/ml；受温度、流量的变化影响小，能用于梯度洗脱操作；线性范围宽，不破坏样品，可用于制备色谱。应用范围广，可用于多类有机物的检测。紫外检测器可分为固定波长型、可变波长型和光电二极管阵列型三种类型。

难点释疑

利用 HPLC 测定药片中磺胺类药物，可选择紫外检测器。

因为磺胺类药物中的磺胺含有苯环结构，在紫外区能产生吸收，药片中磺胺的含量足够高，所以可选择紫外检测器进行检测。

2. 荧光检测器（FLD）　荧光检测器适用于能产生荧光的化合物及通过衍生技术生

成荧光衍生物的检测。其检测原理是:具有某种特殊结构的化合物受紫外光激发后,能发射出比激发光波长更长的荧光,其荧光强度与荧光物质的浓度成线性关系,通过测定荧光强度来进行定量分析。许多生化物质包括某些代谢产物、药物、氨基酸、胺类、维生素、甾族化合物都可用荧光检测器检测。某些不发光的物质可通过化学衍生技术生成荧光衍生物,再进行荧光检测。

3. 电化学检测器(ECD) 电化学检测器是一种选择性检测器,依据组分在氧化还原过程中产生的电流或电压变化对样品进行检测。因此,只适于测定氧化活性和还原活性物质,测定的灵敏度较高,检测限可达 10^{-9}g/ml。已在生化、医学、食品、环境分析中获得广泛的应用。

4. 示差折光检测器(RID) 示差折光检测器是一种通用检测器,依据不同性质的溶液对光具有不同折射率对组分进行检测,测得的折光率差值与被测组分浓度成正比。只要物质的折射率不同,原则上均可用示差折光检测器进行检测,但检测灵敏度较低,不能用于梯度洗脱。

课堂活动

高效液相色谱仪一般分为哪几部分?比较气相色谱仪和高效液相色谱仪的异同点。

二、高效液相色谱法的应用

高效液相色谱法的应用范围远比气相色谱法广泛。被分析样品不受沸点、热稳定性、相对分子量大小及有机物或无机物的限制,只要能制成溶液即可分析。由于具有高选择性、高灵敏度等特点,现已成为医药研究的重要工具,主要用于各种有机混合物的分离分析。

案例分析

案例:

2008 年 9 月,甘肃等地报告多例婴幼儿泌尿系统结石病例,经有关部门调查,患儿食用某品牌的婴幼儿配方奶粉受到三聚氰胺污染。三聚氰胺被不法厂商用作食品添加剂,以提高食品检测中蛋白质检测含量。大量摄入三聚氰胺会损害人体的生殖、泌尿系统,导致肾、膀胱结石。所以,进行食品中三聚氰胺的检测是非常重要的。

分析:

国家标准 GB/T224002008 公布了原料乳中三聚氰胺快速检测的高效液相色谱法。本标准适用于原料乳,也适用于不含添加物的液态乳制品。称取混合均匀的 15g 原料乳样品,置于 50ml 具塞刻度试管中,加入 30ml 乙腈,剧烈振荡 6 分钟,加水定容至满刻度,充分混匀后静置 3 分钟,用一次性注射器吸取上清液,用针式过滤器过滤,作为高效液相色谱分析用试样。

高效液相色谱测定条件:强阳离子交换色谱柱,SCX,250mm × 4.6mm(i. d),5μm,或性能相当者。流动相:磷酸盐缓冲溶液 0.05mo1/L-乙腈(70 : 30,V/V)。流速:1.5ml/min。柱温:室温。检测波长:240nm。进样量:5μl。采用紫外/二极管阵列检测器检测,外标法定量。

高效液相色谱法的定性、定量分析方法与气相色谱法基本相同。

（一）定性分析

高效液相色谱法的定性方法可分为色谱鉴定法及非色谱鉴定法两类。

1. 色谱鉴定法　此法是利用纯物质和样品的保留时间或相对保留时间相互对照，进行定性分析（可参阅气相色谱法）。

2. 化学鉴定法　利用专属性化学反应对分离后收集的组分定性。

3. 两谱联用　当组分分离度足够大时，分别收集各组分的洗脱液，除去流动相，用红外光谱、质谱或核磁共振谱等手段鉴定。

（二）定量分析

高效液相色谱法的定量方法与气相色谱法相同，常用的有外标法及内标法。

例如，复方解热镇痛片（APC）的含量测定

色谱条件 φ2mm × 500mm 柱；

固定相：YGS-13 或日立 3010 胶；

流动相：乙醇-H_2O（24∶1），含 1/500 三乙醇胺；

流速：1ml/min；

检测波长：UV-273nm。

样品：APC 片粉碎后用定量的乙醇密塞浸泡 10～20 分钟，注射上清液。用内标法定量，如图 14-3 所示。

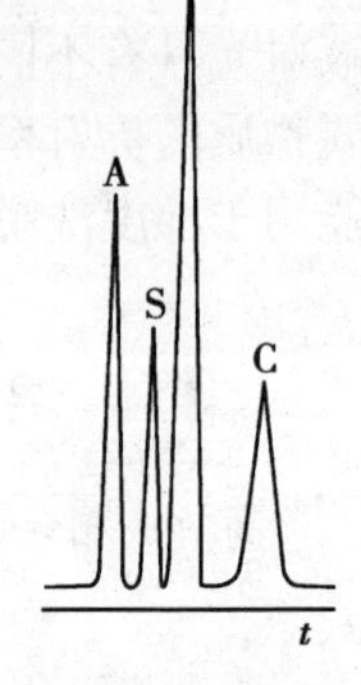

图 14-3　APC 片含量分析色谱图

点 滴 积 累

1. 高效液相色谱仪主要包括输液系统、进样系统、色谱柱系统、检测系统和数据处理系统。

2. 高效液相色谱仪的检测器：紫外光检测器（UVD），荧光检测器（FLD）、示差折光检测器（RID）和电化学检测器。

3. 高效液相色谱法的定性和定量分析。

目 标 检 测

一、选择题

（一）单项选择题

1. 对于反相键合相色谱法下列说法正确的是（　　）

A. 极性大的组分后流出色谱柱　　B. 极性小的组分后流出色谱柱

C. 流动相的极性小于固定相的极性　　D. 流动相的极性与固定相相同

2. 十八烷基键合相简称（　　）

A. ODS　　B. OS　　C. C17　　D. ODES

3. 下列不属于液相色谱法中梯度洗脱的优点的是（　　）

A. 缩短分析周期　　B. 提高分离效能
C. 易引起基线漂移　　D. 增加灵敏度

4. 在反相键合色谱法中固定相和流动相的极性关系是(　　)
A. 固定相的极性 > 流动相的极性　　B. 固定相的极性 < 流动相的极性
C. 固定相的极性 = 流动相的极性　　D. 不一定，视组分性质而定

5. 在高效液相色谱法中，影响柱效的主要因素是(　　)
A. 涡流扩散项　B. 分子扩散　C. 纵向扩散项　D. 传质阻力项

6. 在高效液相色谱法中，影响柱效的主要因素是(　　)
A. 涡流扩散　B. 传质阻力　C. 纵向扩散　D. 分子扩散

7. 高效液相色谱法中 UVD 表示的检测器为(　　)
A. 荧光检测器　B. 电化学检测器　C. 紫外检测器　D. 示差折光检测器

8. 采用正相色谱法(　　)
A. 流动相极性应小于固定相极性　　B. 适于分离极性小的组分
C. 极性大的组分先出峰　　D. 极性小的组分后出峰

9. 在 HPLC 中，范氏方程中对柱效影响可以忽略不计的因素是(　　)
A. 涡流扩散　　B. 纵向扩散
C. 固定相传质阻力　　D. 流动相传质阻力

10. 在 HPLC 中，对于极性组分，当增大流动相的极性，可使其保留值(　　)
A. 不变　B. 增大　C. 减小　D. 不一定

11. 化学键合固定相具备的特点(　　)
A. 价格便宜　　B. 选择性差
C. 不适用于梯度洗脱　　D. 柱效高

12. 在 HPLC 分析中，流动相的选择很重要，下列不符合要求的是(　　)
A. 对被分离组分有适宜的溶解度　　B. 黏度大
C. 与检测器匹配　　D. 与固定相不互溶

13. 评价色谱柱的总分离效能的指标是(　　)
A. 有效塔板数　B. 分离度　C. 选择性因子　D. 分配系数

14. 高效液相色谱法的定性指标是(　　)
A. 峰面积　B. 半峰宽　C. 保留时间　D. 峰高

15. 高效液相色谱的定量指标(　　)
A. 相对保留值　B. 峰面积　C. 保留时间　D. 半峰宽

(二) 多项选择题

1. 高效液相色谱法与经典液相色谱法比较，采用(　　　)
A. 高效固定相　B. 增加柱长　C. 高压输液泵
D. 延长分析时间　E. 在线检测手段

2. 高效液相色谱法中高灵敏度的检测器有(　　　)
A. 示差折光检测器　B. 紫外检测器　C. 荧光检测器
D. 热导检测器　E. 电化学检测器

3. HPLC 中梯度洗脱具有很多优点，正确的说法是(　　　)
A. 分析周期短　B. 分离效果好　C. 基线稳定

D. 改善峰型　　E. 提高检测灵敏度

4. HPLC 法中的速率方程不正确的为(　　)

A. $H=A+B/u+u$　　B. $H=A+C/u$　　C. $H=B/u+C/u$

D. $H=A+Cu$　　E. $H=A+E$

5. 下列属于高效液相色谱仪的主要部件的是(　　)

A. 输液泵　　B. 进样器　　C. 色谱柱

D. 检测器　　E. 光源

二、简答题

1. 在高效液相色谱中,为什么要对流动相进行脱气,常用的脱气方法有哪些?
2. 影响 HPLC 色谱峰展宽的主要因素及其改善方法。
3. 何谓化学键合固定相色谱法,其优点是什么?
4. 何谓梯度洗脱,具有哪些优点?

三、实例分析

某一含药根碱、黄连碱和小檗碱的生物样品,以 HPLC 法测其含量。测得三个色谱峰面积分别为 2.67cm^2、3.26cm^2 和 3.45cm^2,现准确称取等质量的药根碱、黄连碱和小檗碱对照品与样品同方法配成溶液后,在相同色谱条件下进样,得三个色谱峰面积分别为 3.00cm^2、2.86cm^2 和 4.20cm^2,计算样品中三组分的相对含量。

实训十九　地西泮注射液含量的测定

【实训目的】

1. 掌握外标法的高效液相色谱定量方法。
2. 熟悉高效液相色谱仪的使用技术。
3. 了解高效液相色谱法在药物含量测定中的应用。

【实训内容】

1. 实训用品

(1) 仪器:高效液相色谱仪、电子分析天平、100ml 容量瓶。

(2) 试剂:地西泮注射液(规格 2ml : 10mg)、地西泮标准品、甲醇、甲醇-水(70 : 30)。

2. 实训步骤

(1) 选择色谱条件

固定相:十八烷基硅烷键合硅胶

流动相:甲醇-水(70 : 30)

检测波长:254nm

进样量:20μl

(2) 测定方法:地西泮注射液为地西泮的灭菌水溶液。含地西泮($C_{16}H_{13}ClN_2O$)应为标示量的 90.0% ~110.0%。

进行外标法测定时，分别精密称（量）取一定量的对照品和样品，配制成溶液，在完全相同的色谱条件下，分别进样相同体积的对照品溶液和样品溶液，进行色谱分析，测得色谱峰面积，计算样品含量。

$$c_{样}=c_{对}\frac{A_{样}}{A_{对}}$$

3. 操作步骤

（1）溶液配制：精密量取地西泮注射液2.00ml（约相当于地西泮10mg）置100ml容量瓶中，用甲醇稀释至刻度，摇匀。

另精密称取地西泮对照品10mg，置100ml容量瓶中，用甲醇稀释至刻度，摇匀。

（2）进样分析：精密量取对照品溶液与样品溶液各20μl，分别注入高效液相色谱仪，在完全相同的色谱条件下，进行色谱分析，测定色谱峰面积。重复测定3次。

计算公式：

$$c_{地西泮}=c_{对}\frac{A_{样}}{A_{对}}\times\frac{100.0}{2.00}$$

【实训注意】

1. 所用溶剂必须符合色谱法试剂使用条件。
2. 流动相需经过滤、脱气后方可使用。
3. 进样前，分别将手柄置于"进样"及"载样"位置，用流动相冲洗六通阀。
4. 如果使用10μl定量管，则应注入约50μl的进样溶液；如定量管为20μl，则用微量注射器准确吸取约100μl溶液注入进样器。
5. 本实验以对照品溶液峰面积A的相对标准偏差来表示定量重复性，RSD≤2%认为合格。如不合格，试分析其原因。

【实训检测】

1. 高效液相色谱法的系统适用性试验包括哪些？测定方法包括哪些？
2. 简述高效液相色谱仪的主要部件和性能。
3. 外标法和内标法相比有哪些优缺点？

【实训记录】

项目＼次数	1	2	3
$A_{对}$			
$A_{样}$			
$c_{样}$			
$\bar{c}_{样}$			

（王　蓓）

第十五章 其他仪器分析法简介

第一节 原子吸收分光光度法

原子吸收分光光度法(AAS)是基于物质所产生的原子蒸气对特征谱线的吸收作用而进行定量分析的方法,又称为原子吸收光谱法。与紫外-可见分光光度法同属吸收光谱法的范围,但二者吸光物质的状态不同,使用的光源亦不同。原子吸收分光光度法是基态原子蒸气对光的吸收,属于原子吸收光谱,吸收线很窄,呈线状光谱,使用的光源为锐线光源;紫外-可见分光光度法是溶液中分子或离子对光的吸收,属于分子吸收光谱,吸收谱带较宽,呈带状光谱,使用的是连续光源。

原子吸收分光光度法已成为痕量元素分析的主要方法之一,具有以下特点:

(1) 灵敏度高,检出限低。一般可达到 $10^{-6}\sim10^{-14}$g 范围。

(2) 简便、快速、准确度高。一般相对误差在 1% ~3% 之间。

(3) 选择性好,应用范围广。每种元素都有其特定的吸收谱线,大多数情况下共存元素不产生干扰,能够测定的元素可达到 70 多种。

一、基本原理

(一) 原子吸收光谱的产生及共振线

原子是由原子核与核外电子所组成,电子绕核运动。核外电子的运动状态用电子层、电子亚层、电子云的伸展方向及电子自旋来描述。原子核外电子依照能量最低原理、泡利不相容原理和洪特规则排列在不同的轨道上,每种元素的原子都有一系列确定的能量状态,称为原子能级。通常情况下,原子核外电子分层排布在能量最低的能级轨道上,这时原子处于能量最低状态(能量为 E_0),称为基态。当受外界能量(如光能)作用而被激发时,基态原子最外层的电子可跃迁到能量较高的不同能级,使其处于能量较高状态,此时的原子称为激发态原子。当电子从基态跃迁到能量最低的激发态(称为第一激发态 E_1)时,吸收一定频率的辐射称为共振吸收,所产生的吸收谱线称为共振吸收线,它再跃迁回基态时,所发射出同样频率的谱线,该谱线称为共振发射线,共振吸收线和共振发射线均简称共振线。

因为不同元素的原子结构和外层电子排布各不相同,所以其共振线也各不相同,各有特征,共振线为元素的特征谱线。由于从基态到第一激发态的跃迁所需能量最低,最易发生,产生的谱线强度也最强。因此,对于大多元素来说,共振线是元素的灵敏线。在原子吸收分析中,利用待测元素的原子蒸气吸收光源辐射的共振线进行分析,所以共振线又称分析线。

（二）原子吸收值与原子浓度的关系

原子吸收光谱法是利用待测元素原子蒸气中基态原子对该元素的共振线的吸收来进行测定的，由试样中的被测元素产生一定浓度的基态原子是原子吸收分析中的关键因素。但在原子化过程中，待测元素由分子解离成原子，不可能全部是基态原子，其中还有一部分为激发态原子，甚至进一步解离成离子。为了提高分析的灵敏度和准确性，基态原子数在原子总数中占的比例越高越好。在原子吸收测定的温度条件下，原子蒸气中的基态原子数 N_0 近似等于原子总数 N。

理论证明，谱线的积分吸收值（吸收线轮廓所包括的整个面积）与原子蒸气中待测元素的基态原子数成正比。如果可以测量积分吸收值，即可求出元素原子的含量。但要准确测定谱线宽度仅为 10^{-3}nm 的积分吸收，需要分辨率很高的色散元件，这是很难达到的。

1955 年澳大利亚科学家 Walsh 提出，采用发射线半宽度比吸收线的半宽度小得多的锐线光源，并且两谱线的中心频率一致时，可用峰值吸收代替积分吸收。吸收线中心频率 ν_0 处的吸收系数 k_0 为峰值吸收系数，简称峰值吸收。在温度不太高的稳定火焰条件下（低于 3000℃），峰值吸收系数与火焰中被测元素的原子数成正比。

对于原子吸收值的测量是以一定光强度 I_0 的单色光通过原子蒸气，然后测出被吸收后的光强度 I，此吸收过程服从朗伯-比尔定律，表示为：

$$A = \lg \frac{I_0}{I} = KNL \qquad \text{式(15-1)}$$

式（15-1）中，K、N、L 分别表示吸收系数、自由原子总数（基态原子数）和吸收层厚度。

当实验条件一定时，样品中被测组分浓度 c 与蒸气原子总数 N 成正比，蒸气厚度 L 一定，吸光度可表示为：

$$A = K'c \qquad \text{式(15-2)}$$

式（15-2）表明，在一定实验条件下，峰值吸收测量的吸光度与待测元素的浓度呈线性关系，这是原子吸收分光光度法定量分析的依据。

二、原子吸收分光光度计

原子吸收分光光度计与普通的紫外-可见分光光度计的结构基本相同，只是用空心阴极灯锐线光源代替了连续光源，用原子化器代替了吸收池。如图 15-1 所示。

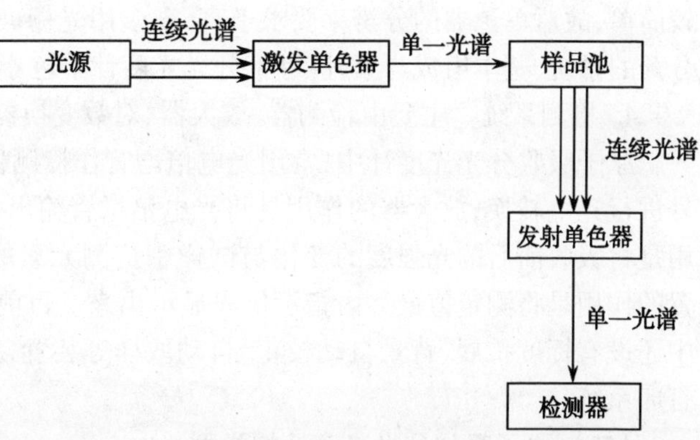

图 15-1　原子吸收分光光度计基本结构和原理示意图

（一）仪器的主要部件

1. 光源　其功能是发射被测元素基态原子所吸收的特征共振辐射。对光源的基本要求是：能发射待测元素的共振线，且为锐线，其辐射的波长半宽度要明显小于吸收线的半宽度、辐射光强度足够大、稳定性好、使用寿命长。空心阴极灯、蒸气放电灯、无极放电灯等均符合。目前使用最广泛的是空心阴极灯。

（1）空心阴极灯：为低压气体放电管，包含一个阳极钨棒（末端焊有钛丝或钽片）；一个空心圆柱形阴极（待测元素）；一个带有石英窗的玻璃管，管内充入低压惰性气体。此种空心阴极灯中元素在阴极中可多次激发和溅射，激发效率高，谱线强度大，发射强度与灯电流有关，电流增大，发射强度增大。缺点是测一种元素换一个灯，使用不便。

（2）多元素空心阴极灯：在阴极内含有两个或多个不同元素，能同时辐射出两个或多个共振线，可在同一个灯上同时进行几种元素的测定。缺点是发射强度弱、灵敏度小，干扰大。

2. 原子化器　主要功能是提供合适的能量，将试样中的待测元素转化为基态原子蒸气。原子化器应具有较高的原子化效率，有较好的稳定性和重现性，记忆效应小、噪声低及简单易操作。使试样原子化的方法主要有以下两种。

（1）火焰原子化法：原子化装置主要包括雾化器和燃烧器。

1）雾化器：使试液雾化，其性能对测定精密度、灵敏度和化学干扰等都有影响，因此，要求雾化器喷雾稳定、雾滴微细均匀和雾化效率高。缺点是试样利用率较低。

2）燃烧器：试液雾化后进入预混合室（雾化室），与燃气（如乙炔、丙烷等）在室内充分混合均匀，最低的雾滴进入火焰中，较大的雾滴在雾化室内凝结，经下方排泄管排出。燃烧器喷口一般做成狭缝式，这种形状即可获得原子蒸气较长的吸收光程，又可防止回火，常用的是单缝喷灯。

火焰原子化器操作简单、火焰稳定、重现性好、精密度高、应用范围广。由于原子化效率低，只采用液体进样。

（2）非火焰原子化法：利用电能加热盛放试样的石墨容器，使之达到高温，以实现试样的蒸发和原子化。优点是原子化效率高、灵敏度高、化学干扰少，试样用量少、液体和固体均可直接进样。可得到比火焰大数百倍的原子化蒸气浓度。缺点是化学干扰较多，背景强，测量的重现性差，设备复杂，分析成本较高。

3. 单色器　其作用是将被测元素的共振吸收线和邻近谱线分开。单色器置于原子化器的后面，防止原子化器内发射的干扰辐射进入检测器。单色器由入射狭缝和出射狭缝、反射镜和色散元件组成。单色器中的关键部件是色散元件，因锐线光源的谱线比较简单，故对单色器的分辨率要求不高，现多用光栅。待测元素的特征谱线与邻近谱线分开的系统，基本组成与紫外-可见分光光度计单色器相同。

4. 检测系统　主要由检测器、放大器、对数变换器和显示装置组成。

原子吸收分光光度计中，常用光电倍增管作检测器，其作用是将单色器分出的光信号进行光电转换；放大器的作用是将光电倍增管输出的电压信号放大；对数变换器的作用是将吸收前后的光强度的变化与试样中待测元素的浓度关系进行对数变换；显示装置的作用是将测定值最终由指示仪表显示出来。目前生产的高级原子吸收分光光度计中还设有标度扩展、背景自动校正、自动取样等装置，并有计算机程序控制、数据处理和打印系统。

（二）原子吸收分光光度计的类型

1. 单光束原子吸收分光光度计　该设备优点是结构简单、价廉，共振线在传播途中损失较少，故有较高的灵敏度；缺点是易受光源强度变化影响，灯预热时间长，分析速度慢。

2. 双光束原子吸收分光光度计　其特点是一束光通过火焰，一束光不通过火焰，直接经单色器。此类仪器优点是可消除光源强度变化及检测器灵敏度变动的影响，不足是不能消除火焰不稳定和背景吸收的影响，且价格较贵。

3. 双波道或多波道原子吸收分光光度计　该设备是使用两种或多种空心阴极灯，使光辐射同时通过原子蒸气而被吸收，然后再分别引到不同分光系统和检测系统，测定各元素的吸光度值。此类仪器准确度高，采用内标法，可同时测定两种以上元素，但装置复杂，仪器价格昂贵。

三、原子吸收分光光度法的应用

（一）分析条件的选择

1. 分析线的选择　通常选择待测元素最灵敏的共振线作为分析线，但并不是任何情况下都选择共振线。例如 As、Se、Hg 等的共振线在远紫外区，该区域火焰吸收强烈，不宜选用共振线作为分析线。在选择分析线时，首先扫描空心阴极灯的发射光谱，然后喷入试样溶液，观察谱线的吸收和干扰情况，一般选用不受干扰且吸收最强的谱线作为分析线。

2. 狭缝宽度的选择　适宜狭缝宽度可由实验确定。将试样喷入火焰，调节狭缝宽度，测定不同狭缝宽度时的吸光度，达到一定宽度后，吸光度趋于稳定，进一步增加狭缝宽度，当其他谱线或非吸收透过狭缝时，吸光度立即减小。不引起吸光度减小的最大狭缝宽度，就是最适宜的狭缝宽度。

3. 原子化条件的选择　对于火焰原子化法，火焰的种类和燃助比的选择是很重要的。当燃气和助燃气选择好后，可通过下述方法选择燃助比：固定助燃气流量，改变燃气流量，测量标准溶液在不同燃助比时的吸光度，绘制吸光度-燃助比关系曲线，以确定最佳燃助比。

4. 试样量的选择　火焰原子化法在一定范围内，喷入的试样量增加，原子吸光度增大，但在超过一定量后，由于试样不能完全有效地原子化及试液的冷却效应会使吸光度不再增大甚至有所下降，因此在保持一定的火焰条件下，测定吸光度随喷入试样量的增加达到最大吸光度时的喷雾量，即为适宜的试样量。石墨炉原子化一般固体取样 0.1～10mg，液体取样量为 1～50μl，主要依据石墨管容器的大小而定。

（二）定量方法

原子吸收分光光度法是基于元素所产生的原子蒸气中，待测元素的基态原子，对所发射的特征谱线的吸收作用进行定量分析的一种技术。具有灵敏度高、选择性好、操作简便、分析速度快等优点。常用的定量方法有标准曲线法、标准加入法和内标法。

1. 标准曲线法　根据试样中待测元素的含量，配制一组合适的标准溶液，按溶液浓度由低到高，依次喷入火焰，分别测定其吸光度 A。以测得的吸光度 A 为纵坐标，标准溶液浓度 c 为横坐标，绘制 A-c 标准曲线。在完全相同的实验条件下，喷入待测试样溶液，根据测得的吸光度，从标准曲线上查出该吸光度所对应的浓度，以此计算试样中被测元素的含量。

原理与紫外-可见标准曲线法相同，但由于燃气流量和喷雾效率的变化，单色器波长的漂移等因素可导致试样测定条件与标准曲线测定条件不同。所以，每次测定前，应随时对标准曲线进行检查、校正。

2. 标准加入法　若试样组成较复杂，而且对测定又有明显的影响时，可采用标准加入法进行定量分析，以克服试样基体的干扰。其方法是取4份体积相同的样品溶液，并依次加入浓度为0、c_0、$2c_0$、$4c_0$的标准溶液，然后用溶剂稀释至一定体积。在相同的实验条件下分别测得其吸光度为A_0、A_1、A_2及A_3，以A对浓度c作图，得到如图15-2所示的直线，延长直线与横坐标交于c_x，c_x即为所测样品中待测元素的浓度。

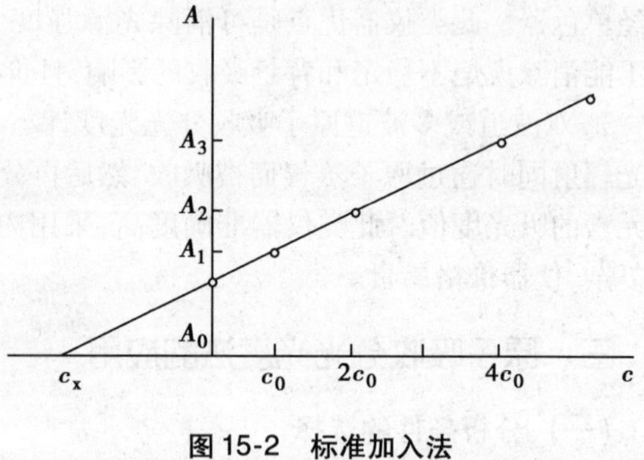

图15-2　标准加入法

使用标准加入法应注意：被测元素的浓度应在通过原点的校准曲线线性范围内；至少采用四点作外推曲线，并且第一份加入的标准溶液与样品溶液的浓度相当；得到的曲线斜率不宜太小，否则引进较大的误差；只能消除分析中的基体干扰，但不能消除背景干扰；使用标准加入法时，一定考虑消除背景干扰。

3. 内标法　在标准溶液和试液中分别加入一定量的内标元素，在双波道原子吸收分光光度计上测定被测元素与内标元素的吸光度比值，并以吸光度之比值对被测元素浓度绘制校正曲线。根据试液测得的吸光度比值由校正曲线求得被测元素的含量。

内标法是一种精密度和准确度较高的分析方法，在一定程度上还可以消除火焰、喷雾状况以及试液的物理、化学特性不同而带来的干扰，但内标法只适用于双通道型原子吸收分光光度计，并且要求所选的内标元素应与被测元素在原子化过程中具有相似的特性。例如，测定Ca时采用Sr作内标元素；测定Mg时采用Cd作内标元素；测定Zn时采用Cr或Mn作内标元素。

课堂活动

铊中毒发病缓慢，有较长的潜伏期，特征症状出现滞后，初诊易误诊。采取原子吸收光谱法测定生物样品中铊元素的含量，具有简便、快速、灵敏准确等优点。如何用原子吸收光谱法（标准曲线法）测定患者尿液中铊的含量？

（三）应用示例

原子吸收分光光度法具有灵敏度高、选择性好、操作方便、快速和准确度好等特点，在生命科学和医药科学领域中已被广泛应用。目前，大约有70余种元素可用原子吸收分光光度法直接或间接地进行测定。

例如《中国药典》（2010年版）规定抗凝血药肝素钠中钠的含量测定：

按照规定精密称取肝素钠约50mg，置100ml容量瓶中，加0.1mol/L盐酸溶液（每1ml中含氯化铯1.27mg）溶解并稀释至刻度，摇匀，作为供试品溶液。精密量取钠单元素标准溶液（每1ml中含Na^+200μg），用上述盐酸溶液定量稀释并分别制成每1ml中含Na^+25μg、50μg、75μg的对照品溶液。取对照品溶液与供试品溶液，照原子吸收分光光度法的标准曲线法，在330.3nm的波长处测定，以干燥品计算，含钠应为9.5%～12.5%。

点 滴 积 累

1. 原子吸收分光光度法的定量依据：$A=K'c$。
2. 原子吸收分光光度计的主要部件由光源、原子化器、单色器、检测系统组成。
3. 原子吸收分光光度法的定量方法主要有标准曲线法、标准加入法和内标法。

第二节　荧光分析法

物质分子吸收光子能量被激发后，从激发态的最低振动能级返回基态时发射出的光，称为荧光。根据物质的荧光谱线位置及其强度进行物质鉴定和含量测定的方法，称为荧光分析法。如果待测物质是分子，则称为分子荧光；如果待测物质是原子，则称为原子荧光。根据激发光的波长范围不同，又可分紫外-可见荧光、红外荧光和X-射线荧光等。本节主要介绍在医药分析中应用较多的分子荧光分析法。

一、基本原理

（一）分子荧光的产生

吸收光子能量后的分子很不稳定，在较短的时间内可通过不同途径释放多余的能量回到基态。在溶液中，处于激发态的溶质分子与溶剂分子间发生碰撞，将一部分能量以热的形式迅速传递给溶剂分子，在$10^{-13}\sim10^{-11}$秒时间从激发态的较高振动能级回到同一电子激发态的最低振动能级，这一过程称为振动弛豫。在振动弛豫后，大多数物质仍继续以其他无辐射跃迁形式回到基态，而荧光物质则以发射光量子的这一形式回到基态的各振动能级上，此时分子发射的光称为荧光。

（二）激发光谱与荧光光谱

由于荧光是被激发后的发射光谱，因此荧光物质分子均具有两个特征光谱，即激发光谱和荧光光谱（发射光谱）。

1. 激发光谱　将激发荧光的光源用单色器分光，连续改变激发光波长，引起物质发射某一波长荧光的发射效率，测定不同激发光波长下物质发射的荧光强度，以荧光强度为纵坐标，以激发光波长为横坐标作图即可得到激发光谱。从激发光谱图上可找到发生荧光强度最强的激发波长，选用它可得到强度最大的荧光。

2. 荧光光谱　选择最强的激发波长作激发光源，用另一单色器将物质发射的荧光分光，记录每一波长下的荧光强度，作荧光强度和发射波长的关系图，即为荧光光谱。荧光光谱中荧光强度最强的波长与最强的激发波长，一般可作为定量分析中最灵敏的波长。

激发光谱和荧光光谱可用来鉴别荧光物质，而且是选择测定波长的依据。如图15-3为硫酸奎宁的激发光谱和荧光光谱。

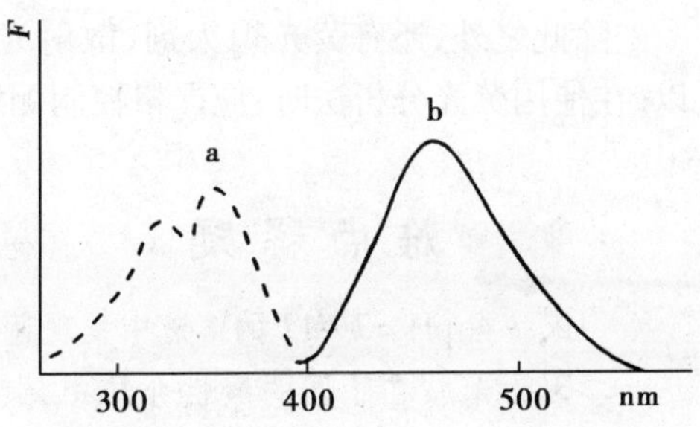

图15-3　硫酸奎宁的激发光谱（虚线）和荧光光谱（实线）

（三）影响荧光强度的主要因素

1. 荧光效率　荧光分子不能将全部吸收的光能都转变成荧光，总是或多或少地以其他形式释放。荧光效率是指荧光分子将吸收的光能转变成荧光的百分率，表示发射荧光的量子数和所吸收激发光量子数的比值，与发射荧光的量子数值成正比。通常用 φ_f 表示。

$$\varphi_f=\frac{\text{发射荧光的量子数(荧光强度)}}{\text{吸收激发光的量子数(激发光强度)}} \qquad \text{式(15-3)}$$

一般物质的荧光效率为0～1。如蒽在乙醇中 $\varphi_f=0.30$，荧光素钠在水中 $\varphi_f=0.92$，荧光素在水中 $\varphi_f=0.65$。

2. 影响荧光强度的因素

（1）有机化合物结构与荧光的关系：能够发射荧光的物质同时具备两个条件，一是物质分子必须具有与辐射频率相应的荧光结构；二是物质分子必须有一定的荧光效率。一般来说，长共轭分子具有 $\pi\rightarrow\pi^*$ 跃迁的K带紫外吸收，刚性平面结构分子具有较高的荧光效率，而在共轭体系上的取代基对荧光光谱和荧光强度也有很大影响。

（2）荧光强度与溶液浓度的关系：由于荧光物质是在吸收光能后而被激发才发射荧光的，所以荧光的强度与该溶液中荧光物质吸收光能的强度和荧光效率有关。设溶液中荧光物质的浓度为 c，摩尔吸光系数为 ε，液层厚度为 L，若浓度 c 很小时，εcL 也很小，当 $\varepsilon cL\leqslant 0.05$ 时，根据Beer定律，荧光强度 F 与浓度 c 的关系为：

$$F=2.3\varphi_f I_0\varepsilon cL=Kc \qquad \text{式(15-4)}$$

式(15-4)说明，在稀溶液中荧光强度与荧光物质的浓度呈线性关系，但当荧光物质浓度高 $\varepsilon cL>0.05$ 时，荧光强度与荧光物质的浓度不再呈线性关系。式(15-4)是荧光定量分析的依据。

（3）影响荧光强度的外部因素：分子所处的外界环境，如温度、酸度、溶剂、荧光熄灭剂等都会影响荧光效率，甚至影响分子结构及立体构象，从而影响荧光光谱的形状和强度。了解和利用这些因素的影响，可以提高荧光分析的灵敏度和选择性。

1）溶剂：同一物质在不同溶剂中，其荧光光谱的形状和强度都有差别。通常荧光波长随着溶剂极性的增强而长移，荧光强度也增强。

2）温度：一般情况随温度升高，溶液中荧光物质的荧光效率和荧光强度将降低。因为温度增高后使分子间碰撞次数增加，无辐射跃迁增加，从而降低了荧光效率。

3）溶液的pH：当荧光物质本身为弱酸或弱碱时，溶液的pH改变对溶液荧光强度产生影响较大，因为不同酸度中分子和离子间的平衡改变，荧光强度也会有所不同。

除此之外，还有荧光熄灭剂、散射光及激发光源等因素都能影响荧光的强度。所以，在使用荧光分析法时，应严格控制测定条件。

难点释疑

苯胺在pH=7～12的溶液中呈现蓝色荧光，而在pH<2和pH>13的溶液中无荧光。

因为苯胺在不同的酸性介质中，其存在型体不同。在pH=7～12的溶液中苯胺以分子形式存在，具有蓝色荧光；但在pH<2和pH>13的溶液中苯胺分别以阳离子和阴离子的形式存在，均没有荧光。

二、荧光分光光度计

荧光分光光度计的主要部件由光源、单色器、样品池及检测系统组成，如图 15-4 所示。

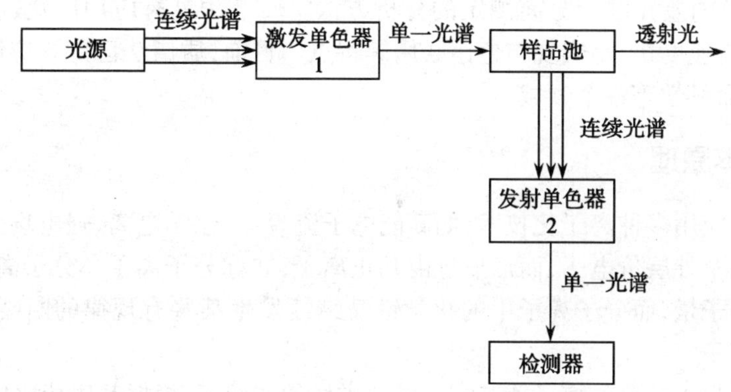

图 15-4　荧光分光光度计基本结构和原理示意图

1. 光源　一般采用氙灯作光源，因为氙灯发射的谱线强度大，而且是连续光谱，其波长分布在 250～700nm 之间，在 300～400nm 范围内谱线强度几乎相等。

2. 单色器　有两个光栅单色器，分别为激发单色器和发射单色器。前者作为选择激发光波长，后者作为选择荧光波长，通常第二个单色器应置于垂直于入射光的方向上，这样可以避免透射光的干扰。

3. 样品池　通常采用石英材料制成，形状以散射光较小的方形为宜，且四面透过。

4. 检测器　常用光电倍增管。其输出可用高灵敏度的微电计测量，或再经放大后输入记录器中自动绘制光谱图。

三、荧光分析法的应用

荧光分析法灵敏度高，选择性好、取样量少，因此已广泛应用于各领域，在临床生化检验及药品质量检测方面可用于有机物的分析。无机化合物能直接产生荧光并用于测定的为数不多，但与有机试剂形成配位化合物后进行荧光分析的元素已达 60 余种。

芳香族及具有芳香结构的化合物，因存在共轭体系而容易吸收光能，在紫外光的照射下许多能发射荧光，常用作荧光试剂辅助分析。荧光分析法在有机物测定的应用很广，如可测定多环胺类、萘酚类、吲哚类、具有芳环或芳杂环结构的氨基酸及蛋白质等、生物碱类、甾体类、抗生素类、维生素类。具有灵敏度高、选择性好、取样少、方法快速的优点，已成为医药学、生物学、农学和工业等领域进行科学研究工作的重要手段之一。

荧光分析法常用标准曲线法、比例法和联立方程式法等定量分析方法。

点滴积累

1. 荧光分析法定量的依据：当 $\varepsilon cL \leq 0.05$ 时，$F = 2.3\varphi_f I_0 \varepsilon cL = Kc$。
2. 荧光分光光度计的主要部件由光源、单色器、样品池及检测系统组成。

第三节 质 谱 法

质谱法(MS)是利用离子化技术,将物质分子转化为离子,按其质荷比(离子质量与电荷之比 m/z)的差异进行分离测定的分析方法。质谱法具有应用广泛、灵敏度高、试样用量少、分析速度快、易实现与色谱联用等特点。目前,质谱法已广泛应用于化学、能源、药物及生命科学等各个领域。

一、基本原理

质谱法是应用多种离子化技术,如高能电子流轰击、化学电离、强电场作用等,使物质分子失去一个外层价电子,而形成自由基正离子,亦称分子离子。分子离子的质量等于化合物的分子量,而分子离子中的化学键又继续发生某些有规律的断裂而形成不同质量的碎片离子。

选择其中带正电荷的离子使其在电场或磁场的作用下,根据其质荷比(m/z)的差异进行分离,按各离子 m/z 的顺序及相对强度大小记录的谱图即为质谱。由于谱图中离子的质量及相对强度是各物质所特有的,即代表了物质的性质和结构特点,因此通过质谱解析即可进行物质的成分和结构分析。

质谱的形成过程,如图 15-5 所示。

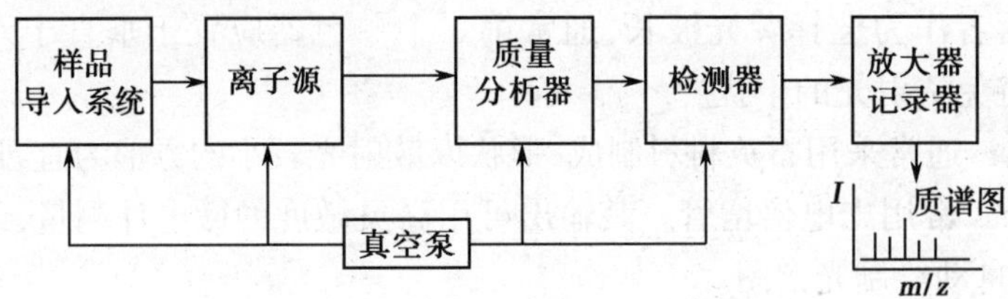

图 15-5 质谱形成过程示意图

当气态样品通过导入系统进入离子源,被电离成分子离子和碎片离子,由质量分析器将其分离并按质荷比大小依次进入检测器,经信号放大、记录得到质谱图。依据上图可见,质谱的形成与光谱类似。质谱仪的离子源、质量分析器和检测器分别类似于光谱仪中的光源、单色器和检测器。但两者的原理不同,光谱法依据待测物吸光或发光特性进行定性和结构分析,并以待测物吸光度与浓度成正比这一规律进行定量分析。质谱法是依据待测物离子化特性进行定性和结构分析,以离子流强度与待测物含量成正比进行定量分析。所以质谱法不属于光谱法的范畴。

二、质谱仪

质谱仪主要有单聚焦质谱仪和双聚焦质谱仪两种类型。其主要组成部分大致相同,一般由进样系统、离子源、质量分析器、离子检测器、记录系统及计算机系统等部分组成。单聚焦质谱仪的结构,如图 15-6 所示。

进样系统将被测物送入离子源;离子源把样品物质分子电离成离子;质量分离器将离子源中产生的离子按质荷比的大小顺序分开;检测系统按顺序检测粒子流强度;记录系统将信号记录并打印。以上步骤均由操作者指令计算机完成。

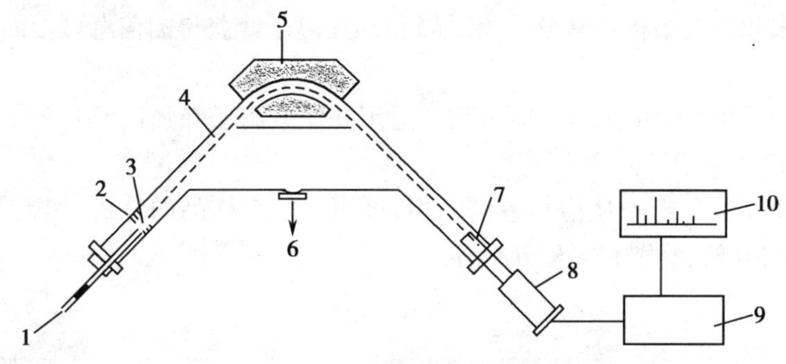

图 15-6　质谱仪结构原理示意图

1. 样品导入;2. 离子源;3. 离子加速区;4. 质量分析管;5. 磁铁;6. 接真空系统;7. 检测器;8. 前置放大器;9. 放大器;10. 记录器

三、质谱图及其在药学研究中的主要用途

(一) 质谱图

在质谱分析中,质谱图的表示方法主要用棒图的形式。如图 15-7 为丁酸的质谱图,图中横坐标表示质荷比,纵坐标表示离子的相对丰(强)度。相对丰度是将质谱图中最强峰的丰度定为 100%,并将此峰称为基峰,用其他峰的高度除以基峰的高度,所得的分数为其他离子的相对丰度。

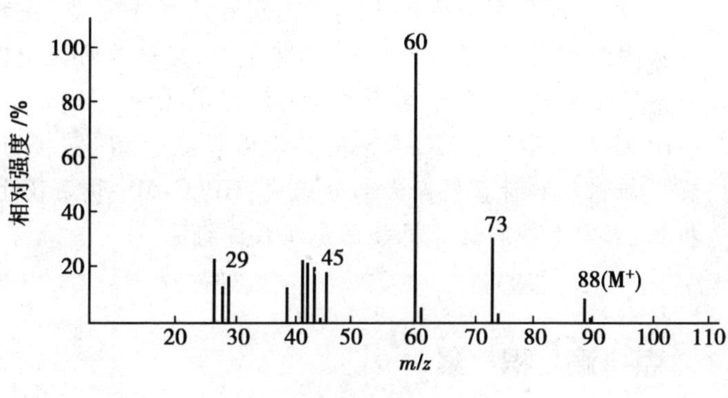

图 15-7　丁酸的质谱图

质谱中的主要离子峰:

1. 分子离子峰　分子在离子源中失去一个电子而形成的带正电荷的离子称为分子离子,由分子离子形成的质谱峰称为分子离子峰。分子离子峰的质荷比是确定相对分子质量和分子式的重要依据。

2. 碎片离子峰　分子离子在质谱仪中进一步裂解所产生的所有离子统称为碎片离子,由此而形成的峰称为碎片离子峰。碎片离子峰的峰位(m/z)及相对丰度可提供化合物的结构信息。

3. 同位素离子峰　大多数元素是由具有一定自然丰度的同位素组成,含有同位素的离子称为同位素离子,在质谱图中出现的相应的质谱峰称为同位素离子峰。同位素离子峰在质谱解析中具有重要意义。

除上述离子峰外,在分子离子裂解过程中,还可能产生重排离子、亚稳离子等,从而产生相应的重排离子峰、亚稳离子峰等。

(二) 质谱图在药学研究中的主要用途

1. 测定相对分子质量　由高分辨质谱获得分子离子峰的质量数,从而测出精确的相对分子质量。

2. 鉴别化合物　与标准品质谱或谱库中的质谱比较,可快速鉴别未知物。

3. 推断未知物的结构　从分子离子峰和碎片离子峰获得的信息可推测未知物的分子结构。

4. 测定分子中 Cl、Br、S 等的原子数　运用同位素离子峰强比及其分布特征推算这些原子的数目。

5. 复杂样品的分析　质谱与色谱联用,可用于复杂样品的分析,如天然产物、生化物质、药物等的分离、鉴别和定量分析等。

知识链接

色谱-质谱联用技术

色谱-质谱联用技术是当代最重要的分离和分析方法之一。色谱法的优势在于分离,色谱的分离能力为混合物分离提供了最有效的选择,但色谱法难以得到结构信息,在对复杂未知混合物的结构分析方面显得很薄弱;质谱法能提供丰富的结构信息,但其样品需经预处理(纯化、分离),程序复杂、耗时长。采用色谱法和质谱法技术的联用,将二者结合起来,优势互补,在药物研究中得到了越来越广泛的应用。

目前应用较多的是气相色谱-质谱(GC-MS)联用和高效液相色谱-质谱(HPLC-MS)联用。GC-MS 联用仪由气相色谱仪、接口(GC 和 MS 之间的连接装置)、质谱仪和计算机四大部分组成;HPLC-MS 联用仪由液相色谱仪、接口、质量分析器、真空系统和计算机数据处理系统组成。

点 滴 积 累

1. 质谱法(MS)是依据离子的质荷比(m/z)的差异进行分析的方法。
2. 质谱棒图中横坐标表示质荷比,纵坐标表示离子的相对丰(强)度。
3. 质谱中的主要离子峰有分子离子峰、碎片离子峰、同位素离子峰等。

目 标 检 测

一、选择题

(一) 单项选择题

1. 药物中微量元素的测定,可采用何种方法测定(　　)

A. 原子吸收分光光度法　　B. 荧光法

C. 紫外分光光度法　　D. 红外光谱法

2. 原子吸收光谱法中光源的功能是发射(　　)

A. 红外线　　B. 紫外线

C. 可见光　　D. 被测元素的特征谱线

3. 原子化器的主要作用是(　　)

A. 将试样中待测元素转化为基态原子蒸气

B. 将试样中待测元素转化为激发态原子
C. 将试样中待测元素转化为中性分子
D. 将试样中待测元素转化为离子

4. 原子吸收光谱法进行分析检测是基于光的吸收符合(　　)
A. 多普勒效应　　B. 朗伯-比尔定律
C. 光电效应　　D. 乳剂特性曲线

5. 萘及其衍生物在以下溶剂中能产生最大荧光的溶剂是(　　)
A. 1-氯丙烷　　B. 1-溴丙烷
C. 1-碘丙烷　　D. 1,2-二碘丙烷

6. 原子吸收分光光度法中,消除分析中的基体干扰,可选用(　　)
A. 保护剂　　B. 提高火焰温度
C. 标准加入法　　D. 扣除背景

7. 空心阴极灯的缺点是(　　)
A. 发射谱线强度低　　B. 稳定性差
C. 激发效率低　　D. 测一种元素要更换一个灯

8. 荧光光谱属于(　　)
A. 发射光谱　　B. 吸收光谱
C. 质谱　　D. 红外光谱

9. 利用质谱法进行分离是按照(　　)
A. 质荷比(m/z)的差异　　B. 吸收光的不同
C. 发射光的不同　　D. 物质分子质量不同

10. 质谱法中的碎片离子是(　　)
A. 分子离子　　B. 阴离子
C. 同位素离子　　D. 分子离子进一步裂解所产生的所有离子

(二) 多项选择题

1. 下列属于原子吸收分光光度法常用的定量方法的是(　　)
A. 标准曲线法　　B. 标准加入法　　C. 内标法
D. 外标法　　E. 比较法

2. 质谱仪的主要部件包括(　　)
A. 记录系统　　B. 进样系统　　C. 离子源
D. 质量分析器　　E. 离子检测器

3. 原子吸收分光光度法与紫外-可见分光光度法的主要区别在于(　　)
A. 分析方法　　B. 研究对象　　C. 光谱特征
D. 仪器组成　　E. 检测器

4. 原子吸收光谱法对光源的要求(　　)
A. 共振辐射强度大　　B. 背景吸收小　　C. 锐线光源
D. 稳定性高　　E. 背景吸收大

5. 影响荧光强度的外部因素主要有(　　)
A. 溶剂　　B. 温度　　C. 溶液 pH
D. 跃迁类型　　E. 共轭效应

二、简答题

1. 原子吸收分光光度法为何常选用待测元素的共振线作为分析线？
2. 写出荧光强度与荧光物质溶液浓度的关系式，并说明其应用条件。
3. 质谱仪主要由哪几部分组成？各部分有何作用？

三、实例分析

用原子吸收法测定排放废水中的微量汞，分别吸取试液 10.00ml 于一组 25ml 的容量瓶中，依次加入浓度为 0.4μg/ml 的汞标准溶液 0.00ml、0.50ml、1.00ml、1.50ml，稀释至刻度；测得各溶液的吸光度为 0.052、0.130、0.207、0.279，计算水样中汞的浓度（以 μg/L 为单位）。

实训二十　参观、见习质谱、色谱-质谱联用仪等仪器

【实训目的】

1. 了解各类现代分析仪器的主要结构、工作原理及使用情况。
2. 了解现代仪器分析技术在医药领域中的应用。

【实训内容】

1. 实训用品　原子吸收光谱仪、荧光分光光度计、质谱仪、GC-MS 联用仪、HPLC-MS 联用仪等。

2. 操作步骤　组织学生到药品生产及药品检验行业，实地参观、见习原子吸收光谱仪、荧光分光光度计、质谱仪、GC-MS 联用仪、HPLC-MS 联用仪等的使用情况。

【实训注意】

1. 服从见习场所工作人员的安排，严格遵守操作规程。
2. 为保证见习工作的科学性和规范化，原始记录必须用蓝黑墨水或碳素笔书写，做到记录原始、数据真实、字迹清晰、资料完整。

【实训检测】

1. 简述原子吸收光谱仪、荧光分光光度计、质谱仪的主要部件。
2. 简述色谱-质谱联用仪中接口的作用。

【实训记录】

实训项目	所用仪器（型号、名称）	主要参数	见习记录

（姜　斌）

参 考 文 献

1. 潘国石．分析化学．第 2 版．北京：人民卫生出版社，2010.
2. 严拯宇．仪器分析．第 2 版．南京：东南大学出版社，2009.
3. 杨根元．实用仪器分析．第 4 版．北京：北京大学出版社，2010.
4. 徐靖．基础化学．北京：军事医学科学出版社，2008.
5. 朱明华．仪器分析．北京：高等教育出版社，2010.
6. 高向阳．新编仪器分析．北京：科学出版社，2011.
7. 李维斌．分析化学．北京：高等教育出版社，2005.
8. 黄月君．无机及分析化学．武汉：华中科技大学出版社，2010.
9. 胡琴，黄庆华．分析化学．北京：科学出版社，2009.
10. 贺浪冲．分析化学．北京：高等教育出版社，2009.
11. 张蓝天．无机化学．北京：人民卫生出版社，2008.
12. 北京师范大学等．无机化学．北京：高等教育出版社，2010.
13. 吕以仙等．医用基础化学．北京：北京大学医学出版社，2010.
14. 李明梅．药用基础化学．北京：化学工业出版社，2011.
15. 龚孟濂．无机化学．北京：科学出版社，2010.

目标检测参考答案

第一章　溶　液

一、选择题

（一）单项选择题

1. A　2. B　3. B　4. C　5. D　6. D　7. D　8. A　9. C　10. B　11. A　12. D　13. C　14. A　15. C

（二）多项选择题

1. ABCE　2. BCE　3. BCD　4. ACD　5. DE

二、简答题

（略）

三、实例分析

1. 0.89%；0.154mol/kg
2. 0.258mol/L
3. 16.1ml
4. 8.73g

第二章　物质结构

一、选择题

（一）单项选择题

1. C　2. A　3. C　4. D　5. C　6. A　7. B　8. B　9. A　10. B　11. C　12. D　13. D　14. A　15. A

（二）多项选择题

1. ABCDE　2. ABD　3. ACD　4. ABE　5. ABC

二、简答题

（略）

第三章　化学反应速率和化学平衡

一、选择题

（一）单项选择题

1. D　2. B　3. D　4. D　5. D　6. C　7. A　8. C　9. D　10. B　11. D　12. C

（二）多项选择题

1. AB 2. BCD 3. AD 4. BDE

二、简答题

（略）

第四章 定量分析基础

一、选择题

（一）单项选择题

1. C 2. D 3. C 4. A 5. A 6. C 7. D 8. C 9. B 10. A 11. C 12. A 13. C 14. B

（二）多项选择题

1. ABDE 2. ABCD 3. ABCE 4. CD 5. BC 6. BD 7. AE 8. ABCD

二、简答题

（略）

三、实例分析

1. $\bar{x}=10.43\%$；$\bar{d}=0.036\%$；$R\bar{d}=0.35\%$；$S=0.046\%$；$RSD=0.44\%$

2. 数据33.86%不应弃去

3. 70.33%

4. （1）0.1000mol/L （2）0.04791g/ml；0.04631g/ml

5. 94.53%

第五章 酸碱平衡与酸碱滴定法

一、选择题

（一）单项选择题

1. B 2. B 3. D 4. C 5. C 6. D 7. A 8. A 9. C 10. C 11. C 12. D 13. D 14. A 15. D 16. B 17. D 18. B 19. D 20. A 21. C 22. B 23. B 24. B 25. C

（二）多项选择题

1. AE 2. BD 3. BC 4. ACE 5. ABCD

二、简答题

（略）

三、实例分析

1. （1）3.00 （2）10.60 （3）3.89 （4）4.98 （5）8.88 （6）4.75 （7）8.31

2. 76.48g

3. 7.21

4. 0.1013mol/L

5. Na_2CO_3：64.53%；$NaHCO_3$：8.450%

第六章　沉淀溶解平衡与沉淀滴定法

一、选择题

（一）单项选择题

1. C　2. C　3. D　4. B　5. B　6. A　7. B　8. C　9. B　10. C

（二）多项选择

1. ACD　2. ABDE　3. ABCD　4. ABCD　5. ABC

二、简答题

（略）

三、实例分析

1. 9.2×10^{-9}
2. 有沉淀生成
3. $c_{AgNO_3}=0.07482mol/L$；$c_{NH_4SCN}=0.07126mol/L$
4. 98.75%

第七章　配位化合物与配位滴定法

一、选择题

（一）单项选择题

1. C　2. D　3. B　4. C　5. D　6. D　7. A　8. B　9. A　10. B

（二）多项选择题

1. AC　2. BD　3. CE　4. AB　5. AC

二、简答题

（略）

三、实例分析

1. 154.1 $CaCO_3$ mg/L
2. 99.43%
3. 65.39%

第八章　氧化还原反应与氧化还原滴定法

一、选择题

（一）单项选择题

1. A　2. C　3. A　4. D　5. A　6. B　7. C　8. B　9. A　10. D　11. C　12. C　13. D　14. D　15. C

（二）多项选择题

1. ABDE　2. ACDE　3. ACD　4. BE　5. AD

二、简答题

（略）

三、实例分析

1. 0.03290g/ml 或 3.290%
2. 0.1175mol/L

3. 91.49%

第九章 电化学分析法

一、选择题

（一）单项选择题

1. B 2. B 3. D 4. D 5. B 6. D 7. C 8. A 9. A 10. B 11. D 12. A

（二）多项选择题

1. ACE 2. ABC 3. AD 4. ABC 5. ACDE 6. AD

二、简答题

（略）

三、实例分析

1. 98.82%，符合规定。

2. 0.1035mol/L

3. 60.06%

第十章 紫外-可见分光光度法

一、选择题

（一）单项选择题

1. A 2. B 3. D 4. C 5. C 6. A 7. C 8. C 9. A 10. C 11. C 12. C 13. C 14. B 15. B

（二）多项选择题

1. ABD 2. ABE 3. ABCDE 4. BCE 5. ABCD 6. ACE

二、简答题

（略）

三、实例分析

1. 98.0%

2. $E_{1cm}^{1\%}=1.2\times10^4$ ml/g·cm；$\varepsilon=6.72\times10^4$ L/mol·cm

3. 95.38%

第十一章 红外吸收光谱法

一、选择题

（一）单项选择题

1. B 2. A 3. D 4. A 5. B 6. C 7. B 8. A 9. A 10. B 11. A 12. D 13. C 14. A 15. B

（二）多项选择题

1. BC 2. ABC 3. AB 4. AB 5. ABC

二、简答题

（略）

三、实例分析

（1）$1680cm^{-1}$ （2）$2910cm^{-1}$ （3）$1190cm^{-1}$

第十二章 经典液相色谱法

一、选择题

（一）单项选择题

1. B 2. A 3. D 4. D 5. D 6. B 7. A 8. D 9. A 10. C 11. B 12. C 13. B 14. C

（二）多项选择题

1. ACD 2. ABCD 3. AC 4. ABCDE 5. ACD 6. BCD

二、简答题

（略）

三、实例分析

1. 0.59

2. 0.59;0.50;1.19

第十三章 气相色谱法

一、选择题

（一）单项选择题

1. D 2. B 3. A 4. D 5. C 6. D 7. B 8. B 9. C 10. A 11. A 12. C 13. C 14. B 15. D

（二）多项选择题

1. AB 2. ABCE 3. DE 4. ACD 5. ABDE

二、简答题

（略）

三、实例分析

1. 1.2×10^3;1.6mm

2. 0.70%;0.67%

第十四章 高效液相色谱法

一、选择题

（一）单项选择题

1. B 2. A 3. C 4. B 5. D 6. B 7. C 8. A 9. B 10. C 11. D 12. B 13. B 14. C 15. B

（二）单项选择题

1. ACE 2. BCE 3. ABDE 4. ABCE 5. ABCD

二、简答题

（略）

三、实例分析

31.0%;39.7%;29.3%

第十五章　其他仪器分析法简介

一、选择题

（一）单项选择题

1. A　2. D　3. A　4. B　5. A　6. C　7. D　8. A　9. A　10. D

（二）多项选择题

1. ABC　2. ABCDE　3. BC　4. ABCD　5. ABC

二、简答题

（略）

三、实例分析

16μg/L

附　　录

一、国际单位制的基本单位

物理量的名称	单位名称	单位符号
长度(*L*)	米(meter)	m
质量(*m*)	千克(kilogram)	kg
时间(*t*)	秒(second)	s
电流(*I*)	安[培](Ampere)	A
热力学温度(*T*)	开[尔文](Kelvin)	K
物质的量(*n*)	摩[尔](mole)	mol
发光强度(*Iν*,*I*)	坎[德拉](candela)	cd

二、相对原子质量(1995 年国际原子量)

元素	符号	相对原子量	元素	符号	相对原子量	元素	符号	相对原子量
银	Ag	107.87	铯	Cs	132.91	铱	Ir	192.22
铝	Al	26.982	铜	Cu	63.546	钾	K	39.098
氩	Ar	39.948	镝	Dy	162.50	氪	Kr	83.80
砷	As	74.922	铒	Er	167.26	镧	La	138.91
金	Au	196.97	铕	Eu	151.96	锂	Li	6.941
硼	B	10.811	氟	F	18.998	镥	Lu	174.97
钡	Ba	137.33	铁	Fe	55.845	镁	Mg	24.305
铍	Be	9.0122	镓	Ga	69.723	锰	Mn	54.938
铋	Bi	208.98	钆	Gd	157.25	钼	Mo	95.94
溴	Br	79.904	锗	Ge	72.61	氮	N	14.007
碳	C	12.011	氢	H	1.0079	钠	Na	22.990
钙	Ca	40.078	氦	He	4.0026	铌	Nb	92.906
镉	Cd	112.41	铪	Hf	178.49	钕	Nd	144.24
铈	Ce	140.12	汞	Hg	200.59	氖	Ne	20.180
氯	Cl	35.453	钬	Ho	164.93	镍	Ni	58.693
钴	Co	58.933	碘	I	126.90	镎	Np	237.05
铬	Cr	51.996	铟	In	114.82	氧	O	15.999

续表

元素	符号	相对原子量	元素	符号	相对原子量	元素	符号	相对原子量
锇	Os	190.23	锑	Sb	121.76	铊	Tl	204.38
磷	P	30.974	钪	Sc	44.956	铥	Tm	168.93
铅	Pb	207.2	硒	Se	78.96	铀	U	238.03
钯	Pd	106.42	硅	Si	28.086	钒	V	50.942
镨	Pr	140.91	钐	Sm	150.36	钨	W	183.84
铂	Pt	195.08	锡	Sn	118.71	氙	Xe	131.29
镭	Ra	226.03	锶	Sr	87.62	钇	Y	88.906
铷	Rb	85.468	钽	Ta	180.95	镱	Yb	173.04
铼	Re	186.21	铽	Tb	158.9	锌	Zn	65.39
铑	Rh	102.91	碲	Te	127.60	锆	Zr	91.224
钌	Ru	101.07	钍	Th	232.04			
硫	S	32.066	钛	Ti	47.867			

三、常见化合物的相对分子质量

分子式	相对分子质量	分子式	相对分子质量
AgBr	187.77	$CaCl_2 \cdot H_2O$	129.00
AgCl	143.22	$CaCl_2 \cdot 6H_2O$	219.08
AgI	234.77	$Ca(NO_3)_2$	164.09
AgCN	133.89	CaF_2	78.08
Ag_2CrO_4	331.73	$Ca(OH)_2$	74.09
$Al_2(SO_4)_3 \cdot 18H_2O$	666.41	$CaSO_4$	136.14
As_2O_3	197.84	$Ca_3(PO_4)_2$	310.18
As_2O_5	229.84	CO_2	44.01
As_2S_3	246.02	CCl_4	153.82
As_2S_5	310.14	Cr_2O_3	151.99
$BaCl_2$	208.24	CuO	79.55
$BaCl_2 \cdot 2H_2O$	244.27	CuS	95.61
$BaCO_3$	197.34	$CuSO_4$	159.60
BaO	153.33	$CuSO_4 \cdot 5H_2O$	249.68
$Ba(OH)_2$	171.34	$C_4H_6O_3$(醋酐)	102.09
$BaSO_4$	233.39	$C_7H_6O_2$(苯甲酸)	122.12
BaC_2O_4	225.35	HI	127.91
$BaCrO_4$	253.32	HBr	80.91
CaO	56.08	HCN	27.03
$CaCO_3$	100.09	H_2SO_3	82.07
CaC_2O_4	128.10	H_2SO_4	98.07
$CaCl_2$	110.99	Hg_2Cl_2	472.09

续表

分子式	相对分子质量	分子式	相对分子质量
$HgCl_2$	271.50	$AgNO_3$	169.87
H_3BO_3	61.83	AgSCN	165.95
HCOOH	46.03	Al_2O_3	101.96
K_2O	94.20	$Al(OH)_3$	78.00
KOH	56.11	$Al_2(SO_4)_3$	342.14
KSCN	97.18	$H_2C_2O_4$	90.04
K_2SO_4	174.26	$H_2C_2O_4 \cdot 2H_2O$	126.07
KNO_2	85.10	$HC_2H_3O_2$(HAc)	60.05
KNO_3	101.10	HCl	36.46
$MgCl_2$	95.21	H_2CO_3	62.03
$MgCO_3$	84.31	$HClO_4$	100.46
MgO	40.30	HNO_2	47.01
$Mg(OH)_2$	58.32	HNO_3	63.01
$MgNH_4PO_4$	137.32	H_2O	18.02
$Mg_2P_2O_7$	222.55	H_2O_2	34.02
$MgSO_4 \cdot 7H_2O$	246.47	H_3PO_4	98.00
MnO	70.94	H_2S	34.08
MnO_2	86.94	HF	20.01
$Na_2B_4O_7 \cdot 10H_2O$	381.37	FeO	71.85
NaBr	102.89	Fe_2O_3	159.69
$NaBiO_3$	279.97	Fe_3O_4	231.54
Na_2CO_3	105.99	$Fe(OH)_3$	106.87
$Na_2C_2O_4$	134.00	$FeSO_4$	151.90
$NaC_2H_3O_2$(NaAc)	82.03	$FeSO_4 \cdot H_2O$	169.92
NaCl	58.44	$FeSO_4 \cdot 7H_2O$	278.01
NaCN	49.01	$Fe_2(SO_4)_3$	399.87
$Na_2H_2Y \cdot 2H_2O$	372.24	$FeSO_4 \cdot (NH_4)_2SO_4 \cdot 6H_2O$	392.13
$NaHCO_3$	84.01	$KAl(SO_4)_2 \cdot 12H_2O$	474.39
NaI	149.89	KBr	119.00
Na_2O	61.98	$KBrO_3$	167.00
NaOH	40.00	KCl	74.55
Na_2S	78.04	$KClO_3$	122.55
Na_2SO_3	126.04	$KClO_4$	138.55
Na_2SO_4	142.04	K_2CO_3	138.21

续表

分子式	相对分子质量	分子式	相对分子质量
KCN	65.12	NH_4SCN	76.12
K_2CrO_4	194.19	$(NH_4)_2SO_4$	132.14
$K_2Cr_2O_7$	294.18	$(NH_4)_2C_2O_4 \cdot H_2O$	142.11
$KHC_2O_4 \cdot H_2O$	146.14	$(NH_4)_2HPO_4$	132.06
$KHC_2O_4 \cdot H_2C_2O_4 \cdot 2H_2O$	254.19	P_2O_5	141.95
$KHC_8H_4O_4$(邻苯二甲酸氢钾)	204.22	PbO	223.20
$KHCO_3$	100.12	PbO_2	239.20
KH_2PO_4	136.09	$PbCl_2$	278.11
$KHSO_4$	136.16	$PbSO_4$	303.26
KI	166.00	$PbCrO_4$	323.19
KIO_3	214.00	$Pb(CH_3COO)_2 \cdot 3H_2O$	379.24
$KIO_3 \cdot HIO_3$	389.91	SiO_2	60.08
$KMnO_4$	158.03	SO_2	64.06
$Na_2S_2O_3$	158.10	SO_3	80.06
$Na_2S_2O_3 \cdot 5H_2O$	248.17	SnO_2	150.69
$Na_2HPO_4 \cdot 12H_2O$	358.14	$SnCl_2$	189.60
$NaNO_2$	69.00	$SnCO_3$	178.71
$NaNO_3$	85.00	WO_3	231.84
NH_3	17.03	ZnO	81.38
NH_4Cl	53.49	$Zn(OH)_2$	99.40
$NH_4Fe(SO_4)_2 \cdot 12H_2O$	482.18	$ZnSO_4$	161.44
$NH_3 \cdot H_2O$	35.05	$ZnSO_4 \cdot 7H_2O$	287.55

四、弱酸和弱碱在水中的解离常数(298.15K)

名称	分子式	电离常数 K	pK
砷酸	H_3AsO_4	$K_1=5.8\times10^{-3}$	2.24
		$K_2=1.1\times10^{-7}$	6.96
		$K_3=3.2\times10^{-12}$	11.50
亚砷酸	H_3AsO_3	6.0×10^{-10}	9.23
醋酸	CH_3COOH	1.76×10^{-5}	4.75
甲酸	HCOOH	1.80×10^{-4}	3.75
碳酸	H_2CO_3	$K_1=4.3\times10^{-7}$	6.37
		$K_2=5.61\times10^{-11}$	10.25
铬酸	H_2CrO_4	$K_1=1.8\times10^{-1}$	0.74
		$K_2=3.20\times10^{-7}$	6.49
氢氟酸	HF	3.53×10^{-4}	3.45
氢氰酸	HCN	4.93×10^{-10}	9.31

续表

名称	分子式	电离常数 K	pK
氢硫酸	H_2S	$K_1 = 9.5 \times 10^{-8}$	7.02
		$K_2 = 1.3 \times 10^{-14}$	13.9
过氧化氢	H_2O_2	2.4×10^{-12}	11.62
次溴酸	$HBrO$	2.06×10^{-9}	8.69
次氯酸	$HClO$	3.0×10^{-8}	7.53
次碘酸	HIO	2.3×10^{-11}	10.64
碘酸	HIO_3	1.69×10^{-1}	0.77
高碘酸	HIO_4	2.3×10^{-2}	1.64
亚硝酸	HNO_2	7.1×10^{-4}	3.16
磷酸	H_3PO_4	$K_1 = 7.52 \times 10^{-3}$	2.12
		$K_2 = 6.23 \times 10^{-8}$	7.21
		$K_3 = 2.2 \times 10^{-13}$	12.66
硫酸	H_2SO_4	$K_2 = 1.02 \times 10^{-2}$	1.91
亚硫酸	H_2SO_3	$K_1 = 1.23 \times 10^{-2}$	1.91
		$K_2 = 6.6 \times 10^{-8}$	7.18
草酸	$H_2C_2O_4$	$K_1 = 5.9 \times 10^{-2}$	1.23
		$K_2 = 6.4 \times 10^{-5}$	4.19
酒石酸	$H_2C_4H_4O_6$	$K_1 = 9.2 \times 10^{-4}$	3.036
		$K_2 = 4.31 \times 10^{-5}$	4.366
柠檬酸	$H_3C_6H_5O_7$	$K_1 = 7.44 \times 10^{-4}$	3.13
		$K_2 = 1.73 \times 10^{-5}$	4.76
		$K_3 = 4.0 \times 10^{-7}$	6.40
苯甲酸	C_6H_5COOH	6.46×10^{-5}	4.19
苯酚	C_6H_5OH	1.1×10^{-10}	9.95
氨水	$NH_3 \cdot H_2O$	1.76×10^{-5}	4.75
氢氧化钙	$Ca(OH)_2$	$K_1 = 3.74 \times 10^{-3}$	2.43
		$K_2 = 4.0 \times 10^{-2}$	1.40
氢氧化铅	$Pb(OH)_2$	9.6×10^{-4}	3.02
氢氧化银	$AgOH$	1.1×10^{-4}	3.96
氢氧化锌	$Zn(OH)_2$	9.6×10^{-4}	3.02
羟胺	NH_2OH	9.1×10^{-9}	8.04
苯胺	$C_6H_5NH_2$	4.6×10^{-10}	9.34
乙二胺	$H_2NCH_2CH_2NH_2$	$K_1 = 8.5 \times 10^{-5}$	4.07
		$K_2 = 7.1 \times 10^{-8}$	7.15

五、常见难溶化合物的溶度积常数(298.15K)

化合物	K_{sp}	化合物	K_{sp}
AgBr	5.35×10^{-13}	$Cu(OH)_2$	2.2×10^{-20}
AgCl	1.77×10^{-10}	CuS	1.3×10^{-36}
Ag_2CrO_4	1.12×10^{-12}	CuBr	6.3×10^{-9}
AgCN	5.97×10^{-17}	CuCl	1.7×10^{-7}
AgOH	2.0×10^{-8}	CuI	1.3×10^{-12}
AgI	8.51×10^{-17}	CuS	1.3×10^{-36}
Ag_2S	6.3×10^{-50}	CuSCN	1.8×10^{-15}
Ag_2SO_4	1.2×10^{-5}	$Fe(OH)_3$	2.9×10^{-39}
AgSCN	1.0×10^{-12}	$Fe(OH)_2$	4.9×10^{-17}
Ag_2CO_3	8.4×10^{-12}	FeS	1.6×10^{-19}
$Al(OH)_3$	1.1×10^{-33}	$PbSO_4$	1.8×10^{-8}
$BaCO_3$	2.6×10^{-9}	PbS	9.1×10^{-29}
$BaCrO_4$	1.2×10^{-10}	$Mg_3(PO_4)_2$	9.9×10^{-25}
BaC_2O_4	1.6×10^{-7}	$MgCO_3$	6.8×10^{-6}
$BaSO_4$	1.1×10^{-10}	$Mg(OH)_2$	5.6×10^{-12}
$Cr(OH)_3$	6.3×10^{-31}	$Mn(OH)_2$	2.1×10^{-13}
$CaCO_3$	5.0×10^{-9}	HgS	1.0×10^{-47}
CaF_2	3.4×10^{-11}	$ZnCO_3$	1.2×10^{-10}
CaC_2O_4	2.3×10^{-9}	$Zn(OH)_2$	6.9×10^{-17}
$CaSO_4$	7.1×10^{-5}	ZnS	1.2×10^{-23}

六、EDTA 滴定部分金属离子的最低 pH

金属离子	$\lg K_{稳}$	pH(近似值)	金属离子	$\lg K_{稳}$	pH(近似值)
Mg^{2+}	8.69	9.7	Zn^{2+}	16.50	3.9
Ca^{2+}	10.96	7.5	Pb^{2+}	18.04	3.2
Mn^{2+}	14.04	5.2	Ni^{2+}	18.62	3.0
Fe^{2+}	14.33	5.1	Cu^{2+}	18.80	2.9
Al^{3+}	16.13	4.2	Hg^{2+}	21.80	1.9
Co^{2+}	16.31	4.0	Sn^{2+}	22.11	1.7
Cd^{2+}	16.46	3.9	Fe^{3+}	25.10	1.0

七、部分电对的标准电极电势(298.15K)

电极反应				$\varphi^{\ominus}$(V)
氧化型	电子数		还原型	
F_2(气) $+2H^+$	$+2e$	$\rightleftharpoons$	$2HF$	3.06
O_3+2H^+	$+2e$	$\rightleftharpoons$	O_2+H_2O	2.07
$S_2O_8^{2-}$	$+2e$	$\rightleftharpoons$	$2SO_4^{2-}$	2.01
$H_2O_2+2H^+$	$+2e$	$\rightleftharpoons$	$2H_2O$	1.77
PbO_2(固) $+SO_4^{2-}+4H^+$	$+2e$	$\rightleftharpoons$	$PbSO_4$(固) $+2H_2O$	1.685
$HClO_2+2H^+$	$+2e$	$\rightleftharpoons$	$HClO+H_2O$	1.64
$HClO+H^+$	$+e$	$\rightleftharpoons$	$1/2Cl_2+H_2O$	1.63
Ce^{4+}	$+e$	$\rightleftharpoons$	Ce^{3+}	1.61
$HBrO+H^+$	$+e$	$\rightleftharpoons$	$1/2Br_2+H_2O$	1.59
$BrO_3^-+6H^+$	$+5e$	$\rightleftharpoons$	$1/2Br_2+3H_2O$	1.52
$MnO_4^-+8H^+$	$+5e$	$\rightleftharpoons$	$Mn^{2+}+4H_2O$	1.51
Au^{3+}	$+3e$	$\rightleftharpoons$	Au	1.50
$HClO+H^+$	$+2e$	$\rightleftharpoons$	Cl^-+H_2O	1.49
$ClO_3^-+6H^+$	$+5e$	$\rightleftharpoons$	$1/2Cl_2+3H_2O$	1.47
PbO_2(固) $+4H^+$	$+2e$	$\rightleftharpoons$	$Pb^{2+}+2H_2O$	1.455
$HIO+H^+$	$+e$	$\rightleftharpoons$	$1/2I_2+H_2O$	1.45
$ClO_3^-+6H^+$	$+6e$	$\rightleftharpoons$	Cl^-+3H_2O	1.45
$BrO_3^-+6H^+$	$+6e$	$\rightleftharpoons$	Br^-+3H_2O	1.44
Au^{3+}	$+2e$	$\rightleftharpoons$	Au^+	1.41
Cl_2(气)	$+2e$	$\rightleftharpoons$	$2Cl^-$	1.3595
$ClO_4^-+8H^+$	$+7e$	$\rightleftharpoons$	$1/2Cl_2+4H_2O$	1.34
$Cr_2O_7^{2-}+14H^+$	$+6e$	$\rightleftharpoons$	$2Cr^{3+}+7H_2O$	1.33
MnO_2(固) $+4H^+$	$+2e$	$\rightleftharpoons$	$Mn^{2+}+2H_2O$	1.23
O_2(气) $+4H^+$	$+4e$	$\rightleftharpoons$	$2H_2O$	1.229
$IO_3^-+6H^+$	$+5e$	$\rightleftharpoons$	$1/2I_2+3H_2O$	1.20
$ClO_4^-+2H^+$	$+2e$	$\rightleftharpoons$	$ClO_3^-+H_2O$	1.19
Br_2(水)	$+2e$	$\rightleftharpoons$	$2Br^-$	1.087
NO_2+H^+	$+e$	$\rightleftharpoons$	HNO_2	1.07
Br_3^-	$+2e$	$\rightleftharpoons$	$3Br^-$	1.05
HNO_2+H^+	$+e$	$\rightleftharpoons$	NO(气) $+H_2O$	1.00
$HIO+H^+$	$+2e$	$\rightleftharpoons$	I^-+H_2O	0.99
$NO_3^-+3H^+$	$+2e$	$\rightleftharpoons$	HNO_2+H_2O	0.94
ClO^-+H_2O	$+2e$	$\rightleftharpoons$	Cl^-+2OH^-	0.89
H_2O_2	$+2e$	$\rightleftharpoons$	$2OH^-$	0.88
$Cu^{2+}+I^-$	$+e$	$\rightleftharpoons$	CuI(固)	0.86

续表

电极反应				$\varphi^{\ominus}$(V)
氧化型	电子数		还原型	
Hg^{2+}	+2e	⇌	Hg	0.845
$NO_3^- + 2H^+$	+e	⇌	$NO_2 + H_2O$	0.80
Ag^+	+e	⇌	Ag	0.7995
Hg_2^{2+}	+2e	⇌	2Hg	0.793
Fe^{3+}	+e	⇌	Fe^{2+}	0.771
$BrO^- + H_2O$	+2e	⇌	$Br^- + 2OH^-$	0.76
O_2(气) $+2H^+$	+2e	⇌	H_2O_2	0.682
$AsO_2^- + 2H_2O$	+3e	⇌	$As + 4OH^-$	0.68
$2HgCl_2$	+2e	⇌	Hg_2Cl_2(固) $+2Cl^-$	0.63
Hg_2SO_4(固)	+2e	⇌	$2Hg + SO_4^{2-}$	0.6151
$MnO_4^- + 2H_2O$	+3e	⇌	MnO_2(固) $+4OH^-$	0.588
MnO_4^-	+e	⇌	MnO_4^{2-}	0.564
$H_3AsO_4 + 2H^+$	+2e	⇌	$HAsO_2 + 2H_2O$	0.559
I_3^-	+2e	⇌	$3I^-$	0.545
I_2(固)	+2e	⇌	$2I^-$	0.5345
Mo(Ⅵ)	+e	⇌	Mo(Ⅴ)	0.53
Cu^+	+e	⇌	Cu	0.52
$4SO_2$(水) $+4H^+$	+6e	⇌	$S_4O_6^{2-} + 2H_2O$	0.51
$HgCl_4^{2-}$	+2e	⇌	$Hg + 4Cl^-$	0.48
$2SO_2$(水) $+2H^+$	+4e	⇌	$S_2O_3^{2-} + H_2O$	0.40
$Fe(CN)_6^{3-}$	+e	⇌	$Fe(CN)_6^{4-}$	0.36
Cu^{2+}	+2e	⇌	Cu	0.342
$VO^{2+} + 2H^+$	+e	⇌	$V^{3+} + H_2O$	0.337
$BiO^+ + 2H^+$	+3e	⇌	$Bi + H_2O$	0.32
Hg_2Cl_2(固)	+2e	⇌	$2Hg + 2Cl^-$	0.2676
$HAsO_2 + 3H^+$	+3e	⇌	$As + 2H_2O$	0.248
AgCl(固)	+e	⇌	$Ag + Cl^-$	0.2223
$SbO^+ + 2H^+$	+3e	⇌	$Sb + H_2O$	0.212
$SO_4^{2-} + 4H^+$	+2e	⇌	SO_2(水) $+2H_2O$	0.17
Cu^{2+}	+e	⇌	Cu^+	0.153
Sn^{4+}	+2e	⇌	Sn^{2+}	0.151
$S + 2H^+$	+2e	⇌	H_2S(气)	0.141
Hg_2Br_2	+2e	⇌	$2Hg + 2Br^-$	0.1395
$TiO^{2+} + 2H^+$	+e	⇌	$Ti^{3+} + H_2O$	0.1
$S_4O_6^{2-}$	+2e	⇌	$2S_2O_3^{2-}$	0.08
AgBr(固)	+e	⇌	$Ag + Br^-$	0.071

续表

电极反应				$\varphi^{\ominus}$(V)
氧化型	电子数		还原型	
$2H^+$	+2e	⇌	H_2	0.000
O_2+H_2O	+2e	⇌	$HO_2^-+OH^-$	-0.067
$TiOCl^++2H^++3Cl^-$	+e	⇌	$TiCl_4^-+H_2O$	-0.09
Pb^{2+}	+2e	⇌	Pb	-0.126
Sn^{2+}	+2e	⇌	Sn	-0.136
AgI(固)	+e	⇌	$Ag+I^-$	-0.152
Ni^{2+}	+2e	⇌	Ni	-0.246
$H_3PO_4+2H^+$	+2e	⇌	$H_3PO_3+H_2O$	-0.276
Co^{2+}	+2e	⇌	Co	-0.277
Tl^+	+e	⇌	Tl	-0.3360
In^{3+}	+3e	⇌	In	-0.345
$PbSO_4$(固)	+2e	⇌	$Pb+SO_4^{2-}$	-0.3553
$SeO_3^{2-}+3H_2O$	+4e	⇌	$Se+6OH^-$	-0.366
$As+3H^+$	+3e	⇌	AsH_3	-0.38
$Se+2H^+$	+2e	⇌	H_2Se	-0.40
Cd^{2+}	+2e	⇌	Cd	-0.403
Cr^{3+}	+e	⇌	Cr^{2+}	-0.41
Fe^{2+}	+2e	⇌	Fe	-0.447
S	+2e	⇌	S^{2-}	-0.48
$2CO_2+2H^+$	+2e	⇌	$H_2C_2O_4$	-0.49
$H_3PO_3+2H^+$	+2e	⇌	$H_3PO_2+H_2O$	-0.50
$Sb+3H^+$	+3e	⇌	SbH_3	-0.51
$HPbO_2^-+H_2O$	+2e	⇌	$Pb+3OH^-$	-0.54
Ga^{3+}	+3e	⇌	Ga	-0.56
$TeO_3^{2-}+3H_2O$	+4e	⇌	$Te+6OH^-$	-0.57
$2SO_3^{2-}+3H_2O$	+4e	⇌	$S_2O_3^{2-}+6OH^-$	-0.58
$SO_3^{2-}+3H_2O$	+4e	⇌	$S+6OH^-$	-0.66
$AsO_4^{3-}+2H_2O$	+2e	⇌	$AsO_2^-+4OH^-$	-0.67
Ag_2S(固)	+2e	⇌	$2Ag+S^{2-}$	-0.69
Zn^{2+}	+2e	⇌	Zn	-0.762
$2H_2O$	+2e	⇌	H_2+2OH^-	-0.828
Cr^{2+}	+2e	⇌	Cr	-0.91
$HSnO_2^-+H_2O$	+2e	⇌	$Sn+3OH^-$	-0.91
Se	+2e	⇌	Se^{2-}	-0.92
$Sn(OH)_6^{2-}$	+2e	⇌	$HSnO_2^-+H_2O+3OH^-$	-0.93
CNO^-+H_2O	+2e	⇌	CN^-+2OH^-	-0.97

续表

电极反应 氧化型	电子数		还原型	$\varphi^{\ominus}$(V)
Mn^{2+}	+2e	⇌	Mn	-1.182
$ZnO_2^{2-}+2H_2O$	+2e	⇌	$Zn+4OH^-$	-1.216
Al^{3+}	+3e	⇌	Al	-1.66
$H_2AlO_3^-+H_2O$	+3e	⇌	$Al+4OH^-$	-2.35
Mg^{2+}	+2e	⇌	Mg	-2.37
Na^+	+e	⇌	Na	-2.714
Ca^{2+}	+2e	⇌	Ca	-2.87
Sr^{2+}	+2e	⇌	Sr	-2.89
Ba^{2+}	+2e	⇌	Ba	-2.90
K^+	+e	⇌	K	-2.925
Li^+	+e	⇌	Li	-3.042

八、不同温度时常用标准缓冲溶液的 pH

温度(℃)	0.05mol/L 草酸三氢钾	0.05mol/L 邻苯二甲酸氢钾	0.025mol/L $KH_2PO_4+Na_2HPO_4$	0.01mol/L 硼砂
0	1.67	4.01	6.98	9.64
5	1.67	4.00	6.95	9.40
10	1.67	4.00	6.92	9.33
15	1.67	4.00	6.90	9.28
20	1.68	4.00	6.88	9.23
25	1.68	4.01	6.86	9.18
30	1.68	4.02	6.85	9.14
35	1.69	4.02	6.84	9.10
40	1.69	4.04	6.84	9.07

九、标准 pH 溶液的配制

名　称	配制方法
草酸三氢钾溶液(0.05mol/L)	称取在54℃±3℃下烘干4~5h的草酸三氢钾 $KH_3(C_2O_4)_2\cdot 2H_2O$ 12.61g,溶于蒸馏水,在容量瓶中稀释至1000ml。
25℃饱和酒石酸氢钾溶液	在磨口玻璃瓶中装入蒸馏水和过量的酒石酸氢钾($KHC_8H_4O_6$)粉末(约20g/1000ml),控制温度在25℃±5℃,剧烈振摇20~30min,溶液澄清后,取上清液。
邻苯二甲酸氢钾溶液(0.05mol/L)	称取在115℃±5℃下烘干2~3h的邻苯二甲酸氢钾($KHC_4H_4O_4$) 10.12g,溶于蒸馏水,在容量瓶中稀释至1000ml。

续表

名 称	配制方法
磷酸二氢钾(0.025mol/L)和磷酸氢二钠(0.025mol/L)混合溶液	分别称取在115℃±5℃下烘干2~3h的磷酸氢二钠(Na_2HPO_4)3.53g和磷酸二氢钾(KH_2PO_4)3.39g,溶于蒸馏水,在容量瓶中稀释至1000ml。
0.01mol/L硼砂溶液	称取硼砂($Na_2B_4O_7\cdot10H_2O$)3.80g,(注意:不能烘),溶于蒸馏水,在容量瓶中稀释至1000ml。
25℃饱和氢氧化钙溶液	在玻璃磨口瓶或聚乙烯塑料瓶中装入蒸馏水和过量的氢氧化钙[$Ca(OH)_2$]粉末(约5~10g/1000ml),控制温度在25℃±5℃,剧烈振摇20~30min,迅速用抽滤法滤清液备用。

十、试剂的配制

1. 酸溶液

名称	相对密度(20℃)	浓度(mol/L)	质量分数	配制方法
浓盐酸 HCl	1.19	12	0.3723	
稀盐酸 HCl	1.10	6	0.200	浓盐酸500ml,加水稀释至1000ml。
稀盐酸 HCl	—	3	—	浓盐酸250ml,加水稀释至1000ml。
稀盐酸 HCl	1.036	2	0.0715	浓盐酸167ml,加水稀释至1000ml。
浓硝酸 HNO_3	1.42	16	0.6980	
稀硝酸 HNO_3	1.20	6	0.3236	浓硝酸375ml,加水稀释至1000ml。
稀硝酸 HNO_3	1.07	2	0.1200	浓硝酸127ml,加水稀释至1000ml。
浓硫酸 H_2SO_4	1.84	18	0.956	
稀硫酸 H_2SO_4	1.18	3	0.248	浓硫酸167ml慢慢倒入800ml水中,并不断搅拌,最后加水稀释至1000ml。
稀硫酸 H_2SO_4	1.06	1	0.0927	浓硫酸53ml慢慢倒入800ml水中,并不断搅拌,最后加水稀释至1000ml。
浓醋酸 CH_3COOH	1.05	17	0.995	
稀醋酸 CH_3COOH	—	6	0.350	浓醋酸353ml,加水稀释至1000ml。
稀醋酸 CH_3COOH	1.016	2	0.1210	浓醋酸118ml,加水稀释至1000ml。

2. 碱溶液

名称	相对密度(20℃)	浓度(mol/L)	质量分数	配制方法
浓氨水 $NH_3\cdot H_2O$	0.90	15	0.25~0.27	
稀氨水 $NH_3\cdot H_2O$	—	6	0.10	浓氨水400ml,加水稀释至1000ml。
稀氨水 $NH_3\cdot H_2O$	—	2	—	浓氨水133ml,加水稀释至1000ml。
稀氨水 $NH_3\cdot H_2O$	—	1	—	浓氨水67ml,加水稀释至1000ml。

续表

名称	相对密度（20℃）	浓度（mol/L）	质量分数	配制方法
氢氧化钠 NaOH	1.22	6	0.197	氢氧化钠 250g 溶于水，稀释至 1000ml。
氢氧化钠 NaOH	—	2	—	氢氧化钠 80g 溶于水，稀释至 1000ml。
氢氧化钠 NaOH	—	1	—	氢氧化钠 40g 溶于水，稀释至 1000ml。
氢氧化钾 KOH	—	2	—	氢氧化钾 112g 溶于水，稀释至 1000ml。

3. 指示剂

名称	配制方法
甲基橙	取甲基橙 0.1g，加蒸馏水 100ml，溶解后，滤过。
酚酞	取酚酞 1g，加 95% 乙醇 100ml 使溶解。
铬酸钾	取铬酸钾 5g，加水溶解，稀释至 100ml。
硫酸铁铵	取硫酸铁铵 8g，加水溶解，稀释至 100ml。
铬黑 T	取铬黑 T 0.1g，加氯化钠 10g，研磨均匀。
钙指示剂	取钙指示剂 0.1g，加氯化钠 10g，研磨均匀。
淀粉	取淀粉 0.5g，加冷蒸馏水 5ml，搅匀后，缓缓倾入 100ml 沸蒸馏水中，随加随搅拌，煮沸，直至成为稀薄的半透明溶液，放置，倾取上层清液应用。本液应临用新制。
碘化钾淀粉	取碘化钾 0.5g，加新制的淀粉指示液 100ml，使溶解。本液配制 24h 后，即不适用。

基础化学教学大纲

（供药学、生物制药技术专业用）

一、课程任务

基础化学是高职高专药学、生物制药技术专业的一门重要专业基础课。主要涵盖无机化学和分析化学两大部分内容。本课程的任务是使学生掌握无机化学、分析化学的基础知识、基本原理和基本实验操作技能，初步形成应用化学知识解决实际问题的能力，逐步培养学生的辩证思维和科学的工作态度，加强学生的职业道德观念。为学生学习药学、生物制药技术的相关专业知识和职业技能培养奠定必要的基础，同时也为学生增强继续学习和适应职业变化的能力打下基础。

二、课程目标

（一）知识目标

1. 掌握无机化学、分析化学中的基础理论和基本知识；掌握常用滴定分析法、仪器分析法的有关物质含量的测定方法及其在专业中的应用。

2. 熟悉物质结构、元素周期律以及化学反应的能量变化和反应速率等基础理论知识。熟悉电化学分析法、紫外-可见分光光度法、红外吸收光谱法、液相色谱法、气相色谱法、高效液相色谱等仪器分析法的测定原理及测定方法。

3. 了解原子吸收分光光度法、荧光分析法、质谱法等的测定原理及测定方法。

（二）技能目标

1. 熟练掌握无机化学、分析化学的基本操作技能，通过滴定分析和仪器分析等实训，培养学生的动手能力和分析解决问题的能力。

2. 学会滴定分析法、紫外-可见分光光度法、电化学分析法、色谱法等分析方法的基本操作及对物质的含量测定方法。

（三）职业素质和态度目标

1. 形成良好的职业素质和服务态度，初步具备逻辑思维和观察、分析、解决问题的能力。

2. 具有实事求是、科学严谨的学风和创新意识、创新精神。

3. 具有良好的心理素质、职业道德观念、行为规范和团队精神。

三、教学时间分配(120 学时)

教学内容	学时数		
	理论	实训	合计
绪论	1	0	1
第一章　溶液	7	4	11
第二章　物质结构	7	0	7
第三章　化学反应速率和化学平衡	3	0	3
第四章　定量分析基础	7	4	11
第五章　酸碱平衡与酸碱滴定法	10	6	16
第六章　沉淀溶解平衡与沉淀滴定法	4	2	6
第七章　配位化合物与配位滴定法	4	2	6
第八章　氧化还原反应与氧化还原滴定法	7	4	11
第九章　电化学分析法	4	4	8
第十章　紫外-可见分光光度法	6	4	10
第十一章　红外吸收光谱法	4	2	6
第十二章　经典液相色谱法	4	4	8
第十三章　气相色谱法	4	0	4
第十四章　高效液相色谱法	4	2	6
第十五章　其他仪器分析法简介	4	2	6
合　计	80	40	120

四、教学内容与要求

单元	教学内容	教学要求	教学活动参考	参考学时	
				理论	实验
绪论	（一）化学研究的对象和任务	熟悉	理论讲授	1	0
	（二）化学与药学	熟悉	课堂讨论		
	（三）基础化学的学习方法	了解			
一、溶液	（一）分散系		理论讲授	7	
	1. 分散系的概念	熟悉	多媒体演示		
	2. 分散系的分类	掌握	课堂讨论		
	（二）溶液的组成标度		课堂练习		
	1. 溶液组成标度的表示方法	掌握			
	2. 溶液组成标度的换算	熟悉			
	3. 溶液的配制与稀释	掌握			
	（三）稀溶液的依数性				
	1. 溶液的蒸气压下降	了解			
	2. 溶液的沸点升高	熟悉			
	3. 溶液的凝固点降低	熟悉			

续表

单元	教学内容	教学要求	教学活动参考	参考学时	
				理论	实验
一、溶液	4. 溶液的渗透压	掌握			
	（四）胶体溶液				
	1. 溶胶	掌握			
	2. 高分子溶液	熟悉			
	3. 凝胶	了解			
	（五）表面现象				
	1. 表面张力与表面能	了解			
	2. 表面吸附	熟悉			
	3. 表面活性物质	掌握			
	实训一　化学实训基本操作	学会	技能实践		2
	实训二　药用氯化钠的制备	熟练掌握	技能实践		2
二、物质结构	（一）原子核外电子的运动状态		理论讲授	7	0
	1. 原子核外电子的运动	熟悉	多媒体演示		
	2. 原子核外电子运动状态的描述	掌握	课堂讨论		
	3. 原子核外电子的排布	掌握	课堂练习		
	（二）元素周期律与元素的基本性质				
	1. 原子的电子层结构与元素周期律	掌握			
	2. 元素基本性质的周期性变化规律	熟悉			
	（三）化学键				
	1. 离子键	熟悉			
	2. 共价键	掌握			
	3. 杂化轨道理论	了解			
	（四）分子间作用力和氢键				
	1. 分子的极性	掌握			
	2. 分子间作用力	熟悉			
	3. 氢键	掌握			
三、化学反应速率和化学平衡	（一）化学反应速率		理论讲授	3	0
	1. 化学反应速率及表示方法	熟悉	多媒体演示		
	2. 有效碰撞理论与活化能	了解	课堂讨论		
	3. 影响化学反应速率的因素	掌握	课堂练习		
	（二）化学平衡				
	1. 可逆反应与化学平衡	掌握			
	2. 化学平衡常数及其表达式的书写规则	掌握			
	3. 化学平衡的移动	熟悉			
四、定量分析基础	（一）概述		理论讲授	7	
	1. 定量分析方法的分类	熟悉	多媒体演示		
	2. 定量分析的一般程序	了解	课堂练习		

续表

单元	教学内容	教学要求	教学活动参考	参考学时	
				理论	实验
四、定量分析基础	（二）定量分析误差及分析数据处理		课堂讨论		
	1. 系统误差与偶然误差	熟悉			
	2. 准确度与精密度	掌握			
	3. 提高分析结果准确度的方法	掌握			
	4. 有效数字及其运算规则	掌握			
	5. 可疑值的取舍	了解			
	6. 分析结果的一般表示方法	熟悉			
	（三）滴定分析法概述				
	1. 基本概念及主要分析方法	熟悉			
	2. 基本条件及滴定方式	了解			
	3. 滴定液	掌握			
	4. 滴定分析计算	掌握			
	实训三　电子天平称量练习	学会	技能实践		1
	实训四　滴定分析常用仪器的基本操作	熟练掌握	技能实践		3
五、酸碱平衡与酸碱滴定法	（一）酸碱质子理论		理论讲授	10	
	1. 酸碱的定义	掌握	多媒体演示		
	2. 酸碱反应的实质	熟悉	课堂练习		
	3. 酸碱的强弱	熟悉	课堂讨论		
	（二）酸碱平衡				
	1. 水的解离平衡和溶液的酸碱性	掌握			
	2. 弱酸、弱碱的解离平衡	掌握			
	3. 共轭酸碱对的 K_a 与 K_b 的关系	掌握			
	4. 同离子效应和盐效应	熟悉			
	5. 酸碱溶液 pH 的计算	掌握			
	（三）缓冲溶液				
	1. 缓冲溶液和缓冲机制	掌握			
	2. 缓冲溶液 pH 的计算	掌握			
	3. 缓冲溶液的缓冲能力	熟悉			
	4. 缓冲溶液的配制	熟悉			
	5. 缓冲溶液在医药学上的应用	了解			
	（四）酸碱滴定法				
	1. 酸碱指示剂	熟悉			
	2. 酸碱滴定类型及指示剂的选择	掌握			
	3. 酸碱滴定液的配制与标定	掌握			
	4. 应用示例	掌握			
	（五）非水溶液的酸碱滴定法				
	1. 基本原理	掌握			

续表

单元	教学内容	教学要求	教学活动参考	参考学时	
				理论	实验
五、酸碱平衡与酸碱滴定法	2. 滴定类型及应用	熟悉			
	实训五　缓冲溶液的配制和性质	学会	技能实践		2
	实训六　酸、碱滴定液的配制与标定	熟练掌握	技能实践		2
	实训七　药用硼砂含量的测定	熟练掌握	技能实践		2
六、沉淀溶解平衡与沉淀滴定法	（一）沉淀溶解平衡		理论讲授	4	
	1. 溶度积原理	掌握	多媒体演示		
	2. 沉淀的生成与溶解	熟悉	课堂讨论		
	（二）沉淀滴定法		课堂练习		
	1. 指示终点的方法	掌握			
	2. 滴定液	掌握			
	3. 应用示例	熟悉			
	实训八　氯化钠含量的测定	熟练掌握			2
七、配位化合物与配位滴定法	（一）配位化合物		理论讲授	4	
	1. 配合物的概念	熟悉	多媒体演示		
	2. 配合物的组成	掌握	课堂练习		
	3. 配合物的类型	熟悉	课堂讨论		
	4. 配合物的命名	了解			
	5. 配合物的稳定性	掌握			
	（二）配位滴定法				
	1. EDTA 及其配位特性	熟悉			
	2. 滴定条件的选择	掌握			
	3. 金属指示剂	熟悉			
	4. 滴定液	掌握			
	5. 应用示例	熟悉			
	实训九　水的总硬度测定	熟练掌握	技能实践		2
八、氧化还原反应与氧化还原滴定法	（一）氧化还原反应		理论讲授	7	
	1. 氧化数	熟悉	多媒体演示		
	2. 氧化还原反应	熟悉	课堂练习		
	3. 氧化还原反应方程式的配平	了解	课堂讨论		
	（二）原电池与电极电势				
	1. 原电池	熟悉			
	2. 电极电势	掌握			
	3. 能斯特方程式	掌握			
	（三）氧化还原滴定法				
	1. 概述	熟悉			
	2. 高锰酸钾法	熟悉			
	3. 碘量法	掌握			

续表

单元	教学内容	教学要求	教学活动参考	参考学时	
				理论	实验
八、氧化还原反应与氧化还原滴定法	4. 亚硝酸钠法	掌握			
	实训十　$Na_2S_2O_3$滴定液的配制与标定	熟练掌握	技能实践		2
	实训十一　硫酸铜含量的测定	学会	技能实践		2
九、电化学分析法	（一）基本原理		理论讲授	4	
	1. 化学电池	了解	多媒体演示		
	2. 参比电极和指示电极	掌握	课堂讨论		
	（二）直接电势法		课堂练习		
	1. 溶液 pH 的测定	掌握			
	2. 其他离子浓度的测定	了解			
	（三）电势滴定法				
	1. 基本原理	熟悉			
	2. 确定滴定终点的方法	掌握			
	3. 电势滴定法的应用	熟悉			
	（四）永停滴定法				
	1. 基本原理	掌握			
	2. 应用示例	掌握			
	实训十二　直接电势法测定溶液的 pH	熟练掌握	技能实践		2
	实训十三　永停滴定法测定磺胺嘧啶的含量	学会	技能实践		2
十、紫外-可见分光光度法	（一）概述		理论讲授	6	
	1. 电磁辐射与电磁波谱	熟悉	多媒体演示		
	2. 物质对光的选择性吸收	掌握	课堂讨论		
	（二）紫外-可见分光光度法的基本原理		课堂练习		
	1. 朗伯-比尔定律	掌握			
	2. 吸收光谱	掌握			
	3. 偏离朗伯-比尔定律的主要因素	熟悉			
	（三）紫外-可见分光光度计				
	1. 主要部件	掌握			
	2. 仪器类型	了解			
	3. 测量条件的选择	熟悉			
	（四）定性和定量分析方法				
	1. 定性分析方法	熟悉			
	2. 纯度检查	熟悉			
	3. 定量分析方法	掌握			
	实训十四　高锰酸钾含量的测定	熟练掌握	技能实践		2
	实训十五　维生素 B_{12}注射液含量的测定	熟练掌握	技能实践		2

续表

单元	教学内容	教学要求	教学活动参考	参考学时	
				理论	实验
十一、红外吸收光谱法	（一）概述		理论讲授	4	
	1. 红外线及红外吸收光谱	掌握	多媒体演示		
	2. 红外光谱与紫外光谱的区别	熟悉	课堂讨论		
	（二）基本原理		课堂练习		
	1. 红外光谱的产生	熟悉			
	2. 红外吸收峰的类型、峰位及强度	掌握			
	3. 红外吸收光谱的重要区域	熟悉			
	（三）红外光谱仪和样品制备方法				
	1. 红外光谱仪	熟悉			
	2. 样品的制备方法	了解			
	（四）红外吸收光谱法的应用				
	1. 定性分析和结构分析	熟悉			
	2. 定量分析	了解			
	实训十六　阿司匹林红外吸收光谱的绘制和识别	学会	技能实践		2
十二、经典液相色谱法	（一）概述		理论讲授	4	
	1. 色谱法的发展概况	了解	多媒体演示		
	2. 色谱法的分类	熟悉	课堂讨论		
	3. 色谱法的基本原理	掌握	课堂练习		
	（二）柱色谱法				
	1. 液-固吸附柱色谱法	掌握			
	2. 液-液分配柱色谱法	熟悉			
	3. 离子交换柱色谱法	了解			
	4. 凝胶柱色谱法	了解			
	（三）薄层色谱法				
	1. 基本原理	掌握			
	2. 吸附剂的选择	掌握			
	3. 展开剂的选择	掌握			
	4. 操作方法	熟悉			
	5. 定性分析与定量分析	熟悉			
	（四）纸色谱法				
	1. 基本原理	掌握			
	2. 操作方法	熟悉			
	实训十七　两种混合染料的薄层色谱	熟练掌握	技能实践		2
	实训十八　几种氨基酸的纸色谱	熟练掌握	技能实践		2

续表

单元	教 学 内 容	教学要求	教学活动参考	参考学时	
				理论	实验
十三、气相色谱法	（一）概述		理论讲授	4	
	1. 气相色谱法的分类及特点	熟悉	多媒体演示		
	2. 气相色谱仪的基本组成及工作流程	熟悉	课堂练习		
	（二）基本理论				
	1. 基本概念	掌握			
	2. 基本理论	熟悉			
	（三）色谱柱和检测器				
	1. 色谱柱	掌握			
	2. 检测器	掌握			
	3. 分离条件的选择	熟悉			
	（四）定性与定量分析方法				
	1. 定性分析方法	熟悉			
	2. 定量分析方法	掌握			
	3. 色谱系统适用性试验	熟悉			
	4. 应用示例	熟悉			
十四、高效液相色谱法	（一）基本原理		理论讲授	4	
	1. 概述	熟悉	多媒体演示		
	2. 基本原理	掌握	课堂练习		
	（二）高效液相色谱法的主要类型				
	1. 液-固吸附色谱法	熟悉			
	2. 化学键合相色谱法	掌握			
	3. 流动相的要求及洗脱方式	熟悉			
	（三）高效液相色谱仪及高效液相色谱法的应用				
	1. 高效液相色谱仪	熟悉			
	2. 高效液相色谱法的应用	掌握			
	实训十九　地西泮注射液的含量测定	熟练掌握	技能实践		2
十五、其他仪器分析法简介	（一）原子吸收分光光度法		理论讲授	4	
	1. 基本原理	熟悉	多媒体演示		
	2. 原子吸收分光光度计	了解	课堂练习		
	3. 原子吸收分光光度法的应用	熟悉	课堂讨论		
	（二）荧光分析法				
	1. 基本原理	熟悉			
	2. 荧光分光光度计	了解			
	3. 荧光分析法的应用	了解			
	（三）质谱法				
	1. 基本原理	熟悉			

续表

单元	教 学 内 容	教学要求	教学活动参考	参考学时	
				理论	实验
十五、其他仪器分析法简介	2. 质谱仪	了解			
	3. 质谱图及其在药学研究中的主要用途	熟悉			
	实训二十　参观、见习质谱、色谱-质谱联用仪等仪器	学会	技能实践		2

五、大纲说明

（一）适用对象与参考学时

主要供全国高职高专药学、生物制药技术专业教学使用，总学时为120学时，其中理论教学80学时，实践教学40学时。各学校可根据专业培养目标、专业知识结构需要、职业技能要求及学校教学实训条件自行调整学时。

（二）教学要求

1. 对理论部分教学要求分为掌握、熟悉和了解3个层次。掌握的内容要求理解透彻，能在相关学科的学习工作中熟练、灵活运用基本理论和基本概念；熟悉的内容要求能熟知其相关内容的概念及有关理论，并能适当应用；了解的内容要求对其中的概念和相关内容有所了解。

2. 重点突出以能力为本位的教学理念，在实践技能部分教学要求分为熟练掌握和学会2个层次。熟练掌握指学生在正确理解实训原理的基础上，能独立、正确、规范地完成各项实训操作。学会指学生能根据实验原理，按照实验项目能进行正确操作。

（三）教学建议

1. 力求体现和贯彻"实用为主、必需和够用、管用为度"的原则，基本知识应广而不深、点到为止，基本技能贯穿教学的始终，把握好内容的深浅度，避免理论知识偏多、偏深、偏难。

2. 课堂教学时应突出无机化学和分析化学基础知识和基本原理为主，尽可能减少知识的抽象性，采用多媒体演示等直观教学的形式，增加学生的感性认识，提高课堂教学效果。

3. 实践教学应注重培养学生实际的基本实训操作技能，学习无机及分析化学实验的基本知识、基本操作原理和基本操作技术，学习分析天平和滴定仪器的使用，熟练掌握各种实验方法和各项操作技能，培养学生观察和记录实训现象、处理实训结果及书写实训报告的能力，初步了解现代仪器的发展及其应用，为后续专业技能的培养打下良好基础。

4. 学生的知识水平和能力水平，应通过平时训练、作业（实训报告）、实践操作技能考核和考试等多种形式综合考评，使学生更好地适应今后职业岗位的需要。

基础化学教学大纲

（供药物制剂技术、化学制药技术专业用）

一、课程任务

基础化学是高职高专药物制剂技术、化学制药技术专业的一门重要专业基础课。主要涵盖无机化学和分析化学两大部分内容。本课程的任务是使学生掌握无机化学、分析化学的基础知识、基本原理和基本实验操作技能，初步形成应用化学知识解决实际问题的能力，逐步培养学生的辩证思维和科学的工作态度，加强学生的职业道德观念。为学生学习药物制剂技术、化学制药技术的相关专业知识和职业技能培养奠定必要的基础，同时也为学生增强继续学习和适应职业变化的能力打下基础。

二、课程目标

（一）知识目标

1. 掌握无机化学、分析化学中的基础理论和基本知识；掌握常用滴定分析法、仪器分析法的有关物质含量的测定方法及其在专业中的应用。

2. 熟悉物质结构、元素周期律以及化学反应的能量变化和反应速率等基础理论知识。熟悉电化学分析法、紫外-可见分光光度法、红外吸收光谱法、色谱法等仪器分析法的测定原理及测定方法。

3. 了解原子吸收分光光度法、荧光分析法、质谱法等的测定原理及测定方法。

（二）技能目标

1. 熟练掌握无机化学、分析化学的基本操作技能，通过滴定分析和仪器分析等实训，培养学生的动手能力和分析解决问题的能力。

2. 学会滴定分析法、紫外-可见分光光度法、电化学分析法、色谱法等分析方法的基本操作及对物质的含量测定方法。

（三）职业素质和态度目标

1. 形成良好的职业素质和服务态度，初步具备逻辑思维和观察、分析、解决问题的能力。

2. 具有实事求是、科学严谨的学风和创新意识、创新精神。

3. 具有良好的心理素质、职业道德观念、行为规范和团队精神。

三、教学时间分配(96 学时)

教学内容	学时数		
	理论	实训	合计
绪论	1	0	1
第一章　溶液	6	4	10
第二章 物质结构	4	0	4
第三章　化学反应速率和化学平衡	2	0	2
第四章　定量分析基础	6	4	10
第五章　酸碱平衡与酸碱滴定法	8	4	12
第六章　沉淀溶解平衡与沉淀滴定法	4	2	6
第七章　配位化合物与配位滴定法	3	2	5
第八章　氧化还原反应与氧化还原滴定法	6	4	10
第九章　电化学分析法	3	2	5
第十章　紫外-可见分光光度法	5	4	9
第十一章　红外吸收光谱法	3	0	3
第十二章　经典液相色谱法	3	4	7
第十三章　气相色谱法	3	0	3
第十四章　高效液相色谱法	3	2	5
第十五章　其他仪器分析法简介	4	0	4
合　计	64	32	96

四、教学内容与要求

单元	教学内容	教学要求	教学活动参考	参考学时	
				理论	实验
绪论	(一) 化学研究的对象和任务	熟悉	理论讲授	1	0
	(二) 化学与药学	熟悉	课堂讨论		
	(三) 基础化学的学习方法	了解			
一、溶液	(一) 分散系		理论讲授	6	
	1. 分散系的概念	熟悉	多媒体演示		
	2. 分散系的分类	掌握	课堂讨论		
	(二) 溶液的组成标度		课堂练习		
	1. 溶液组成标度的表示方法	掌握			
	2. 溶液组成标度的换算	熟悉			
	3. 溶液的配制与稀释	掌握			
	(三) 稀溶液的依数性				
	1. 溶液的蒸气压下降	了解			
	2. 溶液的沸点升高	了解			
	3. 溶液的凝固点降低	了解			

续表

单元	教学内容	教学要求	教学活动参考	参考学时	
				理论	实验
一、溶液	4. 溶液的渗透压	掌握			
	（四）胶体溶液				
	1. 溶胶	掌握			
	2. 高分子溶液	熟悉			
	3. 凝胶	了解			
	（五）表面现象				
	1. 表面张力与表面能	了解			
	2. 表面吸附	熟悉			
	3. 表面活性物质	掌握			
	实训一　化学实训基本操作	学会	技能实践		2
	实训二　药用氯化钠的制备	熟练掌握	技能实践		2
二、物质结构	（一）原子核外电子的运动状态		理论讲授	4	0
	1. 原子核外电子的运动	熟悉	多媒体演示		
	2. 原子核外电子运动状态的描述	了解	课堂讨论		
	3. 原子核外电子的排布	掌握	课堂练习		
	（二）元素周期律与元素的基本性质				
	1. 原子的电子层结构与元素周期律	熟悉			
	2. 元素基本性质的周期性变化规律	掌握			
	（三）化学键				
	1. 离子键	熟悉			
	2. 共价键	掌握			
	3. 杂化轨道理论				
	（四）分子间作用力和氢键				
	1. 分子的极性	掌握			
	2. 分子间作用力	了解			
	3. 氢键	掌握			
三、化学反应速率和化学平衡	（一）化学反应速率		理论讲授	2	0
	1. 化学反应速率及表示方法	熟悉	多媒体演示		
	2. 有效碰撞理论与活化能	了解	课堂讨论		
	3. 影响化学反应速率的因素	掌握	课堂练习		
	（二）化学平衡				
	1. 可逆反应与化学平衡	掌握			
	2. 化学平衡常数及其表达式的书写规则	熟悉			
	3. 化学平衡的移动	熟悉			
四、定量分析基础	（一）概述		理论讲授	6	
	1. 定量分析方法的分类	熟悉	多媒体演示		
	2. 定量分析的一般程序	了解	课堂练习		

续表

单元	教学内容	教学要求	教学活动参考	参考学时	
				理论	实验
四、定量分析基础	（二）定量分析误差及分析数据处理		课堂讨论		
	1. 系统误差与偶然误差	熟悉			
	2. 准确度与精密度	掌握			
	3. 提高分析结果准确度的方法	掌握			
	4. 有效数字及其运算规则	熟悉			
	5. 可疑值的取舍	了解			
	6. 分析结果的一般表示方法	熟悉			
	（三）滴定分析法概述				
	1. 基本概念及主要分析方法	熟悉			
	2. 基本条件及滴定方式	了解			
	3. 滴定液	掌握			
	4. 滴定分析计算	掌握			
	实训三　电子天平称量练习	学会	技能实践		1
	实训四　滴定分析常用仪器的基本操作	熟练掌握	技能实践		3
五、酸碱平衡与酸碱滴定法	（一）酸碱质子理论		理论讲授	8	
	1. 酸碱的定义	掌握	多媒体演示		
	2. 酸碱反应的实质	熟悉	课堂练习		
	3. 酸碱的强弱	熟悉	课堂讨论		
	（二）酸碱平衡				
	1. 水的解离平衡和溶液的酸碱性	掌握			
	2. 弱酸、弱碱的解离平衡	掌握			
	3. 共轭酸碱对的 K_a 与 K_b 的关系	掌握			
	4. 同离子效应和盐效应	熟悉			
	5. 酸碱溶液 pH 的计算	掌握			
	（三）缓冲溶液				
	1. 缓冲溶液和缓冲机制	掌握			
	2. 缓冲溶液 pH 的计算	掌握			
	3. 缓冲溶液的缓冲能力	熟悉			
	4. 缓冲溶液的配制	熟悉			
	5. 缓冲溶液在医药学上的应用	了解			
	（四）酸碱滴定法				
	1. 酸碱指示剂	熟悉			
	2. 酸碱滴定类型及指示剂的选择	掌握			
	3. 酸碱滴定液的配制与标定	掌握			
	4. 应用示例	掌握			
	（五）非水溶液的酸碱滴定法				
	1. 基本原理	掌握			

续表

单元	教学内容	教学要求	教学活动参考	参考学时	
				理论	实验
五、酸碱平衡与酸碱滴定法	2. 滴定类型及应用	熟悉			
	实训五　缓冲溶液的配制和性质		技能实践		0
	实训六　酸、碱滴定液的配制与标定	熟练掌握	技能实践		2
	实训七　药用硼砂含量的测定	熟练掌握	技能实践		2
六、沉淀溶解平衡与沉淀滴定法	（一）沉淀溶解平衡		理论讲授	4	
	1. 溶度积原理	掌握	多媒体演示		
	2. 沉淀的生成与溶解	熟悉	课堂讨论		
	（二）沉淀滴定法		课堂练习		
	1. 指示终点的方法	掌握			
	2. 滴定液	掌握			
	3. 应用示例	熟悉			
	实训八　氯化钠含量的测定	熟练掌握			2
七、配位化合物与配位滴定法	（一）配位化合物		理论讲授	3	
	1. 配合物的概念	熟悉	多媒体演示		
	2. 配合物的组成	熟悉	课堂练习		
	3. 配合物的类型	熟悉	课堂讨论		
	4. 配合物的命名	了解			
	5. 配合物的稳定性	掌握			
	（二）配位滴定法				
	1. EDTA 及其配位特性	熟悉			
	2. 滴定条件的选择	掌握			
	3. 金属指示剂	熟悉			
	4. 滴定液	掌握			
	5. 应用示例	熟悉			
	实训九　水的总硬度测定	熟练掌握	技能实践		2
八、氧化还原反应与氧化还原滴定法	（一）氧化还原反应		理论讲授	6	
	1. 氧化数	熟悉	多媒体演示		
	2. 氧化还原反应	熟悉	课堂练习		
	3. 氧化还原反应方程式的配平	了解	课堂讨论		
	（二）原电池与电极电势				
	1. 原电池	熟悉			
	2. 电极电势	掌握			
	3. 能斯特方程式	掌握			
	（三）氧化还原滴定法				
	1. 概述	熟悉			
	2. 高锰酸钾法	熟悉			

续表

单元	教学内容	教学要求	教学活动参考	参考学时	
				理论	实验
八、氧化还原反应与氧化还原滴定法	3. 碘量法	掌握			
	4. 亚硝酸钠法	掌握			
	实训十 $Na_2S_2O_3$滴定液的配制与标定	熟练掌握	技能实践		2
	实训十一 硫酸铜含量的测定	学会	技能实践		2
九、电化学分析法	（一）基本原理		理论讲授	3	
	1. 化学电池	了解	多媒体演示		
	2. 参比电极和指示电极	掌握	课堂讨论		
	（二）直接电势法		课堂练习		
	1. 溶液 pH 的测定	掌握			
	2. 其他离子浓度的测定	了解			
	（三）电势滴定法				
	1. 基本原理	熟悉			
	2. 确定滴定终点的方法	掌握			
	3. 电势滴定法的应用	熟悉			
	（四）永停滴定法				
	1. 基本原理	掌握			
	2. 应用示例	熟悉			
	实训十二 直接电势法测定溶液的 pH	熟练掌握	技能实践		2
	实训十三 永停滴定法测定磺胺嘧啶的含量		技能实践		0
十、紫外-可见分光光度法	（一）概述		理论讲授	5	
	1. 电磁辐射与电磁波谱	熟悉	多媒体演示		
	2. 物质对光的选择性吸收	掌握	课堂讨论		
	（二）紫外-可见分光光度法的基本原理		课堂练习		
	1. 朗伯-比尔定律	掌握			
	2. 吸收光谱	掌握			
	3. 偏离朗伯-比尔定律的主要因素	熟悉			
	（三）紫外-可见分光光度计				
	1. 主要部件	掌握			
	2. 仪器类型	了解			
	3. 测量条件的选择	熟悉			
	（四）定性和定量分析方法				
	1. 定性分析方法	熟悉			
	2. 纯度检查	熟悉			
	3. 定量分析方法	掌握			
	实训十四 高锰酸钾含量的测定	熟练掌握	技能实践		2
	实训十五 维生素 B_{12}注射液含量的测定	熟练掌握	技能实践		2

续表

单元	教学内容	教学要求	教学活动参考	参考学时	
				理论	实验
十一、红外吸收光谱法	（一）概述 1. 红外线及红外吸收光谱 2. 红外光谱与紫外光谱的区别 （二）基本原理 1. 红外光谱的产生 2. 红外吸收峰的类型、峰位及强度 3. 红外吸收光谱的重要区域 （三）红外光谱仪和样品制备方法 1. 红外光谱仪 2. 样品的制备方法 （四）红外吸收光谱法的应用 1. 定性分析和结构分析 2. 定量分析	 掌握 熟悉 熟悉 掌握 熟悉 熟悉 了解 熟悉 了解	理论讲授 多媒体演示 课堂讨论 课堂练习	3	
	实训十六　阿司匹林红外吸收光谱的绘制和识别		技能实践		0
十二、经典液相色谱法	（一）概述 1. 色谱法的发展概况 2. 色谱法的分类 3. 色谱法的基本原理 （二）柱色谱法 1. 液-固吸附柱色谱法 2. 液-液分配柱色谱法 3. 离子交换柱色谱法 4. 凝胶柱色谱法 （三）薄层色谱法 1. 基本原理 2. 吸附剂的选择 3. 展开剂的选择 4. 操作方法 5. 定性分析与定量分析 （四）纸色谱法 1. 基本原理 2. 操作方法	 了解 熟悉 掌握 掌握 熟悉 了解 了解 掌握 掌握 掌握 熟悉 熟悉 掌握 熟悉	理论讲授 多媒体演示 课堂讨论 课堂练习	3	
	实训十七　两种混合染料的薄层色谱	熟练掌握	技能实践		2
	实训十八　几种氨基酸的纸色谱	熟练掌握	技能实践		2
十三、气相色谱法	（一）概述 1. 气相色谱法的分类及特点	 熟悉	理论讲授 多媒体演示	3	

续表

单元	教 学 内 容	教学要求	教学活动参考	参考学时	
				理论	实验
十三、气相色谱法	2. 气相色谱仪的基本组成及工作流程	熟悉	课堂练习		
	（二）基本理论				
	1. 基本概念	掌握			
	2. 基本理论	熟悉			
	（三）色谱柱和检测器				
	1. 色谱柱	熟悉			
	2. 检测器	掌握			
	3. 分离条件的选择	了解			
	（四）定性与定量分析方法				
	1. 定性分析方法	熟悉			
	2. 定量分析方法	掌握			
	3. 色谱系统适用性试验	熟悉			
	4. 应用示例	了解			
十四、高效液相色谱法	（一）基本原理		理论讲授	3	
	1. 概述	熟悉	多媒体演示		
	2. 基本原理	掌握	课堂练习		
	（二）高效液相色谱法的主要类型				
	1. 液-固吸附色谱法	熟悉			
	2. 化学键合相色谱法	掌握			
	3. 流动相的要求及洗脱方式	了解			
	（三）高效液相色谱仪及高效液相色谱法的应用				
	1. 高效液相色谱仪	熟悉			
	2. 高效液相色谱法的应用	掌握			
	实训十九　地西泮注射液的含量测定	熟练掌握	技能实践		2
十五、其他仪器分析法简介	（一）原子吸收分光光度法		理论讲授	4	
	1. 基本原理	熟悉	多媒体演示		
	2. 原子吸收分光光度计	了解	课堂练习		
	3. 原子吸收分光光度法的应用	熟悉	课堂讨论		
	（二）荧光分析法				
	1. 基本原理	熟悉			
	2. 荧光分光光度计	了解			
	3. 荧光分析法的应用	了解			
	（三）质谱法				
	1. 基本原理	熟悉			
	2. 质谱仪	了解			
	3. 质谱图及其在药学研究中的主要用途	熟悉			
	实训二十　参观、见习质谱、色谱-质谱联用仪等仪器		技能实践		0

五、大纲说明

（一）适用对象与参考学时

主要供全国高职高专药物制剂技术、化学制药技术专业教学使用，总学时为96学时，其中理论教学64学时，实践教学32学时。各学校可根据专业培养目标、专业知识结构需要、职业技能要求及学校教学实训条件自行调整学时。

（二）教学要求

1. 对理论部分教学要求分为掌握、熟悉和了解3个层次。掌握的内容要求理解透彻，能在相关学科的学习工作中熟练、灵活运用基本理论和基本概念；熟悉的内容要求能熟知其相关内容的概念及有关理论，并能适当应用；了解的内容要求对其中的概念和相关内容有所了解。

2. 重点突出以能力为本位的教学理念，在实践技能部分教学要求分为熟练掌握和学会2个层次。熟练掌握指学生在正确理解实训原理的基础上，能独立、正确、规范地完成各项实训操作。学会指学生能根据实验原理，按照实验项目能进行正确操作。

（三）教学建议

1. 力求体现和贯彻“实用为主、必需和够用、管用为度”的原则，基本知识应广而不深、点到为止，基本技能贯穿教学的始终，把握好内容的深浅度，避免理论知识偏多、偏深、偏难。

2. 课堂教学时应突出无机化学和分析化学基础知识和基本原理为主，尽可能减少知识的抽象性，采用多媒体演示等直观教学的形式，增加学生的感性认识，提高课堂教学效果。

3. 实践教学应注重培养学生实际的基本实训操作技能，学习无机及分析化学实验的基本知识、基本操作原理和基本操作技术，学习分析天平和滴定仪器的使用，熟练掌握各种实验方法和各项操作技能，培养学生观察和记录实训现象、处理实训结果及书写实训报告的能力，初步了解现代仪器的发展及其应用，为后续专业技能的培养打下良好基础。

4. 学生的知识水平和能力水平，应通过平时训练、作业（实训报告）、实践操作技能考核和考试等多种形式综合考评，使学生更好地适应今后职业岗位的需要。

基础化学教学大纲

（供药品经营与管理、中药制药技术专业用）

一、课程任务

基础化学是高职高专药品经营与管理、中药制药技术专业的一门重要专业基础课。主要涵盖无机化学和分析化学两大部分内容。本课程的任务是使学生掌握无机化学、分析化学的基础知识、基本原理和基本实验操作技能，初步形成应用化学知识解决实际问题的能力，逐步培养学生的辩证思维和科学的工作态度，加强学生的职业道德观念。为学生学习药品经营与管理、中药制药技术专业的相关专业知识和职业技能培养奠定必要的基础，同时也为学生增强继续学习和适应职业变化的能力打下基础。

二、课程目标

（一）知识目标

1. 掌握无机化学、分析化学中的基础理论和基本知识；掌握常用滴定分析法、仪器分析法的有关物质含量的测定方法及其在专业中的应用。

2. 熟悉物质结构、元素周期律以及化学反应的能量变化和反应速率等基础理论知识。熟悉电化学分析法、紫外-可见分光光度法、红外吸收光谱法、色谱法等仪器分析法的测定原理及测定方法。

3. 了解原子吸收分光光度法、荧光分析法、质谱法等的测定原理及测定方法。

（二）技能目标

1. 熟练掌握无机化学、分析化学的基本操作技能，通过滴定分析和仪器分析等实训，培养学生的动手能力和分析解决问题的能力。

2. 学会滴定分析法、紫外-可见分光光度法、电化学分析法、色谱法等分析方法的基本操作及对物质的含量测定方法。

（三）职业素质和态度目标

1. 形成良好的职业素质和服务态度，初步具备逻辑思维和观察、分析、解决问题的能力。

2. 具有实事求是、科学严谨的学风和创新意识、创新精神。

3. 具有良好的心理素质、职业道德观念、行为规范和团队精神。

三、教学时间分配(80 学时)

教学内容	学时数		
	理论	实训	合计
绪论	1	0	1
第一章　溶液	5	2	7
第二章　物质结构	4	0	4
第三章　化学反应速率和化学平衡	2	0	2
第四章　定量分析基础	5	2	7
第五章　酸碱平衡与酸碱滴定法	8	4	12
第六章　沉淀溶解平衡与沉淀滴定法	4	2	6
第七章　配位化合物与配位滴定法	2	0	2
第八章　氧化还原反应与氧化还原滴定法	6	4	10
第九章　电化学分析法	3	2	5
第十章　紫外-可见分光光度法	4	2	6
第十一章　红外吸收光谱法	2	0	2
第十二章　经典液相色谱法	3	4	7
第十三章　气相色谱法	3	0	3
第十四章　高效液相色谱法	3	2	5
第十五章　其他仪器分析法简介	1	0	1
合　计	56	24	80

四、教学内容与要求

单元	教学内容	教学要求	教学活动参考	参考学时	
				理论	实验
绪论	（一）化学研究的对象和任务 （二）化学与药学 （三）基础化学的学习方法	熟悉 熟悉 了解	理论讲授 课堂讨论	1	0
一、溶液	（一）分散系 1. 分散系的概念 2. 分散系的分类 （二）溶液的组成标度 1. 溶液组成标度的表示方法 2. 溶液组成标度的换算 3. 溶液的配制与稀释 （三）稀溶液的依数性 1. 溶液的蒸气压下降 2. 溶液的沸点升高 3. 溶液的凝固点降低	 熟悉 掌握 掌握 熟悉 掌握 了解 了解 了解	理论讲授 多媒体演示 课堂讨论 课堂练习	5	

续表

单元	教学内容	教学要求	教学活动参考	参考学时	
				理论	实验
一、溶液	4. 溶液的渗透压	掌握			
	（四）胶体溶液				
	1. 溶胶	掌握			
	2. 高分子溶液	熟悉			
	3. 凝胶	了解			
	（五）表面现象				
	1. 表面张力与表面能	了解			
	2. 表面吸附	了解			
	3. 表面活性物质	掌握			
	实训一　化学实训基本操作	学会	技能实践		2
	实训二　药用氯化钠的制备		技能实践		0
二、物质结构	（一）原子核外电子的运动状态		理论讲授	4	0
	1. 原子核外电子的运动	熟悉	多媒体演示		
	2. 原子核外电子运动状态的描述	了解	课堂讨论		
	3. 原子核外电子的排布	掌握	课堂练习		
	（二）元素周期律与元素的基本性质				
	1. 原子的电子层结构与元素周期律	熟悉			
	2. 元素基本性质的周期性变化规律	掌握			
	（三）化学键				
	1. 离子键	熟悉			
	2. 共价键	掌握			
	3. 杂化轨道理论				
	（四）分子间作用力和氢键				
	1. 分子的极性	掌握			
	2. 分子间作用力	了解			
	3. 氢键	掌握			
三、化学反应速率和化学平衡	（一）化学反应速率		理论讲授	2	0
	1. 化学反应速率及表示方法	熟悉	多媒体演示		
	2. 有效碰撞理论与活化能	了解	课堂讨论		
	3. 影响化学反应速率的因素	掌握	课堂练习		
	（二）化学平衡				
	1. 可逆反应与化学平衡	掌握			
	2. 化学平衡常数及其表达式的书写规则	熟悉			
	3. 化学平衡的移动	熟悉			
四、定量分析基础	（一）概述		理论讲授	5	
	1. 定量分析方法的分类	熟悉	多媒体演示		
	2. 定量分析的一般程序	了解	课堂练习		

续表

单元	教学内容	教学要求	教学活动参考	参考学时	
				理论	实验
四、定量分析基础	（二）定量分析误差及分析数据处理		课堂讨论		
	1. 系统误差与偶然误差	熟悉			
	2. 准确度与精密度	掌握			
	3. 提高分析结果准确度的方法	掌握			
	4. 有效数字及其运算规则	熟悉			
	5. 可疑值的取舍	了解			
	6. 分析结果的一般表示方法	熟悉			
	（三）滴定分析法概述				
	1. 基本概念及主要方法	熟悉			
	2. 基本条件及滴定方式	了解			
	3. 滴定液	掌握			
	4. 滴定分析计算	掌握			
	实训三　电子天平称量练习		技能实践		0
	实训四　滴定分析常用仪器的基本操作	熟练掌握	技能实践		2
五、酸碱平衡与酸碱滴定法	（一）酸碱质子理论		理论讲授	8	
	1. 酸碱的定义	掌握	多媒体演示		
	2. 酸碱反应的实质	熟悉	课堂练习		
	3. 酸碱的强弱	熟悉	课堂讨论		
	（二）酸碱平衡				
	1. 水的解离平衡和溶液的酸碱性	掌握			
	2. 弱酸、弱碱的解离平衡	熟悉			
	3. 共轭酸碱对的 K_a 与 K_b 的关系	了解			
	4. 同离子效应和盐效应	了解			
	5. 酸碱溶液 pH 的计算	掌握			
	（三）缓冲溶液				
	1. 缓冲溶液和缓冲机制	掌握			
	2. 缓冲溶液 pH 的计算	掌握			
	3. 缓冲溶液的缓冲能力	熟悉			
	4. 缓冲溶液的配制	熟悉			
	5. 缓冲溶液在医药学上的应用	了解			
	（四）酸碱滴定法				
	1. 酸碱指示剂	熟悉			
	2. 酸碱滴定类型及指示剂的选择	掌握			
	3. 酸碱滴定液的配制与标定	掌握			
	4. 应用示例	掌握			
	（五）非水溶液的酸碱滴定法				
	1. 基本原理	掌握			

续表

单元	教学内容	教学要求	教学活动参考	参考学时	
				理论	实验
五、酸碱平衡与酸碱滴定法	2. 滴定类型及应用	熟悉			
	实训五　缓冲溶液的配制和性质		技能实践		0
	实训六　酸、碱滴定液的配制与标定	学会	技能实践		2
	实训七　药用硼砂含量的测定	熟练掌握	技能实践		2
六、沉淀溶解平衡与沉淀滴定法	（一）沉淀溶解平衡		理论讲授	4	
	1. 溶度积原理	掌握	多媒体演示		
	2. 沉淀的生成与溶解	熟悉	课堂讨论		
	（二）沉淀滴定法		课堂练习		
	1. 指示终点的方法	掌握			
	2. 滴定液	掌握			
	3. 应用示例	熟悉			
	实训八　氯化钠含量的测定	熟练掌握			2
七、配位化合物与配位滴定法	（一）配位化合物		理论讲授	2	
	1. 配合物的概念	熟悉	多媒体演示		
	2. 配合物的组成	熟悉	课堂练习		
	3. 配合物的类型	了解	课堂讨论		
	4. 配合物的命名	了解			
	5. 配合物的稳定性	掌握			
	（二）配位滴定法				
	1. EDTA 及其配位特性	熟悉			
	2. 滴定条件的选择	掌握			
	3. 金属指示剂	熟悉			
	4. 滴定液	掌握			
	5. 应用示例	了解			
	实训九　水的总硬度测定		技能实践		0
八、氧化还原反应与氧化还原滴定法	（一）氧化还原反应		理论讲授	6	
	1. 氧化数	熟悉	多媒体演示		
	2. 氧化还原反应	熟悉	课堂练习		
	3. 氧化还原反应方程式的配平		课堂讨论		
	（二）原电池与电极电势				
	1. 原电池	熟悉			
	2. 电极电势	掌握			
	3. 能斯特方程式	掌握			
	（三）氧化还原滴定法				
	1. 概述	熟悉			
	2. 高锰酸钾法				

续表

单元	教学内容	教学要求	教学活动参考	参考学时	
				理论	实验
八、氧化还原反应与氧化还原滴定法	3. 碘量法	掌握			
	4. 亚硝酸钠法	掌握			
	实训十 $Na_2S_2O_3$滴定液的配制与标定	熟练掌握	技能实践		2
	实训十一 硫酸铜含量的测定	学会	技能实践		2
九、电化学分析法	（一）基本原理		理论讲授	3	
	1. 化学电池	了解	多媒体演示		
	2. 参比电极和指示电极	掌握	课堂讨论		
	（二）直接电势法		课堂练习		
	1. 溶液 pH 的测定	掌握			
	2. 其他离子浓度的测定				
	（三）电势滴定法				
	1. 基本原理	熟悉			
	2. 确定滴定终点的方法	掌握			
	3. 电势滴定法的应用	熟悉			
	（四）永停滴定法				
	1. 基本原理	掌握			
	2. 应用示例	熟悉			
	实训十二 直接电势法测定溶液的 pH	熟练掌握	技能实践		2
	实训十三 永停滴定法测定磺胺嘧啶的含量		技能实践		0
十、紫外-可见分光光度法	（一）概述		理论讲授	4	
	1. 电磁辐射与电磁波谱	熟悉	多媒体演示		
	2. 物质对光的选择性吸收	掌握	课堂讨论		
	（二）紫外-可见分光光度法的基本原理		课堂练习		
	1. 朗伯-比尔定律	掌握			
	2. 吸收光谱	掌握			
	3. 偏离朗伯-比尔定律的主要因素	了解			
	（三）紫外-可见分光光度计				
	1. 主要部件	掌握			
	2. 仪器类型	了解			
	3. 测量条件的选择	熟悉			
	（四）定性和定量分析方法				
	1. 定性分析方法	了解			
	2. 纯度检查	熟悉			
	3. 定量分析方法	掌握			
	实训十四 高锰酸钾含量的测定		技能实践		0
	实训十五 维生素 B_{12}注射液含量的测定	熟练掌握	技能实践		2

续表

单元	教 学 内 容	教学要求	教学活动参考	参考学时	
				理论	实验
十一、红外吸收光谱法	（一）概述		理论讲授	2	
	1. 红外线及红外吸收光谱	掌握	多媒体演示		
	2. 红外光谱与紫外光谱的区别	了解	课堂讨论		
	（二）基本原理		课堂练习		
	1. 红外光谱的产生	熟悉			
	2. 红外吸收峰的类型、峰位及强度	掌握			
	3. 红外吸收光谱的重要区域	了解			
	（三）红外光谱仪和样品制备方法				
	1. 红外光谱仪	熟悉			
	2. 样品的制备方法	了解			
	（四）红外吸收光谱法的应用				
	1. 定性分析和结构分析	熟悉			
	2. 定量分析	了解			
	实训十六　阿司匹林红外吸收光谱的绘制和识别		技能实践		0
十二、经典液相色谱法	（一）概述		理论讲授	3	
	1. 色谱法的发展概况	了解	多媒体演示		
	2. 色谱法的分类	熟悉	课堂讨论		
	3. 色谱法的基本原理	掌握	课堂练习		
	（二）柱色谱法				
	1. 液-固吸附柱色谱法	掌握			
	2. 液-液分配柱色谱法	熟悉			
	3. 离子交换柱色谱法	了解			
	4. 凝胶柱色谱法	了解			
	（三）薄层色谱法				
	1. 基本原理	掌握			
	2. 吸附剂的选择	掌握			
	3. 展开剂的选择	掌握			
	4. 操作方法	熟悉			
	5. 定性分析与定量分析	熟悉			
	（四）纸色谱法				
	1. 基本原理	掌握			
	2. 操作方法	熟悉			
	实训十七　两种混合染料的薄层色谱	熟练掌握	技能实践		2
	实训十八　几种氨基酸的纸色谱	熟练掌握	技能实践		2
十三、气相色谱法	（一）概述		理论讲授	3	0
	1. 气相色谱法的分类及特点	熟悉	多媒体演示		

续表

单元	教 学 内 容	教学要求	教学活动参考	参考学时	
				理论	实验
十三、气相色谱法	2. 气相色谱仪的基本组成及工作流程	熟悉	课堂练习		
	（二）基本理论				
	1. 基本概念	掌握			
	2. 基本理论	熟悉			
	（三）色谱柱和检测器				
	1. 色谱柱	熟悉			
	2. 检测器	掌握			
	3. 分离条件的选择	了解			
	（四）定性与定量分析方法				
	1. 定性分析方法	熟悉			
	2. 定量分析方法	掌握			
	3. 色谱系统适用性试验	熟悉			
	4. 应用示例	了解			
十四、高效液相色谱法	（一）基本原理		理论讲授	3	
	1. 概述	熟悉	多媒体演示		
	2. 基本原理	掌握	课堂练习		
	（二）高效液相色谱法的主要类型				
	1. 液-固吸附色谱法	熟悉			
	2. 化学键合相色谱法	掌握			
	3. 流动相的要求及洗脱方式	了解			
	（三）高效液相色谱仪及高效液相色谱法的应用				
	1. 高效液相色谱仪	熟悉			
	2. 高效液相色谱法的应用	掌握			
	实训十九　地西泮注射液的含量测定	熟练掌握	技能实践		2
十五、其他仪器分析法简介	（一）原子吸收分光光度法		理论讲授	1	
	1. 基本原理	熟悉	多媒体演示		
	2. 原子吸收分光光度计	了解	课堂练习		
	3. 原子吸收分光光度法的应用	熟悉	课堂讨论		
	（二）荧光分析法				
	1. 基本原理	熟悉			
	2. 荧光分光光度计	了解			
	3. 荧光分析法的应用	了解			
	（三）质谱法				
	1. 基本原理	熟悉			
	2. 质谱仪	了解			
	3. 质谱图及其在药学研究中的主要用途	熟悉			
	实训二十　参观、见习质谱、色谱-质谱联用仪等仪器		技能实践		0

五、大纲说明

（一）适用对象与参考学时

主要供全国高职高专药品经营与管理、中药制药技术专业教学使用，总学时为80学时，其中理论教学56学时，实践教学24学时。各学校可根据专业培养目标、专业知识结构需要、职业技能要求及学校教学实训条件自行调整学时。

（二）教学要求

1. 对理论部分教学要求分为掌握、熟悉和了解3个层次。掌握的内容要求理解透彻，能在相关学科的学习工作中熟练、灵活运用基本理论和基本概念；熟悉的内容要求能熟知其相关内容的概念及有关理论，并能适当应用；了解的内容要求对其中的概念和相关内容有所了解。

2. 重点突出以能力为本位的教学理念，在实践技能部分教学要求分为熟练掌握和学会2个层次。熟练掌握指学生在正确理解实训原理的基础上，能独立、正确、规范地完成各项实训操作。学会指学生能根据实验原理，按照实训项目能进行正确操作。

（三）教学建议

1. 力求体现和贯彻“实用为主、必需和够用、管用为度”的原则，基本知识应广而不深、点到为止，基本技能贯穿教学的始终，把握好内容的深浅度，避免理论知识偏多、偏深、偏难。根据药品经营与管理、中药制药技术专业的特点也可适当增减教学内容。

2. 课堂教学时应突出无机化学和分析化学基础知识和基本原理为主，尽可能减少知识的抽象性，采用多媒体演示等直观教学的形式，增加学生的感性认识，提高课堂教学效果。

3. 实践教学应注重培养学生实际的基本实训操作技能，学习无机及分析化学实验的基本知识、基本操作原理和基本操作技术，学习分析天平和滴定仪器的使用，熟练掌握各种实验方法和各项操作技能，培养学生观察和记录实训现象、处理实训结果及书写实训报告的能力，初步了解现代仪器的发展及其应用，为后续专业技能的培养打下良好基础。

4. 学生的知识水平和能力水平，应通过平时训练、作业（实训报告）、实践操作技能考核和考试等多种形式综合考评，使学生更好地适应今后职业岗位的需要。

元素周期表

原子序数 → 19；元素符号（红色指放射性元素）→ K；元素名称（注*的是人造元素）→ 钾；稳定同位素的质量数（底线指丰度最大的同位素）→ 39, 40；放射性同位素的质量数 → 41；外围电子的构型（括号指可能的构型）→ $4s^1$；相对原子质量（放射性元素括号内的数据为最稳定同位素的质量数）→ 39.0983(1)

主族金属　过渡金属　内过渡金属　准金属　非金属

注：
1. 本元素周期表为卫生部规划教材《基础化学》用表。
2. 相对原子质量录自1999年国际相对原子质量表，以^{12}C=12为基准，元素的相对原子质量末位数的准确度加注在其后的括号内。
3. 商品Li的相对原子质量范围是6.939~6.996。
4. 稳定元素列有天然丰度的同位素，天然放射性元素和人造元素同位素的选列与国际相对原子质量所标相关文献一致。

s 区　d 区　ds 区　p 区

族 / 周期	IA (1)	IIA (2)	IIIB (3)	IVB (4)	VB (5)	VIB (6)	VIIB (7)	VIIIB (8)	VIIIB (9)	VIIIB (10)	IB (11)	IIB (12)	IIIA (13)	IVA (14)	VA (15)	VIA (16)	VIIA (17)	0 (18)	电子层	18族电子数
1	1 H 氢 1, 2, 3 $1s^1$ 1.00794(7)																	2 He 氦 3, 4 $1s^2$ 4.002602(2)	K	2
2	3 Li 锂 6, 7 $2s^1$ 6.941(2)	4 Be 铍 9 $2s^2$ 9.012182(3)											5 B 硼 10, 11 $2s^22p^1$ 10.811(7)	6 C 碳 12, 13, 14 $2s^22p^2$ 12.0107(8)	7 N 氮 14, 15 $2s^22p^3$ 14.0067(2)	8 O 氧 16, 17, 18 $2s^22p^4$ 15.9994(3)	9 F 氟 19 $2s^22p^5$ 18.9984032(5)	10 Ne 氖 20, 21, 22 $2s^22p^6$ 20.1797(6)	L K	8 2
3	11 Na 钠 23 $3s^1$ 22.989770(2)	12 Mg 镁 24, 25, 26 $3s^2$ 24.3050(6)											13 Al 铝 27 $3s^23p^1$ 26.981538(2)	14 Si 硅 28, 29, 30 $3s^23p^2$ 28.0855(3)	15 P 磷 31 $3s^23p^3$ 30.973761(2)	16 S 硫 32, 33, 34, 36 $3s^23p^4$ 32.065(5)	17 Cl 氯 35, 37 $3s^23p^5$ 35.453(2)	18 Ar 氩 36, 38, 40 $3s^23p^6$ 39.948(1)	M L K	8 8 2
4	19 K 钾 39, 40, 41 $4s^1$ 39.0983(1)	20 Ca 钙 40, 42, 43, 44, 46, 48 $4s^2$ 40.078(4)	21 Sc 钪 45 $3d^14s^2$ 44.955910(8)	22 Ti 钛 46, 47, 48, 49, 50 $3d^24s^2$ 47.867(1)	23 V 钒 50, 51 $3d^34s^2$ 50.9415(1)	24 Cr 铬 50, 52, 53, 54 $3d^54s^1$ 51.9961(6)	25 Mn 锰 55 $3d^54s^2$ 54.938049(9)	26 Fe 铁 54, 56, 57, 58 $3d^64s^2$ 55.845(2)	27 Co 钴 59 $3d^74s^2$ 58.933200(9)	28 Ni 镍 58, 60, 61, 62, 64 $3d^84s^2$ 58.6934(2)	29 Cu 铜 63, 65 $3d^{10}4s^1$ 63.546(3)	30 Zn 锌 64, 66, 67, 68, 70 $3d^{10}4s^2$ 65.39(2)	31 Ga 镓 69, 71 $4s^24p^1$ 69.723(1)	32 Ge 锗 70, 72, 73, 74, 76 $4s^24p^2$ 72.64(1)	33 As 砷 75 $4s^24p^3$ 74.92160(2)	34 Se 硒 74, 76, 77, 78, 80, 82 $4s^24p^4$ 78.96(3)	35 Br 溴 79, 81 $4s^24p^5$ 79.904(1)	36 Kr 氪 78, 80, 82, 83, 84, 86 $4s^24p^6$ 83.80(1)	N M L K	8 18 8 2
5	37 Rb 铷 85, 87 $5s^1$ 85.4678(3)	38 Sr 锶 84, 86, 87, 88 $5s^2$ 87.62(1)	39 Y 钇 89 $4d^15s^2$ 88.90585(2)	40 Zr 锆 90, 91, 92, 94, 96 $4d^25s^2$ 91.224(2)	41 Nb 铌 93, 94 $4d^45s^1$ 92.90638(2)	42 Mo 钼 92, 94, 95, 96, 97, 98, 100 $4d^55s^1$ 95.94(1)	43 Tc 锝 97, 98, 99 $4d^55s^2$ (98)	44 Ru 钌 96, 98, 99, 100, 101, 102, 104 $4d^75s^1$ 101.07(2)	45 Rh 铑 103 $4d^85s^1$ 102.90550(2)	46 Pd 钯 102, 104, 105, 106, 108, 110 $4d^{10}$ 106.42(1)	47 Ag 银 107, 109 $4d^{10}5s^1$ 107.8682(2)	48 Cd 镉 106, 108, 110, 111, 112, 113, 114, 116 $4d^{10}5s^2$ 112.411(8)	49 In 铟 113, 115 $5s^25p^1$ 114.818(3)	50 Sn 锡 112, 114, 115, 116, 117, 118, 119, 120, 122, 124 $5s^25p^2$ 118.710(7)	51 Sb 锑 121, 123 $5s^25p^3$ 121.760(1)	52 Te 碲 120, 122, 123, 124, 125, 126, 128, 130 $5s^25p^4$ 127.60(3)	53 I 碘 127, 129 $5s^25p^5$ 126.90447(3)	54 Xe 氙 124, 126, 128, 129, 130, 131, 132, 134, 136 $5s^25p^6$ 131.293(6)	O N M L K	8 18 18 8 2
6	55 Cs 铯 133 $6s^1$ 132.90545(2)	56 Ba 钡 130, 132, 134, 135, 136, 137, 138 $6s^2$ 137.327(7)	57 La 镧 138, 139 $5d^16s^2$ 138.9055(2)	72 Hf 铪 175, 176 $5d^26s^2$ 178.49(2)	73 Ta 钽 180, 181 $5d^36s^2$ 180.9479(1)	74 W 钨 180, 182, 183, 184, 186 $5d^46s^2$ 183.84(1)	75 Re 铼 185, 187 $5d^56s^2$ 186.207(1)	76 Os 锇 184, 186, 187, 188, 189, 190, 192 $5d^66s^2$ 190.23(3)	77 Ir 铱 185, 187 $5d^76s^2$ 192.217(3)	78 Pt 铂 190, 192, 194, 195, 196, 198 $5d^96s^1$ 195.078(2)	79 Au 金 197 $5d^{10}6s^1$ 196.96655(2)	80 Hg 汞 196, 198, 199, 200, 201, 202, 204 $5d^{10}6s^2$ 200.59(2)	81 Tl 铊 203, 205 $6s^26p^1$ 204.3833(2)	82 Pb 铅 204, 206, 207, 208 $6s^26p^2$ 207.2(1)	83 Bi 铋 209 $6s^26p^3$ 208.98038(2)	84 Po 钋 209, 210 $6s^26p^4$ (210)	85 At 砹 210, 211 $6s^26p^5$ (210)	86 Rn 氡 211, 220, 222 $6s^26p^6$ (222)	P O N M L K	8 18 32 18 8 2
7	87 Fr 钫 233 $7s^1$ (223)	88 Ra 镭 223, 224, 226, 228 $7s^2$ (226)	89 Ac 锕 227 $6d^17s^2$ (227)	104 Rf 𬬻* 261 $(6d^27s^2)$ (261)	105 Db 𬭊* 262 $(6d^37s^2)$ (262)	106 Sg 𬭳* 263 (263)	107 Bh 𬭛* 264 (264)	108 Hs 𬭶* 265 (265)	109 Mt 鿏* 268 (268)	110 Uun * 269 (269)	111 Uuu * 272 (272)	112 Uub 277 (277)								

f 区

镧系	58 Ce 铈 136, 138, 140, 142 $4f^15d^16s^2$ 140.116(1)	59 Pr 镨 141 $4f^36s^2$ 140.90765(2)	60 Nd 钕 142, 143, 144, 145, 146, 148, 150 $4f^46s^2$ 144.24(3)	61 Pm 钷 145, 147 $4f^56s^2$ (145)	62 Sm 钐 144, 147, 148, 149, 150, 152, 154 $4f^66s^2$ 150.36(3)	63 Eu 铕 151, 153 $4f^76s^2$ 151.964(1)	64 Gd 钆 152, 154, 155, 156, 157, 158, 160 $4f^75d^16s^2$ 157.25(3)	65 Tb 铽 159 $4f^96s^2$ 158.92534(2)	66 Dy 镝 156, 158, 160, 161, 162, 163, 164 $4f^{10}6s^2$ 162.50(3)	67 Ho 钬 165 $4f^{11}6s^2$ 164.93032(2)	68 Er 铒 162, 164, 166, 167, 168, 170 $4f^{12}6s^2$ 167.259(3)	69 Tm 铥 169 $4f^{13}6s^2$ 168.93421(2)	70 Yb 镱 168, 170, 171, 172, 173, 174, 176 $4f^{14}6s^2$ 173.04(3)	71 Lu 镥 175, 176 $4f^{14}5d^16s^2$ 174.967(1)
锕系	90 Th 钍 230, 232 $6d^27s^2$ 232.0381(1)	91 Pa 镤 231 $5f^26d^17s^2$ 231.03588(2)	92 U 铀 233, 234, 235, 236, 238 $5f^36d^17s^2$ 238.02891(3)	93 Np 镎 237, 239 $5f^46d^17s^2$ (237)	94 Pu 钚 238, 239, 240, 241, 242, 244 $5f^67s^2$ (244)	95 Am 镅* 241, 243 $5f^77s^2$ (243)	96 Cm 锔* 243, 244, 245, 246, 247, 248 $5f^76d^17s^2$ (247)	97 Bk 锫* 247, 249 $5f^97s^2$ (247)	98 Cf 锎* 249, 250, 251, 252 $5f^{10}7s^2$ (251)	99 Es 锿* 252 $5f^{11}7s^2$ (252)	100 Fm 镄* 257 $5f^{12}7s^2$ (257)	101 Md 钔* 256, 258 $(5f^{13}7s^2)$ (258)	102 No 锘* 259 $(5f^{14}7s^2)$ (259)	103 Lr 铹* 260 $(5f^{14}6d^17s^2)$ (260)